宽禁带半导体前沿丛书

氮化物半导体太赫兹器件

Nitride Semiconductor Terahertz Device

冯志红　编著

参编（以姓氏笔画为序）：

王元刚　孙建东　吕元杰　吴爱华
宋旭波　张雅鑫　顾国栋　梁士雄
翟玉卫　薛军帅

西安电子科技大学出版社

内容简介

随着太赫兹技术的发展，传统固态器件在耐受功率等方面已经很难提升，导致现有的太赫兹源输出功率低，不能满足太赫兹系统工程化的需求。宽禁带半导体氮化镓具有更高击穿场强、更高热导率和更低介电常数的优点，在研制大功率固态源、高速调制和高灵敏探测方面具有优势。本书主要介绍氮化物太赫兹器件的最新进展，包括氮化镓太赫兹二极管、三极管、倍频器、功率放大器、直接调制器件和高灵敏探测器件等，涉及器件的基本工作原理、设计方法、工艺方法、测试方法和应用等。本书是在作者近几年来一直从事氮化物太赫兹器件研究工作的基础上，借鉴了国内外相关领域的核心研究成果，并通过大量的应用实例来让从事实践的工程师掌握基本的固态太赫兹知识，并尽量减少纯粹的数学分析。

本书供从事氮化物半导体太赫兹器件的研究人员及工程技术人员学习参考。

图书在版编目(CIP)数据

氮化物半导体太赫兹器件/冯志红编著. 一西安：西安电子科技大学出版社，2022.9
ISBN 978-7-5606-6312-8

Ⅰ.①氮…　Ⅱ.①冯…　Ⅲ.①电磁辐射—应用—氮化镓—半导体器件—研究　Ⅳ.①TN303

中国版本图书馆 CIP 数据核字(2022)第 061257 号

策　　划　马乐惠
责任编辑　于文平
出版发行　西安电子科技大学出版社(西安市太白南路 2 号)
电　　话　(029)88242885　88201467　**邮　　编**　710071
网　　址　www.xduph.com　**电子邮箱**　xdupfxb001@163.com
印刷单位　陕西精工印务有限公司
经　　销　新华书店
版　　次　2022 年 9 月第 1 版　2022 年 9 月第 1 次印刷
开　　本　787 毫米×960 毫米　1/16　印张 20　彩插 2
字　　数　314 千字
定　　价　128.00 元
ISBN 978-7-5606-6312-8/TN
XDUP 6614001-1

“宽禁带半导体前沿丛书”编委会

“宽禁带半导体前沿丛书”出版说明

当今世界，半导体产业已成为主要发达国家和地区最为重视的支柱产业之一，也是世界各国竞相角逐的一个战略制高点。我国整个社会就半导体和集成电路产业的重要性已经达成共识，正以举国之力发展之。工信部出台的《国家集成电路产业发展推进纲要》等政策，鼓励半导体行业健康、快速地发展，力争实现“换道超车”。

在摩尔定律已接近物理极限的情况下，基于新材料、新结构、新器件的超越摩尔定律的研究成果为半导体产业提供了新的发展方向。以氮化镓、碳化硅等为代表的宽禁带半导体材料是继以硅、锗为代表的第一代和以砷化镓、磷化铟为代表的第二代半导体材料以后发展起来的第三代半导体材料，是制造固态光源、电力电子器件、微波射频器件等的首选材料，具备高频、高效、耐高压、耐高温、抗辐射能力强等优越性能，切合节能减排、智能制造、信息安全等国家重大战略需求，已成为全球半导体技术研究前沿和新的产业焦点，对产业发展影响巨大。

“宽禁带半导体前沿丛书”是针对我国半导体行业芯片研发生产仍滞后于发达国家而不断被“卡脖子”的情况规划编写的系列丛书。丛书致力于梳理宽禁带半导体基础前沿与核心科学技术问题，从材料的表征、机制、应用和器件的制备等多个方面，介绍宽禁带半导体领域的前沿理论知识、核心技术及最新研究进展。其中多个研究方向，如氮化物半导体紫外探测器、氮化物半导体太赫兹器件等均为国际研究热点；以碳化硅和Ⅲ族氮化物为代表的宽禁带半导体，是近年来国内外重点研究和发展的第三代半导体。

“宽禁带半导体前沿丛书”凝聚了国内20多位中青年微电子专家的智慧和汗水，是其探索性和应用性研究成果的结晶。丛书力求每一册尽量讲清一个专题，且做到通俗易懂、图文并茂、文献丰富。希望本丛书的出版能够吸引更多的年轻人投入并献身于半导体研究和产业化事业中来，使他们能尽快进入这一领域进行创新性学习和研究，为加快我国半导体事业的发展做出自己的贡献。

“宽禁带半导体前沿丛书”的出版，既为半导体领域的学者提供了一个展示他们最新研究成果的机会，也为从事宽禁带半导体材料和器件研发的科技工作者在相关方向的研究提供了新思路、新方法，对提升“中国芯”的质量和加快半导体产业高质量发展将起到推动作用。

编委会

2020年12月

前　言

太赫兹是指300 GHz～3 THz频率区间内的电磁波，具有超高频性、透视性、安全性、频谱性等特点，在高速大容量通信、高分辨率成像等领域将有广泛的应用。太赫兹器件主要解决太赫兹波的产生、调控和探测等核心问题。随着太赫兹技术的发展，传统太赫兹器件在耐受功率、调控速率和探测灵敏度等方面已经很难提升，导致现有的太赫兹源输出功率低，调制速率低和探测效率不能满足太赫兹通信、雷达及无损检测等应用系统工程化的需求。与传统的GaAs等材料相比，Ⅲ-Ⅴ族氮化物半导体具有较大的带隙宽度(3.4 eV)、强击穿电场(3.4 MV/cm)和高饱和电子漂移速度等优越的物理特性，非常适合制备高频、大功率的电子器件。近年来基于氮化物的高频器件发展迅速，比如氮化镓肖特基二极管及其大功率倍频器、共振隧穿二极管、调制器和探测器等。虽然目前氮化物半导体器件的截止频率还远低于GaAs器件，工作频率也刚刚进入到太赫兹频段，但该半导体器件未来的发展潜力巨大，将是太赫兹技术走向工程应用的核心器件。国内外开展氮化物半导体太赫兹器件研究的单位也越来越多，相关的科研人员和工程技术人员对于掌握氮化物半导体太赫兹器件原理、设计和应用的基础知识有着迫切的需求，但是目前国内外相关的书籍非常缺乏。

本书阐述了各种氮化物半导体太赫兹器件相关技术的基本原理、制备工艺、发展趋势和应用情况。本书是在作者近几年来从事氮化物太赫兹器件研究工作的基础上，借鉴国内外相关领域的核心研究成果，并通过大量的应用实例编写的，目的是希望从事实践的工程师能尽快掌握基本的固态太赫兹知识，为工程实践提供参考。本书在编写时，尽量减少纯粹的数学分析，力求本书成为一本系统介绍氮化物太赫兹器件及其应用的有价值的参考书。

本书共6章，每章的最后列有相关的参考文献，以供读者进一步查阅更详细的资料。第1章是氮化物太赫兹器件简介，主要介绍了太赫兹的概念，氮化物太赫兹器件的发展现状和应用领域。第2章是氮化镓太赫兹肖特基二极管，论述了氮化镓太赫兹肖特基二极管的基本原理、制备工艺、电磁仿真等内容，并介绍了倍频电路等典型应用。第3章是氮化镓太赫兹共振隧穿二极管，论述了太赫兹共振隧穿二极管的基本原理、仿真模型、制备工艺等内容，并介绍了一些常见的太赫兹负阻器件的应用。第4章是氮化镓太赫兹三极管，主要介绍了氮化镓太赫兹三极管及其功率放大器的特性和设计。第5章是氮化镓太赫兹直接调制器件，主要介绍了氮化镓晶体管与人工电磁结构相结合的太赫兹高速直接调制新方法的基本原理及其在通信方面的应用等。第6章是氮化镓太赫兹探测器件，主要介绍了基于氮化镓晶体管的自混频型、两端型和等离子体共振型太赫兹探测器，并介绍了探测器在成像方面的应用。为了便于阅读,部分需要进行色彩分辨的图形旁附有二维码,扫码即可查看彩图效果。

太赫兹技术是当今世界的前沿技术之一，正处于高速发展阶段。希望本书的出版能为从事氮化物半导体太赫兹器件的工程技术人员提供有价值的参考，为我国太赫兹技术的发展提供一定程度的支持。由于编写时间以及水平有限，加之氮化物太赫兹器件仍处于快速发展阶段，有些内容还有待考究，书中难免有疏漏之处，恳请广大读者批评指正。

冯志红

2022年3月

目　录

第 1 章

氮化物太赫兹器件简介

太赫兹指的是介于光波和微波之间的一段特殊的电磁波频段。太赫兹波具有许多其他频段电磁波没有的优越特性，在很多领域都有非常重要的应用前景，同时也产生了极其深远的影响。随着太赫兹技术研究的兴起，其重要性也被逐步发现。在这一频段，天线更小巧，具有更好的抗干扰能力，对多普勒频移效应更灵敏，能够提供更宽的频带和更高的分辨率。另外，太赫兹波具有一定的似光性，但相对于光波，又具有更好的穿透云雾烟尘的能力，全天候性能突出。此外，相比于微波、毫米波系统，太赫兹系统具有体积小、质量轻、结构灵敏等特点，在太赫兹气象观测、高速无线通信和高分辨率雷达方面也引起了人们广泛的重视。太赫兹技术的发展已经为天体物理、生物医学、微电子技术、信息科学和材料科学等领域提供了新的研究方法，从而为这些学科的发展带来了帮助。

氮化物宽禁带半导体材料由于具有良好的电学特性，成为了继第一代元素半导体硅和第二代化合物半导体 GaAs、InP 等之后迅速研究发展起来的第三代化合物半导体材料。随着 MOCVD、MBE 生长技术的成熟和半导体材料物理的发展，Ⅲ-Ⅴ氮化物半导体材料与器件技术连续取得进步。与 GaAs 系、SiGe 系化合物半导体材料相比，GaN 在高频功率器件方面更有优势：合金的禁带宽度可调区间大，电子峰值速度和饱和速度高，物理及化学性质极稳定，带隙(3.4 eV)较大，击穿电场(3.4 MV/cm)强和饱和电子漂移速度(2.7×10^{7} cm/s)高等，非常适合制备高频高功率的电子器件[1-2]。近年来，基于氮化物的大功率太赫兹倍频器件、振荡器件、高灵敏探测器件和高速调制器件得到了快速的发展。

1.1 氮化物太赫兹器件发展现状

与传统电子学的通信、雷达等应用系统类似，太赫兹的应用也离不开信号的产生、调制和接收，如图 1-1 所示的典型的太赫兹收发链路中，就包含了倍频器、功放、低噪放、调制器和混频器。

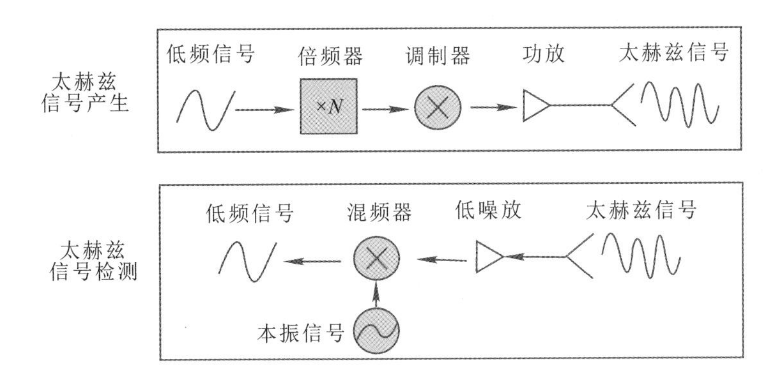

图 1-1　典型的太赫兹收发链路

1.1.1　氮化物太赫兹源

1. 氮化物太赫兹倍频源

利用非线性器件产生高次谐波并利用频率控制回路都可以构成倍频器[3]。倍频器有晶体管倍频器、变容二极管倍频器等，一般由非线性电阻、电感和电容构成。图 1-2 所示是由肖特基二极管构成的倍频器，利用它的非线性电容或电阻特性而产生的参量换能作用可以实现倍频功能。理论上，电容器是理想无耗元件，对输入信号进行非线性变换时不会消耗能量，因此，倍频器可以将输入信号能量全部转换为输出谐波能量，即它的转换效率等于 1。实际上，变容二极管和滤波器总是有耗的，也不可能滤除非线性电容产生的全部无用分量，因此它的实际转换效率小于 1，且随着倍频次数的增加而减小。太赫兹频

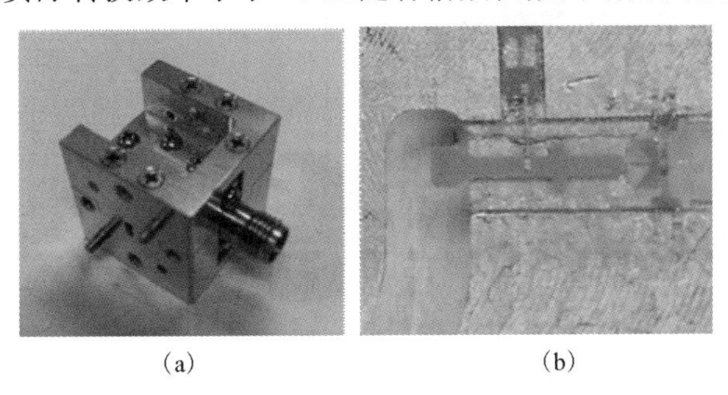

(a)　　(b)

图 1-2　氮化物太赫兹倍频器

段传统的倍频器件是砷化镓肖特基二极管，但是砷化镓材料本身不耐功率的特点限制了倍频器输出功率的提高，不能满足大功率太赫兹系统的需求[4-5]。而氮化物材料具有更高的击穿场强、更高的热导率和更低的介电常数，在太赫兹频段具有更广泛的应用前景。

2. 氮化物太赫兹振荡源

利用量子共振隧穿二极管负阻响应制作 *RLC* 振荡器，可以实现太赫兹波的辐射，国际上采用 GaAs 共振隧穿二极管的振荡源已经实现了1.4 THz的太赫兹发射。与 GaAs 材料相比，GaN 材料具有更高的饱和电子漂移速度，电子在耗尽区的漂移时间更短，有利于提高器件的工作频率；更高的热导率，意味着散热更好，能够适应更高的工作温度；更大的击穿场强，适合高压工作要求，可以获得高功率输出；较小的介电常数，器件本征电容更小，有利于提高工作频率；更大的有效电子质量，可以获得更大的峰值电流密度。同时，Ⅲ族氮化物材料的禁带宽度可调范围更大，可实现对共振隧穿过程更好的调制，实现更低的谷值电流密度和更高的峰谷电流比(PVCR)[6]。因此，GaN 材料有望取代 GaAs 和 InP 材料制备 RTD 器件，实现室温下更高输出功率的太赫兹辐射源，尤其是太赫兹波段波长可调、全固态的室温微波振荡源[7]。因此，GaN 基 RTD 器件在近五年内受到了国内外的广泛关注，并取得了突破性进展。图 1-3 所示为西安电子科技大学薛军帅老师团队研制的氮化物 RTD。

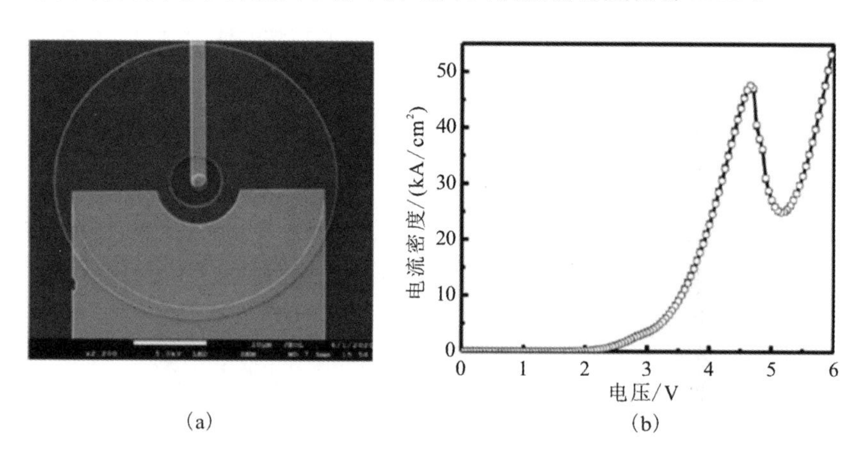

图 1-3　氮化物太赫兹共振隧穿二极管及 *I*-*V* 曲线

1.1.2　氮化物太赫兹放大器件

太赫兹频段的三极管及其功率放大器是太赫兹系统发射组件的核心元器件，其发展水平是制约太赫兹应用的主要因素。氮化镓太赫兹三极管器件的发展以异质结场效应晶体管(HFET)为主流。氮化镓异质结构既延续了宽禁带半导体高击穿场强和抗辐照等优点，又具有高沟道电子浓度与高电子迁移率的特性。与传统的第一代半导体 Si 和第二代半导体 GaAs、InP 器件相比，氮化镓太赫兹三极管器件具有更高的工作电压、更大的输出功率和更高的效率。提高氮化镓三极管器件的频率特性，需要有效降低器件的寄生电阻、寄生电容，提高输出阻抗等。从材料和器件结构角度分析，影响器件频率特性的主要因素包括势垒层的厚度和势垒层中的元素组分、GaN 缓冲层的厚度、源漏欧姆接触电阻、栅漏间距、栅源间距、纳米栅尺寸与形状、表面钝化和衬底厚度等。同时，随着射频器件尺寸的日益缩小，自热效应也变得越来越显著；器件结温过高会导致性能显著退化，如饱和电流下降、电阻增大、阈值电压漂移、增益降低和输出三阶交调点减小等，甚至会使器件发生热击穿。图 1－4 是目前工作频率为220 GHz的氮化物太赫兹功率放大器，由于迁移率的提升和器件工艺等的限制，其工作频率的进一步提升将面临较大的挑战[8]。

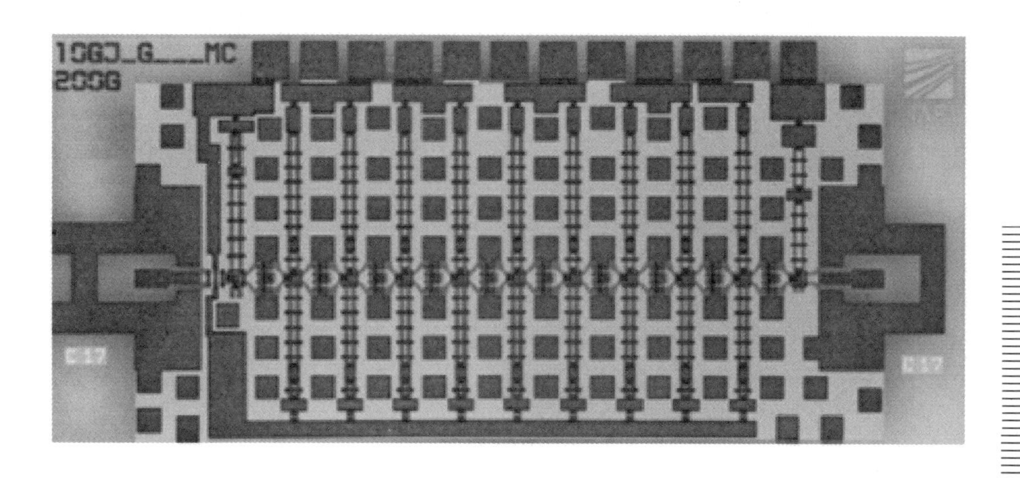

图 1－4　氮化物太赫兹功率放大器照片

1.1.3 氮化物太赫兹调制器件

太赫兹直接调制技术泛指对传输的太赫兹波幅度、相位和波束进行直接性的调制和控制，对于发展太赫兹应用系统具有重要的意义和价值。现阶段采用氮化物半导体材料作为动态材料与人工微结构相结合的方式，这对提高调制速率和降低功耗具有很好的意义。另外，对于调制深度而言，模式切换人工微结构具有较强的模式切换能力，可进一步提高调制器的调制深度。模式切换主要是基于二维电子气的控制去调控人工微结构中谐振模式的变化实现幅度调控。常见的模式切换主要围绕人工微结构 $L-C$ 谐振、偶极谐振进行，例如 $L-C$ 谐振到 $L-C$ 谐振切换，偶极谐振到 $L-C$ 谐振切换，偶极谐振到偶极谐振切换，当然也有其他的谐振模式参与[9]。但是在太赫兹调制器中因为复杂的模式会带来额外的寄生，$L-C$ 谐振和偶极谐振因为谐振结构简单，所以寄生低，常常被用来做高速幅度调制[10]。太赫兹准光相位调制器在太赫兹雷达、通信上有很大的需求，因此太赫兹准光相位调制器依然是研究的重点，其主要目标是提高相移量，增大相位调制效率。克莱默-克朗尼格关系(K-K 关系)揭示了幅度色散曲线和相位色散曲线的内在联系，因此改变人工微结构阵列的幅度传输特性可控制太赫兹波在传输过程中的相位变化。结合 K-K 关系，可以制作出一种具有耦合谐振模式的人工微结构，这种全新的谐振模式具有的谐振增强效应可有效提高太赫兹波传输过程中的相位跳变量。图 1-5 所示是电子科技大学张雅鑫教授团队研制的氮化物太赫兹相位调制器件照片，通过将耦合谐振人工微结构阵列与高电子迁移率晶体管有机结合在一起，实现了电激励下 130°以上的动态相位调控。

1.1.4 氮化物太赫兹探测器件

太赫兹探测器是太赫兹技术应用的核心器件之一，而现有的超导、热电子辐射探测器普遍存在价格昂贵以及需要在超低温下工作和不易集成等诸多缺点，这在很大程度上限制了太赫兹技术的集成应用和发展。近年来基于二维电子气等离子体激元“Dyakonov-Shur 不稳定性”发展出来的太赫兹探测器得到了深入的发展[11]，此类太赫兹探测器是一种基于电子学的新型太赫兹波探测器。它通过太赫兹波电场同时调制场效应沟道中电子的漂移速度和电子浓度实现太赫兹波的自混频或外差混频，从而在沟道中产生相应的直流电流或差频振

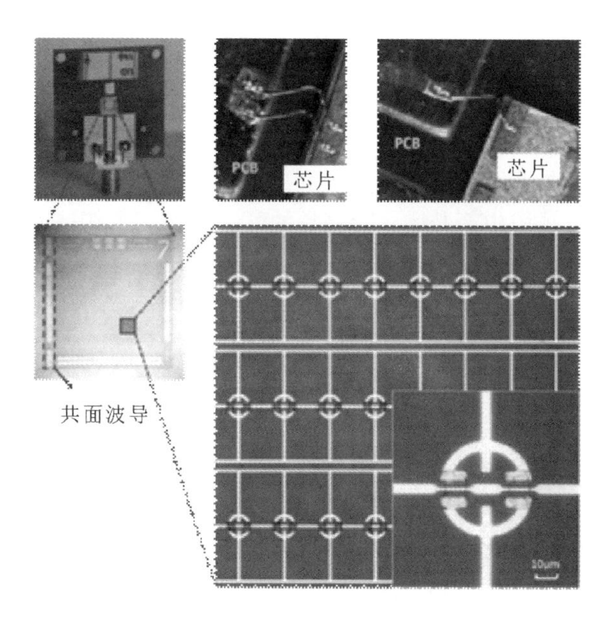

图 1－5　氮化物太赫兹相位调制器件

荡电流。利用高效的太赫兹波天线将被检测的太赫兹波聚焦在亚波长尺度的场效应沟道内，探测频率将不受晶体管的整体电学参数的限制，且远高于晶体管的电流单位增益或功率单位增益的截止频率。氮化物材料的二维电子气浓度远高于传统 GaAs 材料，基于氮化物的太赫兹探测器具有高速、高灵敏度、低噪声以及频率可调等优点，被认为是实现太赫兹实时成像最有前途的器件之一。图 1－6 所示为氮化物太赫兹探测器照片。

图 1－6　氮化物太赫兹探测器

1.2 氮化物太赫兹电子器件应用领域

随着太赫兹领域中新技术、新材料的不断进步，尤其是太赫兹辐射源技术和探测技术的发展，太赫兹技术取得了许多突破，同时正逐渐发展为一门知识密集和多学科交叉的前沿综合性研究学科[12]。太赫兹技术相关的应用总结如下：

(1) 宇宙的背景辐射在太赫兹波频段内包含了丰富的信息，太赫兹频谱技术因此成为了天文科学研究的重要手段之一。例如，对冷分子云进行太赫兹频段频谱特性分析，能够探索宇宙的起源；对宇宙背景辐射的微波进行频谱分析，能够推算出和地球距离十分遥远的星系的物质组成和空间分布情况[13]。国际上最著名的射电天文望远镜阵列是 Atacama Large Millimeter/submillimeter Array(ALMA)，它是庞大的地基天文计划之一，是一个用于全球天文学研究的新型设备。该计划于 2013 年完成，它是一个全球合作计划，合作方包括欧洲、日本、北美和智利。ALMA 由150 m 至 18 km 的基线和 66 个直径是12 m 的高精度天线阵列构成，架设在智利北部海拔5 km的 Atacama 沙漠，最远距离达14 km，最近仅150 m，拥有 0.01 弧秒的分辨率，相当于能看清 500 多千米外的一分钱硬币，精确度约是哈勃太空望远镜的 10 倍，工作波段在3 μm到 9.6 mm(0.03～100 THz)。由于其高分辨率和灵敏度，ALMA 将从一个全新的“窗口”了解宇宙，揭开天文奥秘，获得有关星系和行星演变的数据，寻找宇宙起源。图 1-7 所示为 ALMA 地基天文台照片。

(2) 在生物医学方面，太赫兹技术有着重要的发展前景。从微观层面来说，太赫兹技术为研究生物细胞和生物大分子之间相互作用的规律提供了手段，由此产生出一种解释生命现象的重要的科学方法。从宏观医学角度，太赫兹技术在重大疾病的医学检查上带来了重大的改变。同传统医学检查中由 X 射线、CT 等仪器产生辐射对人体造成的伤害相比，太赫兹技术有着更加优越的安全性[14]。图 1-8 给出了太赫兹成像和传统 X 光成像的对比。

(3) 由于生物大分子的振动辐射和大量的半导体材料、超导材料以及一些薄膜材料声子振动的辐射频率均处在太赫兹波段，因此通过太赫兹时域光谱技

图1-7　太赫兹频段射电天文望远镜阵列(ALMA地基天文台)

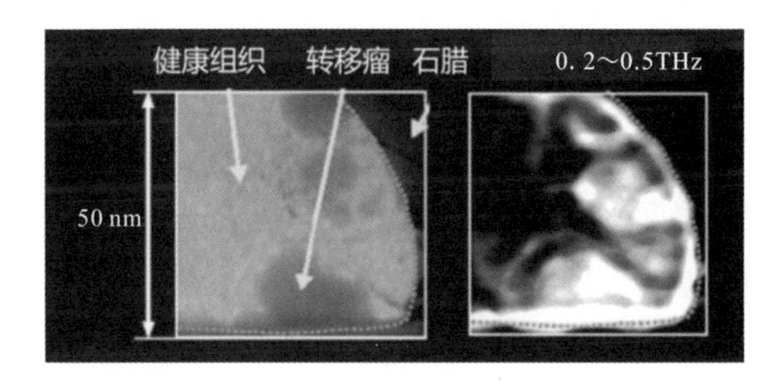

图1-8　太赫兹生物医学检测应用实例

术，即利用太赫兹探测器对物质产生的太赫兹波进行探测，可以用来定性地鉴别材料[15]。太赫兹波能够穿透国际邮件的封装纸，当它扫描到纸袋内的毒品和兴奋剂时，只有特定波长的太赫兹波被吸收。如果这种波遇到的是普通药物和食品，由于后者含有的化学成分更多，因此会有波长范围更广的太赫兹波被吸收。依据上述特征，检测人员就能发现毒品和兴奋剂的“身影”。

(4) 太赫兹技术在安检和反恐方面也有极为重要的应用。因为太赫兹波有着良好的穿透性、比较宽的带宽和非电离性等，所以它在预防恐怖袭击和排查安全隐患上有很大的优势。由于多数毒品和爆炸物的辐射频谱都处在太赫兹波段内，因此对隐藏在衣服内或行李中的毒品、爆炸物和武器等危险物品，都可将其检查出来(如图1-9所示)。因此，在机场、车站这样人流较大的地方，太赫兹技术可以很好地提供安全监测服务[16]。

图 1-9 太赫兹成像技术

(5) 太赫兹技术在通信技术上也有一定的应用。由于太赫兹波一些独有的特性，太赫兹技术在短距离通信上有很好的发展前景(如图 1-10 所示)；太赫兹波的传输频率很高，加上在短距离传输方面的优越性，太赫兹技术在通信方面的发展很可能取代蓝牙以及无线局域网等技术[17-18]。与此同时，太赫兹技术非常适合应用在天气预测、太空雷达、卫星通信等方面。将太赫兹技术应用在通信上，传输速度可以高达100 Gb/s，这远远超出了目前超宽带技术的传输速度。此外，依赖于太赫兹波良好的方向性和极强的穿透力，太赫兹技术常被用在许多复杂的环境下进行高度保密的通信，如在作战时进行敌军定位等。

(6) 在雷达和目标识别等方面，由于水分对太赫兹波具有强吸收作用，因此近距离雷达是太赫兹波主要的应用方向。利用太赫兹波方向性强、能量集中的特点，可制作高分辨率的战场雷达和低仰角的跟踪雷达[19]。太赫兹波的穿透性强，可以对隐藏的军事装备等进行探测，并可制作全天候导航系统，不受烟尘和浓雾的影响[20]。太赫兹波的频谱很宽，可跨越目前隐身技术所能对抗的波段，因此以太赫兹波作为辐射源的超宽带雷达能够获取隐身飞行器的图像。

随着太赫兹技术的发展，很多研制太赫兹器件的高科技公司相继诞生。例如，英国的卢瑟福(RAL)国家实验室与欧洲航天局于 2002 年起，执行 Star Tiger计划后，建立了 ThruVision 公司，专门从事太赫兹成像的产业化。美国佛吉尼亚大学的一个课题组以研制的肖特基二极管及相关器件为基础，成立了VDI 公司，从事太赫兹测试仪器频率扩展方面的研制。日本 NTT 公司针对太

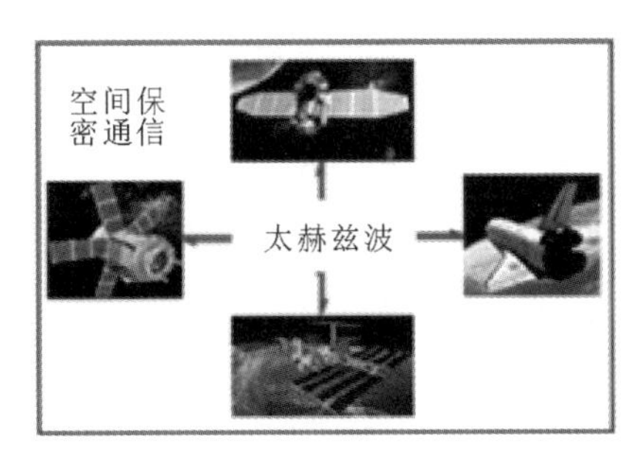

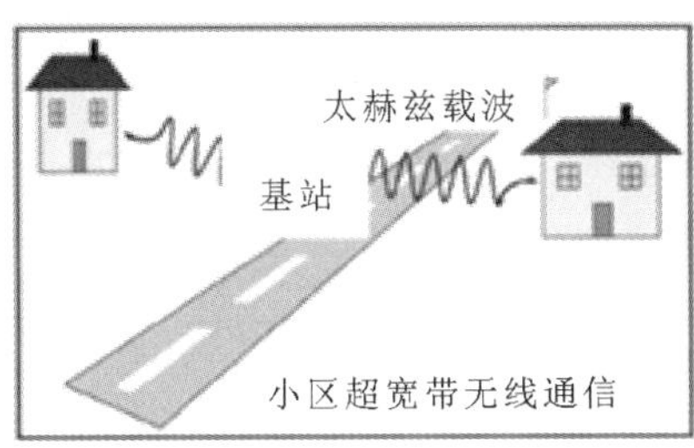

图 1-10　太赫兹通信主要应用领域

赫兹通信方面的应用，开发了高功率太赫兹源产品。可见，以太赫兹科学技术为基础的新一代 IT 产业已经开始逐步形成。

参考文献

[1]　RAJAN S, XING H L, MISHRA U K. AlGaN/GaN polarization doped field effect transistor for microwave application[J], Applied physics letters, 2004, 84(9): 1591-1594.

[2]　SIMON J, PROTASENKO V, LIAN C, et al. Polarization-induced hole-doping in wide-band-gap uniaxial semiconductor Heterostructures[J]. Science 2010, 327 (5961): 60-64.

[3]　COJOCARI O, POPA V, URSAKI V V, et al. GaN schottky multiplier diodes prepared by electroplating: a study of passivation technology[J]. Semicond. sci. technol, 2004(19): 1273.

[4]　JIN C, PAVLIDIS D, CONSIDINE L. A Novel GaN-based High Frequency Varactor Diode[C]. Proceedings of the 5th European Microwave Integrated Circuits Conference,

2010:504.

[5] LIANG S X, FENG Z H. GaN planar Schottky barrier diode with cut-off frequency of 902 GHz[J]. Electronics letter, 2016, 103: 113502 (1-4).

[6] GROWDEN T A, ZHANG W, BROWN E R, et al. 431 kA/cm^2 peak tunneling current density in GaN/AlN resonant tunneling diodes[J]. Applied physics letters, 2018, 112(3): 033508.

[7] ZHANG H, XUE J H, FU Y R, et al. Demonstration of highly repeatable room temperature negative differential resistance in large area AlN/GaN double-barrier resonant tunneling diodes[J]. Journal of applied physics, 2021, 129(1): 014502.

[8] FU X C, LV Y J, ZHANG L J, et al. High-frequency InAlN/GaN HFET with fmax over 400 GHz [J]. Electronics letters, 2018, 54(12): 783-785.

[9] ZHANG Y X, QIAO S, LIANG S X, et al. Gbps terahertz external modulator based on a composite metamaterial with a double-channel heterostructure[J]. Nano letters, 2015, 15(5): 3501-3506.

[10] ZHAO Y C, WANG L, ZHANG Y X, et al. High-speed efficient terahertz modulation based on tunable collective-Individual state conversion within an Active 3 nm two-dimensional electron gas metasurface[J]. Nano lett. 2019, 19: 7588-7597.

[11] DYAKONOV M, SHUR M S. Shallow water analogy for a ballistic field effect transistor: new mechanism of plasma wave generation by dc current[J]. Phys. rev. lett., 1993, 71: 2465.

[12] 许景周，张希成．太赫兹科学技术和应用[M]. 北京：北京大学出版社，2007.

[13] 牧凯军，张振伟，张存林．太赫兹科学与技术[J]. 中国电子科学研究院学报，2009，4(3): 221-230.

[14] ZHANG X C. Next rays-t ray [J]. Optics & optoelectronic technology, 2010, 8(4): 1-5.

[15] OSTROVSKIY N V, NIKITUK C M, KIRICHUK V F, et al. Application of the terahertz waves in therapy of burn wounds [J]. Infrared and milimeter waves and 13th international conference on terahertz electronics, 2005, 1: 301-302.

[16] 张存林，张岩，赵国忠，等．太赫兹感测与成像[M]. 北京：国防工业出版社，2008.

[17] 顾立，谭智勇，曹俊诚，太赫兹通信技术研究进展[J]，物理，2013，42(10): 695-707.

[18] 李欣，徐辉，禹旭敏，等. 太赫兹通信技术研究进展及空间应用展望[J]，空间电子技

术，2013(4)：56－60.

[19] 郑新，刘超. 太赫兹技术的发展及在雷达和通讯系统中的应用[J]，微波学报，2010，26(6)：1－6.

[20] 沈斌. THz 频段 SAR 成像及微多普勒目标检测与分离技术研究[D]. 成都：电子科技大学，2008.

第2章

氮化镓太赫兹肖特基二极管

2.1 氮化镓太赫兹肖特基二极管概况

肖特基势垒二极管是利用金属-半导体整流接触特性制作的二极管。图2-1所示为经典的肖特基二极管内部结构。在衬底上依次生长重掺杂的n^+缓冲层和轻掺杂的n^-外延层。其中缓冲层与金属形成阴极欧姆接触，外延层与金属形成阳极肖特基接触。

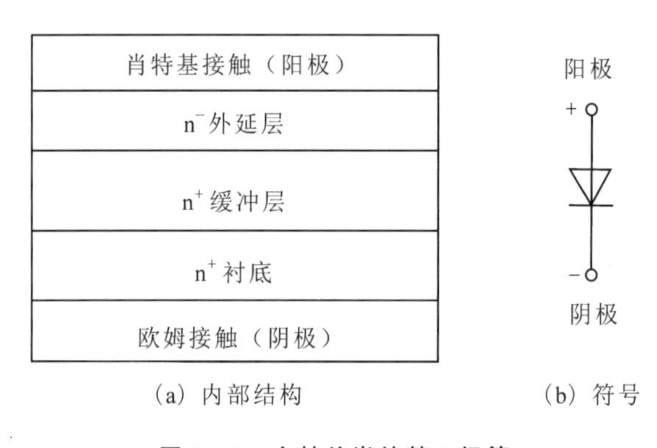

图2-1　太赫兹肖特基二极管

肖特基二极管具有相对较高掺杂浓度的缓冲层，降低了阴极的欧姆接触电阻。它与PN结二极管具有相似的电流电压特性，即它们都具有单向导电性，但是又有明显的区别[1-2]。与PN结二极管相比，肖特基二极管具有以下特点：

(1) 较低的反向耐压：二极管的势垒高度比PN结二极管低，势垒高度较低，使得肖特基二极管的反向击穿电压较低。因此，肖特基二极管在高频、低压电路中具有整流功能，在混频器以及检波器等太赫兹系统中有广泛的应用。

(2) 较短的反向恢复时间：在PN结二极管中，反向恢复过程以及少数载流子的寿命是采用渡越时间进行表征的，属于少数载流子工作器件。与之不同的是，肖特基二极管属于多数载流子器件，其反向恢复时间只涉及肖特基势垒电容的充、放电时间，因此开关时间比较短，插入损耗也比较小，适用于高频

电路。

目前开展太赫兹肖特基二极管研究的机构主要包括国外的美国弗吉尼亚二极管公司(VDI)、喷气推进实验室(JPL)、英国卢瑟福阿普尔顿实验室(RAL)以及国内的中国电子科技集团公司第十三研究所(以下简称中国电科十三所)、中国科学院微电子研究所以及中国工程物理研究院等单位。

平面太赫兹肖特基倍频二极管普遍使用GaAs来制作，因为目前常用的半导体材料GaAs具有最高的电子迁移率(8500 $cm^2/(V \cdot s)$)，这使得GaAs器件具有很高的截止频率。采用GaAs制件的平面SBD截止频率理论上能达到10 THz量级。但是由于GaAs禁带宽度(1.428 eV)较窄，因而器件的反向击穿能力较低，这就限制了GaAs倍频二极管的功率输出，从而带来负载能力不足的问题。为了提高倍频二极管的输出功率，近几年来不少科研人员和研究机构将目光投向禁带宽度更大的GaN材料上，以寻求新的突破[3]。

表2-1给出的是GaN和GaAs的有关参数。

表2-1　GaAs和GaN两种材料的主要特性对比

材料	禁带宽度/eV	热导率/[W/(cm·K)]	击穿场强/(MV/cm)	电子迁移率/[$cm^2/(V \cdot s)$]	相对介电常数	电子饱和速度($\times 10^7$)/(cm/s)
GaAs	1.43	0.54	0.4	8500	12.5	2.0
GaN	3.45	1.5	3	900	8.9	2.5

从表中可以看出，与GaAs相比，宽禁带半导体材料GaN主要具有以下优势：

(1) 禁带宽度宽，能够表现出更加良好的抗辐射能力。

(2) 热导率比较高。通常热导率是决定器件输出功率高低的一个重要因素，同时它也会给器件的高温特性带来影响，所以利用高热导率的半导体制作器件能够起到减小芯片面积和提高器件功率密度的作用。

(3) 击穿场强高。GaN的击穿场强高达3 MV/cm，由于GaN具有更高强度的击穿电场，所以在同等条件下，GaN基二极管可以工作在更高的电压下，提供高的功率。

（4）较低的介电常数。因为 GaN 材料的介电常数比较小，所以在固定掺杂浓度和同等外加偏压的条件下，GaN 基二极管的结电容要比 GaAS 小。

（5）除此以外，与 GaAs 相比，GaN 半导体材料对许多化学溶剂都表现出很强的抗腐蚀能力，所以基于 GaN 的器件能够在条件比较恶劣的环境下使用。

从上面的介绍可以看出，基于 GaN 材料的肖特基二极管在高频、大功率等多方面有着潜在的发展优势。2013 年，法国的 Chong Jin 等人研制出了零偏压下截止频率为200 GHz的氮化镓肖特基二极管，其二极管结构如图 2－2 所示[4]。

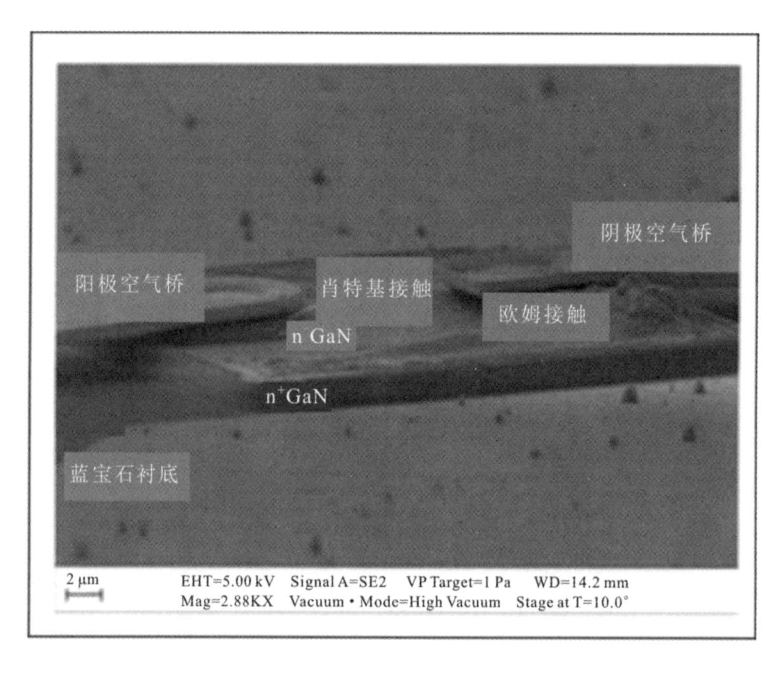

图 2－2 法国的 Chong Jin 等人研制的氮化镓肖特基二极管 SEM 照片

国内方面，中国电科十三所在国内率先开展了氮化镓肖特基二极管研究，研制出的器件的截止频率达到了902 GHz，如图 2－3 所示；2016 年，在国际上率先开展了基于同质外延氮化镓材料的肖特基二极管研究，截止频率达到了1.6 THz，击穿电压达到了35 V；2020 年又报道了177～183 GHz下基于 GaN SBD 的输出功率为200 mW的倍频器[5-7]，这是国际首次报道关于 GaN 的太赫

兹倍频源。

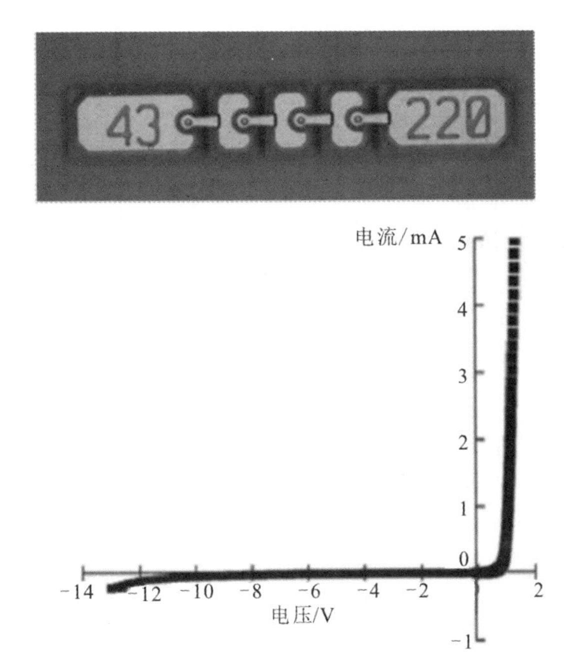

图 2-3　中国电科十三所研制的 GaN 太赫兹肖特基二极管照片和 *I*-*V* 曲线

2.1.1　基本原理

肖特基接触和欧姆接触是构成肖特基二极管的重要部分，也是金属-半导体接触的两种类型。开展金属-半导体接触研究是探究肖特基二极管工作特性的前提。

图 2-4 所示为金属和 N 型半导体电子亲和能与功函数示意图。在金属中，电子分布受费米能级的影响，在绝对零度的温度下，电子完全填充费米能级 E_{F^m} 以下的能级，要是电子从金属中逸出，必须给它足够的能量。用 E_0 表示真空能级中静止电子的能量，金属功函数(W_m)为真空能级和费米能级之间的差，它表示一个处于费米能级的电子由金属内部跃迁至真空所需要的最小能量。同理，在半导体中，由于导带 E_c 和 E_v 都要小于 E_0，所以电子跃迁到真空能级也需要能量。同金属类似，把 E_0 和半导体费米能级 E_{F^s} 之间的差定义为半导体的功函数，用 W_s 表示。此外定义 E_0 和 E_c 之间的能量间隔为χ，称之为电子亲和能，表示半导体导带底的电子跃迁到体外所需要的最小能量。E_n 为

半导体导带能级与费米能级之间的差[1-2, 7]。

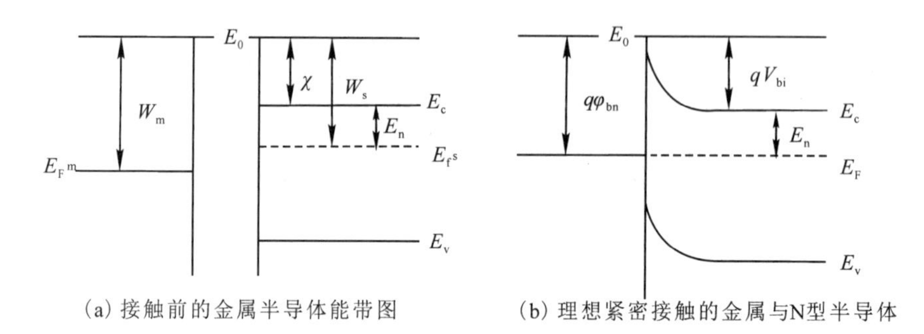

(a) 接触前的金属半导体能带图　　(b) 理想紧密接触的金属与N型半导体

图 2-4　金属和 N 型半导体电子亲和能与功函数示意图

1. 肖特基接触

在肖特基接触中，金属的费米能级 E_{F^m} 低于半导体的费米能级 E_{F^s}，电子将由半导体侧流向金属侧，从而导致金-半接触的金属表面表现出负的电特性，半导体表面表现出正的电特性，当两种电特性慢慢接近时，在金-半接触的表面会形成统一的费米能级 E_F。由于接触表面两边分别带有等量的正负电荷，因此金-半接触内部会存在内建电势差，形成内建电场分布。

当金属与半导体之间的距离逐渐减小时，自由电子随着金属与半导体之间距离的减小，在空间电场的作用下由半导体一侧逐渐流向金属一侧，从而使得半导体表面单位面积上的正电荷数目增多，而与之对应的金属表面上，单位面积负电荷数目增加，这样就形成了空间电荷区。空间电荷区产生区内电场，使得内部和表面之间产生电势差，能带发生弯曲。

当金属与半导体的间距趋近零时，位于半导体一侧的电子将会很容易流向金属，此时电势差基本上可以利用空间电荷区的电势降进行表征。而当金属与半导体完全接触时，电势降就变为零，此时两者功函数的差值为势垒高度的值，如图 2-4(b)所示。

若将金属与半导体连通为一个整体，半导体侧的电子将流向金属。此时金属的费米能级相对升高，半导体的费米能级相对降低。与 PN 结类似，当金属和 N 型半导体的间距逐渐缩小时，金属表面和半导体表面积累的电荷数逐渐增多。当两者完全接触时，半导体一侧的势垒高度可以表示为

$$qV_{bi} = W_m - W_s \tag{2-1}$$

式中：W_m 为金属的功函数，W_s 为半导体的功函数，q 为电子电荷，V_{bi} 为电势差。

金属一边的势垒高度是

$$q\varphi_{bn} = qV_{bi} + E_n \tag{2-2}$$

式中：E_n 为半导体导带能级与费米能级之间的差。

肖特基势垒的形成：在金-半接触中，在半导体表面的空间电荷区的作用下，电场由半导体一侧指向金属侧，对于进一步流入金属的载流子起到了阻碍作用。肖特基接触的整流作用是外加正向电压，势垒会下降；外加反向电压，势垒会增高。肖特基的势垒高度等于金属与半导体费米能级之间的差值。

对于 N 型掺杂的肖特基二极管，在金-半接触的界面处，由于半导体的功函数要比金属小，在空间电荷区，受接触电势差的作用，半导体的能带在电场中向上弯曲，阻碍了此区域内电子的运动，称之为阻挡层。

2. 表面态对势垒高度的影响

根据势垒高度产生的原因可知，同一种半导体和不同的金属进行接触会产生不同的势垒高度。材料的不同是影响势垒高度的重要因素。此外半导体表面存在着两种主要的表面态，分别为受主表面态与施主表面态。受主表面态是指当空的时候显示电中性，而接受电子以后带负电；施主表面态是指被电子占据时呈现电中性，而在释放电子后带正电。表面态会对势垒产生重要影响，当其密度较高时，势垒高度将完全由表面态决定。

肖特基势垒高度由半导体侧的空间电荷区决定。在肖特基接触中，除了功函数之外，势垒高度受到诸多因素影响，包括镜像力、隧道效应以及表面态温度等。这些因素众多，并且尚不能对其进行准确的测试，目前肖特基接触势垒高度的提取一般是利用常规的半导体参数分析仪进行 $I-V$ 或 $C-V$ 测试，并对测试曲线进行拟合(后面的章节中会进行讨论)。

3. 欧姆接触

若 $W_m < W_s$，则金属与 N 型半导体接触时，电子会从金属流向半导体，在半导体表面形成负的空间电荷区。这里面的电子浓度会比体内大得多，因而是一个高电导的区域，称之为反阻挡层。由于反阻挡层没有整流作用，因此选择合适的金属就会形成良好的欧姆接触。良好的欧姆接触不会影响半导体内部载流子的数目，对电子的阻碍作用小。但欧姆接触的质量对于二极管电学特性具

有重要的影响，较差的欧姆接触会严重干扰器件的 $I-V$ 特性。但是对于 GaN 来说由于其禁带宽度比较大，因而需要通过高掺杂以及高温合金来实现较好的欧姆接触。

2.1.2　工作特性

在实际的电路工作中，需要对氮化镓肖特基二极管的等效电路以及电参数作定量分析。探究肖特基二极管的工作特性，可以从正向导通电压、反向饱和电流、串联电阻、理想因子势垒高度、结电容等参数入手。在提取时，一般多通过直流测试获取 $I-V$ 和 $C-V$ 特性，然后通过函数拟合获取这些参数。提取结参数可以为后续分析二极管以及电路设计打下基础。图 2-5 所示为 GaN 平面肖特基二极管结构及等效参数。

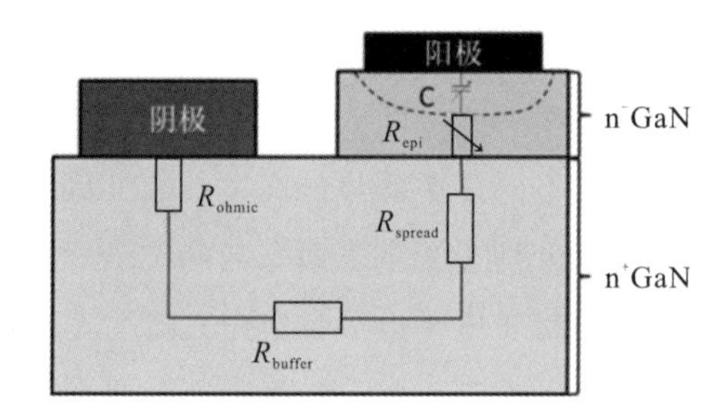

图 2-5　GaN 平面肖特基二极管结构及等效参数示意图

1. 电流-电压特性

常见的金属半导体整流理论主要有扩散理论和热电子发射理论。对于 N 型阻挡层，当势垒的宽度比电子的平均自由程大很多时，电子通过势垒区要发生多次碰撞，这样的阻挡层称为厚阻挡层。扩散理论适用于厚阻挡层。当 N 型阻挡层很薄，以至于电子平均自由程远大于势垒宽度时，电子在势垒区的碰撞可以忽略不计，因此，起决定作用的主要是势垒高度，电流的大小主要取决于超越势垒的载流子的数目，这就是热电子发射理论。较高迁移率的半导体都具有较大的平均自由程，所以这类半导体肖特基势垒中的电流运输机制主要是热电子发射。

假设在半导体中，单位体积内能量处在 $E\sim(E+\mathrm{d}E)$ 内的电子数目为

$$\mathrm{d}n=\frac{4\pi(2m^*)^{\frac{3}{2}}}{h^3}(E-E_c)^{\frac{1}{2}}\exp\left(-\frac{E-E_F}{kT}\right)\mathrm{d}E \tag{2-3}$$

则从半导体流向金属的电流密度为

$$J_{s\to m} = A^* T^2 \exp\left(-\frac{q\varphi_{bn}}{kT}\right)\exp\left(\frac{qV}{kT}\right) \tag{2-4}$$

式中：T 为温度，k 为玻耳兹曼常数，q 为电子电量，V 为肖特基栅偏压，φ_{bn} 为势垒高度，A^* 为理查德森常数，且 $A^* = \frac{4\pi q m_n^* k^2}{h^3}$，其中 m_n^* 为电子有效质量，h 为普朗克常数。因为外加电压不会影响金-半接触的势垒高度，所以从金属流向半导体的电流密度 J_{m-s} 为定值，与零外置偏压下金属到半导体的电流密度大小相等、方向相反，因此热电子发射理论模型的总电流公式为

$$J = J_{m-s} + J_{s-m} = A^* T^2 \exp\left(-\frac{q\varphi_{bn}}{kT}\right)\left[\exp\left(\frac{qV}{kT}\right) - 1\right] \tag{2-5}$$

在实际工作中，肖特基二极管的反向电流并不是保持不变的，会随着反向电压的增加而变大，一般认为主要来自镜像力和隧穿效应的影响。

镜像力：根据电磁学理论，在理想状态下，当一个真空中的电子位于距离金属表面 X 处时，在金属内部距离表面 $-X$ 处的位置会产生一个感应电荷，两电荷之间产生的吸引力即为镜像力。同理，在电场作用下，在金-半接触中会产生与空间电荷区对应的镜像感生电荷，同时会产生镜像力。在肖特基接触中，镜像力会导致肖特基势垒高度降低。

隧穿效应：根据量子力学理论，单个电子即使其能量比势垒高度低，同样有概率会穿过势垒，这一现象称为隧穿效应。隧穿概率是受势垒高度以及电子能量等因素影响的值，量子隧穿效应同样会导致势垒高度的降低。

镜像力和隧穿效应对反向特性的影响特别显著，它们会引起势垒高度的降低，使反向电流增加，而且随反向电压的提高，势垒降低更显著，反向电流也增加得更多。

典型的氮化镓肖特基二极管 $I-V$ 特性曲线如图 2-6 所示。氮化镓肖特基二极管的电流-电压特性主要受热电子发射以及传输效应影响，在外置偏压作用下考虑寄生因素和实际情况，流经肖特基二极管的电流表达式可以表示为

$$I(V) = I_{sat}\left[e^{\frac{q(V-IR_s)}{nkT}} - 1\right] \tag{2-6}$$

式中：n 为理想因子，R_s 为寄生电阻，I_{sat} 为反向饱和电流。当二极管处在一定的反向偏压下时，肖特基接触处的耗尽层变宽，内建电场变大，与外加电场方

向相同，此时二极管内的少子会发生漂移，产生的偏移电流大于多子产生的扩散电流，起主导作用，导致二极管的总电流值不随反向偏压值发生明显的变化，此时电流的大小即为反向饱和电流的取值。

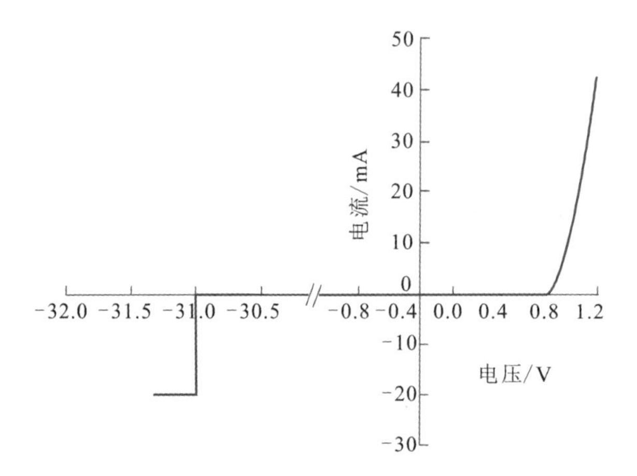

图 2-6　典型的氮化镓肖特基二极管 *I*-*V* 特性曲线

反向饱和电流 I_s 可由式给出：

$$I_s = AA^* T^2 e^{-\frac{q\varphi_{bn}}{kT}} \tag{2-7}$$

式中：A 为二极管的面积。根据上面的公式可以通过测量 I、V 来获得肖特基接触势垒高度和理想因子等参数。在二极管正向开启时，$e^{\frac{q(V-IR_s)}{nkT}}$ 远大于 1，忽略串联电阻的影响，$I(V) = I_s e^{\frac{qV}{nkT}}$ ，两边取自然数得

$$\ln[I(V)] = \ln I_s + \left(\frac{q}{nkT}\right) V \tag{2-8}$$

做 $\ln I \sim V$ 图像，由图像可知其满足线性关系，斜率为 $\frac{q}{nkT}$，截距为$\ln I_{sat}$。则可计算出相应的 n 和 I_{sat}，并求出势垒高度 φ_{bn}。其中

$$n = \left(\frac{KT}{q} \cdot \text{slope}\right)^{-1} \tag{2-9}$$

$$\varphi_{bn} = -\frac{KT}{q} \cdot \ln \frac{e^{\text{Intercept}}}{AA^* T^2} \tag{2-10}$$

式中：Slope 为拟合直线的斜率，Intercept 为拟合直线在 Y 轴的截距。实际应用时，可先做出实际电流和电压的曲线，再观察线性度最好的一段，取这一段

作为提取斜率和截距的取值范围，如图 2－7 所示。

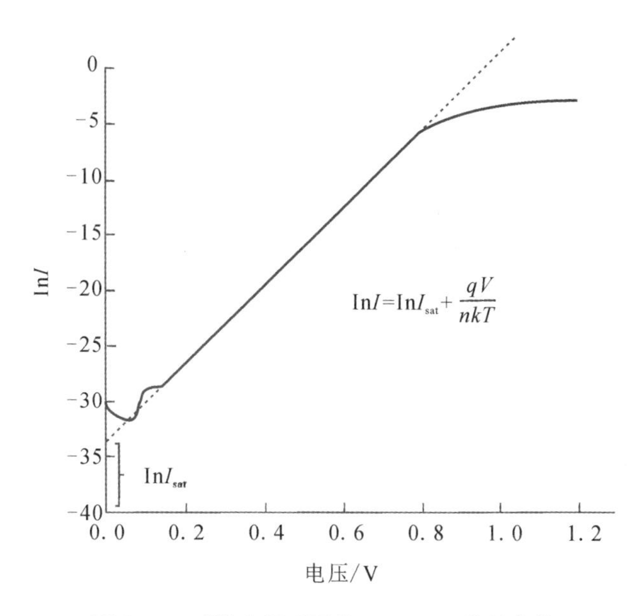

图 2－7　对数坐标系下的 GaN *I*－*V* 特性曲线

反向击穿电压：肖特基势垒结反向偏置时，在反向饱和电压范围内，电流的变化比较微小。当反向电压超过额定饱和电压值时，肖特基结会发生反向击穿，产生导通的大电流。通常，低掺杂的外延层比高掺杂的外延层具有更高的反向击穿电压，反向击穿电压 V_{br} 是表征二极管功率容量的重要参数，其表达式可以参照单边突变 PN 结的雪崩击穿电压：

$$V_{br} = 60\left(\frac{E_g}{1.1}\right)^{\frac{3}{2}}\left(\frac{N_d}{10^{16}}\right)^{-\frac{3}{4}} \tag{2-11}$$

式中：N_d 表示杂质的掺杂浓度，E_g 为半导体的禁带宽度。

开启电压：当加在二极管两端的正向电压比较小时，二极管不能导通。当正向电压达到一定值后，二极管导通。这一电压值称为二极管的开启电压。

串联电阻：氮化镓肖特基二极管应用于太赫兹变频电路中时，变频中的能量大都消耗在串联电阻上。

对于平面氮化镓肖特基二极管结构，其串联电阻 R_s 包含了外延层电阻 R_{epi}、缓冲层扩展电阻 $R_{spreading}$、缓冲层电阻 R_{buffer} 以及欧姆接触电阻 R_{ohmic}。

外延层电阻是二极管串联电阻中的主要部分，其值由外延层厚度以及势垒宽度等共同决定。当忽略电流的扩散效应时，外延层电阻可以表示如下：

$$R_{\mathrm{epi}} = \frac{t_{\mathrm{epi}} - W}{\sigma_{\mathrm{epi}} A} \tag{2-12}$$

$$\sigma_{\mathrm{epi}} = q \mu_{\mathrm{epi}} N_{\mathrm{d}} \tag{2-13}$$

$$W = \sqrt{\frac{2\varepsilon_{\mathrm{s}}(V_{\mathrm{bi}} - V)}{qN_{\mathrm{d}}}} \tag{2-14}$$

式中：t_{epi}为 n^{-}GaN 外延层厚度，W 为外延层耗尽区宽度，在正向开启下，W 近似等于 0，可以忽略不计，σ_{epi}为外延层电导率，μ_{epi}为外延层 GaN 迁移率。

扩展电阻 $R_{\mathrm{spreading}}$为

$$R_{\mathrm{spreading}} = \frac{1}{4\pi \sigma_{\mathrm{buffer}} \delta_{\mathrm{buffer}}} \tag{2-15}$$

式中：δ_{buffer}为趋肤深度，σ_{buffer}为 buffer 层的电导率，且

$$\delta_{\mathrm{buffer}} = \frac{1}{\sqrt{\pi f \mu_0 \sigma_{\mathrm{buffer}}}} \tag{2-16}$$

$$\sigma_{\mathrm{buffer}} = q \mu_{\mathrm{buffer}} N_{\mathrm{buffer}} \tag{2-17}$$

式中：N_{buffer}为缓冲层的掺杂浓度，μ_{buffer}为缓冲层电子的迁移率。

缓冲层的掺杂浓度较高，缓冲层电阻 R_{buffer}为外延层和阴极欧姆接触之间提供电流通路，其计算公式如下：

$$R_{\mathrm{buffer}} = \frac{1}{2\pi \sigma_{\mathrm{buffer}} \delta_{\mathrm{buffer}}} \ln \frac{r_{\mathrm{oc}}}{r_{\mathrm{a}}} \tag{2-18}$$

式中：r_{oc}为欧姆接触的内半径，r_{a} 则为阳极的外半径。

阴极欧姆接触电阻为半导体和外围电路之间提供了电流通路。平面型结构的肖特基二极管，其电流横向流向欧姆接触的前边缘，可用以下公式表示：

$$R_{\mathrm{ohmic}} = \frac{\sqrt{R_{\mathrm{sheet}} \rho_{\mathrm{c}}}}{W_{\mathrm{ohmic}}} \coth\left(L_{\mathrm{t}} \sqrt{\frac{R_{\mathrm{sheet}}}{\rho_{\mathrm{c}}}}\right) \tag{2-19}$$

式中：R_{sheet}为缓冲层方块电阻，L_{t} 为电流传播的长度，W_{ohmic}为欧姆接触的宽度，ρ_{c} 为欧姆接触的电阻率。欧姆接触电阻主要由欧姆金属功函数和半导体电子亲和能之间的差值以及制作欧姆接触的工艺两方面决定。由于缓冲层的浓度很高，因此欧姆接触的电阻率一般在0.2 Ω·mm以下，实际工艺中欧姆电极的面积比较大，此时欧姆接触电阻对器件的影响比较小。

2. 电容-电压特性

假设肖特基的势垒面积为 A，外加偏压为 V，ε_s 为半导体的介电常数，则耗尽层区域的电荷量为

$$Q(V) = qN_dAW(V) = [2qN_dA\varepsilon_s(V_{bi} - V)]^{\frac{1}{2}} \tag{2-20}$$

根据式(2-20)可知，二极管的肖特基结电容可以表征为与外加偏压有关的函数，当外加电压为零($V=0$)时，定义此时的结电容为零偏置结电容 C_{j0}：

$$C(V) = \frac{dQ}{dV} = C_{j0}\left(1 - \frac{V}{V_{bi}}\right)^{-\frac{1}{2}} \tag{2-21}$$

式中 C_{j0} 是零偏结电容。

由于二极管肖特基结处的面积和厚度相对于其他部分较小，在数值提取时可以近似为平板电容，因此可得

$$C(V) = \frac{\varepsilon_s \cdot A}{W(V)} = A \cdot \left[\frac{q \cdot N_d \cdot \varepsilon_s}{2(V_{bi} - V)}\right]^{\frac{1}{2}} \tag{2-22}$$

耗尽层的宽度可下式给出：

$$W(V) = \left[\frac{2\varepsilon_s(V_{bi} - V)}{qN_d}\right]^{\frac{1}{2}} \tag{2-23}$$

实际上由于肖特基阳极在外延层存在边缘场的泄漏效应，该边缘因子受肖特基结外加偏压控制，此时结电容的计算公式为

$$C(V) = A \cdot \gamma(V) \cdot \left[\frac{q \cdot N_d \cdot \varepsilon_s}{2(V_{bi} - V)}\right]^{\frac{1}{2}} \tag{2-24}$$

$$\gamma(V) = 1 + \frac{3W(V)}{d} \tag{2-25}$$

式中 d 为阳极的直径。图 2-8 所示为典型的结电容与反向偏压的关系，从式(2-24)中可以看出，外加偏压和结电容平方的倒数呈线性关系，由 $1/C^2 - V$ 的特性曲线也可以提取内建电势。

决定二极管工作频率的主要品质因素是截止频率，截止频率可以表征二极管的工作频率上限，可定义如下：

$$f_c = \frac{1}{2\pi R_s C_{j0}} \tag{2-26}$$

截止频率与串联电阻 R_s 和零偏压结电容 C_{j0} 成反比，为提高器件的截止频率，需要最大限度地降低串联电阻和结电容。

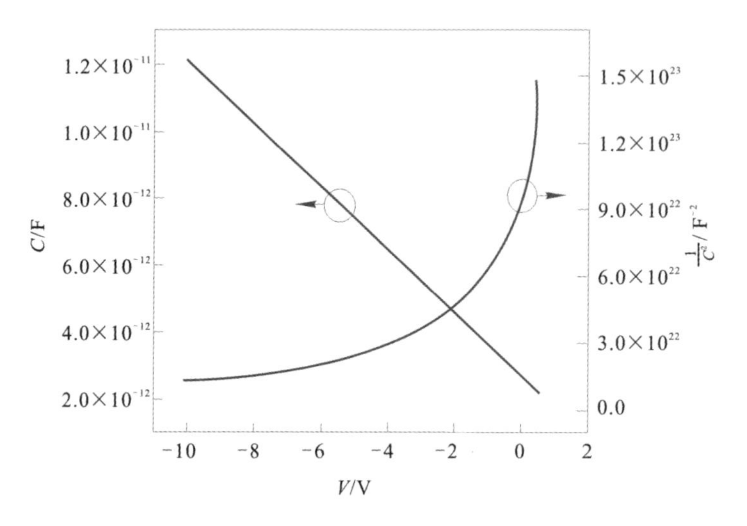

图 2-8 典型的氮化镓肖特基二极管结电容与反向偏压的关系

2.2 氮化镓太赫兹肖特基二极管设计与制备

2.2.1 器件结构与制备

1. 肖特基二极管结构

早期的太赫兹肖特基二极管为触须(Whisker)接触的肖特基二极管。触须式肖特基二极管利用金属探针与外延层接触形成肖特基结，其结构简单，结电容较小，截止频率和工作频率都比较高。然而由于其结构所限，流片一致性较差。此外，其垂直式的结构也限制了电路集成度。

1987 年，美国弗吉尼亚大学的 William L. Bishop 首次开发了平面型太赫兹肖特基二极管（见图 2-9），与触须式二极管结构相比，平面型二极管额外的空气桥、阴极 Pad 和阳极 Pad 等结构引入了寄生电容和电感，增大了器件的级联电阻，降低了其高频工作能力。由于其具有工艺稳定度高、易于系统集成、电路功率容量大等优势，已逐渐取代触须式结构成为研究的重点[8]。

(a) 显微镜照片

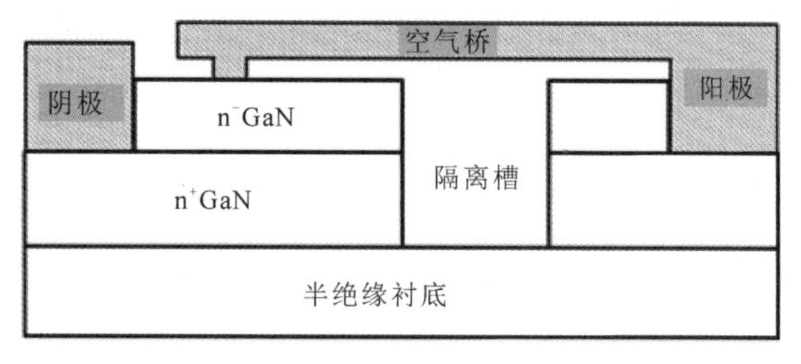

(b) 横截面结构示意图

图 2-9　平面型氮化镓肖特基二极管及其物理结构

2. 太赫兹氮化镓肖特基二极管工艺简介

太赫兹氮化镓肖特基二极管材料结构如图 2-10 所示，其工艺流程设计可分为外延材料生长、阴极和阳极的制备、台面隔离、空气桥的制备。二极管阳极通过肖特基接触，制作在低掺杂 n^- 区。阴极通过干法刻蚀至高掺杂 n^+ 层，然后通过蒸发金属形成欧姆接触制成。台面隔离多采用干法刻蚀技术完成，空气桥多采用电镀工艺来完成。

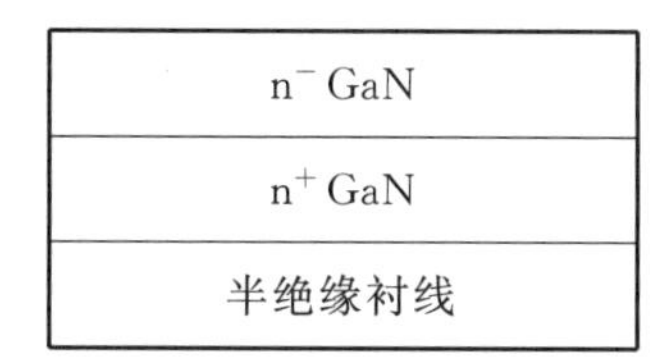

图 2-10　太赫兹氮化镓肖特基二极管材料结构

1）外延结构的工艺

如图 2-10 所示，二极管的外延结构包括半绝缘碳化硅衬底、高掺杂 n^+

缓冲层以及低掺杂 n^- 外延层，一般采用分子束外延技术(MBE)或者金属有机物化学气相沉积(MOCVD)生长而成。n^+ 层掺杂浓度通常为 $10^{18}\sim10^{19}\,cm^{-3}$ 数量级，厚度为微米量级，n^- 外延层的厚度一般为亚微米量级，掺杂浓度为 $10^{17}\,cm^{-3}$ 数量级。在实际的工艺中，需要根据器件结电容、工作频率、寄生电阻等参数综合调节掺杂浓度与生长厚度。

2) 欧姆接触工艺

形成欧姆接触的步骤包括半导体表面清洗、光刻欧姆电极窗口、刻蚀到 n^+ 层、去胶、二次光刻、金属淀积以及退火合金。

为了形成良好的欧姆接触，需要刻蚀到顶层的 n^- GaN 一般多采用低功率的刻蚀工艺，以降低刻蚀带来的损伤。源漏欧姆接触工艺如图 2-11 所示，左侧为阴极，右侧为阳极孔桥连接点(压点)。

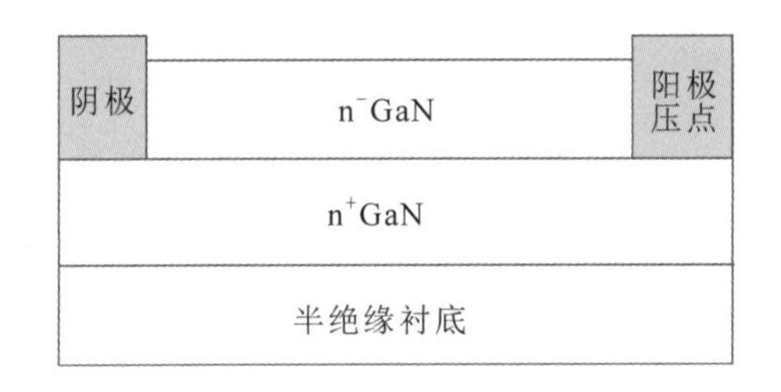

图 2-11　源漏欧姆接触工艺

金属淀积就是在真空条件下加热蒸发源，将被淀积材料加热到发出蒸气，蒸气原子以直线运动通过腔体到达衬底表面，凝结形成固态薄膜。金属淀积一般采用磁控溅射或电子束蒸发技术。磁控溅射是在真空环境下，电子在电场的作用下加速飞向基片的过程中与氩原子发生碰撞，电离出大量的氩离子和电子，电子飞向基片凝结成薄膜。磁控溅射的优点在于设备简单，附着力强，侧壁覆盖性好等，缺点是不易剥离。电子束蒸发是在真空条件下利用电子束进行直接加热蒸发材料，使蒸发材料气化并向基板输运，在基底上凝结形成薄膜。电子束蒸发的优点在于束流密度大、蒸发速率快，制成的薄膜纯度高、质量好、厚度可以较准确地控制、容易剥离，缺点是不会或者很少覆盖目标三维结构的两侧，通常只会沉积在目标表面。在此步工艺中金属只需要蒸发到材料表面即可，所以一般多采用电子束蒸发来实现。

欧姆接触电极应该具有较低的比接触电阻率，并且在较宽的温度范围内具有稳定性，一般采用 Ti/Al/Ni/Au、Ti/Au、Ti/Al/Ti/Au、Ti/Al/Pt/Au 等合金制作。制作欧姆接触的关键是快速退火，退火工艺通常在氮气中进行。

3）金属阳极的制作

制作金属阳极的主要工艺包括阳极区域的光刻、阳极金属的电子束蒸发及剥离。一般与 n^- GaN 可以形成肖特基接触的金属都可以用来作为阳极金属，常见的多采用 Ni/Au，一般可以通过电子束蒸发实现，阳极金属化如图 2－12 所示。为降低理想因子，肖特基接触应尽量接近理想情况。肖特基接触的界面必须非常清洁，金属和衬底材料之间必须形成紧密的接触。GaN 材料表面很容易生长一层极薄的本征氧化层，它使金属和半导体不能形成理想接触。为去掉本征氧化层，研究者采取了不同的表面清洗手段，使用 HCl/H_2O，HF/H_2O、BOE、$(NH_4)_2S$ 等也能较有效地去除表面氧化层。

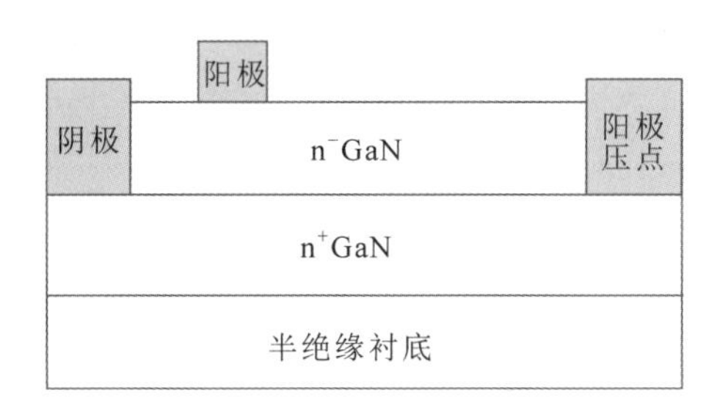

图 2－12　阳极金属化

4）台面隔离工艺

不同于 GaAs 二极管(可以采用湿法腐蚀工艺实现深槽隔离)，GaN 目前还没有成熟稳定的湿法腐蚀工艺，所以一般需要采用干法刻蚀工艺，多利用感应耦合离子刻蚀设备(ICP)采用 BCl_3 和 Cl_2 进行刻蚀。台面隔离工艺如图 2－13 所示，由于隔离槽深度比较大，刻蚀深度一般大于3 μm，因此要选择抗刻蚀的厚胶或者 SiO_2 来作掩膜层进行刻蚀。ICP 设备一般有两个射频源，一个用来控制等离子体中的离子浓度(也就是 ICP 功率)，一个用来单独控制轰击被刻蚀材料表面的离子能量(也就是 RF 功率)。影响 ICP 刻蚀速率和形貌的因素主要包括压强、气体流量和流量比、RF 功率和 ICP 功率等。ICP 刻蚀技术具有刻速快、选择比高、各向异性高、大面积均匀性好、刻蚀断面轮廓可控性高等优点。

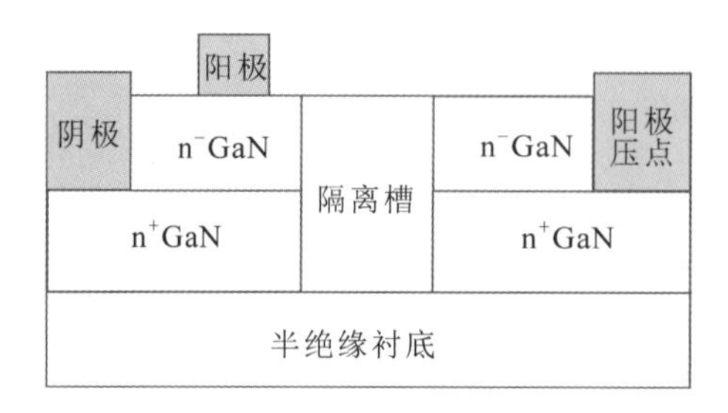

图 2-13　台面隔离工艺

5）空气桥工艺

在完成深槽隔离后，需要架接空气桥，用以实现阳极压点和阳极的连接，采用点支撑结构的空气桥结构可以有效降低二极管的寄生参数，空气桥工艺如图 2-14 所示。制作空气桥一般包括桥墩光刻、桥墩沉积起镀层、空气桥光刻、空气桥电镀、去掉空气桥的光刻胶、腐蚀起镀层、去掉桥墩光刻胶等几个步骤。

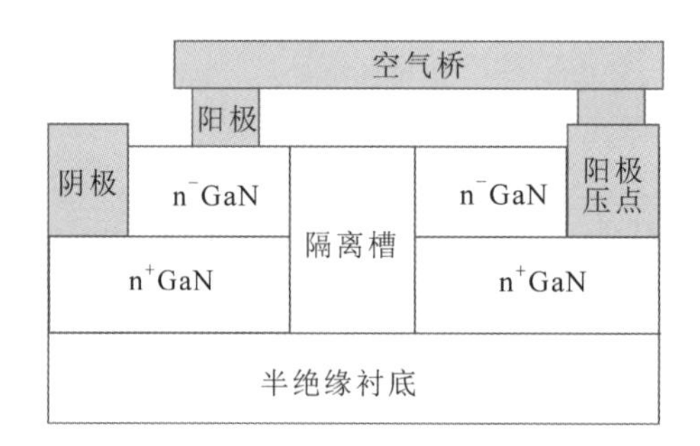

图 2-14　空气桥工艺

桥墩光刻胶因为在后面的过程中需要烘焙沉积电镀，还要起到垫高的作用，所以一般选择热稳定性好、厚度较大的光刻胶。起镀层一般可以通过电子束蒸发或者溅射来实现，这样蒸发的设备简单、沉积层均匀、工作效率高，但其台阶覆盖性能差，当桥下牺牲层的边缘坡度较大时，若用蒸发的方法沉积起镀层，则在桥墩陡坡处的金属层会很薄或者断裂，电镀金属后空气桥的桥墩会

变薄或者断裂；若利用溅射起镀层，则台阶覆盖性很好，制作的空气桥墩也很均匀。所以一般建议采用溅射工艺实现。

空气桥光刻胶的厚度一般要高于电镀的厚度，还要对电镀液具有一定的耐腐蚀作用，否则会发生横扩或者溢出。当二极管阴极和阳极的距离过短时，容易发生电镀互联进而引起短路，导致二极管失效。

6）背面减薄工艺

太赫兹肖特基二极管芯片的厚度对器件的寄生、电磁波传输模式有一定的影响。为了减小寄生损耗，保证器件单模工作，必须选择适当的芯片厚度，因而需要对衬底进行减薄[9]。

由于 SiC 的硬度极大，因此减薄需要通过机械研磨的方式实现。太赫兹二极管的碳化硅衬底须减薄至30 μm以下。由于减薄后衬底的机械强度会严重下降，较薄的衬底在后续工艺中也极容易发生碎裂，因此在减薄工艺中，需要将减薄片通过高温石蜡粘接在载片上，以保证在后续的分片工艺中不会发生碎裂。

由于在后续的工艺过程中会产生大量热量，为了保证衬底在后续工艺中不会碎裂，在载片的选择上，一般选择热导率和膨胀系数完全相同的碳化硅衬底，这样载片就会具有良好的热导率，使得刻蚀过程中产生的热量可以被迅速冷却，从而最大可能地保证后续过程中衬底不会因为热膨胀而碎裂。

7）分片取片工艺

在完成衬底减薄之后，需要将二极管进行分片取片[10]。

通过砂轮式激光划片机直接将其划开，该技术手段的优点在于由于 SiC 是透明的，不需要做背面光刻，直接划片即可。缺点在于为了防止切割划伤二极管芯片，需要相邻的二极管留出足够大的间距，同时划片机要设置划片的步长，而由于同一晶圆上会有不同类型的二极管，这样会增加版图的设计和布局难度。

8）背面通孔

背面通孔采用背面刻蚀工艺实现。刻蚀 SiC 也可通过 ICP - RIE 设备来实现。碳化硅刻蚀主要采用氟基气体进行，一般常见的刻蚀气体有 SF_6、CF_4、CHF_3 等，而辅助气体则有 O_2、Ar 等气体。其反应原理为：在 ICP 源射频功率下，SF_6 会电离出 F 离子，O_2 可作为辅助气体促进 SF_6 的电离。当以纯 SF_6

进行 SiC 刻蚀时，SiC 表面进行以下化学反应：

$$SF_6 = S + 6F$$

$$Si + 4F = SiF_4$$

$$C + xF = CF_x$$

$$C + xS = CS_x$$

$$S + xF = SF_x$$

总的化学反应方程式为

$$SiC + SF_6 \rightarrow SiF_4 + CS_2 + CF_4 + SF_4$$

由上述化学反应方程式可以看出，含 Si 的刻蚀产物是 SiF_4，而 C 原子的去除主要是以 CS_2 的方式进行的。

当加入 O_2 时，SF_6 会电离出更多的 F 离子，增加了离子密度，提高了刻蚀速度，同时 O_2 也会与 C 发生化学反应，进一步提高了刻蚀速度。

化学反应方程式如下：

$$3C + 2O_2 = 2CO + CO_2$$

刻蚀需要掩膜层，由于剩余 SiC 的厚度一般都在几十微米左右，而刻蚀 SiC 的气体为 SF_6 和 O_2，这两种气体对光刻胶的刻蚀速率比较快，但可供选择的胶不多，而且刻蚀时间太长容易发生糊胶现象，因此在实际刻蚀中多采用电镀抗刻蚀特性比较好的镍来作掩膜进行刻蚀。为了保证镍和衬底有足够的黏附性，种子层金属可采用钛镍或者钛金，采用磁控溅射的方法使其附着在碳化硅衬底表面。

此技术手段的优点在于可以精确刻蚀，有效减小芯片的面积，为后面的装配节省空间；缺点在于工艺比较复杂，需要在刻蚀之前进行背面光刻和电镀，工艺时间略长。

2.2.2 等效电路与模型

器件模型是影响太赫兹频段电路设计精度的最主要因素。目前，常用的设计仿真 CAD 软件(如 Advanced Design System)对肖特基二极管的材料属性并不特意区分。因此氮化镓肖特基二极管在应用上可以沿用砷化镓基肖特基二极管的一些电路拓扑结构和测试技术。一个通用的氮化镓基肖特基结等效电路模型如图 2-15 所示。

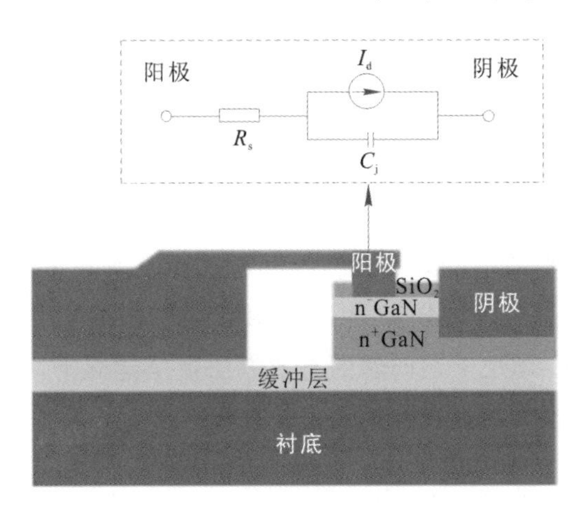

图 2-15　氮化镓基肖特基结等效电路模型

该模型中，R_s 表示串联电阻，与器件的掺杂浓度、阳极结尺寸、欧姆合金相关，且在高频率时受寄生效应的影响普遍会比低频率时要高；C_j 表示结电容，与掺杂浓度、外延层厚度以及阳极结尺寸相关。对于传统的肖特基结，电流、电容的公式(前文曾经提到)为

$$I(V) = I_{sat}\left[e^{\frac{q(V-IR_s)}{nkT}} - 1\right] \tag{2-27}$$

$$C(V) = A \cdot \left[\frac{q \cdot N_d \cdot \varepsilon_s}{2(V_{bi} - V)}\right]^{\frac{1}{2}} \tag{2-28}$$

在大注入功率下，热量不能充分散发，材料带隙宽度、迁移率等都会受到影响。采用科学的方法对工作状态下的热阻进行计算可显著提升模型的精准度。采用有限元分析软件对芯片温度分布进行仿真是获得热阻的方法之一，其优点是结果可视性强，可以用于系统地分析结构对热阻的影响。但是实际情况下材料热导率与理想因子的偏离会导致精度的偏离，可以采用电学法测试结温对仿真参数进行修正：

$$E_g(T) = E_g - \frac{7.02 \times 10^{-4} E_g\, T^2}{T + 1108 E_g} \tag{2-29}$$

$$I_{sat}(T) = I_{sat} \times \exp\left[\frac{E_g}{298\ Nk/q} - \frac{E_g(T)}{NkT/q} + \frac{3}{N}\ln\left(\frac{T}{298}\right)\right] \tag{2-30}$$

$$C_j(T) = C_j\left\{1 + 0.5 \times \left[1 + 4 \times 10^{-4}(T - 298) - \frac{V_j(T)}{V_j}\right]\right\} \tag{2-31}$$

在倍频器整体电路中，二极管作为核心芯片对倍频器的性能有着至关重要的作用，肖特基二极管的封装电路结构是整个倍频器电路的关键。在微波毫米波频段，由于二极管的封装尺寸远小于波长，其封装几乎不会影响场分布，此时二极管 SPICE 参数可认为是准确的。然而随着频率上升至太赫兹频段，对比屏蔽腔体尺寸的骤减，二极管封装尺寸减小幅度有限，造成的结果是二极管的封装已然影响到电路的场分布，因而将传统的二极管 SPICE 参数应用于太赫兹频段存在缺陷。解决上述问题的有效方法便是建立平面肖特基倍频管3D电磁模型，并根据倍频器设计腔体尺寸，参考实际电路的装配工艺(主要涉及导电胶材料参数及厚度)建立模型。

2.3 氮化镓太赫兹肖特基二极管倍频器

倍频器基于器件的非线性特性，可将输入信号频率进行整数倍变频。基于肖特基二极管的固态倍频器是实现大功率太赫兹源的主要技术途径之一，具有体积小、常温工作、带宽宽、频率稳定等优点。氮化镓作为第三代宽禁带半导体材料，与砷化镓相比，具有禁带宽度大、击穿电压高、散热特性好等特点，用于倍频器设计能够实现更高的输出功率[11]。

2.3.1 倍频电路设计

器件的非线性特性是倍频电路设计的物理依据。倍频器的输入信号为 V_{in}，经过非线性器件后会变换为 V_{out}，V_{out}的泰勒级数展开为

$$V_{out} = A_0 + A_1 V_{in} + A_2 V_{in}^2 + A_3 V_{in}^3 + \cdots \tag{2-32}$$

由此可知，输出信号是一个多阶函数，对于输入信号为正弦信号 $V_0 \cos \omega_0 t$ 的情况，输入信号可表示为

$$\begin{aligned} V_{out} &= A_0 + A_1 V_0 \cos \omega_0 t + A_2 V_0^2 \cos^2 \omega_0 t + A_3 V_0^3 \cos^3 \omega_0 t + \cdots \\ &= \left(A_0 + \frac{1}{2} A_2 V_0^2\right) + \left(A_1 + \frac{3}{4} A_3 V_0^3\right) \cos \omega_0 t + \frac{1}{2} A_2 V_0^2 \cos 2\omega_0 t \\ &\quad + \frac{3}{4} A_3 V_0^3 \cos 3\omega_0 t + \cdots \end{aligned} \tag{2-33}$$

由式(2－33)可知，输出信号中存在输入信号频率整数倍的多次谐波，倍频器设计的目的是使有用的谐波最大化，并对基波和无用的谐波分量进行滤波，实现频率倍增。由于倍频次数越高，倍频效率越低，因此在太赫兹频段以二次倍频和三次倍频为主，很少有三次以上的倍频器。基于肖特基二极管的太赫兹倍频电路可分为平衡式倍频电路和非平衡式倍频电路两大类。常用的倍频器电路拓扑结构如图 2－16 所示。对于平衡式二倍频器结构，由于基波以及奇次谐波对称抵消，因此输出信号只存在偶次谐波。对于平衡式三倍频器结构，由于偶次谐波对称抵消，因此输出信号只存在奇次谐波。平衡式倍频器可以简化电路拓扑，更容易获得高效率的倍频效果。非平衡式倍频器电路与平衡式倍频器电路相比更加复杂，太赫兹频段很少采用非平衡式倍频器结构。

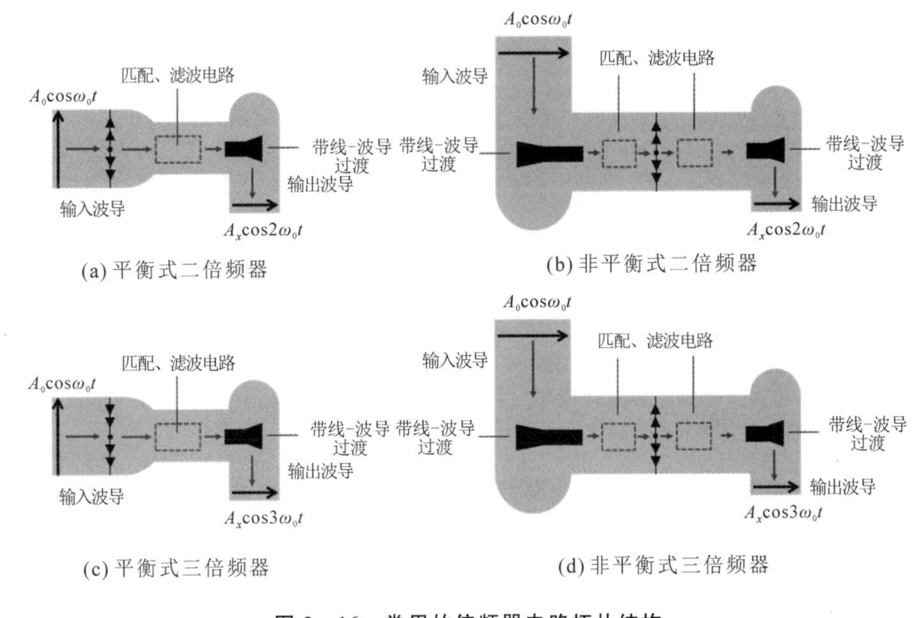

图 2－16　常用的倍频器电路拓扑结构

倍频电路设计一般包含悬置微带-波导过渡设计、倍频器电路的谐波仿真以及热设计几部分。

波导到微带线的过渡结构有很多实现方式，如鳍线过渡、探针过渡等。探针过渡结构简单，加工方便，易于实现，探针的尺寸以及探针和短路面之间的距离是影响过渡性能的重要参量。理论上一般认为，当短路面和探针间的距离为四分之一波长时，传输损耗最小，这是因为在四分之一波长处的入射波电压和反射波电压相叠加达到最大，即为电场最强的位置。

图 2-17 所示为 HFSS 中仿真设计 W 波段输入波导到微带线的探针过渡结构模型，端口 1 为输入端，信号经由标准波导 WR-10 馈入，由探针过渡结构将其引入到微带线，即输出端口 2，端口 2 接匹配电路和肖特基倍频二极管对，从而将信号引入到之后连接的肖特基二极管对上。在设计中尽量避免过多的支结及过长的传输线，这样不仅可以减少损耗，还可以防止出现因基片过长在装配中引起的翘曲等问题。

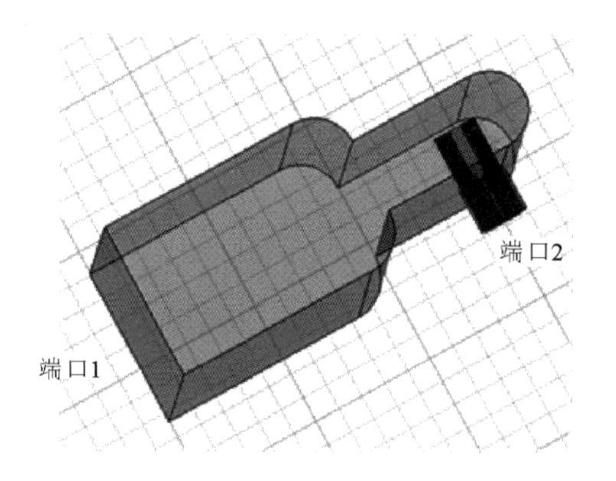

图 2-17　输入波导-微带探针过渡

倍频器电路的谐波仿真可在仿真软件 Advance Design System 中完成。输入信号由信号源仿真器提供，源阻抗设为波导的电压阻抗，输入信号通过一个低通滤波结构以后作用于氮化镓肖特基二极管，产生的谐波信号经过匹配、滤波结构和带线-波导过渡到达输出波导输出。在建立倍频器整体电路原理图过程中，采用 Data Items 表征波导-微带过渡探针以及二极管三维封装模型。在整体优化过程中，整体电路优化仿真模型如图 2-18 所示。

倍频器电路的热设计需要结合有限元热仿真软件进行分析。对于氮化镓肖特基二极管芯片，衬底一般采用 SiC，SiC 是一种具有优良的散热特性的材料。因此氮化镓倍频电路的热设计主要围绕焊接材料和电路基板的选择开展，常见的焊接材料包括导电树脂、导电银浆。导电树脂的热导率一般认为在 10 W/(m·K)，导电银浆的热导率一般认为在40 W/(m·K)。仿真发现采用导

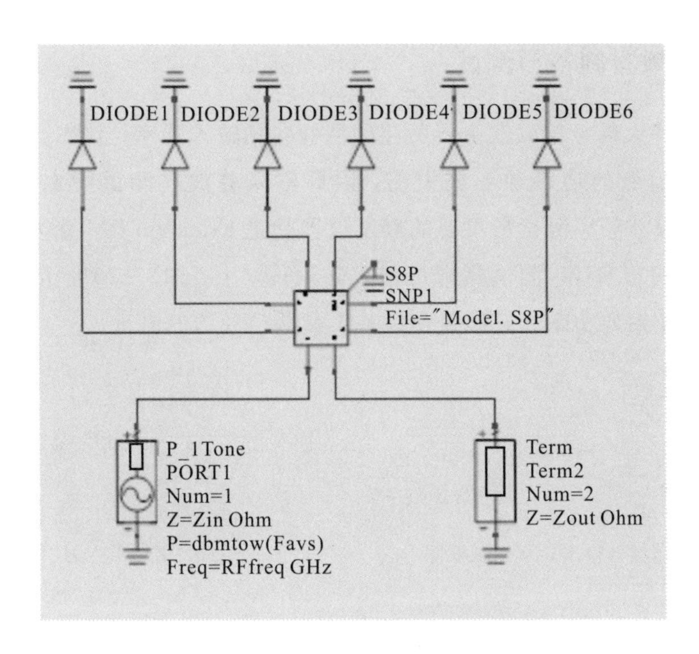

图 2-18　倍频器整体电路仿真模型

电银浆替代导电树脂可以给热阻降低 0.1～0.2 K/mW。在电路基板的选取中，金刚石替代石英的热设计效果明显，热阻可降低 0.4～0.6 K/mW[12-14]，倍频器热设计结果如图 2-19 所示。

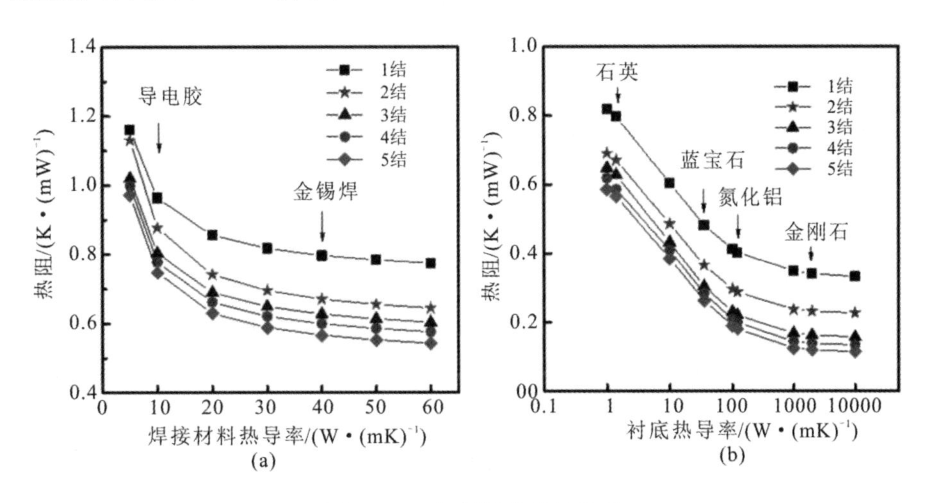

图 2-19　倍频器热设计结果

2.3.2 倍频器制备与测试

氮化镓基太赫兹倍频器主要关注的特性包括输入功率、效率。如果反射功率过大会对前级的功率源形成损伤，因此输入驻波在测试中也需要重点关注[15-16]。太赫兹频率测试最重要的测试仪器就是 Erickson PM 系列功率计，这是一种热耦式功率计，测试频带可覆盖1 THz以上。图2-20展示了如何使用 Erickson PM 系列功率计开展氮化镓基太赫兹倍频器的测试。

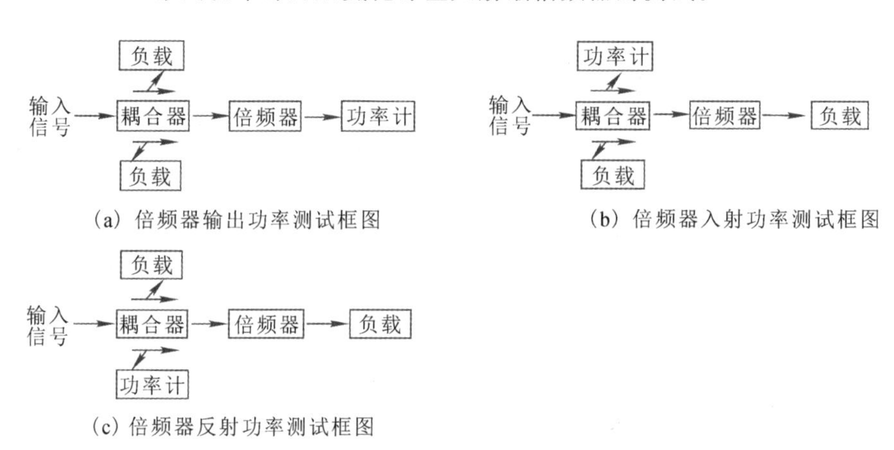

图 2-20 氮化镓基太赫兹倍频器测试

整个测试系统的搭建如图2-20所示，输入信号经双向耦合器以后接倍频器输入端，在测试倍频器输出功率的情况下，功率计接倍频器的输出端，双向耦合器的入射耦合端口和反射耦合端口均接入负载。在输入功率的情况下，功率计接双向耦合器的入射耦合端口，倍频器的输出端和双向耦合器的反射耦合端口均接入负载。倍频器输出功率和输入功率的比值为倍频的效率。在反射功率的情况下，功率计接双向耦合器的反射耦合端口，倍频器的输出端和双向耦合器的入射耦合端口均接入负载。反射功率和入射功率的比值为倍频器的输入驻波。为了获得准确的测试结果，Erickson PM 系列功率计的最大耐受功率不得高于200 mW。对于功率大于200 mW的情况，待测信号需要先经过一个定标的衰减器衰减以后，再进入 Erickson PM 系列功率计。

参考文献

[1] 曹培栋．微电子技术基础[M]．北京：电子工业出版社，2001.

[2] 刘恩科，朱秉升，罗晋生，等．半导体物理学［M］．6版．北京：电子工业出版社，2007.

[3] 郝跃，张金风，张进成．氮化物宽禁带半导体材料与电子器件[M]．北京：科学出版社，2013.

[4] CHONG J，MOHAMMED Z，DAMIEN D，et al. E-beam fabricated GaN schottky diode：high-frequency and non-linear properties[J]．2013 IEEE MTT-S international microwave symposium digest.

[5] LIANG S X，FENG Y L，XING P，et al，GaN planar schottky barrier diode with cut-off frequency of 902 GHz[J]．Electronics letter，2016，52(16)：1418－1420.

[6] FENG Z H，LIANG S X，XING D，et al. High-frequencymultiplier based on GaN planar Schottky barrier diodes ［C］．2016 IEEE MTT-S International MicrowaveWorkshop Series on Advanced Materials and Processes for RF and THz Applications.

[7] LIANG S X，SONG X B，ZHANG L S，et al. A 177－183 GHz high-power GaN-based frequency doubler with over 200 mW[J]．IEEE eletron device letters，2020，41(5)：423－426.

[8] BISHOP W L，MCKINNEY K，MATTAUCH R J，et al，A novel whiskerless diode for Schottky and submillimeter wave applications[C]．IEEE MTT-S International Microwave Symposium，IEEE，1987：607－610.

[9] 李响，杨洪星，于妍，等. SiC化学机械抛光技术的研究进展[J]．半导体技术，2008，33(6)：470－472.

[10] 周瑞，张雄文，闫锐，等. SiC ICP背面通孔刻蚀研究[J]．微纳电子技术，2010，47(4)：249－252.

[11] SONG X B，LV Y J，ZHANG Y. M. et al. GaN schottky diode model for THz multiplier design with consideration of self-heating effect[J]．IEEE asicon，2019.

[12] TANG A Y，SCHLECHT E，LIN R，et al. Electro-thermal model for multi-anode schottky diode multiplier[J]．IEEE trans. THz sci. technol.，2012，2(3)：290－298.

[13] ZHANG Y M, FENG S, W, ZHU H, et al. Study of heat transport behavior in GaN-Based transistors by schottky characteristics method [J]. IEEE trans. electron devices, 2017, 64: 2166 - 2170.

[14] SONG X B, ZHANG L S, LIANG S X, et al. Thermal analysis of GaN schottky diodes in the terahertz frequency multipliers[C]. IEEE EDSSC, 2019.

[15] https: //vadiodes. com/images/Products/PowerMeter/PM 5 manual/VDI-724-PM5-Manual. pdf.

[16] GUO C, SHANG X B, LANCASTER M J, et al. A 135 - 150-GHz frequency tripler with waveguide filter matching[J]. IEEE trans. microw. theory tech. , 2018. 66(10): 4608 -4616.

第3章

氮化镓太赫兹共振隧穿二极管

3.1 氮化镓太赫兹共振隧穿二极管物理基础

3.1.1 共振隧穿二极管研究进展

1. 共振隧穿二极管简介

共振隧穿二极管(RTD)是一种基于量子共振隧穿效应的高速纳电子器件，具有高频、高速、低电压、低功耗、负阻、双稳、自锁和用少量器件完成多种逻辑功能的特性。该器件可用常规集成电路技术进行设计和制造，更容易被推广应用，目前共振隧穿二极管仍处于应用研究阶段。

由于隧穿机制是一种高速物理机制，RTD 器件本征电容小，器件有源区很窄，决定了其具有非常高的工作频率。理论上 RTD 从峰值到谷值的转换频率可达2.5 THz。通常 RTD 器件的工作电压在0.5 V左右，工作电流为毫安量级，通过器件结构设计可将工作电流降低到微安级，实现低功耗应用。RTD 具有的负阻特性以及与其相关的双稳和自锁特性，是 RTD 模拟和数字电路的应用基础。由于自锁特性，一个 RTD 相当于一个触发器，在 HEMT 和 HBT 等高速电路中，在保持电路功能不变的情况下，采用 RTD 器件可节省器件数量。共振隧穿二极管的基波振荡频率在200～700 GHz范围内，其谐波振荡频率在太赫兹以上。利用半导体微电子技术实现频率上调来研制的太赫兹波发生器具有结构简单、体积小、重量轻、可调性强、携带方便等特点。目前，RTD 器件主要应用于微波和毫米波振荡器等模拟电路，也可与 MESFET、HBT、HEMT 等器件结合制备高速数字电路，还可与常规光电探测器件构成高速光电集成电路[1]。

2. 共振隧穿二极管研究进展

RTD 器件的发展始于超晶格结构的提出及材料外延生长技术的进步。1969 年，L. Esaki 和 R. Tsu 在寻找具有微分负阻特性(NDR)的新器件时，提出半导体超晶格的概念[2]。1973 年，L. L. Chang 等人利用分子束外延技术(MBE)生长出第一个人造半导体超晶格材料[3]。同年，L. Esaki 和 R. Tsu 预

测在半导体超晶格势垒结构中能产生共振隧穿现象[4]。在 AlGaAs/GaAs 双势垒或多势垒结构两端施加偏压，在同一个能带中通过势垒的电子会发生共振隧穿，其电流-电压输出特性会出现类似 Esaki 二极管的负微分电阻特性。1974 年，L. Chang、L. Esaki 和 R. Tsu 等人利用 MBE 技术制备了 AlGaAs/GaAs/AlGaAs 双势垒异质结构，并观察到了微弱的 NDR 特性，试验验证了共振隧穿现象[5]。之后，RTD 及其集成器件成为研究热点，逐步建立了器件输运模型和隧穿机理。在诸多 RTD 材料体系中，应用范围最广、应用程度和可行性最高、材料生长和器件制备工艺最成熟的当属以 GaAs 和 InP 为代表的Ⅲ-Ⅴ族化合物 RTD。美国、欧洲和日本等国家的大学、研究所和公司在相关应用研究方面投入了巨大的精力，在高频模拟电路和高速数字逻辑电路领域取得了大量成果，Ⅲ-Ⅴ族化合物 RTD 器件逐步进入到了应用领域。如图 3-1 所示，2016 年，东京工业大学 Maekawa 等人研制出室温振荡频率高达 1.92 THz、输出功率为0.4 μW的 GaAs RTD 振荡器，该频率是目前报道的室温振荡器的最高频率[6]。近年来太赫兹技术在大容量通信、安全检测、光谱成像和医疗诊断等领域具有广泛的应用前景，RTD 及其振荡器成为了研究热点。

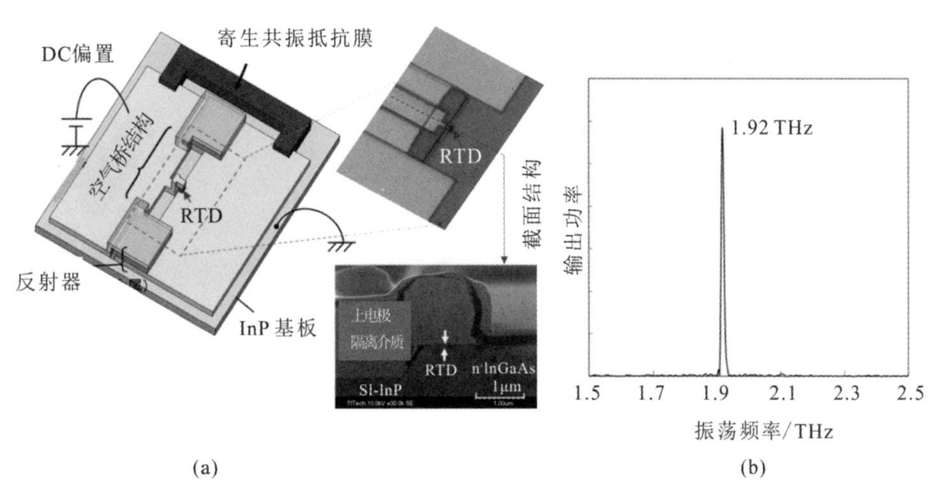

图 3-1　东京工业大学研制的 GaAs RTD 振荡器示意图和输出功率特性

3. 氮化镓共振隧穿二极管研究进展

如图 3-2 所示，与 GaAs、Si 等半导体材料相比，以 GaN 为代表的Ⅲ族氮化物半导体材料具有宽禁带、高击穿场强、高电子饱和速度、高热导率、抗辐照能力强和化学性质稳定等显著特点，这些性质使其成为实现大功率、高频率、高电压、耐高温和耐辐照电子器件的一类理想材料。与 GaAs 材料相比，GaN 材料的特点为具有更高的饱和电子漂移速度，电子在耗尽区的漂移时间更短，更有利于提高器件的工作频率；具有更高的热导率，意味着散热性更好，能够适应更高的工作温度；具有更大的击穿场强，适合高压工作要求，可获得高功率输出；具有较小的介电常数，器件本征电容更小，有利于提高工作频率；具有更大的有效电子质量，可以获得更大的峰值电流密度。同时，Ⅲ族氮化物材料禁带宽度可调范围更大，可实现对共振隧穿过程更好的调制，实现更低的谷值电流密度和更高的峰谷电流比(PVCR)。

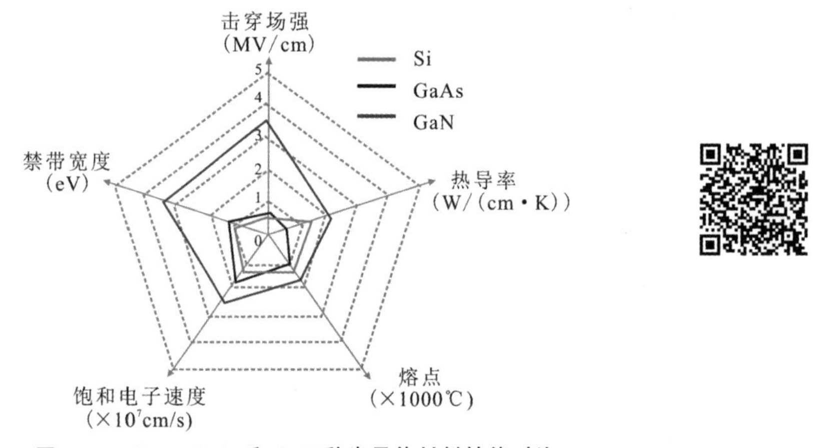

图 3-2 GaN、GaAs 和 Si 三种半导体材料性能对比

基于上述材料优势，GaN 材料有望取代 GaAs 材料制备 RTD 器件，实现室温下更高输出功率的太赫兹辐射源，尤其是太赫兹波段波长可调、全固态的室温微波振荡源。此外，GaN 材料纵光学声子(LO)能量约为92 meV，远大于 GaAs 材料的36 meV，有望实现5～12 THz波段室温工作的量子级联激光器(QCL)，GaN RTD 器件的研究将推动 QCL 等复杂隧穿结构的发展。GaN RTD 器件可与当前非常成熟的 GaN 基高电子迁移率晶体管(HEMT)和肖特

基二极管(SBD)等高频器件结合，推动高功率微波集成电路的发展。因此，GaN RTD器件在近五年内受到了国内外的广泛关注，并取得了突破性进展。

GaAs RTD的研究比较成熟，已经成功用于制备THz波段振荡器。而GaN RTD器件的研究尚处于起步阶段，这一方面是受限于材料质量，GaN RTD器件的均匀性差，难以在室温下实现稳定工作。另一方面是氮化物材料中极化场的存在和散射机制的影响，GaN RTD器件的峰值隧穿电流密度和PVCR仍比较低。氮化物材料体系中存在极强的压电极化和自发极化，即使对称的双势垒结构RTD，其能带结构也不对称，需要精确设计来保证发生共振隧穿时两个势垒尽可能地对称，保证足够大的隧穿概率。极化场在集电极一端形成很厚的耗尽区，增加了有效势垒厚度，需要特殊设计来消除。由于势垒的非对称性，GaN RTD器件一般只能在一个偏置电压方向下观察到微分负阻效应。

GaN RTD研究主要聚集于从模拟计算角度探索极化场、缺陷和结构对器件性能的影响，以及从实验角度提高材料质量并制备出高性能器件。早期GaN RTD器件在蓝宝石衬底上外延制备，由于存在高密度位错缺陷，器件性能极不稳定，室温下无法实现负阻效应。近几年，随着氮化镓单晶衬底制备技术的突破，借助MBE技术实现了室温下具有稳定微分负阻效应的GaN RTD器件，并且微分负阻效应在连续扫描条件下保持重复稳定，没有出现回滞和衰减现象。2016年，康奈尔大学和俄亥俄州立大学分别报道了氮化镓衬底上外延生长的AlN/GaN RTD器件，在室温下观测到可重复的微分负阻效应[7-8]。2018年，俄亥俄州立大学的Growden等人研制的AlN/GaN RTD器件，峰值隧穿电流密度达到431 kA/cm^2，室温下PVCR值高达1.6[9]。2020年，该小组Cornuelle等人将GaN RTD器件的峰值隧穿电流密度进一步提高到了1.01 MA/cm^2[10]。同年，美国海军研究实验室(NRL)报道了PVCR值为2.03的AlN/GaN RTD器件[11]。2021年，西安电子科技大学相关团队研制出室温下PVCR值高达1.93的AlN/GaN双势垒RTD器件，同时报道了具有稳定微分负阻效应的直径为20 μm的大尺寸GaN RTD器件[12]。目前，国际上报道的GaN RTD器件的稳定微分负阻效应都是基于自支撑氮化镓衬底和厚膜氮化镓基板材料，而且室温下能稳定工作的器件势垒层全为AlN势垒层。

3.1.2　共振隧穿二极管工作原理

共振隧穿二极管的典型结构是双势垒单势阱，势垒层由宽带隙材料构成，势阱由窄带隙材料构成。图 3-3 所示是 RTD 器件工作原理，材料左侧势垒层为发射势垒，发射势垒左侧为 n^+ 型重掺杂发射区(E)。右侧势垒层为集电极势垒层，集电极势垒右侧为 n^+ 重掺杂集电区(C)。势垒层和势阱一般不掺杂，可通过改变势垒层和势阱厚度来调控 RTD 器件的输出特性。由于势阱很窄，其尺寸接近德布罗意波长，根据量子力学理论，势阱中的电子能量将发生量子化，形成分立的、不连续的束缚能级。以一维矩形深势阱为例，沿 z 方向运动的电子在势阱中的能级的能量为

$$E_{n_z} = \frac{\hbar^2}{2m^*}\left(\frac{\pi n_z}{L_W}\right)^2,\ n_z = 1, 2, \cdots \tag{3-1}$$

能量间隔为

$$\Delta E_{(n_z+1), n_z} = E_{n_z+1} - E_{n_z} = \frac{\hbar^2}{2m^*}\left(\frac{\pi}{L_W}\right)^2\left[(n_z+1)^2 - n_z^2\right] \tag{3-2}$$

式中：n_z 是沿 z 方向量子阱中的能级，E_{n_z} 是沿 z 方向运动的电子在势阱中能级的能量，且是简约普朗克常量，m^* 是电子有效质量，L_W 是量子阱宽度，$\Delta E_{(n_z+1), n_z}$ 是沿 z 方向量子阱中 n_z+1 能级和 n_z 能级之间的能量差。

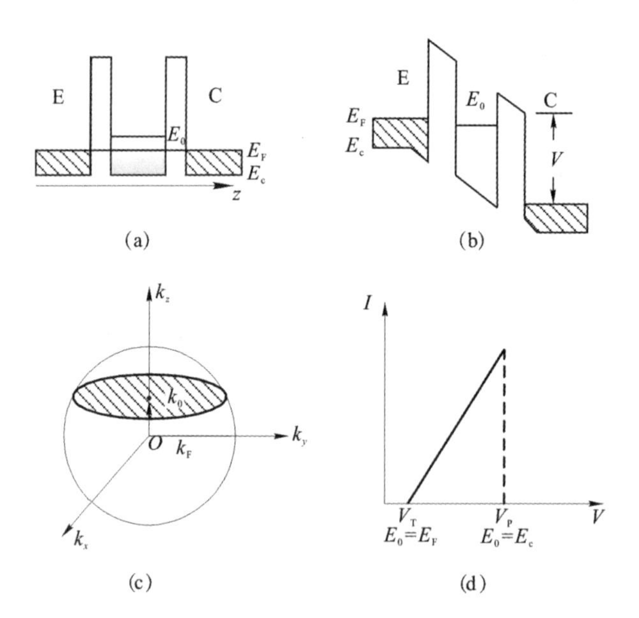

图 3-3　RTD 器件工作原理示意图

在单势垒隧穿中，隧穿概率只与势垒高度和宽度有关，势垒越低越窄，则

隧穿概率越大。而共振隧穿除了和势垒高度和宽度有关外，还和势阱中的能量分布有关。由于势阱中的能量发生了量子化，发射极费米能级以下、导带底以上能量为 E 的电子经过势垒只能和势阱中基态能级 E_0 发生隧穿。在无外加偏压时，基态能级 E_0 位于费米能级以上，不发生隧穿。当施加偏压时，能带向下倾斜，E_0 下降到与费米能级 E_F 对齐时发生共振隧穿。此时的外加偏置电压成为起始电压 V_T。随着施加偏压的增加，E_0 与发射区费米能级以下、导带底以上某能量 E 对齐时，该能级 E 与势阱中的 E_0 能级也发生共振隧穿。

共振隧穿时 E_0 能级上的电子在势阱中只能沿 xy 方向运动，而在 z 方向上的运动受到限制，其总能量必须与发射区入射电子的能量相等，即

$$E = E_0 + \frac{\hbar^2 k_{xy}^2}{2m^*}, \quad E_c \leqslant E \leqslant E_F \tag{3-3}$$

式中：E_0 是量子阱中基态能级，E_c 是导带底能量，E_F 是费米能级，k_{xy} 是与 z 方向垂直平面内的波矢量。

同时，发射区电子沿 xy 方向上的动量和隧穿后势阱中 xy 方向上的动量相等，势阱中沿 z 方向运动的受限动量为0，因而 $\hbar k_{xy}$ 为常量。

随着外加偏压增加，发射区电子能级 E 与势阱中基态能级 E_0 对齐且同时下降，即能级 E 向导带底靠近时，$E_F - E = E_F - E_0$ 的能量为隧穿后 E_0 能级上电子的动能。当 $E = E_F$ 时，隧穿后 E_0 能级上电子的动量为

$$k_{xy} = \sqrt{2m^*(E_F - E_0)} \tag{3-4}$$

假设 $E_F = \frac{\hbar^2 k_F^2}{2m^*}$，$E_0 = \frac{\hbar^2 k_0^2}{2m^*}$，$E = \frac{\hbar^2 k_z^2}{2m^*}$，式(3-4)在 k 空间可表示为 $k_z = k_0$ 的一个费米盘。当外加偏压增加时，E_0 向导带底移动，对应于费米盘沿 k_z 轴下降。单位面积费米盘上的电子态密度为 $\frac{m^* E_F}{\pi\hbar^2}$，随着费米盘下降，盘面积增加，隧穿电流也增大。当发射区电子能级等于零($E=0$)，势阱中基态能级等于导带底能级($E_0 = E_C$)时，费米盘面积达到最大，隧穿电流也达到最大。此时外加偏置电压为峰值电压(V_P)，隧穿电流为峰值电流(I_P)。随着外延偏压进一步增加，发射区电子能级小于零($E<0$)时，势阱中的基态能级 E_0 和导带底 E_C 以下禁带能级对齐，不再满足共振隧穿条件，不再发生共振隧穿效应，隧穿电流变为零。

3.1.3 共振隧穿二极管量子力学理论

双势垒单势阱结构共振隧穿二极管产生共振隧穿的物理机制，以量子阱中能量量子化、产生分立能级和电子单势垒隧穿等量子力学概念为基础。按照量子力学理论，如果一个电子位于势垒高度为 V_0、宽度为 L_W 的势阱中，当势阱宽度接近德布罗意波长时，电子动量将发生量子化，与自由运动相对应的连续能量 $E(k)$ 将分裂成子带 E_{nz}，如图 3-4 所示。

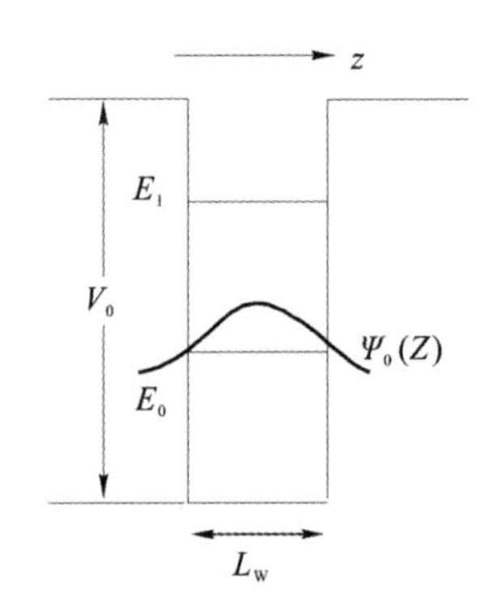

图 3-4 双势垒单势阱量子阱能量量子化示意图

对于一个势垒高度为 V_0、势阱宽度为 L_W 的量子阱，其波函数 $\varphi(z)$ 的一维薛定谔方程为

$$H\varphi(z)=-\frac{\hbar^2}{2m^*}\frac{\mathrm{d}^2\varphi(z)}{\mathrm{d}z^2}+V(z)\varphi(z)=E\varphi(z) \tag{3-5}$$

式中：H 为哈密顿量，$\hbar$ 为简约普朗克常量，$m*$ 为电子有效质量，E 为能量本征值，$\varphi(z)$ 为波函数，$V(z)$ 为沿 z 方向的势场。

在势阱中和势阱两侧分别求解薛定谔方程，以 $\varphi(z)$ 和 $\frac{\mathrm{d}\varphi}{\mathrm{d}z}$ 在边界处保持连续为条件，可得到势阱中分立能级 E_{n_z} 和相应的波函数 $\varphi(z)$ 的表达式：

$$E_{n_z}=\frac{\hbar^2}{2m^*}\frac{\pi^2 n_z^2}{L_W^2},\ n_z=1,2,\cdots \tag{3-6}$$

$$\varphi(z)=\exp\left[-\frac{2m^*(V_0-E_{n_z})}{\hbar^2}\right]^{\frac{1}{2}}z \tag{3-7}$$

因此，量子阱中能量分布非连续，分裂成多个分立的能级。能量间隔为

$$\Delta E_{(n_z+1),\,n_z} = E_{n_z+1} - E_{n_z} = \frac{\hbar^2}{2m^*}\left(\frac{\pi}{L_W}\right)^2\left[(n_z+1)^2 - n_z^2\right] \tag{3-8}$$

量子阱宽度越小，能级能量越大，能级能量间隔也越大。能量为 E 的电子沿 z 方向入射高度为 V_0、宽度为 L_B 的单势垒如图 3-5 所示。从经典力学的观点来看，如果电子能量 E 小于势垒高度 V_0，则不论势垒宽度 L_B 取何值，电子都会被反射回来，不能穿透势垒到达势垒右侧。但按照量子力学理论，通过求解薛定谔方法可以得到势垒左侧的波函数为

$$\varphi_1(z) = A_1\exp(\mathrm{i}k_1 z) + B_1\exp(-\mathrm{i}k_1 z) \tag{3-9}$$

式中：等号右侧第一项表示振幅为 A_1 的平面入射波，第二项表示振幅为 B_1 的反射波，k_1 为波矢量。在势垒区中，波函数为

$$\varphi(z) = A_2\exp(\mathrm{i}k_2 z) \tag{3-10}$$

式中 $V_0 - E = \frac{\hbar^2 k_2^2}{2m^*}$。在势垒区左侧，电子波函数为 $\varphi_3(z) = A_3\exp(\mathrm{i}k_3 z)$。

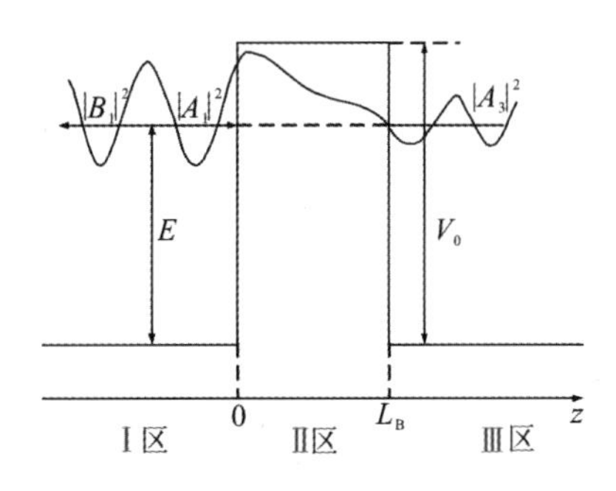

图 3-5　入射电子穿透单势垒情形

由于电子的流量与波函数振幅的平方成正比，假设电子波函数的发射率为 R，透射率为 T，则

$$R = \left|\frac{B_1}{A_1}\right|^2,\ T = \left|\frac{A_3}{A_1}\right|^2,\ R + T = 1 \tag{3-11}$$

利用 $\varphi(z)$ 和 $\frac{\mathrm{d}\varphi}{\mathrm{d}z}$ 在边界处保持连续的条件，可求解得到 A_1 和 A_3，代入透射率表达式，可得

$$T(E) = \left|\frac{A_3}{A_1}\right|^2 = \left[1 + \frac{V_0^2}{4E(V_0 - E)}\sinh(k_2,\ L_B)\right]^{-1} \tag{3-12}$$

式(3-12)表明，电子通过单势垒的穿透率 $T(E)$ 是能量 E、V_0、L_B、k_2 的

函数。$T(E)$随E变化的规律如图3-6所示，在电子能量E小于势垒高度V_0的能量范围内，隧穿透射率$T(E)$随E的增加而单调增大。

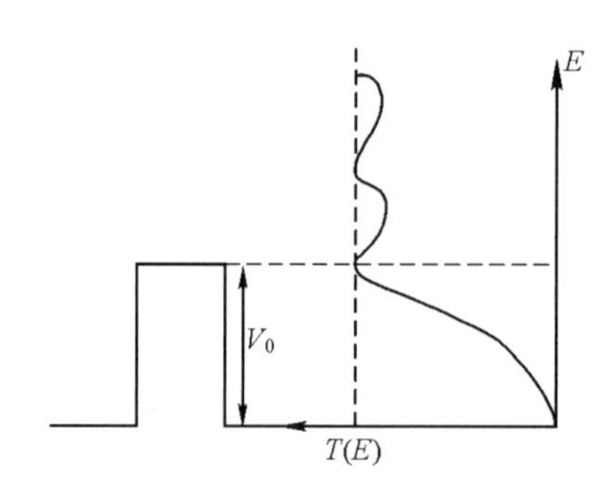

图3-6 电子隧穿单势垒透射率$T(E)$与电子能量E关系

3.1.4 共振隧穿二极管物理模型

双势垒单量子阱结构共振隧穿二极管的物理模型主要有相干隧穿模型和顺序隧穿模型。相干隧穿模型是建立在电子运动过程中散射作用较弱时电子波相位始终保持在相干条件基础上的，而顺序隧穿模型建立在散射作用较强时运动电子因散射而不能保持原有相位的基础上。顺序隧穿模型认为整个隧穿过程是由两个互相独立的隧穿过程串联而形成的。

1. 相干隧穿模型

相干隧穿模型在散射作用可忽略不计、隧穿过程中相位始终保持相干的条件下才适用。该模型中，将双势垒单量子阱看作电子波的一个法布里-珀罗谐振腔。双势垒相当于半透射的反射镜。双势垒之间的势阱相当于两反射镜之间的谐振腔，电子隧穿过程相当于光波进入谐振腔经多次反射后光强增强，最后透射出去，如图3-7所示。

求解薛定谔方程得到波函数的过程与单势垒情况相似，这里以电子波的概念来描述发生共振隧穿的物理过程。在图3-7中，考虑从发射区E能量为E的电子经发射势垒EB注入势阱W中，电子波进入势阱后沿z方向运动到达集电势垒CB。之后，部分穿透集电势垒CB，部分被CB反射沿$-z$方向又返回发射势垒EB，还有部分透射进入发射区E，部分反射回势阱W。该过程相当于在势阱内的能级上，电子以速度$V=\hbar k_z/m^*$在势垒EB和CB间振荡。每一

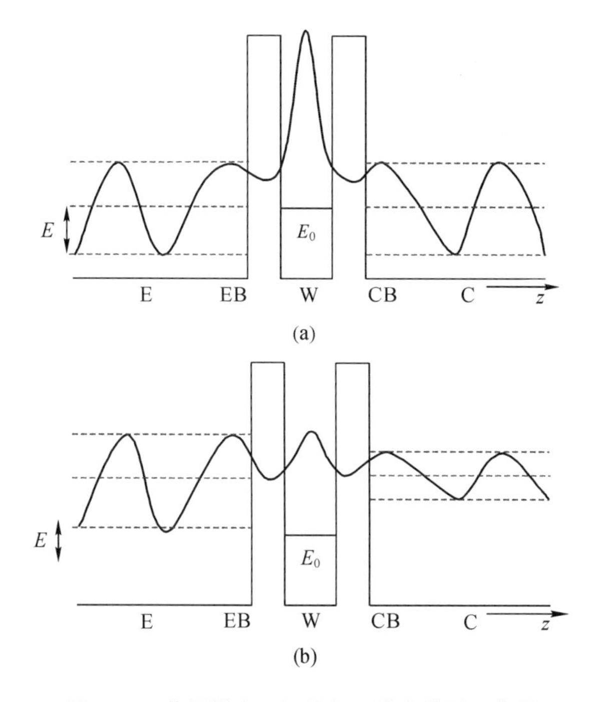

图 3-7　共振隧穿二极管相干隧穿模型示意图

个周期($2L_W/V_z$)内入射势垒两次，而每次入射势垒都伴随着一定的概率 $T(E)$透射出势垒。如果入射电子能量 E 与量子阱中基态能级 E_0 接近，满足共振隧穿发生的条件，则经过多次反射后势阱中的电子波振幅增强，逐渐达到一个振幅最大的稳定态，然后从势垒 CB 透射出去，对应于最大的隧穿电流，达到共振隧穿状态。与此对应的总透射率 T 与每个势垒透射率 T_E、T_C 的关系为

$$T(E=E_0)=\frac{4T_E T_C}{(T_E+T_C)^2} \tag{3-13}$$

当发射势垒 EB 和集电势垒 CB 完全相同时，$T_E=T_C$，此时 $T(E=E_0)=1$，隧穿电流达到最大。若入射电子能量 E 与基态能级 E_0 不相等，电子波在两个势垒之间振荡时没有增强，即没有达到共振条件，则总的透射率 $T(E)$为 T_E 与 T_C 的乘积，即 $T(E\neq E_0)=T_E T_C$。

在该条件下，由于 T_E 与 T_C 为一指数型数值很小的数字，故透射率远远小于 1，即共振隧穿停止。双势垒单量子阱结构发生共振隧穿时，透射率 $T(E)$与能量 E 的变化规律如图 3-8 所示。每当入射电子能量 E 等于量子阱中分立

能级 E_0 或 E_1 时，透射率等于 1，此时发生共振隧穿，相应的隧穿电流达到最大值。当入射电子能量偏离分立能级 E_0 或 E_1 时，透射率 $T(E)$迅速下降，隧穿电流也随之降低。当入射电子能量接近势垒高度 V_0 时，透射率 $T(E)$增大并接近 1，此时相当于热电子发射。

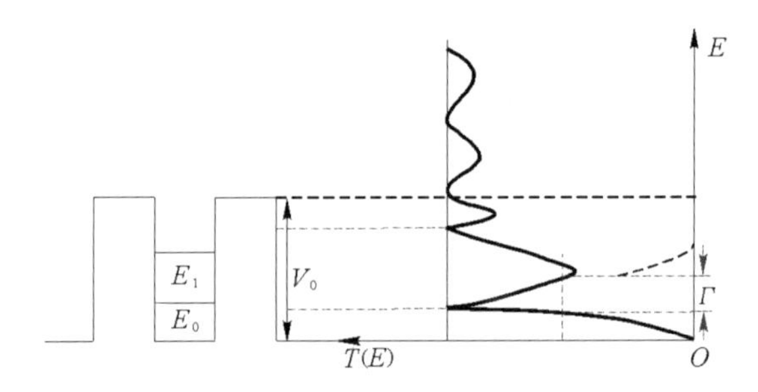

图 3-8 相干隧穿模型中共振隧穿透射率 $T(E)$与电子能量 E 的关系

势阱中能级上的电子经多次势垒间反射最终达到振幅最大的稳定状态，这一过程需要一定的时间，此时间可认为是电子在该能级上的寿命 τ_{QW}：

$$\tau_{QW} = \frac{\hbar}{\Delta E} \tag{3-14}$$

式中：ΔE 对应于能带宽度，通常情况下 ΔE 以图 3-8 中 $T(E)-E$ 特性曲线上尖峰最大值半高宽 Γ 来表示，即

$$\tau_{QW} = \frac{\hbar}{\Gamma} \tag{3-15}$$

Γ 越大表示共振隧穿效应越强，隧穿电流越大。峰值电流密度越大，能级寿命越短。

当发射区电子以能量 E 沿 z 方向运动时，电子属于导带中自由电子的单位运动，能量为连续分布。电子穿透发射势垒进入量子阱后，在势阱内沿 z 方向上的运动受限，故电子在势阱内只能在 xy 平面上运动。共振隧穿发生条件下的动量守恒也是沿 xy 平面上的动量守恒，而沿 z 方向电子的动量为零。势阱中电子处于二维电子气状态，假设 z 方向的共振隧穿运动和势阱内 xy 平面内的电子运动是独立的，则共振隧穿电子总能量为两个能量值之和，即

$$E = E_0 + \frac{\hbar^2 k_{xy}^2}{2m^*} \tag{3-16}$$

式中：k_{xy} 为与 z 轴垂直的 xy 平面内的波矢量。由式(3-16)可知，势阱中每一

个量子化的能级形成一个子能带，此子能带的带宽 ΔE 一般用谐振宽度 Γ 来表示。基于透射率表达式，隧穿电流密度 J 可用下式计算：

$$J=\frac{qm^{*}k_{\mathrm{B}}T}{2\pi^{2}\hbar^{3}}\int_{0}^{\infty}\mathrm{d}ET(E,V_{0})[f(E)-f(E')] \tag{3-17}$$

式中：q 为电子电荷量，k_{B} 为玻耳兹曼常数，T 为温度，$f(E)$ 与 $f(E')$ 分别为发生隧穿两端的费米函数，代入上式，J 可表达为

$$J=\frac{qm^{*}k_{\mathrm{B}}T}{2\pi^{2}\hbar^{3}}\int_{0}^{\infty}\mathrm{d}ET(E,V_{0})\ln\left[\frac{1+\exp(E_{\mathrm{F}}-E)/(k_{\mathrm{B}}T)}{1+\exp(E_{\mathrm{F}}-E-qV)/(k_{\mathrm{B}}T)}\right] \tag{3-18}$$

式中：V 为共振隧穿二极管所施加的偏压。利用式(3-18)可以计算得到器件的输出 $I-V$ 特性，积分项实际上是能量与透射率 $T(E)$ 沿能量分布的乘积。

2. 顺序隧穿模型

顺序共振隧穿模型是在散射作用较强时，电子从发射极隧穿到势阱中能级后，由于受到散射作用，电子波丧失其原始相位，达到一定的热平衡分布，再从势阱隧穿到集电区。整个过程由两个无相位联系、独立隧穿过程串联构成。

以 J_1 表示电子从发射区隧穿到势阱形成的共振态电流密度，J_2 表示从势阱中共振态隧穿到集电区的电流密度，两种电流密度分别表示为

$$J_{1}\propto T_{\mathrm{E}}(E_{\mathrm{F}}^{(\mathrm{E})}-E_{\mathrm{F}}^{(\mathrm{W})}) \tag{3-19}$$

$$J_{2}\propto T_{\mathrm{C}}(E_{\mathrm{F}}^{(\mathrm{W})}-E_{\mathrm{F}}^{(\mathrm{C})})\approx T_{\mathrm{C}}(E_{\mathrm{F}}^{(\mathrm{W})}-E_{0}) \tag{3-20}$$

式中：T_{E} 和 T_{C} 分别表示发射势垒和集电势垒的隧穿透射率，$E_{\mathrm{F}}^{(\mathrm{E})}$、$E_{\mathrm{F}}^{(\mathrm{C})}$、$E_{\mathrm{F}}^{(\mathrm{W})}$ 分别表示发射区、集电区和势阱共振态的费米能级，E_0 为势阱中的基态束缚能级。势阱中基态能级上积累的电荷面密度为

$$n\propto D_{\mathrm{2D}}(E_{\mathrm{F}}^{(\mathrm{E})}-E_{0}) \tag{3-21}$$

式中：D_{2D}为二维电子气面密度。共振隧穿达到稳态时，势阱电荷积累为一恒定值，必然有 $J_1=J_2$，联合求解可得到

$$J=\frac{T_{\mathrm{E}}T_{\mathrm{C}}}{T_{\mathrm{E}}+T_{\mathrm{C}}}(E_{\mathrm{F}}^{(\mathrm{E})}-E_{0}) \tag{3-22}$$

$$n\propto\frac{T_{\mathrm{E}}}{T_{\mathrm{E}}+T_{\mathrm{C}}}D_{\mathrm{2D}}(E_{\mathrm{F}}^{(\mathrm{E})}-E_{0})\propto\frac{D_{\mathrm{2D}}J}{T_{\mathrm{C}}} \tag{3-23}$$

当发射势垒的穿透率远远大于集电势垒的穿透率时，可得到较大电荷面密

度 n 稳定值。当发射势垒的穿透率远远小于集电势垒的穿透率时，得到较小或趋于零的面密度 n 值。当隧穿电流密度 J 一定时，集电势垒的穿透率越大，则面密度 n 值越小。

3.1.5 共振隧穿二极管电流构成

如图 3-9 所示，RTD 器件直流参数包括：起始电压(V_T)，开始出现隧穿电流时对应的电压；峰值电流(I_P)，与峰值对应的电流；峰值电压(V_P)，与峰值对应的电压；谷值电流(I_V)，与谷值对应的电流；谷值电压(V_V)，与谷值对应的电压。

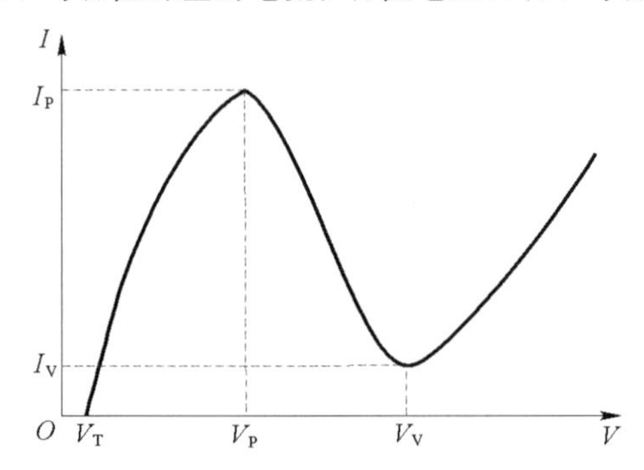

图 3-9 RTD 器件直流参数示意图

峰值电流密度(J_P)，即发射极单位面积上的峰值电流，其表达式为

$$J_P = \frac{I_P}{A_E} \tag{3-24}$$

式中：A_E 为发射极面积。

电流峰谷比(PVCR)：

$$\mathrm{PVCR} = \frac{I_P}{I_V}$$

电压峰谷比(PVVR)：

$$\mathrm{PVVR} = \frac{V_P}{V_V}$$

直流平均负阻：

$$|R_N| = \frac{V_V - V_P}{I_P - I_V}$$

实际 RTD 器件 $I-V$ 特性中，除了共振隧穿电流外，还存在过剩电流部

分。$I-V$ 特性中，电流密度可表示为

$$J = J_{RT} + J_{ex} \tag{3-25}$$

式中：J_{RT}为共振隧穿电流密度，J_{ex}为过剩电流密度。过剩电流密度主要包括非弹性隧穿电流 J_{iT}和热电子发射电流 J_{th}，这两种电流都随外加偏压增大而单调增加，尤其是热电子发射电流在外加偏压较大时会变成 J_{ex}的主要成分。J_{ex}随外加偏压呈指数型增长，其 $I-V$ 特性与二极管正向特性相似，如图 3-10 所示。

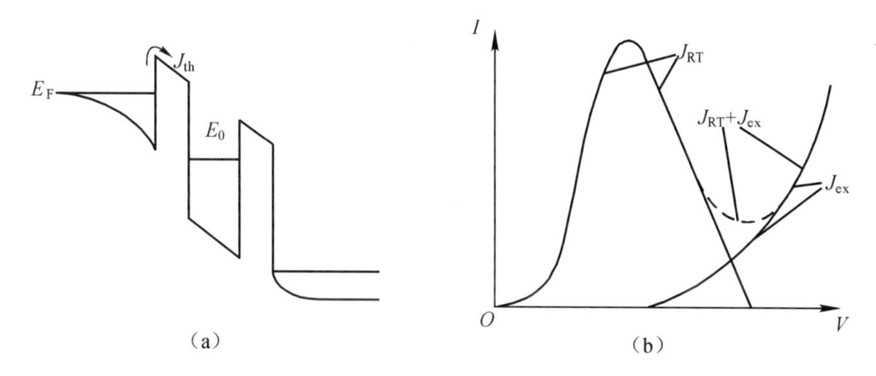

图 3-10　热电子发射电流产生的能带图和实际 RTD 器件 $I-V$ 特性曲线

RTD 器件是一种两端器件，因此不存在增益截止频率，通常以阻性截止频率来代替。如图 3-11 所示，RTD 器件等效电路一般是采用隧道二极管的等效电路。其中，L_S 和 R_S 为来自引线和电极接触的电感和串联电阻，R_N 和 C 为本征负阻和电容，则输入端阻抗为

$$Z_{in} = \left[R_S + \frac{-R_N}{1+(\omega R_N C)^2}\right] + j\left[\omega L_S \frac{-\omega C R_N^2}{1+(\omega R_N C)^2}\right] \tag{3-26}$$

图 3-11　RTD 器件等效电路

当角频率 ω 提高时，负阻项的绝对值减小，最终在一定频率下变为零，失去负阻器件的基本特征，此频率称为电阻性实部截止频率 f_R。令实部为零，可得

$$f_R = \frac{1}{2\pi R_N C}\sqrt{\frac{R_N}{R_S} - 1} \tag{3-27}$$

从式(3-27)可以看出，截止频率是负阻 R_N 的函数。在 RTD 器件 $I-V$ 输出特性曲线中，靠近峰值电压 V_P 和谷值电压 V_V 的 R_N 都变大，在负阻区中部存在一个 R_N 的最小值 $R_{N\min}$。当 $R_N = R_{N\min}$ 时，f_R 达到最大，即

$$f_{R\max} = \frac{1}{2\pi R_{N\min} C}\sqrt{\frac{R_{N\min}}{R_S} - 1} \tag{3-28}$$

3.2 氮化镓太赫兹共振隧穿二极管结构设计

Ⅲ族氮化物材料具有宽禁带、高击穿场强、高电子饱和速度等独一无二的优势，基于Ⅲ族氮化物的共振隧穿二极管可获得更好的量子限域性、更高的输出功率、更高的工作频率，在室温下实现高功率太赫兹辐射。然而，关于Ⅲ族氮化物 RTD 器件的研究仍处于起步阶段。过去二十年，国际上不同的研究小组进行了相关器件的制备研究。随着材料生长技术和器件制备工艺的进步，研究重点逐渐从实验验证 NDR 效应转入提高器件性能和研究共振隧穿物理机制方面。本节主要从仿真计算角度介绍 GaN RTD 器件结构设计方面的优化，以帮助相关研究人员更加熟悉 GaN RTD 器件结构对其性能的影响，为未来Ⅲ族氮化物量子器件设计提供思路。

由于材料质量欠佳，试验研究 GaN RTD 器件中共振隧穿现象受到限制，并且外延生长获得的结构也有限，而仿真计算提供了一种方便的途径来理解和优化器件特性。和砷化物 RTD 器件相比，Ⅲ族氮化物异质结界面存在由极化效应导致的内建电场，该电场严重影响电子和声子态。通过仿真计算研究内建电场对 GaN RTD 器件输运特性的影响，通过器件结构创新设计弱化内建电场，可提高 GaN RTD 峰值隧穿电流密度和 PVCR 等特性。

3.2.1 氮化镓共振隧穿二极管基本结构

如图 3-12 所示，典型的 GaN RTD 器件结构参数包括有源层厚度、势垒

层高度、欧姆接触区掺杂浓度等。由于 InN 和 GaN 两种材料存在大的晶格失配且生长工艺参数相差太大，GaN RTD 的研究主要基于 Al(Ga)N/GaN 双势垒异质结构。由于材料自身存在强的内建极化电场，即使 GaN RTD 器件材料结构对称，其能带结构也不对称。因此，器件结构需要精确设计来确保两个势垒层尽可能对称，使共振隧穿维持高的穿透系数。极化电场在集电区一侧产生厚的耗尽区，该耗尽区增加了势垒层的有效厚度，降低了隧穿概率，导致器件的输出特性在正偏和反偏两个方向上不对称，正偏电压下峰值隧穿电流密度远高于反偏电压下的电流密度。

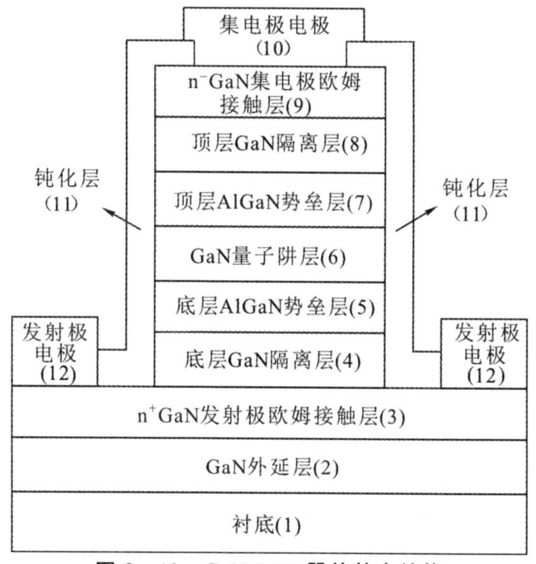

图 3-12　GaN RTD 器件基本结构

GaN RTD 器件有源区势垒层铝组分和有源层厚度对器件输出特性有直接影响[13-14]。由于 Al(Ga)N/GaN 异质结界面存在大的导带断续，随着势垒层铝组分的增加，器件谷值电流比峰值电流下降的速度更快，从而 PVCR 值增大。增加势垒层铝组分会使耗尽区变宽，量子阱会远离导带边，从而降低了穿透系数和峰值隧穿电流密度，相应的峰值隧穿电压也增大。同样，器件 $I-V$ 输出特性也受到势垒层厚度和势阱厚度的影响。在 GaAs RTD 器件中，共振能级位置与势垒层厚度变化不大。在 GaN RTD 中，随着势垒层厚度增加，量子阱中共振能级由于内建极化电场远离导带边，共振能级间距变小，双势垒结构能级对称性变差，峰值隧穿电流呈指数关系下降。而当势阱厚度增加时，共振隧穿向低能

级移动，谷值电流明显下降，而峰值电流下降很小，导致峰谷电流比 PVCR 值变大。Tsue - Esaki 模型假设入射电子服从费米或者玻耳兹曼分布，该模型对于描述从发射极积累区注入电子的输运特性不太准确，但可以有效描述器件基本结构和极化电场对器件输出特性的影响。因此，GaN RTD 有源区量子阱势垒层厚度和铝组分需要适当选择，在峰值隧穿电流和峰谷电流比之间做出取舍。

3.2.2 氮化镓共振隧穿二极管发射极优化设计

GaN RTD 器件积累区电子能级分布对共振隧穿电流有着直接影响，为了获得高的峰值电流和高的 PVCR 值，最理想的结构是在电流方向上接近势垒层处具有高浓度电子，并且能级间距较小。如图 3 - 13 所示，GaN RTD 器件发射极空间层采用阶变异质结发射空间层(SHES)，该结构相当于采用 AlGaN 代替常规的 GaN 空间层形成2DEG，具有高载流子浓度和弱化内建电场的优势，可以提高器件峰值隧穿电流和截止工作频率[15]。采用该结构的 GaN RTD 器件，计算得到的峰值电流和峰值电压分别为1.683 A和0.39 V，相应的 PVCR 值为 2.2。

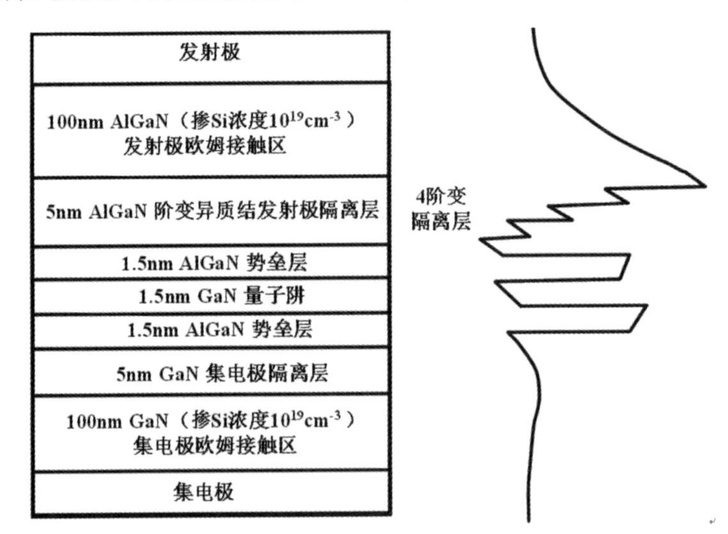

图 3 - 13 采用阶变异质结发射空间层(SHES)结构的 GaN RTD

GaN RTD 器件结构设计中，也可以在主量子阱底部采用次量子阱来改变隧穿机制，从 3D - 2D 模式转变为 2D - 2D 模式，减小载流子能级间距，从而提高发射极电子的注入效率，并且次量子阱可有效提高 PVCR 值。和单量子阱

结构相比，双量子阱结构中次量子阱的引入能提高器件峰值电流密度并降低峰值电压，计算得到的峰值电流和 PVCR 值分别为0.07 A和 11.6[16]。在晶格匹配 InAlN/GaN/InAlN 双势垒 RTD 结构中，引入2 nm厚 InGaN 次量子阱，峰值电流和 PVCR 值分别提高到0.28 A和 9.03[17]。对 InGaN 次量子阱进行重掺杂，可实现对势垒层厚度调制，获得极低的谷值电流，PVCR 值提高到了 60[18]。在 AlGaN/GaN/AlGaN 双势垒 RTD 发射区引入 GaN 次量子阱结构，可以提升峰值电流和 PVCR 值，计算得到的峰值电流密度和 PVCR 值分别为 5800 kA/cm^2 和 6.35[19]。

如图 3－14 所示，在器件发射极一侧同时采用 InGaN 次量子阱和阶变异质结发射区空间层结构来增加峰值电流，减小负微分电阻，得到的峰值电流密度为82.67 mA/μm^2、输出功率为2.77 W/μm^2、PVCR 值为 3.38。但是采用阶变异质结构发射区空间层和次量子阱结构的 RTD 器件，串联电阻稍微高于没有采用该结构的 RTD 器件，因此器件峰值电压也变大[20]。除了在器件发射极一侧引入 InGaN 次量子阱，在 GaN RTD 器件集电极一侧引入重掺杂 $In_{0.1}Ga_{0.9}N$次量子阱，也可以增加集电极一侧的电子密度，降低器件串联电阻。同时，该结构中 InGaN/GaN 界面极化电场抬高了 GaN 导带，减小了谷值电流，计算得到的峰值电流密度和 PVCR 值分别为 0.27×10^6 A/cm^2 和 25[21]。

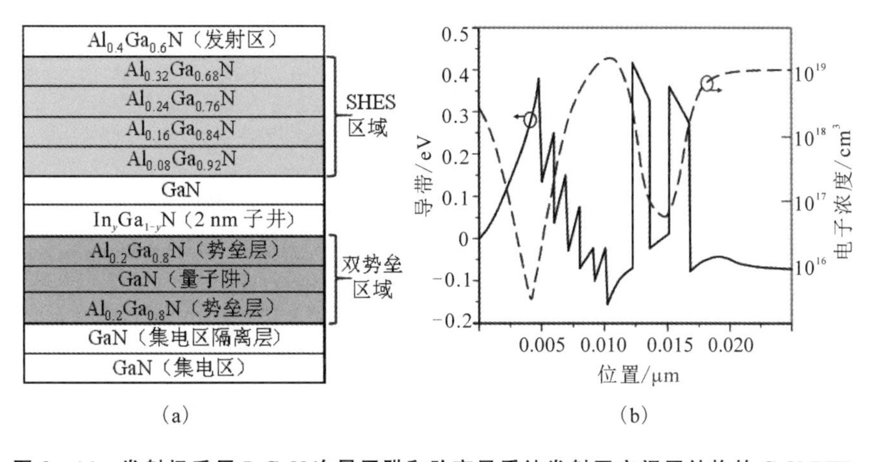

图 3－14　发射极采用 InGaN 次量子阱和阶变异质结发射区空间层结构的 GaN RTD

3.2.3 氮化镓共振隧穿二极管双势垒量子阱结构设计

氮化物材料内部天然存在极化电场，GaN RTD 双势垒量子阱结构中即使势垒层的厚度和组分相同，其能带结构也不会对称。因此，可以采用非对称势垒层量子阱结构，对隧穿过程进行调制，其中低铝组分薄发射区势垒层可以获得高的透射系数[16]。薄的发射极势垒层可促进电子隧穿通过势垒，增加峰值电流。而低铝组分发射极势垒层可实现低的能级，降低峰值电压。适当增加发射极势垒层铝组分和厚度可以明显减小谷值电流，而对峰值电流的减小可以忽略不计。如图 3-15 和图 3-16 所示，通过仿真计算不同非对称势垒层量子阱结构 AlGaN/GaN/AlGaN RTD 器件的透射系数，最终获得了 1.3 nm厚 $Al_{0.15}Ga_{0.85}N$ 发射极势垒层、1.5 nm厚 GaN 势阱、1.7 nm厚 $Al_{0.25}Ga_{0.75}N$ 集电极势垒层的最优结构 GaN RTD，器件峰值电流为0.39 A，峰值电压为0.61 V，PVCR 值为 3.6，如图 3-17 所示。

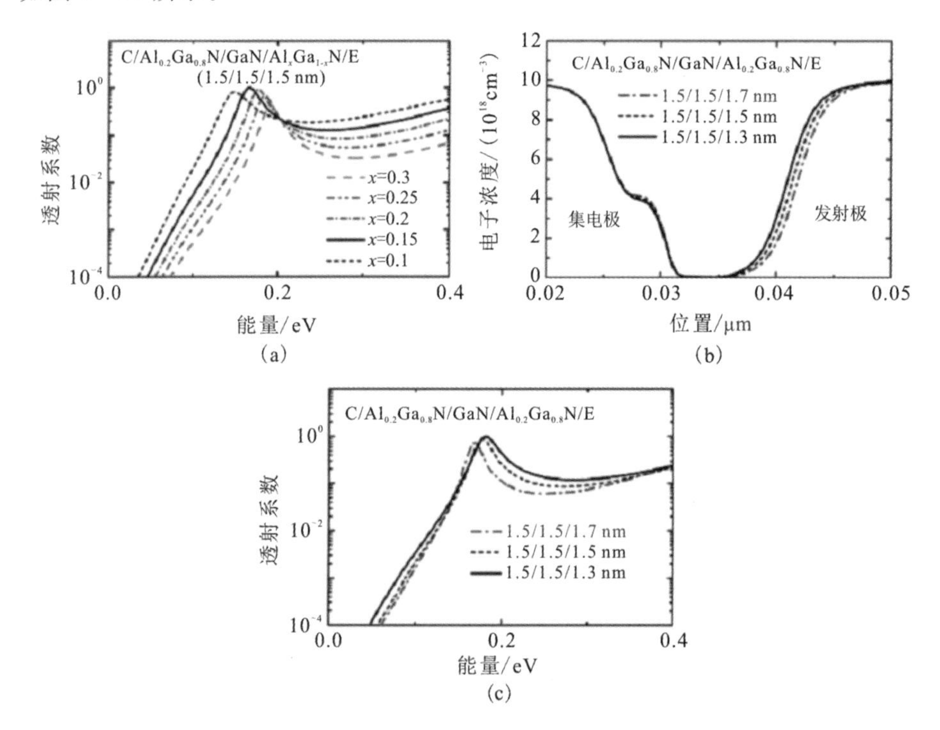

图 3-15 发射极势垒层厚度和铝组分对 GaN RTD 器件透射系数的影响

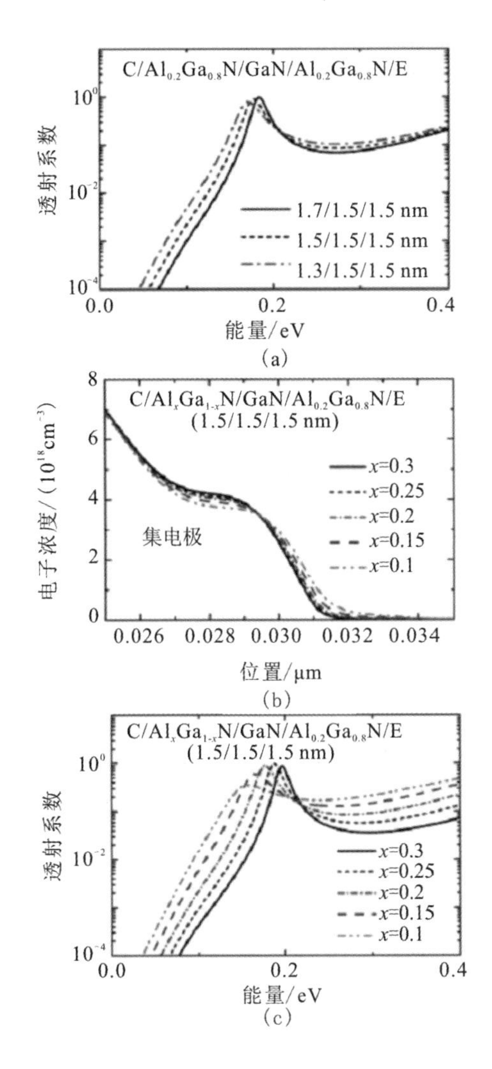

图 3－16　集电极势垒层厚度和铝组分对 GaN RTD 器件透射系数的影响

Sakr 等人设计了一种 C/1.25 nm GaN/1 nm $Al_{0.6}Ga_{0.4}N$/2 nm GaN/1 nm $Al_{0.6}Ga_{0.4}N$/1.25 nm $Al_{0.4}Ga_{0.6}N$/E 的 GaN RTD。该结构中发射极空间隔离层采用 $Al_{0.4}Ga_{0.6}N$ 代替 GaN，并且发射区欧姆接触层也采用重掺杂 $Al_{0.4}Ga_{0.6}N$，在双势垒量子阱有源区两侧都产生耗尽区，从而重新建立对称的导带结构[13]。由于内建电场不能消除，即使该结构 RTD 不能实现矩形势垒，但在正向偏压和反向偏压下出现相似的负微分电阻现象，获得的 PVCR 值高达 124，如图 3－18所示。

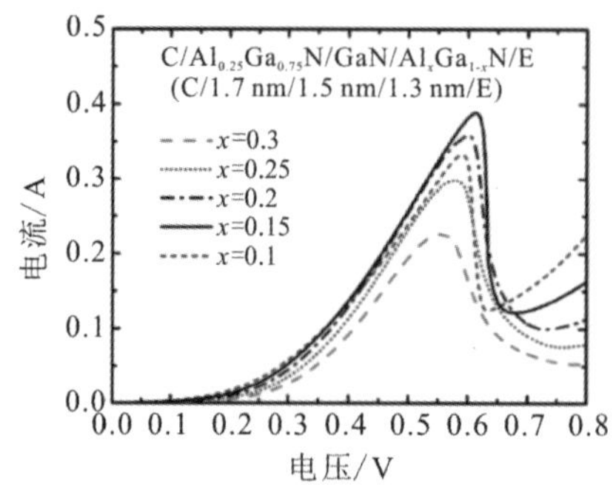

图 3-17　最优结构非对称势垒层 GaN RTD 器件 $I-V$ 输出特性

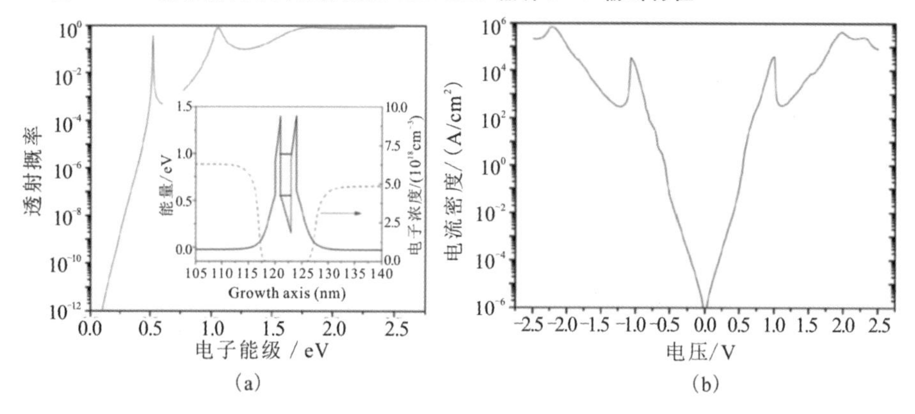

图 3-18　发射极隔离层和欧姆接触层采用 $Al_{0.4}Ga_{0.6}N$ 的 GaN RTD 透射系数和输出特性

3.2.4　氮化镓共振隧穿二极管极化电场调制

氮化物极化特性引起的内建极化电场导致了 GaN RTD 器件能带不对称和输出特性不对称，在反向偏置电压下很难观测到负微分电阻现象。为消除极化电场的影响，可以采用非极性面结构 GaN RTD。如图 3-19 所示，对比计算非极性和极性 GaN RTD 性能发现，非极性 m 面 AlGaN 较小的禁带宽度将会增加器件谷值电流，但是大的有效电子质量和对称势垒会产生大的透射系数和高的峰值隧穿电流，后者的影响远大于前者，因此非极性面 GaN RTD 器件具有高的 PVCR 值。在极性面 GaN RTD 中，内建极化电场使分离能级推向更高位置，进而提高了峰值隧穿电压。而在非极性面 GaN RTD 中，除了消除极化电场及其影响外，AlGaN 势垒层小的禁带宽度在量子阱中产生相对低的分离能

级，因此非极性面 GaN RTD 具有高的峰值电流和 PVCR 值，以及小的峰值电压[22]。基于仿真计算得到的极性面 GaN RTD 器件的峰值隧穿电流密度为 7.0×10^5 A/cm^2，PVCR 值和峰值电压分别为 2.1 和0.72 V，而相对应的非极性面 GaN RTD 器件的峰值隧穿电流密度、PVCR 值和峰值电压分别为 2.32×10^6 A/cm^2、3.2 和0.64 V。非极性面 GaN RTD 具有对称性 $I-V$ 特性，可以简化高速数字电路设计和制造工艺。

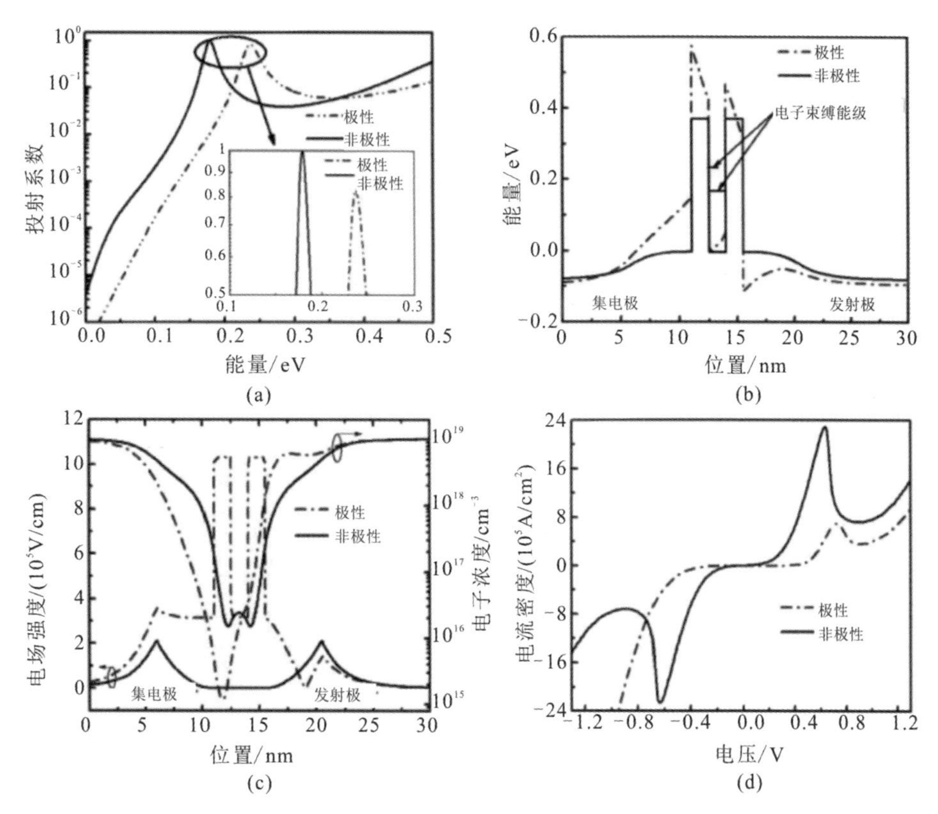

图 3-19 极性面和非极性面 GaN RTD 透射系数、导带能带、电场强度、载流子浓度和器件正向和反向偏压下 *I*-*V* 输出特性对比

除了非极性面消除极化电场，也可以采用无极化特性的立方闪锌矿结构材料来消除内建电场，如图 3-20 所示。该结构 GaN RTD 器件有源区量子阱材料为 $In_{0.1}Ga_{0.9}N$，势垒层采用 $Al_{0.3}Ga_{0.7}N$，发射极和集电极欧姆接触层为 n 型 $Al_{0.15}Ga_{0.85}N$，计算得到的 PVCR 值为 1.99[23]。AlGaN/GaN 量子阱由于晶格

失配存在压电极化效应，而势垒层采用 $In_{0.17}Al_{0.83}N$ 代替 AlGaN，可实现晶格匹配双势垒量子阱结构，如图 3-21 所示。该结构中 $In_{0.17}Al_{0.83}N$ 势垒层处于无应变状态，可以减少材料生长时异质结界面位错密度，是提高 GaN RTD 器件稳定性和可靠性的有效途径之一[24]。此外，InAlN 势垒层和 GaN 势阱层之间大的导带断续可以提高器件性能，采用 1 nm 势垒层和 1 nm 势阱层的 $In_{0.17}Al_{0.83}N/GaN/In_{0.17}Al_{0.83}N$ 双势垒 RTD 器件峰值电流和峰值电压分别为 0.51 A 和 0.953 V，PVCR 值为 6.5。

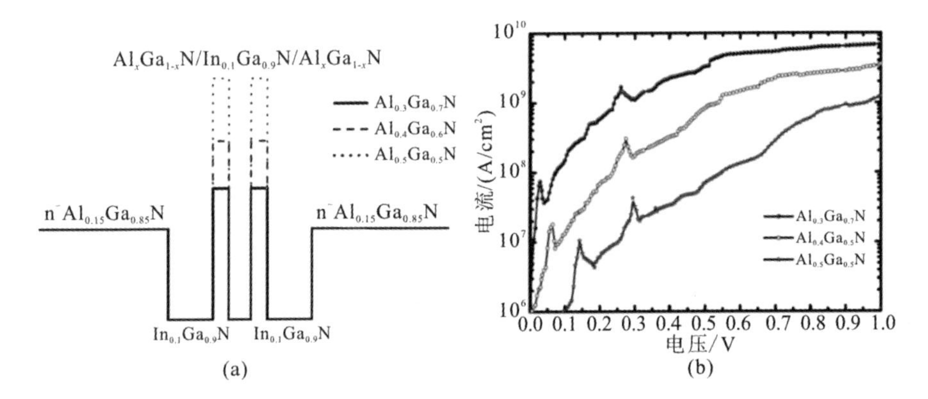

图 3-20 采用 $In_{0.1}Ga_{0.9}N$ 势阱的立方闪锌矿结构 GaN RTD 能带图和 *I*-V 输出特性

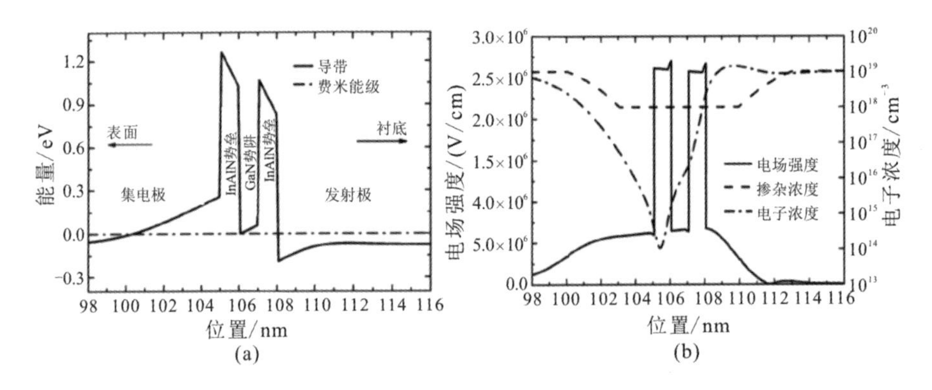

图 3-21 晶格匹配 InAlN/GaN 量子阱结构 GaN RTD 器件能带和电子浓度分布

InAlN 势垒层在不同 In 组分下，可以和 GaN 实现晶格匹配和极化匹配。采用 $In_{0.31}Al_{0.69}N$ 势垒层可实现极化匹配 $In_{0.31}Al_{0.69}N/GaN$ 双势垒 GaN RTD，

如图 3－22 所示。极化匹配异质结构具有对称的导带能级结构，不仅可以消除发射极和集电极能带不同的影响，而且可以减小耗尽层宽度和提高峰值隧穿电流。该结构器件具有相对较小的峰值电压，可以提高器件 $I-V$ 特性的重复性和稳定性[25]。仿真计算结果表明，器件峰值电流密度和峰值电压分别为1.2×10^7 A/cm^2 和0.72 V，PVCR 值为 1.37。

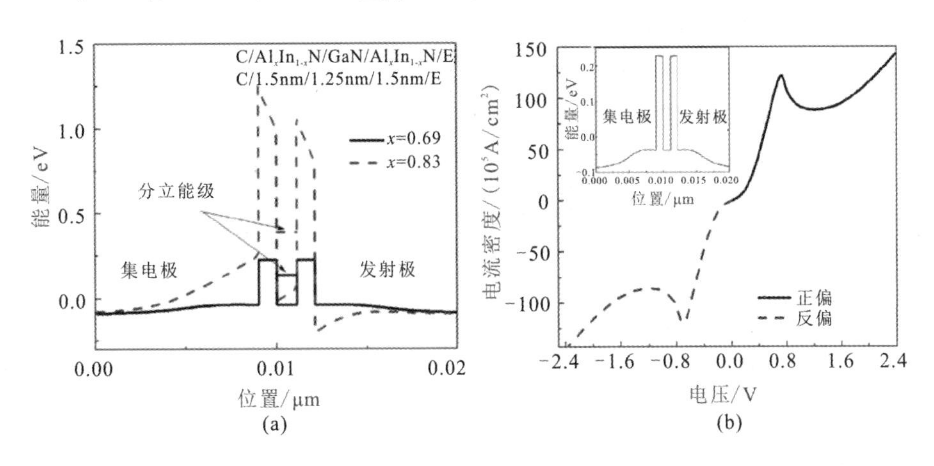

图 3－22　极化匹配 InAlN/GaN 双势垒 GaN RTD 能带结构和 $I-V$ 输出特性

3.3　氮化镓太赫兹共振隧穿二极管外延制备

GaN RTD 的研制受到材料位错缺陷和量子阱界面质量的限制，很长一段时间内处于探索阶段，直到最近五年才取得了大的突破，实现了室温下具有稳定微分负阻效应的输出特性，连续扫描下器件性能保持稳定不衰减且无回滞现象。这主要得益于采用低位错密度氮化镓单晶衬底和材料生长技术的进步，尤其是分子束外延技术生长 RTD 器件有源区量子阱具有 MOCVD 技术无法比拟的优势。

3.3.1　氮化镓共振隧穿二极管输出特性不稳定机制

2001 年，日本上智大学 Kikuchi 首次报道了 AlN/GaN 双势垒 RTD 试验制备结果，该器件在室温下出现了 NDR 现象，PVCR 值为 3.1，如图 3－23 所示[26]。经过努力，该小组将器件峰值隧穿电流密度和 PVCR 值提高到了 180 A/cm² 和 32，但 NDR 特性只能在正向偏置下观测到。早期关于 GaN RTD 器件的研究报道，由于器件性能不稳定且数据较少，出现了矛盾的结果，同时尚未建立完整的 NDR 现象物理机制理论，如图 3-24 所示[27]。

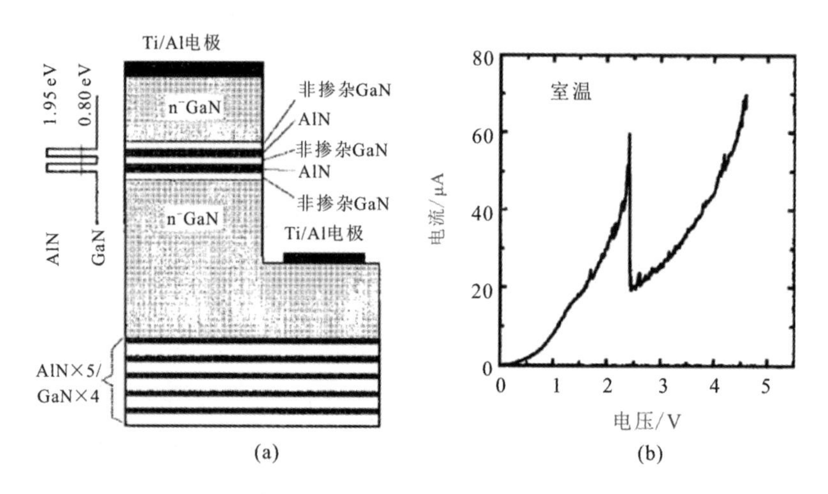

图 3-23　首个 GaN RTD 器件结构图及 *I*-*V* 输出特性

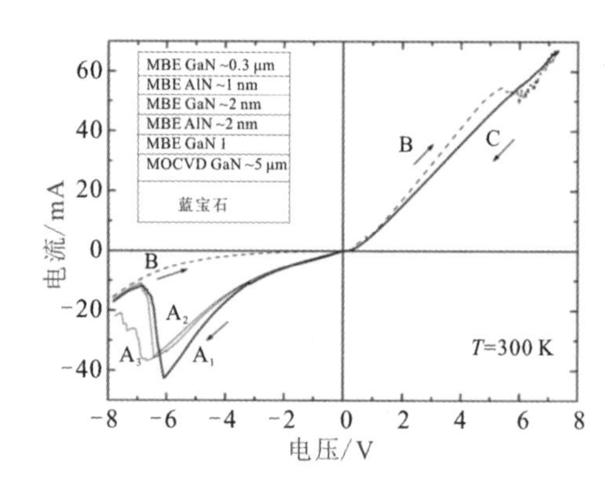

图 3-24　早期报道 GaN RTD 器件 *I*-*V* 特性不稳定

2003 年，Foxon 等人详细研究了 GaN RTD 器件的 *I*-*V* 输出特性，发现器件输出电流在给定电压下与电压的扫描方向相关，NDR 只能在偏压增加时出现。基于器件 *C*-*V* 测试结果，该小组认为 *I*-*V* 曲线中强的回滞现象和峰值电流衰减与偏压相关的陷阱俘获电子有关[28]。2006 年，Kurakin 详细分析了

GaN RTD 器件的 $C-V$ 特性，不同于在 $I-V$ 测试中出现的不稳定特性，$C-V$ 特性在整个测试频率范围内表现出重复性，且与仿真计算结果相吻合。基于试验结果，该小组提出 GaN RTD 器件 $C-V$ 测试是研究器件输运特性的有力工具[29]。Hermann 等人在对器件 $I-V$ 特性测试和仿真的研究结果的基础上，认为 GaN RTD 器件有源区量子阱界面存在陷阱电荷，为了获得稳定输出特性需要进一步提高材料的质量[30]。

2006 年，Golka 等人在氮化镓单晶衬底上制备出 GaN RTD 器件，该器件有源区量子阱势垒层采用 $Al_{0.7}Ga_{0.3}N$ 来降低量子阱界面位错密度，室温下器件的输出特性存在回滞和衰减现象，如图 3-25 所示[31]。对制备的 GaN RTD 器件在 350℃下进行烘烤，NDR 特性重新出现，该试验验证了陷阱对器件性能影响的假设。

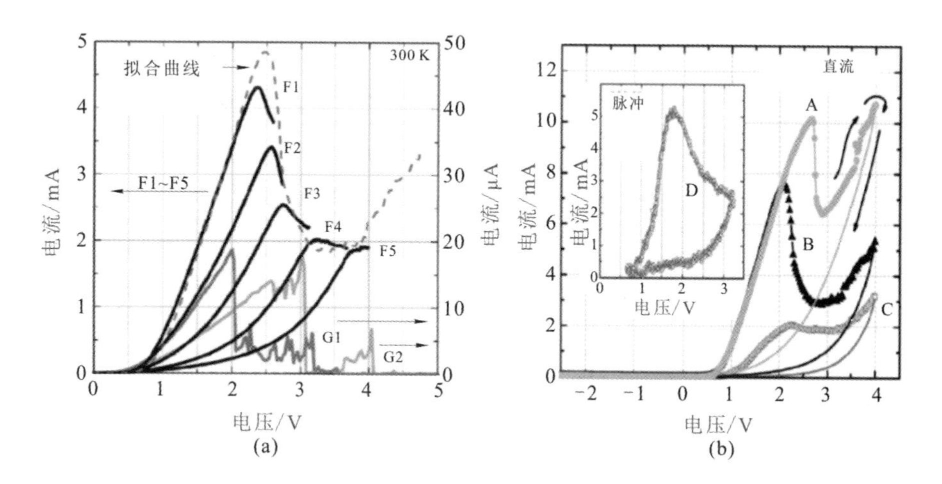

图 3-25　GaN RTD 器件连续扫描下 $I-V$ 特性退化且 NDR 特性消失

2010 年，Bayram 等人采用 MOCVD 技术生长 GaN RTD 器件材料，通过优化材料生长参数，发现在采用横向外延过生长技术制备的 GaN 厚膜基板窗口区域上生长的 GaN RTD 器件具有更好的性能，但器件 NDR 特性在室温下只能出现一次[32]。接着，Boucherit 等人在120 K低温下观测到了 NDR 现象，该现象只出现了一次且有回滞[33]。然而，当器件经过电学处理后，NDR 特性在正向和反向扫描时都出现了 NDR 现象，但是反向扫描时 NDR 区域的峰值电流都变小，如图 3-26 所示。

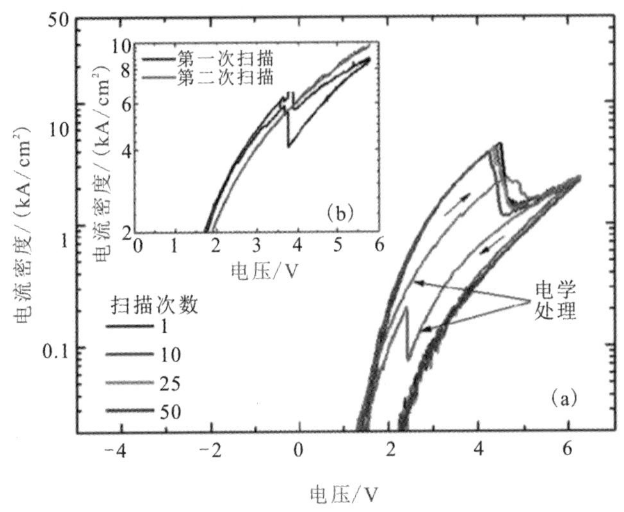

图 3-26　GaN RTD 器件在120 K 低温下出现 NDR 现象

早期 GaN RTD 器件的性能不稳定且得到了不同的 $I-V$ 特性，需要对器件电流构成机制进行研究。Petrychuk 等人在70 K到300 K温度范围内对 RTD 器件的 $I-V$ 特性进行了测试，在多次重复测试后发现 NDR 现象消失。然而，当电压增加到6 V维持20 min时间，器件的 $I-V$ 特性在低压范围出现两个稳定态[34]。他们认为每次测试后不同的稳定态来源于不同的势垒高度。进一步，他们采用噪声频谱测试来分析 RTD 器件电流的形成机制，发现一组能级位置与电压极性相关的陷阱，该陷阱导致器件中的能级重新分布，产生电流不稳定现象。

Leconte 等人分析了不同势阱厚度 GaN RTD 器件的 $I-V$ 输出特性，对于具有高峰值隧穿电流的器件样品，其电流与量子阱势阱厚度无关，而主要受到位错引起的漏电的影响。对于具有低峰值隧穿电流的器件，只有0.5 nm厚势阱的器件具有 NDR 特性，而且 NDR 特性只在单一扫描方向时出现，如图 3-27 所示。因此，得到的结论是观测到的 NDR 现象与电子陷阱相关，而与共振隧穿过程无关[35]。

Lee 等人分析了不同势垒层厚度的 GaN RTD 器件的 $I-V$ 特性，在10 K到室温的温度变化区间内，认为主要的电流传输机制是缺陷相关的过程，并且指出材料质量仍然需要进一步提升[36]。为了减小顶层 AlN 势垒层上方的耗尽区宽度，该小组生长了重掺杂 n^+ 型 GaN 层，得到了几乎完全对称的 $I-V$ 输

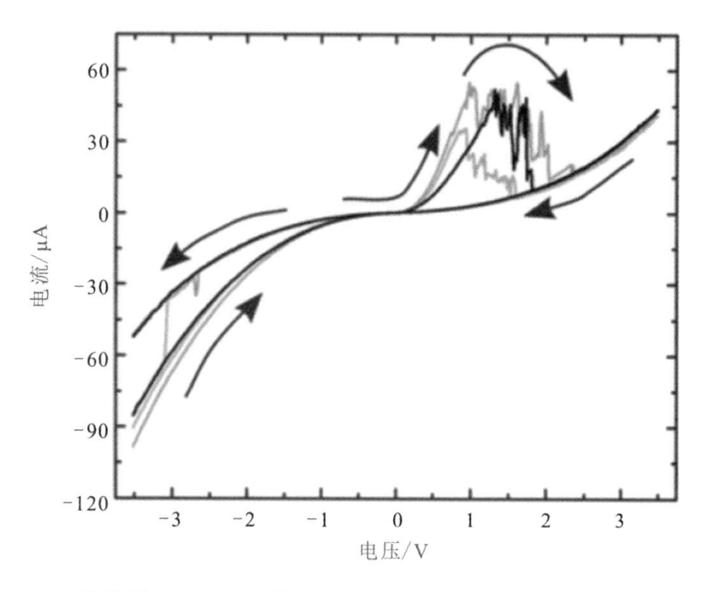

图 3-27　势阱厚度为0.5 nm的 GaN RTD 器件在正向扫描时出现 NDR 现象

出特性，如图 3-28 所示。在低温尤其是10 K温度时，电流突然增加，该现象与高于一定的阈值电压时所形成的额外导电沟道有关。

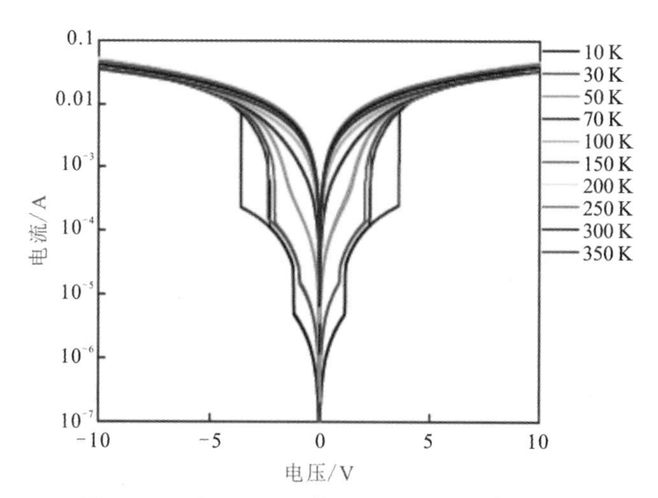

图 3-28　在顶层 AlN 势垒层上方生长 n^+ 型 GaN RTD 器件的对称 $I-V$ 特性

Sakr 等人系统地研究了温度对 AlGaN/GaN 双势垒 RTD 器件性能的影响，发现室温下只能在一个偏压方向扫描时观测到具有微小衰退现象可重复的 NDR 特性，如图 3－29 所示[37]。当测试温度下降时，峰值隧穿电流变得不再明显，

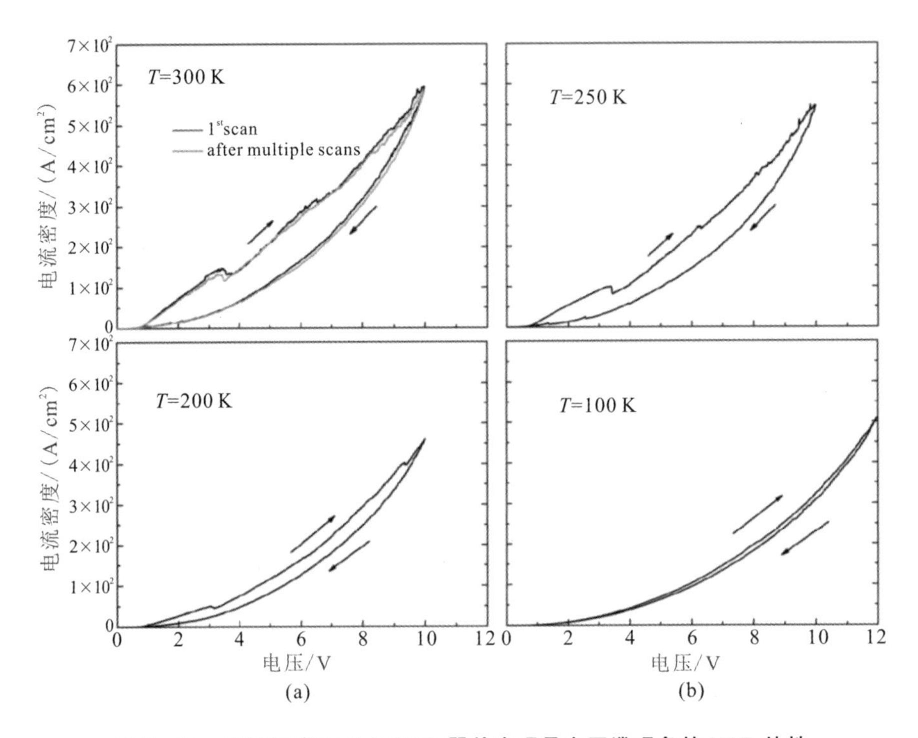

图 3－29　不同温度下 GaN RTD 器件出现具有回滞现象的 NDR 特性

在100 K时器件的 $I-V$ 特性变得平滑，没有观测到任何 NDR 特性。他们提出 NDR 特性和陷阱效应相关，变温测试实验是研究 RTD 器件必不可少的，材料中的缺陷能级导致器件电流不稳定。Egorkin 等人通过对器件加热的方式研究了不同温度下 GaN RTD 器件的 $I-V$ 特性，指出势垒层中深能级中心充电和放电是 $I-V$ 特性不稳定的主因[38]。Nagase 等人采用 MOCVD 技术生长 AlN/GaN 双势垒 RTD 器件，发现 $I-V$ 特性双稳态现象具有重复性，并且认为该现象与量子阱中的电子积累有关，$I-V$ 特性衰减机制是由于量子阱中电子的泄漏，如图 3－30 所示[39]。

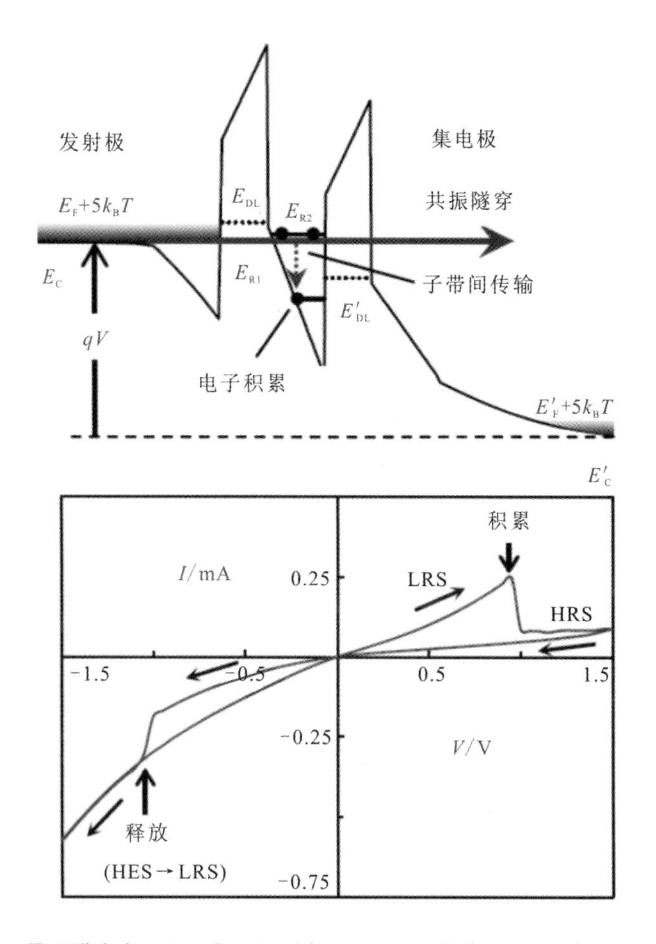

图 3-30 量子阱中电子积累与泄漏引起 GaN RTD 器件 I-V 特性衰减机制示意图

3.3.2 氮化镓衬底上氮化镓共振隧穿二极管研制

2010 年，美国西北大学 Bayram 等人在自支撑氮化镓衬底上采用 MOCVD 技术生长了 GaN RTD 器件，有源区势垒层采用铝组分为 20%的 AlGaN，器件在室温下具有 NDR 特性，其连续扫描 20 次没有明显衰减现象[40]。这种性能提高主要是由于采用氮化镓单晶衬底降低了器件中位错密度，以及与位错相关的陷阱和散射效应。但该器件在正反向闭环电压扫描后，NDR 特性出现了明显的回滞现象，这与缺陷相关的电荷陷阱有关。电荷陷阱在正向扫描时展宽了量子阱中的分离能级，从而减小了反向扫描时 NDR 出现的峰值电压，如图 3-31 所示。

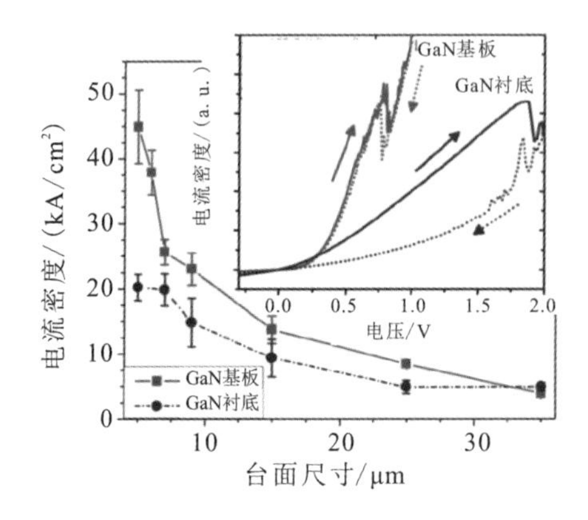

图 3-31　GaN RTD 器件峰值电流与台面直径关系及闭环扫描后 *I*-*V* 特性的回滞现象

2012 年普渡大学在自支撑氮化镓单晶衬底上采用 MBE 技术生长了有源区势垒层为 $Al_{0.18}Ga_{0.82}N$ 的 GaN RTD 器件，在 20 次连续扫描后器件的 *I*-*V* 特性仍保持稳定，但该器件的 NDR 特性只能在110 K低温下测试得到[41]。如图 3-32 所示，在77 K温度下 GaN RTD 器件的峰值电流密度和 PVCR 值分别为122 kA/cm^{2}和 1.03。2013 年，该研究小组详细研究了氮化镓单晶衬底上势垒层为 $Al_{0.35}Ga_{0.65}N$ 的 GaN RTD 器件的变温 *I*-*V* 特性。该器件在130 K温度时出现 NDR 特性，并且多次扫描后仍具有很好的重复性[42]。当偏置电压反向扫描时，NDR

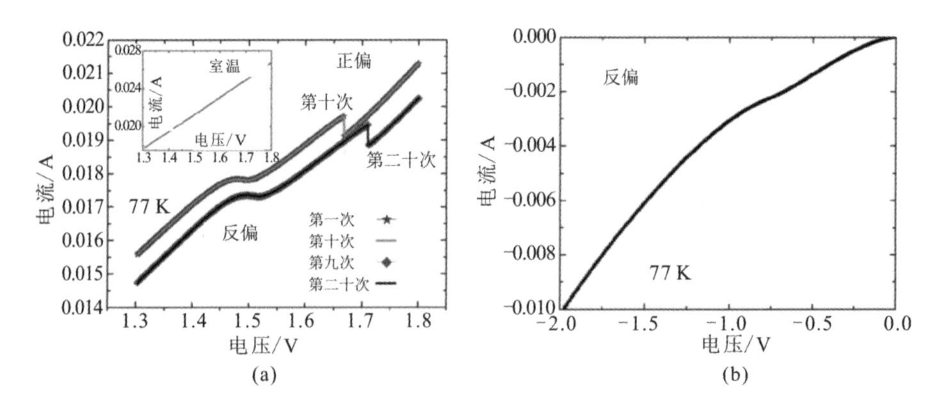

图 3-32　GaN RTD 器件77 K温度下连续扫描 20 次及反向 *I*-*V* 特性

特性明显可观，但峰值电压向低压方向微小移动，该现象归因于与动态空间电荷相关的等效电容增大。随着测试温度降低，器件的 PVCR 值增大，在6 K低温时峰值隧穿电流密度和 PVCR 值分别为383 kA/cm^2 和 1.05。当测试温度增大时，由于热发射和其他热激发传输机制，器件的 $I-V$ 特性消失。

俄亥俄州立大学研究人员通过仿真计算发现，增大顶部势垒层上欧姆接触区的掺杂浓度可以明显降低集电极的势垒高度，并且器件有源区采用 AlN 势垒层代替 AlGaN 势垒层可以消除合金无序，获得低的泄漏电流，基于此设计了非对称掺杂的 AlN/GaN 双势垒 RTD 器件[43]。此外，采用相对较高功率的 $Cl_2/BCl_3/Ar$ 感应耦合等离子体(ICP)反应离子刻蚀(RIE)工艺来实现垂直台面刻蚀，从而抑制电流泄漏通道。器件在室温下 1000 次连续扫描时的 $I-V$ 特性具有稳定的 NDR 特性，没有回滞现象，峰值电流密度和 PVCR 值分别为 2.7 kA/cm^2 和 1.15，如图 3-33 所示。器件输出特性与不同的光照无关，因此 NDR 特性不是陷阱效应引起的。为了增大峰值隧穿电流，采用减小有源区势垒层和势阱厚度的方法，同时减薄集电区空间层厚度来抑制与齐纳电子隧穿相关的漏电，最终研制出了峰值电流密度为 180～431 kA/cm^2、PVCR 值在 1.2～1.6 的 GaN RTD 器件[9]。

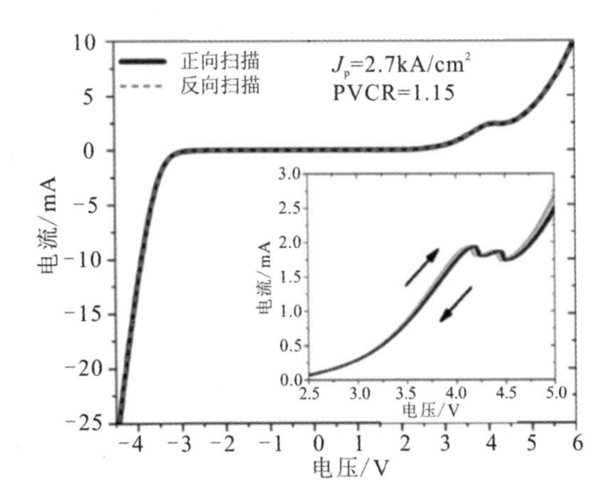

图 3-33　俄亥俄州立大学研制的 AlN/GaN RTD 器件室温下 1000 次连续测试特性

2017 年，康内尔大学 Encomendero 等人采用 MBE 技术在自支撑氮化镓单晶衬底上外延生长了 AlN/GaN 双势垒 RTD 器件，在室温下测试得到了稳

定 NDR 特性[44]。正向和反向连续偏压扫描时，NDR 峰值向高偏压方向移动，并且最终达到了稳定状态。器件材料中的缺陷是漏电流通道，但其影响有限，不能掩盖共振隧穿输运过程。为了获得大的峰值电流，该研究小组采用了共振条件下等效势垒层厚度设计，提高了透射系数，研制出在室温下峰值电流密度为220 kA/cm^{2}的 GaN RTD 器件。

3.3.3 蓝宝石衬底上氮化镓共振隧穿二极管研制

2018 年，北京大学 Wang 等人在4 μm厚蓝宝石基氮化镓厚膜基板上采用 MBE 技术制备了 AlN/GaN RTD 器件，室温下器件具有稳定无回滞现象的 NDR 特性[45]。器件峰值电流密度为 5～164 kA/cm^2，PVCR 值为 1.1～1.8。尽管外延材料中位错密度比在自支撑氮化镓衬底上生长的高很多，但高质量有源区提高了器件性能。紧接着在 2019 年，该小组在蓝宝石基氮化镓厚膜基板上采用 MOCVD 技术生长了 $Al_{0.2}Ga_{0.8}N$/GaN 双势垒 RTD 器件[46]。该器件在室温下没有 NDR 特性，当温度降低到6.5 K时出现了明显可重复的 NDR 特性。并且在反向偏置电压下观测到了 NDR 特性。该温度下，器件正向和反向偏置下的 PVCR 值分别为 1.4 和 1.08，峰值电流密度分别为6 kA/cm^{2}和0.65 kA/cm^2，如图 3 - 34 所示。

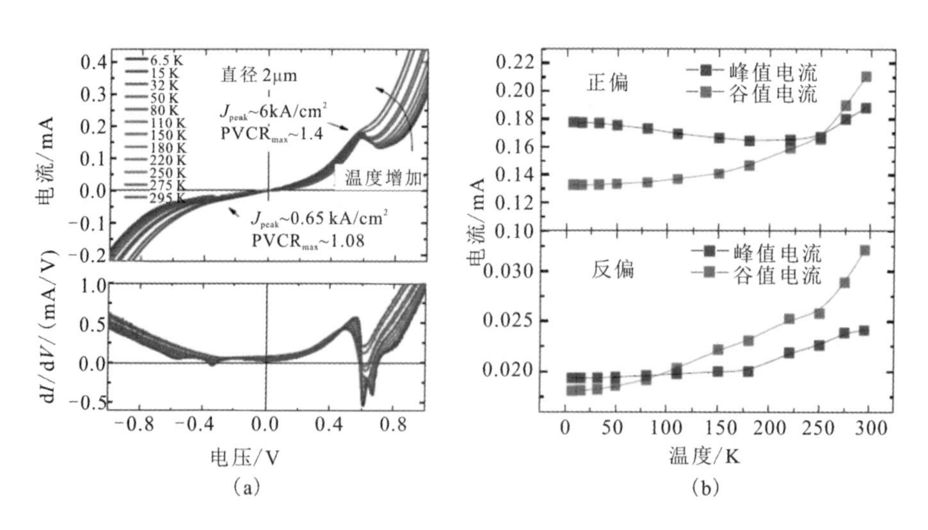

图 3 - 34　北京大学研制的蓝宝石衬底上 AlGaN/GaN RTD 器件变温输出特性

2019年，俄亥俄州立大学在蓝宝石基厚膜氮化镓基板材料上，采用 MBE 技术外延制备出 AlN/GaN 双势垒 RTD 器件[47]。尽管材料中存在高密度位错缺陷，但是研制的器件峰值电流密度为 637～930 kA/cm²，PVCR 值为 1.02～1.4，如图 3-35所示。和自支撑氮化镓衬底上 RTD 器件相比，蓝宝石衬底的热导率高于自支撑氮化镓衬底的，衬底的选择影响散热和器件谷值电流大小。蓝宝石衬底上 GaN RTD 器件研制对低成本单片集成微波电路制备具有重要价值。

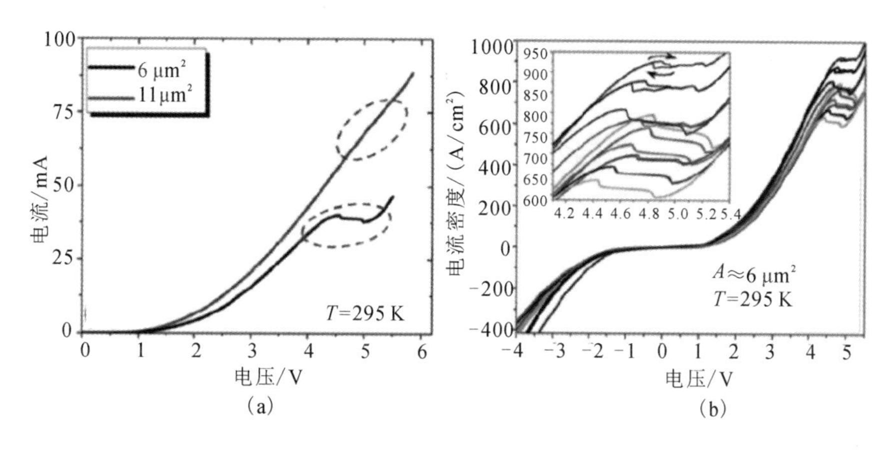

图 3-35 俄亥俄州立大学研制的蓝宝石衬底 AlN/GaN RTD 器件室温下具有 NDR 特性

3.3.4 其他结构氮化镓共振隧穿二极管研制

除了在自支撑氮化镓衬底和蓝宝石基厚膜氮化镓基板材料上外延制备 GaN RTD 器件外，国际上不同的研究小组尝试了其他结构 GaN RTD 器件的制备研究，包括立方闪锌矿结构 RTD、m 面非极性 RTD、纳米线结构 RTD 等。为了避免自发极化效应和压电极化效应，立方闪锌矿晶相氮化物双势垒 RTD 器件得到了广泛关注。随着 MBE 技术在 SiC 和 GaAs 衬底上生长氮化物材料技术的进步，不同的研究小组研究采用 MBE 技术生长立方相 AlGaN/GaN 双势垒 RTD。

2012年，德国帕德博恩大学 Mietze 等人在3C-SiC 衬底上采用 MBE 技术外延制备了立方晶相 AlGaN/GaN 双势垒 RTD 器件，室温下峰值电压为

1.2 V，PVCR 值为 1.3～2.7。研究发现器件的 NDR 特性在第一次或第二次闭环电压扫描后消失，但对器件进行深紫外光照射后，NDR 特性会恢复出现，因此认为 NDR 特性消失与器件中电荷陷阱有关[48]。

2010 年，诺丁汉大学 Zainal 等人采用 MBE 技术在 GaAs 衬底上外延制备了立方晶相 AlGaN/GaN RTD 器件，室温下的器件具有 NDR 特性，PCVR 值和峰值电流密度分别为 4 和1000 A/cm^2，如图 3-36 所示。由于器件台面不一致导致不可恢复的器件击穿，50％的器件没有可重复的 NDR 特性[49]。采用低位错密度衬底、无极化特性材料结构设计、低铝组分势垒层等可以提高 RTD 器件 NDR 特性的重复性和可靠性。为了继续提高器件性能，需要进一步提高立方晶相和非极性面 GaN 材料的质量，基于两种材料体系的 RTD 器件性能还未能赶上基于 c 面极性纤锌矿结构 GaN RTD 器件的。

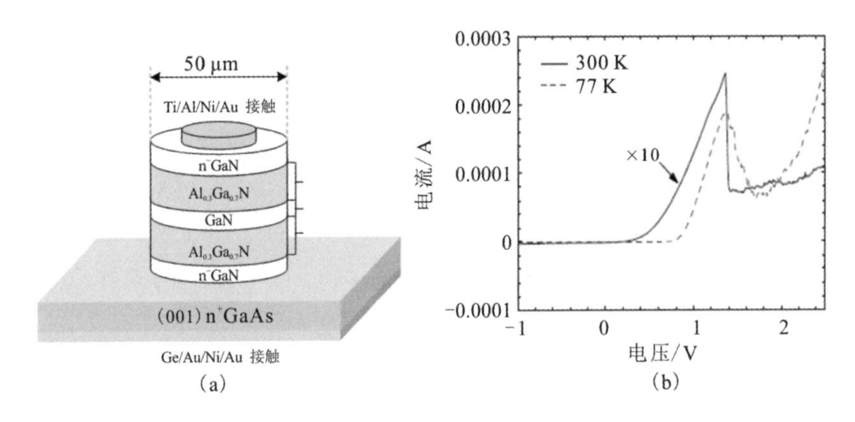

图 3-36 诺丁汉大学研制的基于 GaAs 衬底的立方晶相 AlGaN/GaN RTD 器件

在极性面 GaN RTD 器件中，有源区用 AlN 势垒层代替 AlGaN 势垒层会增加势垒层高度，产生高的 PVCR 值，但是伴随着引入更大应力相关的缺陷，降低了有源区量子阱材料的质量。纳米线具有较小的材料截面，即使在较大的晶格失配的情况下也不会产生额外的缺陷，因此纳米线是提高 GaN RTD 器件性能的另一种途径。法国 CEA-CNRS 在 Si(111)衬底上采用 MBE 技术外延制备了纳米线结构 AlN/GaN RTD 器件，该器件在150 K以下温度测试时在两个偏置方向上都出现了可重复的 NDR 特性，在4.2 K低温下器件的 PVCR 值为 1.5，如图 3-37 所示[50]。

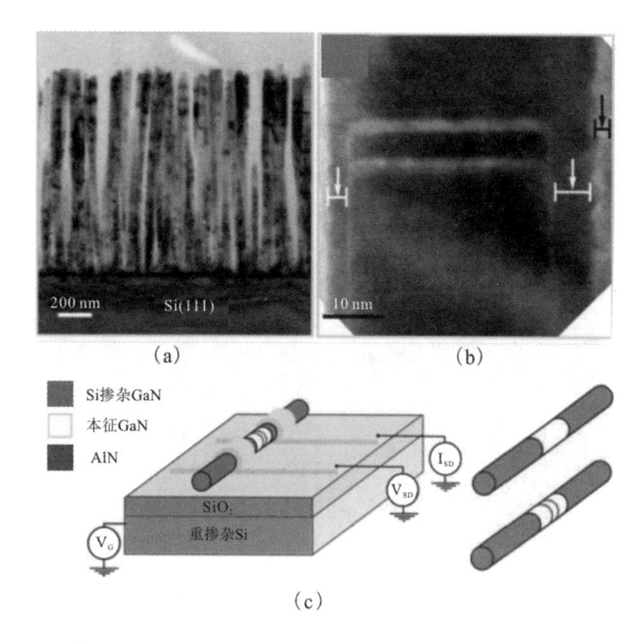

图 3-37　法国 CEA-CNRS 研制的基于 Si 衬底的纳米线 GaN RTD 器件

纳米线结构 GaN RTD 器件在多次连续偏压测试时，器件的 NDR 特性会消失。这主要是由于采用 MBE 技术生长 AlN/GaN 纳米线时，Al 原子的迁移能力和扩散长度较差，长时间纳米线生长会导致 AlN 沿径向优先生长。2012 年，俄亥俄州立大学 Carnevale 等人采用 MBE 技术在 Si(111)衬底上外延制备了 m 面非极性同轴纳米线结构的 AlN/GaN RTD 器件，如图 3-38 所示[51]。整体测试纳米线 RTD 器件只有在77 K低温下具有 NDR 特性，并且连续重复扫描后 NDR 特性消失。单个纳米线 RTD 器件在室温下具有 NDR 特性，但仍然在连续多次扫描后消失，并且在反向偏置下没有 NDR 特性。目前为止，基于Ⅲ族氮化物纳米线结构的 RTD 器件的性能远低于 c 面极性双势垒 GaN RTD 器件的性能，但是纳米线结构 RTD 器件提供了氮化物 RTD 器件和 Si 基器件集成的可能性。

从起初观察到不可重复的 NDR 特性到在室温下具有稳定重复的 NDR 特性，氮化物 RTD 器件的发展和材料质量的提高紧密相关。由于氮化物材料存在内建极化电场，研究人员提出了不同于传统 GaAs 基 RTD 器件的物理现象。

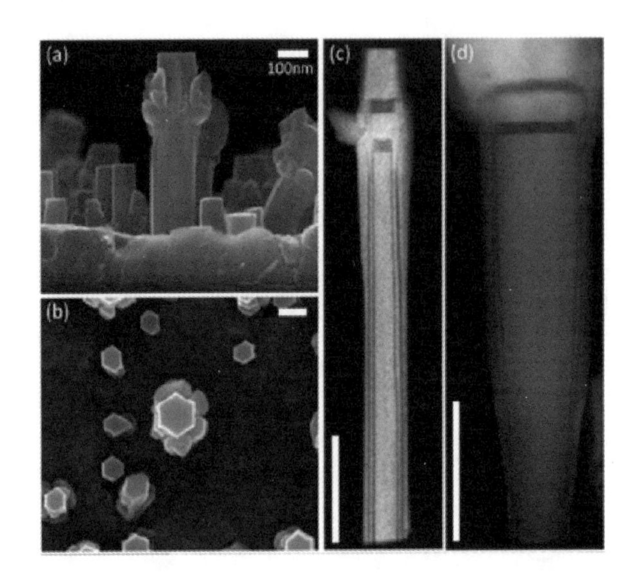

图 3-38 俄亥俄州立大学研制的基于 m 面非极性同轴纳米线结构的 AlN/GaN RTD 器件

随着材料生长技术和器件制备工艺的进步，新结构设计将进一步促进器件性能的提升，并有可能基于 RTD 器件发现新的物理现象。

3.4 氮化镓太赫兹共振隧穿二极管器件物理

3.4.1 极化电场对共振隧穿过程的影响

由于材料自身存在压电极化和自发极化电场，GaN RTD 器件发射极一侧积累的电子形成能级，而在集电极一侧形成电子耗尽区。GaN RTD 器件的能带结构如图 3-39 所示，在正向偏置电压下，电子积累区能级和量子阱中分立能级对齐，形成峰值隧穿电流。这种对齐是二维电子和二维电子对齐，因此共振峰值非常尖锐。在反向偏置电压下，集电极三维电子和量子阱中的二维电子能级对齐，因此反向偏置下共振隧穿峰值的分布相对较宽。

自发极化和压电极化效应使 GaN RTD 器件在正向和反向偏置下的器件共

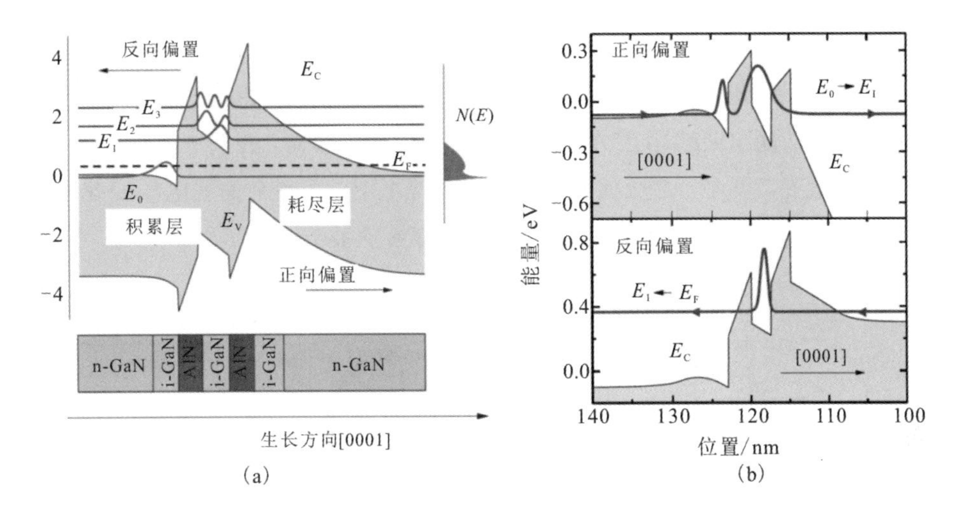

图 3-39　极性 GaN RTD 器件能带结构和电子能级分布及两种偏置下的共振隧穿过程

振隧穿峰值电压也不对称。随着外部偏置电压增加，量子阱中的基态能级向低能级方向移动。当量子阱中的基态能级和发射极积累的电子能级对齐的电子数量最大时，出现峰值隧穿电流。在正向偏置电压下，耗尽区上具有大的电压降，只有小部分偏置电压可以改变共振能级。而在反向偏置电压下，施加偏置电压会减小耗尽区宽度，共振隧穿电压也很小。此外，反向偏置下共振隧穿电流也小于正向偏置下的。随着偏置电压增加，有效势垒层厚度减薄，隧穿电流稍微变大。在临界偏置电压下，耗尽区完全被抑制，偏置电压全部落在双势垒上。在临界偏置电压以上，Fowler-Nordhem 隧穿成为主要的输出机制，电流也迅速增加。

内建极化电场对峰值隧穿电流的影响，可通过计算不同偏置电压下的透射系数来理解。在正向偏置电压下，透射系数随着偏置电压增加而增大。而在反向偏置电压下，透射系数随着偏置电压增加而急剧变小。GaN RTD 器件的透射系数与传统的 GaAs RTD 器件的完全不同，后者的透射系数随着偏置电压增加单调减小。这一不同可归于外加偏压和内建极化电场导致的非对称能带的抵消或叠加作用，而且这一作用依赖于外加偏置电压的方向。因此，可以对 GaN RTD 器件结构进行精细设计，实现高的峰值隧穿电流。

如图 3-40 所示，GaN RTD 器件的输出电流可以分为通过集电极势垒层的直接隧穿注入部分（J_{DT}）和多级共振隧穿电流部分（$J_{RT^{(n)}}$）[52]。由于在正向偏置电压下，只有一小部分电压用来改变共振能级，每级共振隧穿电流之间的大小差别足够大，因此可以清楚地从输出曲线中区分每个电流峰值位置。然而，在反向偏置电压下，很大一部分偏置电压落在双势垒上，在整个偏置电压变化范围内反向共振隧穿电流都很小。因此，共振隧穿峰值被部分掩盖。

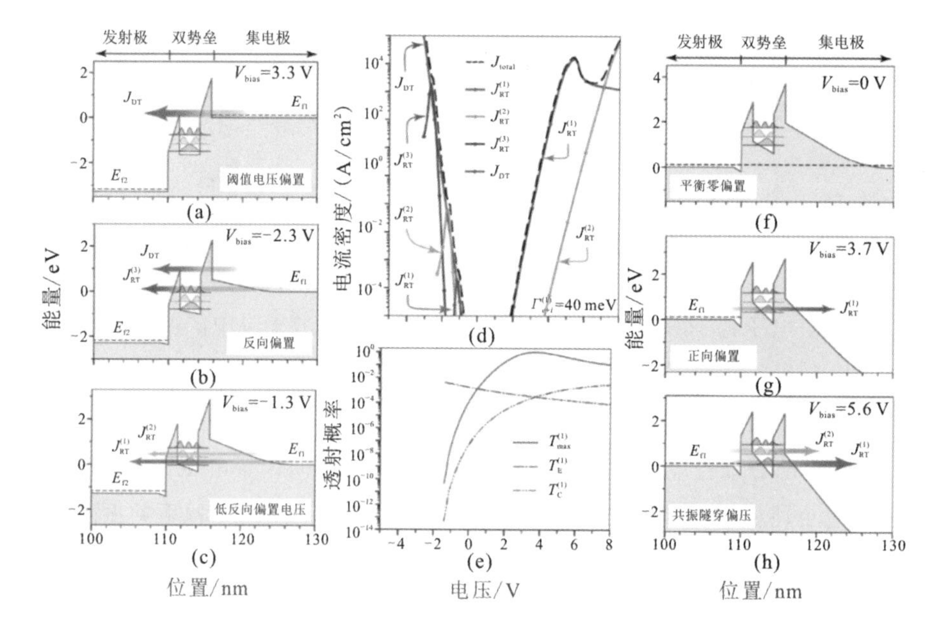

图 3-40　极性双势垒 GaN RTD 器件在正向和反向偏置下的共振隧穿模型及电流构成

此外，自发极化和压电极化电场效应也加剧了量子阱厚度和组分等波动造成的结果，如图 3-41 所示。量子阱厚度和组分偏差对 GaN RTD 器件性能影响的计算结果表明，这些偏差对 GaN RTD 器件性能的影响远大于对 GaAs RTD 器件的影响。这是由于 GaN RTD 器件内建电场使能带结构倾斜，能带结构改变与量子阱厚度和组分的变化更加敏感。由于 GaN 材料具有大的有效电子质量，更薄的量子阱势垒层更可取，这也进一步加剧了势垒层厚度改变带来的影响。

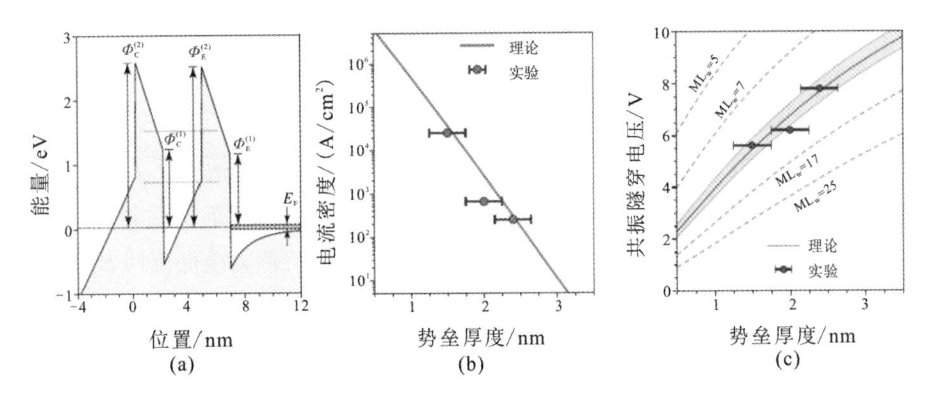

图 3-41　势垒层厚度波动对 GaN RTD 器件峰值电流和峰值电压的影响

3.4.2　氮化镓共振隧穿二极管变温输出特性

随着温度下降，GaN RTD 器件的峰值隧穿电流减小而 PVCR 值增加。当温度上升时，波函数展宽，增强了非共振隧穿电流成分。此外，非弹性散射降低了峰值隧穿电流，增大了共振透射概率。Growden 等人观测到当温度改变时，峰值电流保持稳定不变，而谷值电流在温度高于100 K时开始单调增加[9]。他们认为该现象与散射效应有关。Encomendero 等人把 RTD 器件的正向 $I-V$ 输出曲线分成三个区域，每个区域具有不同的电流传输机制[53]。在反向偏置下，电流与温度之间的变化关系很弱。当正向偏置电压低于5 V时，正向偏置下在区域 1 范围内电流主要由热电子发射机制决定，强烈依赖于温度变化。当偏置电压处于5 V和10 V之间时，区域 2 范围内隧穿电流成分增强，电流与温度的依赖关系变弱。该范围内量子阱中的基态能级和发射区类连续散射能级对齐。当偏置电压高于10 V时，区域 3 范围内的电流主要由共振隧穿机制决定。不同温度的正向 $I-V$ 特性表明，室温下共振隧穿现象可重复，在低于200 K温度下出现高阶共振隧穿过程。这是由于在低温下，费米能级附近具有更多的电子能级，能够产生更高的隧穿电流。北京大学研究人员发现峰值隧穿电流与温度呈 U 型变化关系，认为当温度下降时，散射效应被抑制，同时载流子浓度降低，两种作用引起的隧穿概率增加被抵消。而随着温度降低，谷值电流反而下降，该现象可能是入射电子能级分布变窄引起的。

3.4.3 氮化镓共振隧穿二极管电流传输散射机制

当两个临近部分能级耦合对齐时，电子波函数能隧穿通过势垒层。然而，RTD 器件中的散射效应会使波函数相位偏移。散射机制包括极性光学声子散射、声学声子散射、合金无序散射、界面粗糙度散射、电离杂质散射、电子间散射等。在高温时极性光学声子散射成为主要的散射机制，在低温时其他散射机制决定传输特性。

在 GaN RTD 器件中，势垒层采用 AlGaN 材料时，Al 原子代替 Ga 原子呈无序分布状态，因此引入了无序的势垒高度。由于 Al 原子取代 Ga 原子是完全随机的，合金无序散射发生的概率与 Al 组分呈倒 U 形分布，Al 组分在 50% 时出现散射峰值，纯二元 AlN 材料中的散射概率为零。界面粗糙度散射是一种弹性散射，其在低温下起重要作用，散射强度由表面粗糙度大小和相关长度来表征。当电子离化和原子分离后，原子带有未补偿的电荷，电子和离化原子相互作用发生散射。相对来说，离化杂质散射对温度不敏感，其影响可以通过降低有源区掺杂和背景杂质浓度来减小。当有源区量子阱势垒层厚度较薄时，量子阱中的波函数将和发射极积累区三角势阱中的波函数叠加，电子会通过电子间散射隧穿势垒层，增加器件谷值电流。光学声子散射来源于晶体中非平衡原子的相对运动，是动量弛豫和能量耗散的重要机制，同时是高温下决定 RTD 器件 PVCR 值的关键参数。声学声子散射来自原子密度的改变，在低温下起主要作用。

在 AlGaN 材料中，合金组分无序分布导致平移对称性遭到破坏。由于存在自发极化效应和压电极化效应，偶极子散射伴随着合金无序散射。偶极子散射限制的迁移率与铝组分呈 U 形关系，这和合金无序散射的结果相似。但是随着载流子浓度增加，偶极子散射限制的迁移率会增加，这种情况下和合金无序散射的影响结果相反。随着温度增加，偶极子限制的迁移率开始减小到一个谷值，之后再增加。在低温下，即使合金无序散射决定的迁移率占主导，但偶极子散射的影响不能忽略。因此，GaN RTD 器件有源区势垒层可以采用数字合金势垒层代替三元合金势垒，不仅能减小偶极子散射的影响，而且能消除合金无序散射，如图 3-42 所示。北京大学的相关研究人员采用数字合金势垒层制备的 AlGaN/GaN RTD 器件，首次在室温下得到了 NDR 特性[54]。

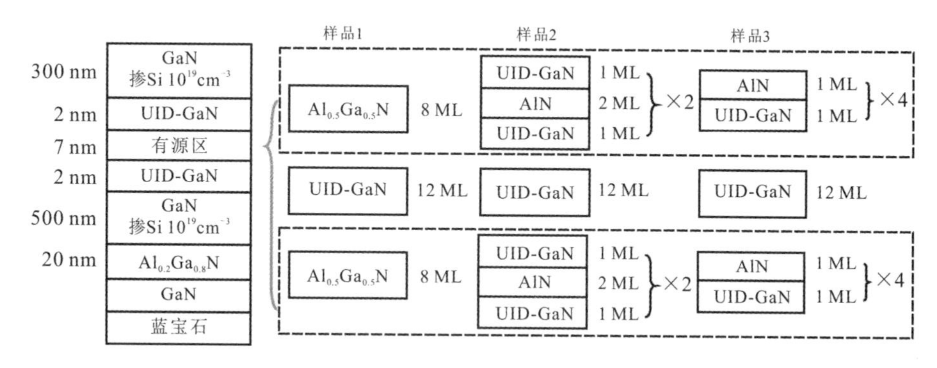

图 3－42　数字合金 AlGaN 势垒层 GaN RTD 器件材料外延

3.5　大尺寸高峰值电流氮化镓太赫兹共振隧穿二极管研制

目前报道的 GaN RTD 器件峰值电流密度和 PVCR 值仍较低，远低于理论预测，不能满足低功耗振荡源的应用需求。这些问题来自氮化物量子阱结构中存在强的自发极化和压电极化电场，该电场来自氮化物材料晶体结构天然的非对称性。为了消除内建电场相关的影响，采用包括非极性 m 面 GaN 衬底、立方闪锌矿结构及其纳米线结构等不同的技术途径来制备 GaN RTD 器件。另一个影响器件性能的因素来自 GaN RTD 器件量子阱有源区具有高密度位错，且量子阱界面粗糙不平，这些材料缺陷一般作为散射中心和漏电通道，最终使器件峰值电流衰减，增加谷值电流。在过去五年中，由于材料外延生长技术、器件结构设计和器件工艺的进步，氮化物 RTD 器件的性能尤其是峰值隧穿电流获得了迅速提升，在 AlN/GaN 双势垒 RTD 器件中实现了高达1 MA/cm^2的峰值隧穿电流密度。

尽管取得了上述成果，氮化物 RTD 器件的 PVCR 值仍较低，和商用砷化物 RTD 相比。RTD 结构中量子阱势垒层的厚度很薄，很难实现厚度在原子层级别的一致性控制，获得具有平滑突变的异质结界面。因此，在一个晶圆上相同尺寸的 RTD 器件的性能具有很大的波动性和非均匀性，具有大面积尺寸的器件常表现出非常差的性能，这严重阻碍了基于 RTD 器件的振荡电路的发展。面向高功率输出需求，RTD 器件应具有高的峰值电流密度和大的器件尺寸。本节主要介绍西安电子科技大学在大尺寸高峰值电流密度 GaN RTD 器件研制方面取得的成果[12]。

3.5.1 氮化镓共振隧穿二极管材料外延与制备工艺

由于 GaN RTD 器件的性能和位错密度直接相关，为了实现高性能器件，最好采用自支撑氮化镓单晶衬底进行器件结构外延。目前，氮化镓单晶衬底价格比较高且尺寸较小，因此采用厚膜氮化镓基板进行 RTD 器件结构外延。氮化镓基板采用 MOCVD 技术在图形化蓝宝石衬底上外延获得。材料生长时，蓝宝石衬底放置在 SiC 薄膜覆盖的石墨基座上，采用射频加热方式。在生长结束后，采用磁控溅射的方式在氮化镓基板蓝宝石衬底背面渡800 nm金属钛膜，MBE 技术在氮化镓厚膜基板上外延 RTD 有源区时，金属钛膜有助于增强蓝宝石衬底热吸收和温度分布的一致性。

在氮化镓基板上采用 MBE 同质外延 RTD 有源区时，对氮化镓基板表面的清洗至关重要，该过程可以阻止同质外延产生新的位错，位错带来的应变场会破坏量子阱结构中异质结界面的突变性和一致性。同时，螺位错具有导电性，可作为导电通道形成漏电流，最终影响 NDR 特性。因此，在把氮化镓厚膜基板放入 MBE 真空腔体进行同质外延之前，需要采用一系列的化学清洗步骤去除氮化镓基板表面的污染物。

首先，用酸溶液清洗，之后用丙酮、乙醇和去离子水清洗。用高纯氮气干燥表面后，立即将氮化镓基板放入 MBE 送样室，在送样室中 160℃温度下对氮化镓基板进行四小时除气。接着，将基板转入准备室在 400℃温度下除气，直至准备室真空度低于 1×10^{-9} Torr。下一步，将氮化镓基板转入生长室，采用三个循环镓束流淀积和分解过程来进一步去除表面黏附的 C 和 O 等杂质。待以上所有清洗过程完成后，氮化镓基板表面达到了二次外延生长 RTD 器件有源区的要求。

试验采用 SVT N－35 设备，该设备配备有标准的 Ga 源和 Al 源双丝蒸发源炉、Si 源单丝蒸发源炉。活性氮原子通过 RF 等离子体源分解氮气产生，所用高纯氮气纯度为 99.9999%。材料生长时氮化镓基板放置在钼拖上面，在基板背面采用热偶测量生长温度。RTD 器件材料外延生长过程连续，没有任何

暂停和间隙，其生长温度为675℃，采用材料表面开始形成金属滴的富金属生长模式。氮气流量为2.3 sccm，RF射频源功率为375 W，该条件下GaN材料的生长速率大约为9 nm/min。氮化镓和氮化铝生长时所用镓束流和铝束流的平衡等效压强(BEP)分别为6.5×10^{-7} Torr和2.5×10^{-7} Torr，该条件下Ga/N*束流比为1.4，而Al/N*束流比稍微大于1。整个材料生长过程中，镓束流始终保持打开，以增强原子表面的迁移能力，维持台阶流生长模式，减小双势垒量子阱异质结界面粗糙度。在AlN势垒层外延生长时，Al原子会优先结合到晶格格点使材料生长表面粗化且形成缺陷，因此过量的Ga原子起表面活化剂的作用，可以减小原子在材料生长表面迁移的势垒，而不会结合到AlN势垒层中。研制的AlN/GaN/AlN双势垒RTD器件剖面结构如图3-43所示。

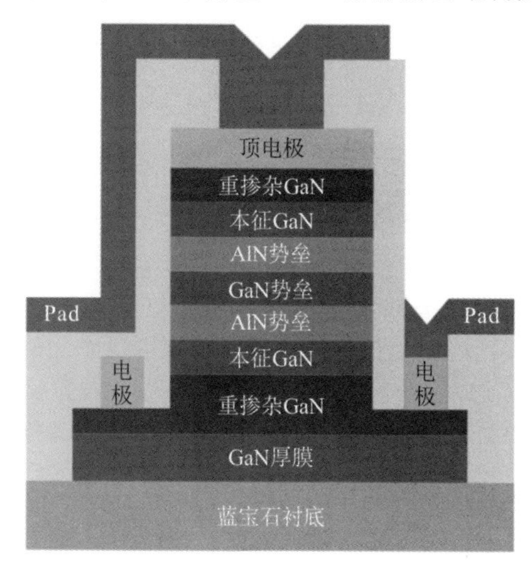

图3-43　ALN/GaN/ALN双势垒RTD器件剖面结构示意图

首先，在氮化镓基板上生长200 nm厚Si掺杂浓度为5×10^{19} cm^{-3}的n$^+$GaN层，作为RTD器件底部发射极电极欧姆接触层。接着生长RTD有源区AlN/GaN/AlN双势垒，其中GaN量子阱厚度为2.5 nm，AlN势垒层厚度为1.5 nm。最后，有源区上生长100 nm厚Si掺杂浓度为5×10^{19} cm^{-3}的n$^+$GaN层，作为顶部集电极欧姆接触层。为了抑制欧姆接触层中Si杂质扩散进入有源区双势垒中，分别在AlN/GaN/AlN双势垒底部/顶部与欧姆接触层之间生长10 nm和4 nm的GaN空间隔离层。

器件制备采用传统的氮化物器件工艺技术。首先，采用 Cl_2/BCl_3 基感应耦合等离子体反应离子刻蚀(ICP－RIE)工艺刻蚀200 nm外延材料，形成台面隔离。其次，通过光刻掩模和显影过程，定义顶部电极区域，电极直径为 1～20 μm。接着，采用电子束蒸发方式淀积 Ti/Au/Ni (20/100/120 nm)金属层形成集电极。之后，采用自对准刻蚀工艺形成垂直台面(这里 Ni 作为牺牲层，用来定义底部欧姆接触区域)。同样采用电子束蒸发方式淀积 Ti/Au(20/100 nm)金属层作为发射极电极。在此基础上，采用等离子增强化学气相淀积(PECVD)方式淀积200 nm SiN_x 作为钝化隔离层和器件包络层。下一步，采用 SF_6 基 ICP－RIE 刻蚀 SiN_x 钝化层，在顶部和底部欧姆电极上形成通孔。最后，光刻形成测试 Pad，淀积 Ti/Au(20/400 nm)金属层形成测试 Pad 并和 RTD 上下电极之间互连。GaN RTD 器件 SEM 形貌和顶电极放大图如图3－44所示。

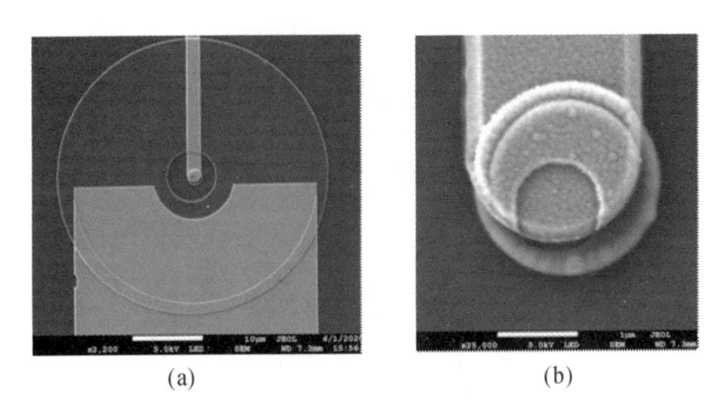

(a)　　(b)

图 3－44　GaN RTD 器件 SEM 形貌和顶电极放大图

3.5.2　大尺寸氮化镓共振隧穿二极管性能分析

共振隧穿二极管输运特性受有源区位错和缺陷的影响，最好的消除这一影响的途径是在低位错自支撑氮化镓衬底上同质外延 RTD 结构。目前，自支撑氮化镓衬底的价格高且尺寸小，采用图形化衬底上厚膜氮化镓基板来外延 RTD 器件结构是低成本且可以商业化大生产的途径。氮化镓基板材料的 XRD 测试(002)面和(102)面摇摆曲线半高宽分别为202 arcsec和199 arcsec，对应的线位错密度平均值为 $1.4\times10^{8}\ cm^{-2}$。从材料截面 TEM 形貌可以明显地看到

图形化蓝宝石衬底，而 MBE 生长 RTD 有源层和 MOCVD 生长氮化镓基板之间的界面不太明显，在二次外延界面和 RTD 有源区没有产生新的线性位错。在大视场光学显微形貌上有镓滴出现，表明材料处于富镓生长模式，材料表面的镓滴可以用盐酸清洗干净而且不影响后续器件工艺。

GaN RTD 器件表面 AFM 形貌和量子阱 TEM 形貌如图 3-45 所示，外延 RTD 材料表面 AFM 形貌测试结果表明，材料表面具有原子级光滑形貌和台阶流生长模式，$2\times2\ \mu m^2$ 面积上的均方根粗糙度(rms)为0.27 nm，没有黑色坑状缺陷和亮色六方凸起小丘，因此在小的表面区域内无位错出现。有源区量子阱截面高角度环形暗场(HAADF)扫描投射电子显微镜(STEM)形貌表明，AlN/GaN 异质结界面光滑突变具有高的结晶质量，AlN 势垒层和 GaN 势阱厚度分布一致，没有大的起伏和波动。有源区包含六个原子层的 AlN 势垒层和十个原子层的 GaN 势阱。为了研究器件尺寸对性能的影响，在同一晶圆上制备了不同台面尺寸的 RTD 器件。为了抑制台面刻蚀不垂直引起侧墙漏电而增加器件谷值电流，通过钝化层通孔的顶电极需要低阻欧姆接触，而且刻蚀工艺需要优化以实现垂直台面刻蚀。

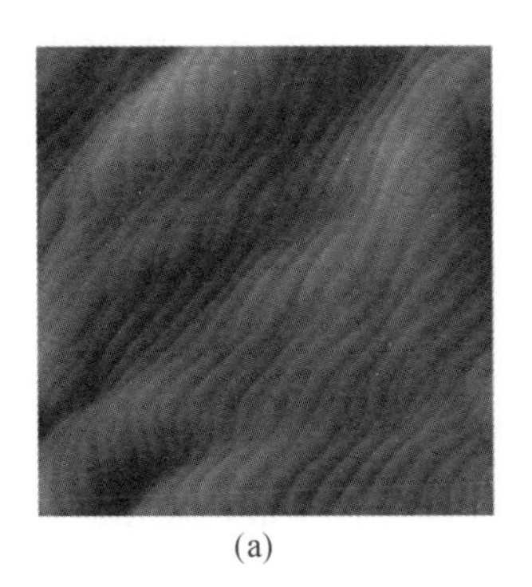

(a)

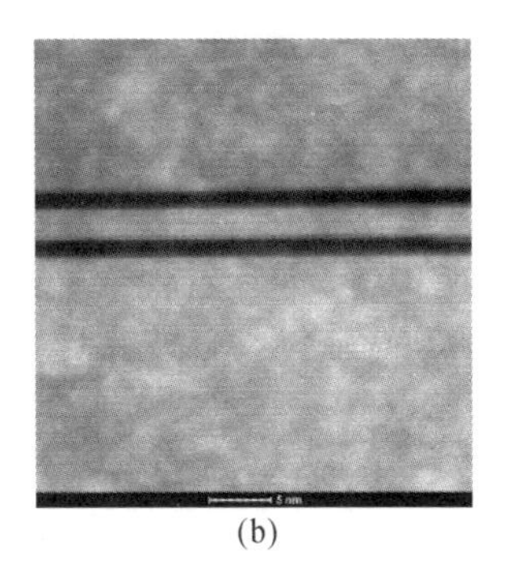

(b)

图 3-45　GaN RTD 器件表面 AFM 形貌和量子阱 TEM 形貌

图 3-46 给出了不同台面尺寸 RTD 器件室温 $I-V$ 输出特性。在进行器件输出特性测试时，正电压参考施加在顶部集电极上的电压，从0 V增加到6.5 V。测试时在所有不同尺寸的 RTD 器件中都得到了 NDR 特性，随着器件尺寸增加，NDR 峰

值电压从4.6 V增加了到5.9 V，这一结果主要归因于器件欧姆接触大的串联电阻和大尺寸器件高的峰值电流。为了测试器件在正向偏置和反向偏置下的输出特性，对台面直径为1 μm的 RTD 进行闭环电压扫描。偏置电压从−6.5 V开始，逐渐增加到6.5 V，然后逐渐降低到−6.5 V。NDR 现象只在正向偏置下出现，峰值电压为5 V，峰值电流密度和 PVCR 值分别为48 kA/cm^{2}和1.93。这里 PVCR 值 1.93 是目前报道的蓝宝石衬底上 GaN RTD 器件的最高纪录，仅低于氮化镓衬底上 2.03 的报道结果。PVCR 值提高主要得益于器件工艺的成熟缩小了器件尺寸，以及 MBE 实现了单原子厚度控制和高质量 AlN/GaN 量子阱材料生长。此外，RTD 有源区采用 AlN 势垒层可以降低器件谷值电流，从而提高 PVCR 值。

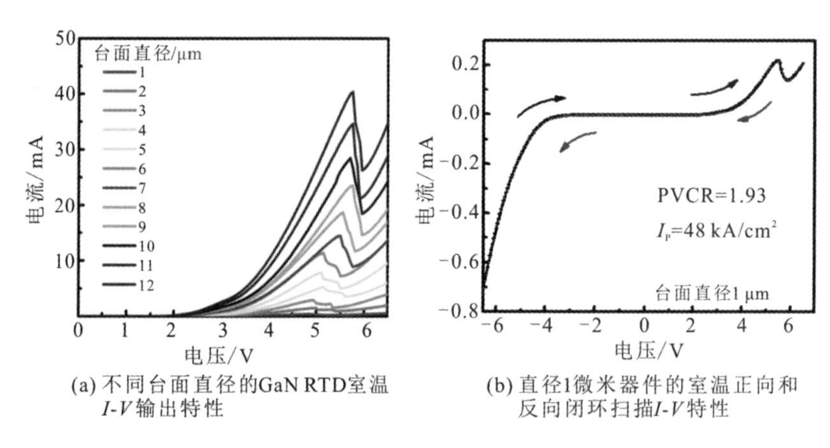

(a) 不同台面直径的GaN RTD室温 I-V 输出特性

(b) 直径1微米器件的室温正向和反向闭环扫描I-V特性

图 3-46　GaN RTD 室温 *I*-*V* 输出特性

当反向偏置电压增加时，输出电流与电压成指数关系增加。正向和反向偏置下 *I*-*V* 输出特性不对称来源于 GaN RTD 中自发极化和压电极化电场导致的能带结构不对称。因此，为了减弱内建极化电场的影响，采用低铝组分 AlGaN 势垒层可以削弱极化电场，从而获得双向偏置下的 NDR 特性。GaAs RTD 器件材料输运立方闪锌矿结构没有极化电场，而 AlN/GaN RTD 器件内建极化电场导致导带不对称。在对称结构 AlN/GaN RTD 器件中，在底部发射极势垒层和欧姆接触层之间形成2DEG积累，在顶部集电极势垒层和欧姆接触层之间形成耗尽区。强的极化电场能对对称能带进行调制，改变耗尽区宽度，从而改变电子透射的共振能级，和没有压电极化和自发极化的理想结构相比。

由于存在宽的耗尽区，最终电子隧穿到集电极的概率被削弱，RTD器件的输出特性也受到影响。因此，在常规情况下，GaN RTD器件只能在正向偏置下出现NDR特性，然而可以在非极性面和半极性面衬底上外延GaN RTD结构来消除内建极化电场的影响。此外，合适的有源区结构设计也可以打破能带结构不对称性的影响。采用合适的铝组分可以减小导带不对称性，获得对称的能带结构，从而实现两个偏置方向上都出现对称 $I-V$ 特性。

GaN RTD峰值电流和谷值电流密度及PVCR值与台面的尺寸关系如图3-47所示。从图3-47可知，随着器件台面直径从1 μm增加到12 μm，RTD器件峰值电流密度从48 kA/cm^{2}下降到36 kA/cm^2，这一下降趋势随着器件尺寸变大而越加明显。对于大尺寸器件，器件有源区存在更多数量的位错，异质结界面金属原子相互扩散及其合金无序分布更加严重，导致有源区厚度波动和界面粗糙，这些因素导致材料分布不一致，增大了对峰值隧穿电流密度产生影响的等效尺寸效应。因此，峰值电流密度随着器件尺寸增加，开始迅速下降，然后对这一平均效应不太敏感。同时，当器件尺寸从1 μm增加到8 μm时，器件谷值电流密度从25 kA/cm^{2}减小到21 kA/cm^2，而随着尺寸进一步增加，谷值电流密度又增加到22 kA/cm^2，之后变化很小，几乎与器件尺寸无关。这一现象可通过大尺寸器件中每个器件平均螺位错数量的增加来解释，因为螺位错是平行漏电通道，增加了漏电流，因而增强了谷值电流密度并减小了PVCR值。相应地，PVCR值从1.93减小到1.58，与器件直径尺寸近似服从线性关系。当器件台面直径继续增加到20 μm时，峰值电流密度和PVCR值分别下降为

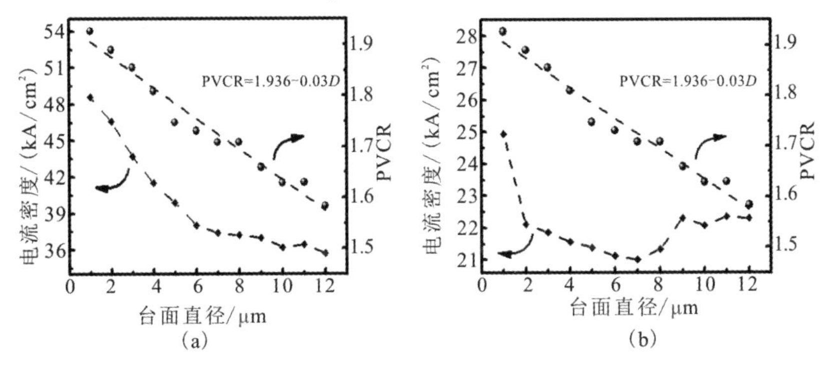

图3-47　GaN RTD峰值电流和谷值电流密度及PVCR值与台面直径的关系

注：D 表示台面直径

31 kA/cm^2和1.06。尽管该尺寸器件的性能比较差，但是该结果是目前报道的最大面积氮化物RTD，验证了大功率输出的可能性。应该注意的是，器件自热效应对于低PVCR值也扮演着重要角色。对于大尺寸器件，强的自热效应增加了器件结温和极性光学声子散射，这一机制对谷值电流有提高作用。然而，峰值电流密度仍较低，因此自热效应的影响非常弱，可以忽略不计。基于器件性能与台面尺寸的依赖关系，这里存在一个NDR特性出现的位错密度阈值。通过XRD(002)面摇摆曲线半高宽值计算得到GaN材料中螺位错密度为$3.96\times10^7\ cm^{-2}$，台面直径20 μm器件中的螺位错平均数量是126，当位错密度高于该值时将观测不到NDR特性。

为了验证NDR特性的重复性和稳定性，对不同台面尺寸的器件进行闭环电压扫描测试，偏压从0 V增加到6.5 V，然后降低到0 V，如图3-48所示。测试结果表明，在偏置电压增加和减小的过程中，$I-V$输出曲线几乎保持不变。GaN RTD器件具有强的极化电场，容易在$I-V$曲线中产生回滞现象，该现象与有源层中曲线相关的电荷陷阱有关。高重复性且无回滞现象的NDR特性说明MBE生长的材料具有高的结晶质量和完整的异质结界面。另外，在NDR特性中出现了椅子形状的台阶，这一现象和自振荡引起的外在双稳态及其量子阱基态能级改变引起的内在双稳态相关。同时，在连续1000次扫描测试后，NDR特性也没有出现退化和回滞现象。台面直径是20 μm的器件，在连续1000次扫描后NDR峰值电压略微向低压方向移动。这一变化与量子阱界面位错陷阱电荷有关，该电荷降低了有效势垒高度，从而改变了主要的传输机制。另一个可能的原因是原大尺寸器件自热效应降低了串联电阻，从而引起峰值电压变小。

为进一步评估制备的GaN RTD器件性能的一致性和统计结果，对同一晶圆上制备的台面尺寸为2 μm的50个器件的室温NDR特性进行统计分析。如图3-49所示，包括峰值电流密度、峰值电压、谷值电路密度、谷值电压、PVCR值和峰值电压与谷值电压的差。大多数器件的峰值电流密度为42.5 kA/cm^2，典型的谷值电流密度处于22.5～25 kA/cm^2之间。峰值电压范围为4.7～6.3 V，谷值电压处于5.3～6.7 V之间。大多数器件的共振隧穿峰值电压和谷值电压为4.9 V和5.5 V。和最近三年报道结果相比较，研制的GaN RTD器件的峰值电流仍较低，可以通过有源区量子阱结构进一步优化来

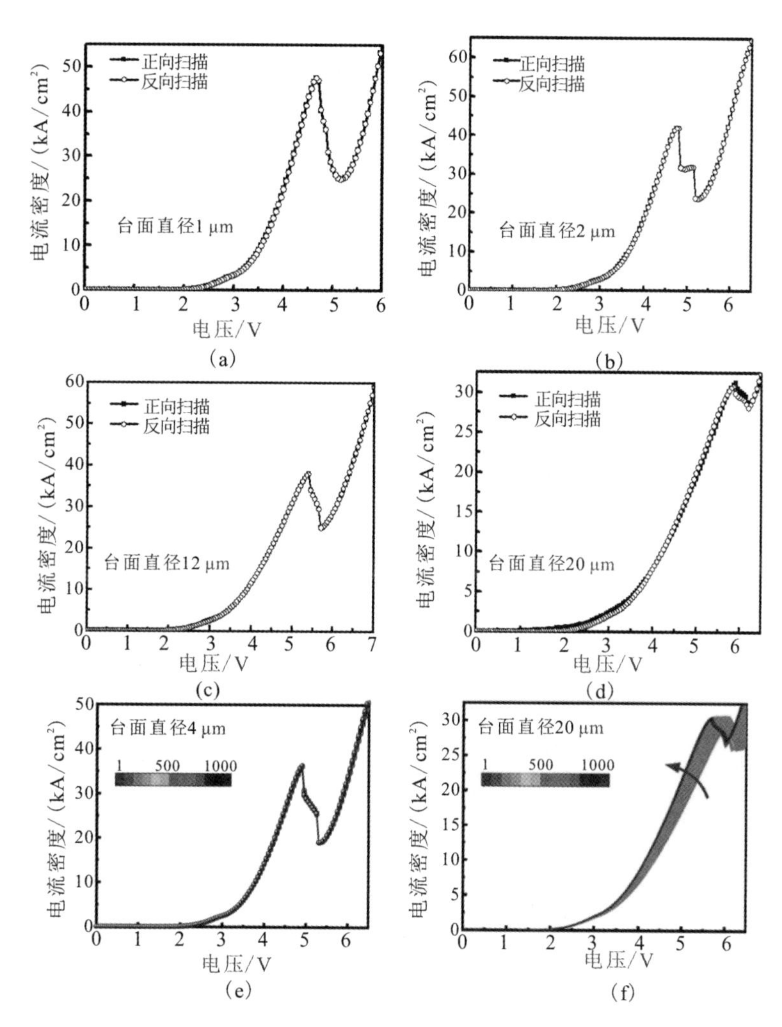

图 3-48　不同台面尺寸 GaN RTD 器件室温下 NDR 特性稳定性与重复性测试

提升，特别是 AlN 势垒层厚度。RTD 器件共振隧穿特性受到有源区量子阱势垒层厚度和势阱厚度的强烈影响，即使一个原子层厚度的波动都会导致峰值电流密度非常大的变化。而且，这一情况对小尺寸器件来说更加明显。鉴于 NDR 特性统计结果分布，峰值电流密度分布非常集中，分布范围很窄，进一步说明 MBE 外延的 RTD 有源区具有平整光滑的量子阱界面。统计分析中的 32 个器件的 PVCR 值大于 1.6，一半器件的峰值电压与谷值电压差为0.5 V，这些数据说明 GaN RTD 器件具有实现高功率输出的潜力。

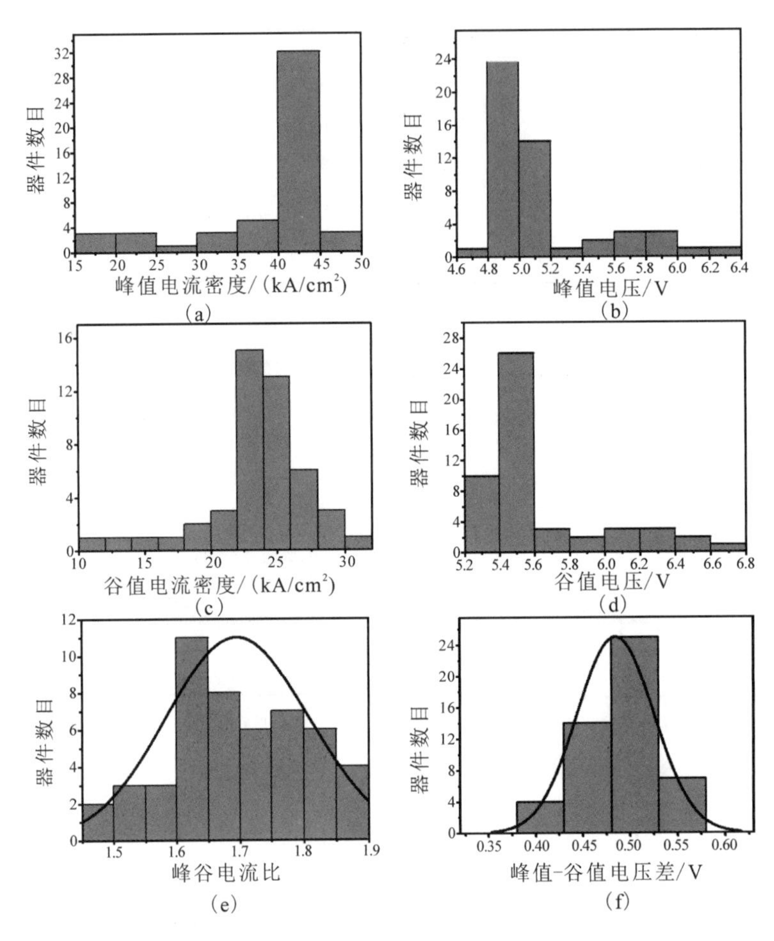

图 3-49　同一晶圆上制备的 50 只台面直径2 μm GaN RTD 器件的室温 NDR 特性统计结果

图 3-50 给出了不同台面尺寸 GaN RTD 器件的低温 $I-V$ 输出特性和谷值电流密度及峰值电流密度与温度的变化关系。值得注意的是峰值电流密度在整个温度变化范围内几乎保持不变，而且这一趋势不受器件尺寸的影响，如图 3-50(d)所示。由于低温抑制了散射效应和热激发因素对谷值电流的贡献，谷值电流密度随着温度下降而下降。而且随着器件的尺寸增加，峰值隧穿电流密度也明显下降，

这是由面积平均效应引起的，因为大尺寸器件包含更多数量的螺位错。随着温度增加，大尺寸器件的谷值电流在200 K温度以下变化很小，但在高温阶段谷

值电流突然增加。基于理论模型，散射效应引起谷值电流增加的因素主要来自位错散射、声学声子散射和极性光学声子散射。在低温时，声子散射被抑制，位错散射成为决定谷值电流的主要机制。在温度低于200 K时，谷值电流随器件尺寸的增加而微小增加是由每个器件中位错数量的增加导致的。随着温度上升，来自光学声子散射的贡献也增加，因而谷值电流也增加，尤其是极性光学声子散射。对于大尺寸器件，来自热阻的自热效应将加剧这一散射效应。因此，为了缓解这一效应，降低谷值电流，从而提高 PVCR 值，采用低位错密度高热导率氮化镓单晶衬底是一种可行的技术方案，以提高 RTD 器件的峰值电流密度和 PVCR 值。

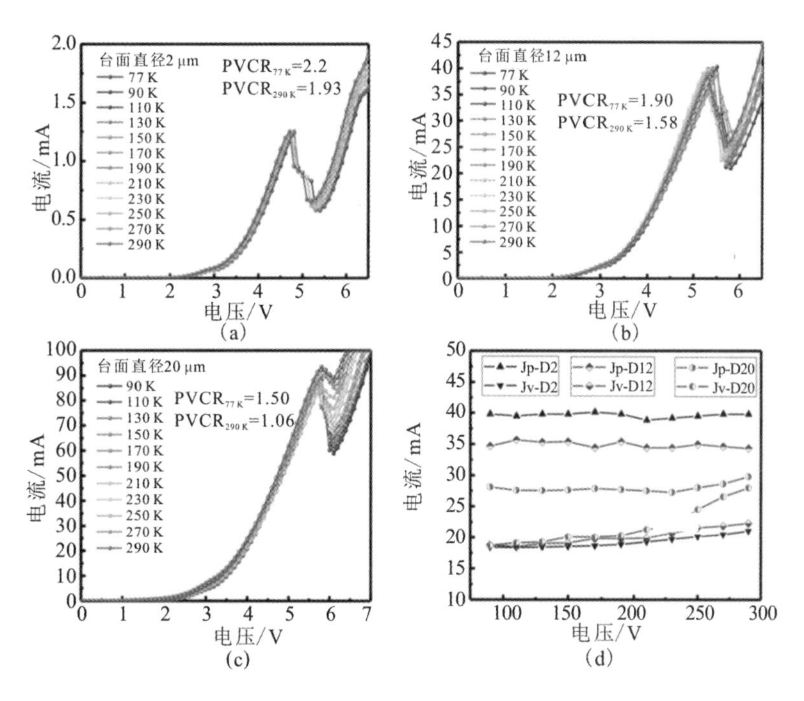

图 3-50　不同台面尺寸 GaN RTD 器件变温输出特性和峰值电流及谷值电流与温度变化关系

3.5.3　高峰值电流氮化镓共振隧穿二极管性能分析

为了提高 GaN RTD 峰值电流密度和 PVCR 值，提高材料外延质量是最基本的途径之一，尤其是 AlN/GaN 双势垒量子阱质量。量子阱异质结界面需要突变且光滑平整，但常规的 MOCVD 技术很难满足这一要求，而 MBE 技术在厚度控制方面可以达到原子厚度级别。而量子阱材料生长时，铝原子表面迁移能力低，为此采用铟元素作为表面活化剂，提高铝原子的表面扩散长度，进而提高量子阱材料的界面质量。图 3-51 是采用铟元素表面活化作用生长的 AlN/GaN/AlN 双势垒量子阱材料 HRTEM 形貌。从图中可以看出，AlN/GaN 异质结界面平整突变，原子分布清晰可见。

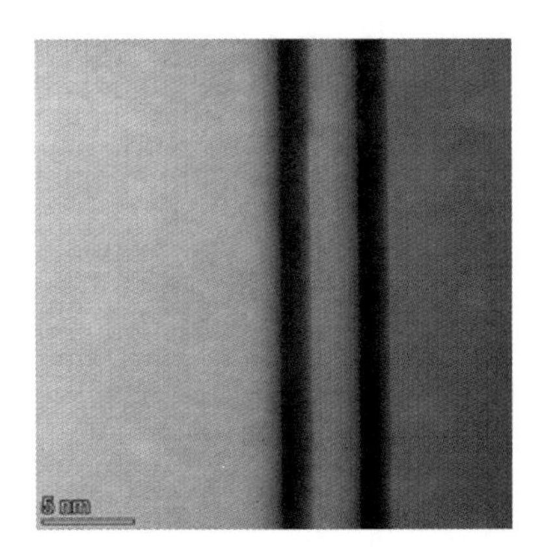

图 3-51　利用铟元素表面活化作用生长的 AlN/GaN/AlN 双势垒量子阱材料 HRTEM 形貌

基于相同的 RTD 器件工艺技术，可制备出不同台面尺寸的 GaN RTD 器件。图 3-52 是台面直径为1 μm的 GaN RTD 器件室温下直流 $I-V$ 输出特性和 NDR 特性稳定性测试结果。室温下，GaN RTD 器件的峰值隧穿电流密度和

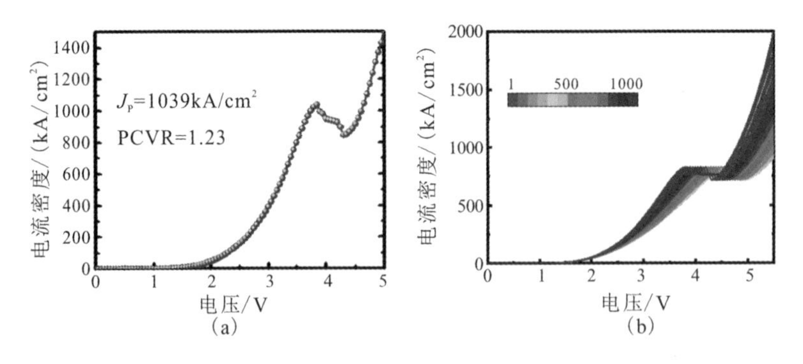

图 3-52　台面直径为1 μm的 GaN RTD 器件室温下直流 $I-V$ 输出特性及 NDR 特性稳定性测试结果

PVCR 值分别为1039 kA/cm² 和 1.23，而且连续 1000 次扫描下 NDR 的性能没有衰退，说明铟元素活化能获得非常高的界面质量。该器件峰值电流值是目前报道的最好结果，而且在该电流值下的 PVCR 值也是最高纪录。

为进一步验证器件的稳定性，对制备的台面直径为1 μm的 GaN RTD 器件进行变温 $I-V$ 特性测试，结果如图 3-53 所示。随着温度增加，峰值电流密度几乎保持不变，而谷值电流在低于170 K的温度范围内也保持稳定，但当温度再增加时谷值电流开始升高。谷值电流的增加主要来自温度升高引起的光学声子散射增强，尤其是极性光学声子散射。另外，谷值电流的增加导致 PVCR 值下降。

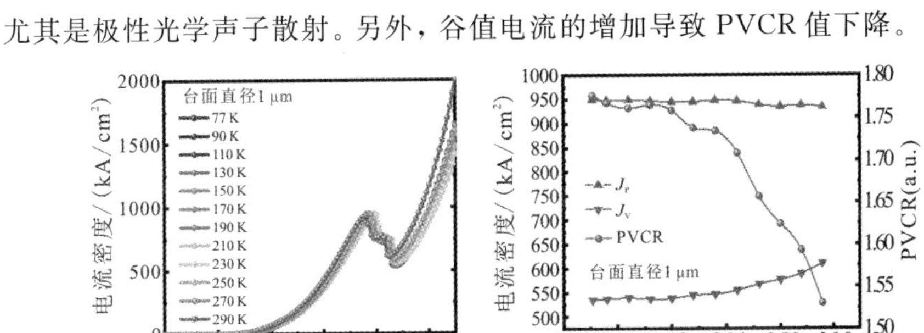

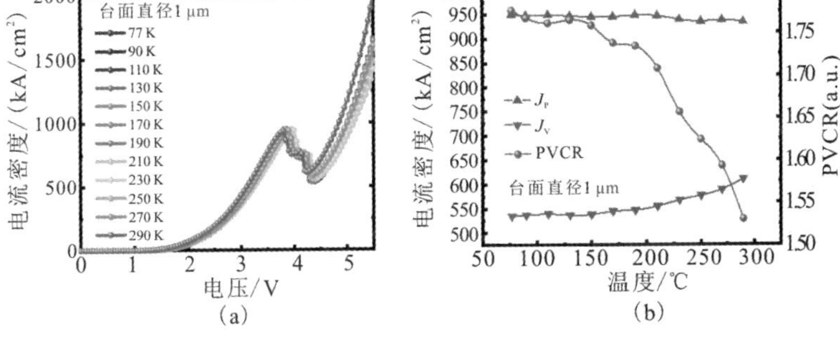

图 3-53　台面直径为1 μm的 GaN RTD 器件变温 $I-V$ 输出特性

图 3-54 给出了国际上过去二十年来 GaN RTD 器件研究的主要报道结果，包括器件峰值电流密度和 PVCR 值。图中给出了主要的研究单位、器件势垒层结构、器件材料外延技术、NDR 特性稳定性等信息。2010 年美国西北大学报道了第一个具有室温下稳定 NDR 特性的 GaN RTD 器件，该器件采用 MOCVD 技术在氮化镓衬底上外延制备，但其 NDR 特性远低于预期结果。之后经过十年发展，GaN RTD 器件的 NDR 特性取得了迅速提高，峰值电流密度超过1 MA/cm²，同时 PVCR 值也高于 1.2，为高输出功率太赫兹辐射源用器件研究提供了希望。而且目前具有稳定 NDR 特性的器件基本上都有 MBE 技术外延制备，不论是采用氮化镓衬底还是厚膜氮化镓基板材料。未来 GaN RTD 器件研究都需要继续提高 PVCR 值，并研制基于 GaN RTD 器件的片上振荡电路。

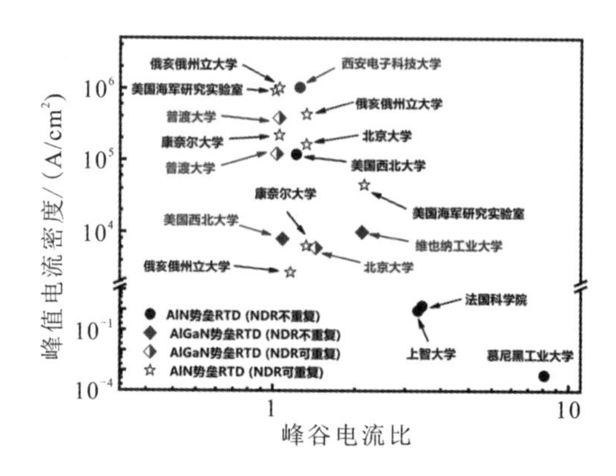

图 3-54　GaN RTD 器件峰值电流和 PVCR 值发展统计

3.5.4　氮化镓共振隧穿二极管研究展望

Ⅲ族氮化物在高频微波射频器件、高压电力电子器件和光电发光器件领域有着重要应用。由于热稳定和高击穿场强，Ⅲ族氮化物在研制高功率太赫兹振荡器方面具有独一无二的优势。随着Ⅲ族氮化物 RTD 研究的发展，更多的垂直输运物理现象会被发现。然而，目前 GaN RTD 器件的峰值电流和 PVCR 值还不能满足应用需求，在以下几个方面还有很大值得提升的空间：

(1) 需要改进材料生长技术，提高材料外延质量。氮化镓材料异质外延过程中衬底和外延材料之间存在大的晶格失配，导致材料中存在高密度位错缺陷，这些缺陷常作为漏电通道。AlN 和 GaN 材料之间大的晶格失配和铝原子在薄膜生长表面的低迁移能力产生了粗糙的量子阱界面，其增加了散射效应，弱化了共振隧穿过程。Ⅲ族氮化物材料中包含高密度点缺陷，这些缺陷作为深陷阱也影响共振隧穿过程。因此，氮化物材料在 RTD 器件应用方面的优势需要通过材料质量的提升来进一步显示出来。

(2) 需要进一步对器件结构进行精细设计，抑制极化电场影响。为了抑制内建极化电场对 RTD 器件输运特性的影响，需要对器件有源区进行设计，调制能带分布，降低极化电场带来的副作用。同时，需要对半极性、非极性和极化匹配结构材料外延技术进行技术攻关，实现无应变 GaN RTD 器件。通过减薄耗尽区宽度和引入 InGaN 子阱来提高 GaN RTD 器件的输出功率。

（3）深入研究影响GaN RTD器件输运的散射机制。RTD器件中的散射机制来源多，需要采用定量计算的方法评估不同散射机制对器件输运特性和PVCR值的影响，以提高器件峰值电流和PVCR值为目标进行器件结构设计。

（4）需要开发GaN RTD器件振荡器制备工艺。为提高RTD器件的输出功率，需要减小来自钝化层介质和台面表面的漏电，同时微波信号输出需要实现高质量空气桥制备。高频太赫兹振荡源性能依赖于制备工艺，包括电阻、电感和电容等元器件的制备和参数提取，以及空气桥工艺开发、电路整体设计和匹配。

（5）Si基低成本GaN RTD器件及其电路应用研究。目前已报道的负阻可重复的RTD器件均是在GaN衬底或GaN基板上生长制备的，且大都采用MBE技术生长。GaN衬底价格昂贵，不利于大规模研究和电路集成。因此，需要实现在Si衬底上的GaN RTD器件，推动GaN RTD器件及电路应用研究。同时，AlN势垒层结构器件的峰值电压偏高，不利于电路设计和低功耗应用。在进一步提高峰值隧穿电流密度时，需要降低AlN势垒层厚度，这会导致势垒层厚度的均匀性进一步恶化。而对于AlGaN三元合金势垒，在MBE生长过程中Al原子表面迁移能力很低，造成三元合金组分不均匀，导致额外的散射和漏电，严重限制了RTD器件的工作温度。因此，如何实现Si基三元合金势垒RTD结构材料外延，研制出室温下可重复稳定工作，且性能均匀一致的器件与电路是GaN RTD领域亟待解决的问题。

参考文献

[1] 郭维廉．共振隧穿器件及其应用[M]．北京：科学出版社，2009.

[2] ESAKI，TSU R. Superlattice and negative differential conductivity in semiconductors [J]. IBM journal of research and development，1970，14(1)：61－65.

[3] CHANG L L，ESAKI L，HOWARD W E，et al. The growth of a GaAs-GaAlAs superlattice[J]. Journal of vacuum science and technology，1973，10(1)：11－16.

[4] TSU R，ESAKI L. Tunneling in a finite superlattice[J]. Applied physics letters，1973，22(11)：562－564.

[5] CHANG L L，ESAKI L，TSU R. Resonant tunneling in semiconductor double barriers

[J]. Applied physics letters, 1974, 24(12): 593 - 595.

[6] MAEKAWA T, KANAYA H, SUZUKI S, et al. Oscillation up to 1.92 THz in resonant tunneling diode by reduced conduction loss[J]. Applied physics express, 2016, 9(2): 024101.

[7] GROWDEN T A, STORM D F, ZHANG W D, et al. Highly repeatable room temperature negative differential resistance in AlN/GaN resonant tunneling diodes grown by molecular beam epitaxy[J]. Applied physics letters, 2016, 109(8): 083504.

[8] CONDORI QUISPE H O, ENCOMENDERO-RISCO J J, XING H L, et al. Terahertz amplification in RTD-gated HEMTs with a grating-gate wave coupling topology[J]. Applied physics letters, 2016, 109(6): 063111.

[9] GROWDEN T A, ZHANG W D, BROWN E R, et al. 431 kA/cm^2 peak tunneling current density in GaN/AlN resonant tunneling diodes[J]. Applied physics letters, 2018, 112(3): 033508.

[10] CORNUELLE E M, GROWDEN T A, STORM D F, et al. Effects of growth temperature on electrical properties of GaN/AlN based resonant tunneling diodes with peak current density up to 1.01 MA/cm^2[J]. AIP advances, 2020, 10(5): 055307.

[11] GROWDEN T A, STORM D F, CORNUELLE E M, et al. Superior growth, yield, repeatability, and switching performance in GaN-based resonant tunneling diodes[J]. Applied physics letters, 2020, 116(11): 113501.

[12] ZHANG H P, XUE J S, FU Y R, et al. Demonstration of highly repeatable room temperature negative differential resistance in large area AlN/GaN double-barrier resonant tunneling diodes[J]. Journal of applied physics, 2021, 129(1): 014502.

[13] SAKR S, WARDE E, TCHERNYCHEVA M, et al. Ballistic transport in GaN/AlGaN resonant tunneling diodes[J]. Journal of applied physics, 2011, 109(2): 023717.

[14] RACHED A, BHOURI A, SAKR S, et al. Self-consistent vertical transport calculations in $Al_xGa_{1-x}N$/GaN based resonant tunneling diode[J]. Superlattices and microstructures, 2016, 91(3): 37 - 50.

[15] GAO B, MA Y, LIU Y, et al. Influence of the heterojunction spacer on the performance of AlGaN/GaN/AlGaN resonant tunneling diodes[J]. IEEE transactions on electron devices, 2017, 64(1): 84 - 88.

[16] YANG L A, LI Y, WANG Y, et al. Asymmetri quantum-well structures for AlGaN/

GaN/AlGaN resonant tunneling diodes[J]. Journal of applied physics, 2016, 119(16): 164501.

[17] CHEN H R, YANG L A, HAO Y. Influence of InGaN sub-quantum-well on performance of InAlN/GaN/InAlN resonant tunneling diodes[J]. Journal of applied physics, 2014, 116(7): 074510.

[18] SANKARANARAYANAN S, SAHA D. Giant peak to valley ratio in a GaN based resonant tunnel diode with barrier width modulation [J]. Superlattices and microstructures, 2016, 98(10): 174 - 180.

[19] LIU Y, GAO B, GONG M, et al. Modeling and optimization of a double-well double-barrier GaN/AlGaN/GaN/AlGaN resonant tunneling diode[J]. Journal of applied physics, 2017, 121(21): 215701.

[20] LIU Y, GAO B, GONG M. Theoretical analysis of AlGaN/GaN resonant tunneling diodes with step heterojunctions spacer and sub-quantum well[J]. Journal of physics: conference series, 2017, 864(1): 012022.

[21] SANKARANARAYANAN S, GANGULY S, SAHA D. Polarization modulation in GaN-based double-barrier resonant tunneling diodes[J]. Applied physics express, 2014, 7(9): 095201.

[22] RONG T T, YANG L A, ZHAO Z Y, et al. Performance of resonant tunneling diodes based on the nonpolar oriented AlGaN/GaN heterostructures[J]. Japanese journal of applied physics, 2018, 57(7): 070303.

[23] YAHYAOUI N, SFINA N, ABDI-BEN NASRALLAH S, LAZZARI J L, et al. Electron transport through cubic InGaN/AlGaN resonant tunneling diodes [J]. Computer physics communications, 2014, 185(12): 3119 - 3126.

[24] CHEN H R, YANG L A, LONG S, et al. Reproducibiliy in the negative differential resistance characteristic of $In_{0.17}Al_{0.83}N$/GaN resonant tunneling diodes: Theoretical investigation[J]. Journal of applied physics, 2013, 113(19): 194509.

[25] RONG T T, YANG L A, YANG L, et al. Theoretical investigation into negative differential resistance characteristics of resonant tunneling diodes based on lattice-matched and polarization-matched AlInN/GaN heterostructures[J]. Journal of applied physics, 2018, 123(4): 045702.

[26] KIKUCHI A, BANNAI R, KISHINO K. AlGaN resonant tunneling diodes grown by rf-MBE[J]. Physica status solidi (A) applied research, 2001, 188(1): 187 - 190.

[27] BELYAEV A E, FOXON C T, NOVIKOV S V, et al. Comment on "AlN/GaN double-barrier resonant tunneling diodes grown by rf-plasma-assisted molecular beam epitaxy" [Appl. Phys. Lett. 81, 1729 (2002)] [J]. Applied physics letters, 2003, 83(17): 3626 - 3627.

[28] FOXON C T, NOVIKOV S V, BELYAEV A E, et al. Current-voltage instabilities in GaN/AlGaN resonant tunneling structures[J]. Physica status silidi (c), 2003, 0(7): 2389 - 2392.

[29] KURAKIN A M, VITUSEVICH S A, DANYLYUK S V, et al. Capacitance characterization of AlN/GaN double-barrier resonant tunneling diodes[J]. Physica status silidi (c), 2006, 3(6): 2265 - 2269.

[30] HERMANN M, MONROY E, HELMAN A, et al. Vertical transport in group Ⅲ-nitride heterostructures and application in AlN/GaN resonant tunneling diodes[J]. Physica status silidi (c), 2004, 1(8): 2210 - 2227.

[31] GOLKA S, PFLÜGL C, SCHRENK W, et al. Negative differential resistance in dislocation-free GaN/AlGaN double-barrier diodes grown on bulk GaN[J]. Applied physics letters, 2006, 88(17): 172106.

[32] BAYRAM C, VASHAEI Z, RAZEGHI M. AlN/GaN double-barrier resonant tunneling diodes grown by metal organic chemical vapor deposition[J]. Applied physics letters, 2010, 96(4): 042103.

[33] BOUCHERIT M, SOLTANI A, MONROY E, et al. Investigation of the negative differential resistance reproducibility in AlN/GaN double-barrier resonant tunneling diodes[J]. Applied physics letters, 2011, 99(18): 182109.

[34] PETRYCHUK M V, BELYAEV A E, KURAKIN A M, et al. Mechanism of current formantion in resonant tunneling AlN/GaN heterostructures[J]. Applied physics letters, 2007, 91(22): 222112.

[35] LECONTE S, GOLKA S, POZZOVIVO G, et al. Bi-stable behavior in GaN-based resonant tunneling diode structures[J]. Physica status silidi (c), 2008, 5(2): 431 -434.

[36] LEE J, FAN Q, NI X, et al. Investigation of vertical current-voltage characteristics of Al(Ga) N/GaN RTD-like heterostructures[C]. Proc. SPIE 7216, Gallium Nitride Materials and Devices IV, 2009, San Jose, California, United States.

[37] SAKR S, WARDE E, TCHERNYCHEVA M, et al. Origin of the electrical instabilities in GaN/AlGaN double-barrier structure[J]. Applied physics letters,

2011, 99(14): 142103.

[38] EGORKIN V I, IL'ICHEV E A, ZHURAVLEV M N, et al. Tunneling through a GaN/AlN based double-barrier resonant tunneling heterostructure [J]. Semiconductors, 2014, 48(13): 1747 - 1750.

[39] NAGASE M, TAKAHASHI T, SHIMIZU M. Stabilization of nonvolatile memory operations using GaN/AlN resonant tunneling diodes by reducing structural inhomogeneity[J]. Japanese journal of applied physics, 2018, 57(7): 070310.

[40] BAYRAM C, VASHAEI Z, RAZEGHI M. Room temperature negative differential resistance characteristics of polar Ⅲ-nitride resonant tunneling diodes[J]. Applied physics letters, 2010, 97(9): 092104.

[41] LI D, TANG L, EDMUNDS C, et al. Repeatable low temperature negative differential resistance from $Al_{0.18}Ga_{0.82}N$/GaN resonant tunneling diodes grown by molecular beam epitaxy on free-standing GaN substrates[J]. Applied physics letters, 2012, 100(25): 252105.

[42] LI D, SHAO J, TANG L, et al. Temperature dependence of negative differential resistance in GaN/AlGaN resonant tunneling structures[J]. Semiconductor science and technolgoy, 2013, 28(7): 074024.

[43] STORM D F, GROWDEN T A, ZHANG W D, et al. AlN/GaN/AlN resonant tunneling diodes grown by rf-plasma assisted molecular beam epitaxy on free standing GaN[J]. Journal of vacuum science & technology B, 2017, 35(2): 02 B110.

[44] ENCOMENDERO J, YAN R S, VERMA A, et al. Room temperatue microwave oscillations in GaN/AlN resonant tunneling diodes with peak current densities up to 220 kA/cm^2[J]. Applied physics letters, 2018, 112(10): 103101.

[45] WANG D, SU J, CHEN Z Y, et al. Repeatable room temperature negative differential resistance in AlN/GaN resonant tunneling diodes grown on sapphire[J]. Advanced electronic materials, 2019, 5(2): 1800651.

[46] WANG D, CHEN Z Y, WANG T, et al. Repeatable asymmetric resonant tunneling in AlGaN/GaN double barrier structures grown on sapphire[J]. Applied physics letters, 2019, 114(7): 073503.

[47] GROWDEN T A, CORNUELLE E M, STORM D F, et al. 930 kA/cm^2 peak tunneling current density in GaN/AlN resonant tunneling diodes grown on MOCVD GaN-on-sapphire template[J]. Applied physics letters, 2019, 114(20): 203503.

[48] MIETZE C, LISCHKA K, AS D J. Current-voltage characteristics of cubic Al(Ga)N/GaN double barrier structures on 3C- SiC[J]. Physica status solidi A, 2012, 209(3): 439 - 442.

[49] ZAINAL N, NOVIKOV S V, MELLOR C J, et al. Current-voltage characteristics of zinc-blende (cubic) $Al_{0.3}Ga_{0.7}N$/GaN double barrier resonant tunneling diodes[J]. Applied physics letters, 2010, 97(11): 112102.

[50] SONGMUANG R, KATSAROS G, MONROY E, et al. Quantum transport in GaN/AlN double barrier heterostructure nanowires[J]. Nano letters, 2010, 10(9): 3545 -3550.

[51] CARNEVALE S D, MARGINEAN C, PHILLIPS P J, et al. Coaxial nanowire resonant tunneling diodes from non-polar AlN/GaN on silicon[J]. Applied physics letters, 2012, 100(14): 142115.

[52] ENCOMENDERO J, PROTASENKO V, SENSALE-RODRIGUEZ R, et al. Broken symmetry effects due to polarization on resonant tunneling transport in double barrier nitride heterostructures[J]. Physical review applied, 2019, 11(3): 034032.

[53] ENCOMENDERO J, FARIA F A, ISLAM S M, et al. New tunneling features in polar Ⅲ-nitride resonant tunneling diodes [J]. Physical review X, 2017, 7(4): 041017.

[54] WANG D, CHEN Z Y, SU J, et al. Controlling phase-coherent electron transport in Ⅲ-nitrides: Toward room temperature negative differential resistance in AlGaN/GaN double barrier structures[J]. Advanced functional materials, 2020, 2007216.

第4章

氮化镓太赫兹三极管

4.1 氮化镓太赫兹三极管概况

宽禁带氮化镓太赫兹三极管器件的发展以异质结场效应晶体管(HFET)为主流。氮化镓异质结构延续了宽禁带半导体高击穿场强和抗辐射等优点，同时具有高沟道电子浓度与高电子迁移率的特性。与传统的第一代半导体 Si 和第二代半导体 GaAs、InP 器件相比，氮化镓太赫兹三极管器件具有更高的工作电压、更大的输出功率和更高的效率。本章主要介绍氮化镓太赫兹三极管器件的基本原理以及国内外相关最新进展情况。

4.1.1 氮化镓三极管基本原理

1. 氮化镓异质结材料基本特性

用于氮化镓太赫兹三极管器件研制的材料一般由衬底、GaN 缓冲层和势垒层等几个部分构成，势垒层有多种选择方式，如二元化合物 AlN、三元化合物 $Al_xGa_{1-x}N$ 和 $In_xAl_{1-x}N$、以及四元化合物 $In_xAl_yGa_{1-x-y}N$ 等。本章将以 AlGaN/GaN 为例介绍氮化镓异质结材料的基本特性。

氮化镓材料的晶体类型主要分为六方纤锌矿结构和立方闪锌矿结构两种。立方闪锌矿结构为亚稳态，最常用且最稳定的是六方纤锌矿结构，该结构为非中心对称，具有极轴 c 轴。N 原子与 Ga 原子之间通过共价键相连，由于共价键电子更偏向于 N 原子，N 原子对 Ga 原子而言显负电性，Ga 原子对 N 原子显正电性，从而形成了电矩。由于氮化镓的不对称性，在没有外加应力的条件下，正负电荷中心不重合形成电矩叠加，从而在沿 c 轴方向产生自发极化效应(spontaneous polarization)，形成高达 $MVcm^{-1}$ 级的自发极化电场。一般规定沿 c 轴从 Ga 原子指向最近邻 N 原子的方向([0001]方向)为极化的正方向。自发极化强度(P_{sp})的非线性计算公式的一般表达式如下[1-2]：

$$P_{sp}(x)=-0.09x-0.34(1-x)+0.21x(1-x) \tag{4-1}$$

式中：x 为 $Al_xGa_{1-x}N$ 势垒层中的 Al 组分，自发极化强度的单位为 C/m^2。

此外，由于 AlGaN 和 GaN 晶格不匹配，AlGaN 与 GaN 衔接后，会导致

两者的晶格产生形变，正负电荷中心分离，形成偶极矩，偶极矩的相互累加导致在晶格表面出现压电极化效应(piezoelectric polarization)。因此，AlGaN/GaN 异质结材料中不仅存在强的自发极化效应，还存在强的压电极化效应[1-2]。当应力较小时，氮化镓异质结压电极化强度(P_{pe})的表达式为

$$P_{pe} = e_{33}\xi_z + e_{31}(\xi_x + \xi_y) \tag{4-2}$$

式中：e_{31} 和 e_{33} 为压电常数，ξ_x、ξ_y 和 ξ_z 的表达式为

$$\xi_x = \xi_y = \frac{a - a_0}{a_0} \tag{4-3}$$

$$\xi_z = \frac{c - c_0}{c_0} \tag{4-4}$$

式中：a 和 c 为 $Al_xGa_{1-x}N$ 势垒层的晶格常数值，a_0 和 c_0 为 GaN 的晶格常数值。$Al_xGa_{1-x}N$ 晶格常数 a 和 c 可近似表达为

$$a = xa_{0(AlN)} + (1 - x)a_{0(GaN)} \tag{4-5}$$

$$c = xc_{0(AlN)} + (1 - x)c_{0(GaN)} \tag{4-6}$$

式(4-5)仅使用于应力较小的异质结结构，压电张量通过晶格常数 a 与 c 的变化引起极化的变化来定义。对于应力较大的情况，压电极化是宏观的晶格常数发生变化以及与之相关的无量纲参数 u 的变化引起的。$Al_xGa_{1-x}N$ 晶格常数之间的关系如下[1-2]：

$$\frac{c - c_0}{c_0} = -2\frac{C_{13}}{C_{33}}\frac{a - a_0}{a_0} \tag{4-7}$$

式中：C_{13} 和 C_{33} 为弹性常数。结合式(4-2)和式(4-7)可推得沿 c 轴的压电极化强度为

$$P_{pe} = 2\frac{a - a_0}{a_0}\left(e_{31} - e_{33}\frac{C_{13}}{C_{33}}\right) \tag{4-8}$$

氮化镓材料在沿着晶轴的两个相反方向上展现出两种不同的原子排列顺序，即在不同的方向上原子排列顺序不同，从而使材料具有不同的极性。根据极性的不同，氮化镓材料可以分为 Ga 面和 N 面材料，如图 4-1 所示。不同的表面所对应的自发极化方向不同。对于 Ga 面材料，自发极化由表面指向衬底，而 N 面材料的自发极化方向恰好相反，是由衬底指向表面。氮化镓材料极性不同、材料结构不同，会导致压电极化和自发极化的方向呈现不同的变化，从而使得材料与器件性能有不同的表现。通过选取不同的极性(Ga 面或 N 面)、改

变势垒层压电特性(张应变或压应变)，可以调整异质结界面处的二维电子气密度和电子迁移率等特性，进而影响器件欧姆接触、饱和电流等直流与射频特性。目前常用的氮化镓异质结材料主要以 Ga 面材料为主，N 面材料在沟道电子限域性等方面具有天然优势，也受到了广泛关注。

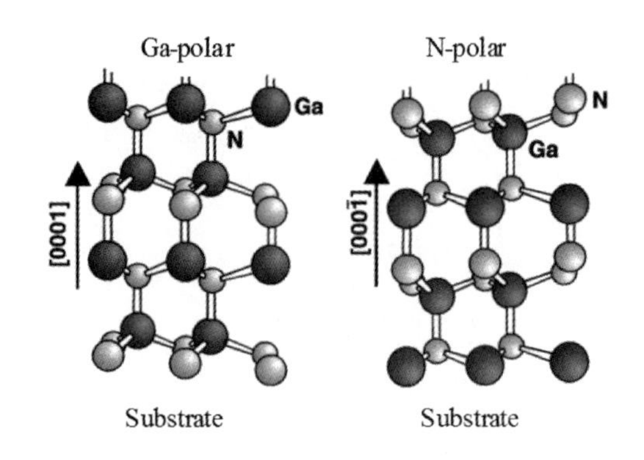

图 4-1　Ga 面与 N 面六方纤锌矿 GaN 结构图[2]

传统的 AlGaAs/GaAs 异质结材料中不存在极化效应，需要在 AlGaAs 势垒层中插入重掺杂的超薄 δ 层才能在异质结界面处实现高的沟道电子密度。与 AlGaAs/GaAs 异质结材料不同，AlGaN/GaN 异质结材料具有天然的强自发极化和压电极化效应，由于 AlGaN/GaN 异质结导带具有不连续性，在强的自发极化和压电极化效应的作用下，无须势垒层掺杂就可以在 AlGaN/GaN 异质结界面处形成高浓度的二维电子气，如图 4-2 所示。该二维电子气会被束缚在异质结界面处的三角势阱中，纵向分布厚度仅为几纳米。GaN HFET 工作时通过栅压来调节栅下沟道电子浓度，从而实现器件的开态与关态。

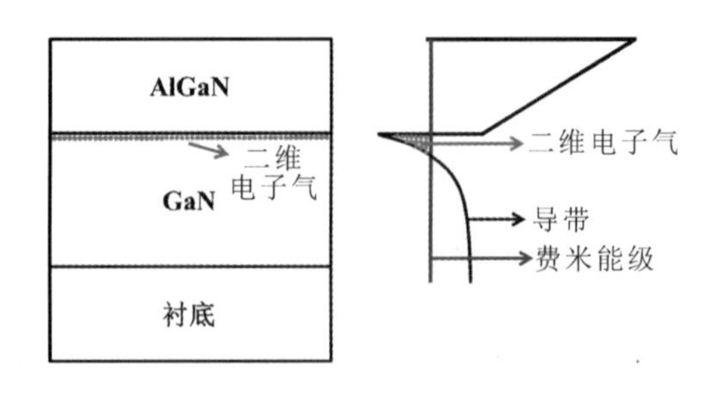

图 4-2　AlGaN/GaN 异质结能带示意图

2. 氮化镓异质结材料衬底选取

GaN 衬底能够实现同质外延，有望实现低位错密度的高质量 GaN 外延材料，但目前低位错密度大尺寸 GaN 同质衬底难以实现，这大大限制了 GaN 同质外延的发展。当前同质外延材料由于低的缺陷密度，在激光器等领域展示出了非常好的应用优势，但由于存在衬底尺寸小、衬底与 GaN 外延层间极易出现电子沟道造成缓冲层漏电大，以及 GaN 衬底热导率差等问题，在射频器件领域的应用还存在很多问题。

受限于 GaN 同质衬底发展不成熟，目前主流的氮化镓异质结材料大部分都是制作在不同于它本身的半导体材料基板上(异质外延)，这是与其他化合物半导体晶体管(如 SiC、GaAs FET 等)显著不同的。目前用于氮化镓异质结材料外延的衬底包括蓝宝石(Sapphire)、碳化硅(SiC)、硅(Si)和金刚石(Diamond)等。其中金刚石具有热导率高的优良特性，对改善功率器件的热特性非常有利，但单晶金刚石衬底难以制备，同时金刚石与 GaN 晶格失配严重，难以实现高质量的 GaN 外延，目前多采用衬底转移技术将氮化镓材料转移至金刚石上，实现器件良好散热[3]。

目前用于氮化镓异质结材料外延的主流衬底为蓝宝石(Sapphire)、碳化硅(SiC)和硅(Si)，这三种类型的衬底在外延材料缺陷密度、成本、热特性和电性能等方面各有优缺点[3-4]。常用衬底材料的物理特性如表 4-1 所示。蓝宝石具有低成本的优点，在 GaN HFET 器件发展的初期被广泛采用，但蓝宝石与 GaN 的热适失配与晶格失配严重(热失配达到 34%、晶格失配达到 16.1%)，这导致氮化镓异质结材料的缺陷密度较大，难以实现高耐压器件，此外，蓝宝石的热导率较低，仅为50 W/(m·k)，不利于器件散热，导致 GaN HFET 器件难以实现大功率输出。因此，蓝宝石衬底的 GaN 材料广泛应用在 LED 和光电探测器等领域，射频电子器件鲜有采用蓝宝石衬底；相对于蓝宝石衬底，碳化硅在热导率和晶格匹配上更具优势，它具有较高的电阻率和较低的热膨胀失配率(25%)，与 GaN 的晶格失配较小(与 GaN 的晶格失配为 3.5%、与 AlN 的晶格失配小于 1%)，可实现低缺陷密度的高质量氮化镓异质结材料。同时，碳化硅的热导率高，结温是限制微波功率器件输出功率的瓶颈问题，高热导率 SiC 衬底有助于制备高功率密度 GaN 射频功率器件。目前碳化硅被广泛用作

GaN 射频器件的衬底材料，其晶圆尺寸已经做到了 6 英寸，但高质量的 SiC 晶圆片的工艺要求及成本依然很高；Si 衬底的 GaN 材料具有大晶圆尺寸和低成本的优势，这对于提高产能、降低成本以及增强系统集成度(如微系统)都有着重要的意义。近年来，有大量关于 Si 衬底的 GaN 射频器件的报道，由于 Si 衬底的热导率较低，晶格失配严重(约为 17%)，在一定程度上限制了在射频领域的应用。但是随着外延技术的改善和位错密度的降低，Si 基 GaN HFET 功率器件的可靠性也得到了改善，其工作频率也在不断地向太赫兹频段推进。

表 4-1 常用衬底材料的物理特性对比

	6H-SiC		蓝宝石		Si	
对称性	六方		六方		立方	
晶格常数/nm	a=0.308	c=1.512	a=0.476	c=1.299	a=0.543	c=0.540
热膨胀系数/(10^{-6}/K)	4.2	4.68	7.5	8.5	3.59	6
与 GaN 晶格失配/(%)	3.5		16.1		−16.9	
与 GaN 热失配/(%)	25		−34		54	
热导率/[W/(m·k)]	490		50		150	

4.1.2 氮化镓三极管工作特性

1. 直流特性

图 4-3 所示为 AlGaN/GaN HFET 器件结构，在强的自发极化和压电极化作用下，AlGaN/GaN 异质结界面处形成了高浓度的二维电子气，形成导电沟道。源漏电极以欧姆接触的形式与沟道电子相连，增加漏端电压(V_{DS})形成沟道横向电场，在横向电场的作用下电子横向输运形成输出电流(I_{DS})。作为肖特基接触的栅金属通过栅压变化实现对 AlGaN/GaN 异质结界面处三角形势垒的深度和宽度的调节，从而改变导电沟道的电子浓度，进而调整漏源之间电流的大小，实现器件的开态与关态。常规的 AlGaN/GaN HFET 通常为耗尽型器件，即栅压为0 V时栅下沟道区域存在二维电子气，器件处于导通状态。随着栅压向负值增加，栅下沟道区域二维电子被不断耗尽，直至全部耗尽，器件关断。当小功率的电压正弦波施加在 AlGaN/GaN HFET 器件栅极上时，在

栅压的调控下，沟道内的电流做正弦波动。因此，栅极小功率的正弦电压波可以实现漏极输出更大振幅的正弦电流波，从而形成由栅极输入到漏极输出的信号放大电路，实现信号功率放大。

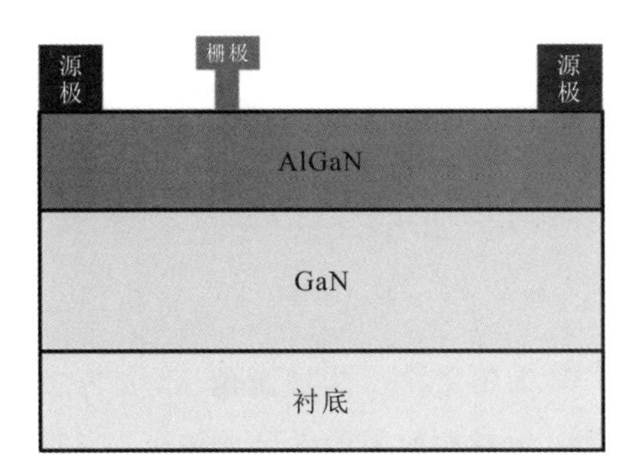

图 4-3　AlGaN/GaN HFET 器件结构示意图

AlGaN/GaN HFET 器件直流特性中较为重要的参数包括阈值电压、沟道电流、跨导、击穿电压、导通电阻和开关比等[5-6]。

1）阈值电压(V_{th})

通常 AlGaN/GaN HFET 器件都是耗尽型的，当栅极加上负偏压时，沟道二维电子气密度会降低。当栅极的负偏压使得沟道中的二维电子气耗尽时，所加的栅极偏压值即为 AlGaN/GaN HFET 器件的阈值电压，它是 AlGaN/GaN HFET 器件的重要电参数之一。如果以电荷控制模型为基础，忽略沟道背景电离杂质，通过求解泊松方程可得到阈值电压的近似表达式为

$$V_{th}=\phi_b-\Delta E_c-\frac{qN_d d_d^2}{2\varepsilon_0\varepsilon_r}-\frac{qN_d d_d d_i}{2\varepsilon_0\varepsilon_r}-\frac{\sigma_p d}{2\varepsilon_0\varepsilon_r} \tag{4-9}$$

式中：ϕ_b 为肖特基势垒高度，ΔE_c 为导带带阶差，N_d 为掺杂浓度，q 为单位电子电量，ε_r为 AlGaN 势垒层相对介电常数，ε_0为真空介电常数，d_d 为势垒层厚度，d_i 为无掺杂隔离层厚度，$d=d_d+d_i$，σ_p 为极化电荷密度。

由式(4-9)可以看出，阈值电压除了与 AlGaN/GaN 材料结构有关外，还受肖特基势垒高度、导带连断性、极化强度等其他参数的影响。

利用器件电容电压曲线，AlGaN/GaN HFET 器件沟道2DEG的电荷密度(n_{2DEG})可通过栅源间的电容电压曲线积分得到：

$$n_{2DEG} = \int_{V_{th}}^{V_{gs}} \frac{C_{gs}dV}{Sq} \tag{4-10}$$

式中：V_{th}为阈值电压，V_{gs}为栅源偏压，C_{gs}为栅源间的电容值，S 为肖特基栅的面积，q 为单位电子电量。

2）沟道电流（I_{ds}）

AlGaN/GaN HFET 器件沟道电流大小直接影响着器件的输出功率特性，其满足以下表达式：

$$I_{ds} = \frac{C_{gs}\mu W}{L}(V_{gs} - V_{th})V_{ds} - 0.5V_{ds}{}^{2} \tag{4-11}$$

式中：L 为沟道长度，W 为栅宽，V_{gs}为栅源偏压，μ 为二维电子气迁移率。以上为低场下的计算过程，太赫兹射频器件尺寸较小，当漏极电压较大时，横向电场较强，二维电子气将以饱和漂移速率 v_{sat}运动，此时漏极电流表达式为

$$I_{ds} = v_{sat}WC_{gs}(V_{gs} - V_{th}) \tag{4-12}$$

式中：v_{sat}为电子饱和漂移速度。AlGaN/GaN HFET 器件沟道电流大小由内部多个参数共同决定。其中，影响最大的几个参数为二维电子气浓度、饱和电子迁移率、阈值电压、欧姆接触电阻以及源漏之间的寄生电阻等。

3）跨导（g_m）

跨导是 AlGaN/GaN HFET 器件的一个重要参数，直接影响器件的频率和功率，可以通过对漏极电流求微分得到：

$$g_m = v_{sat}WC_{gs} \tag{4-13}$$

考虑器件的寄生电阻，则跨导表达式为

$$g_{mi} = \frac{g_m}{1 + g_m R_s + (R_s + R_d)/R_{ds}} \tag{4-14}$$

式中：R_s 和 R_d 分别为源端和漏端的接触电阻和相应的外沟道电阻之和，R_{ds}为沟道电阻。

跨导描述了栅源电压对漏源电流的影响，栅源电压对漏源电流的控制力强弱与跨导成正比。另外，跨导与器件的噪声系数通常成反比，也就意味着可以通过提高跨导的值来降低噪声系数。

4）击穿电压（V_{br}）

在器件处于关态下，AlGaN/GaN HFET 器件要承受较高的电压，击穿电

压是衡量器件使用范围与可靠性的一个重要参数，直接决定了器件可承受的最高耐压，同时也决定了器件的输出功率特性。AlGaN/GaN HFET 器件的击穿电压有两种定义方式：一种是当栅压处于阈值电压以下，即器件处于夹断状态，此时增加漏极电压，当器件完全失效时对应的漏极电压，这种击穿通常对应器件损坏，器件特性不能恢复，漏极电流会突然增加，这种击穿通常被称为硬击穿；另一种同样是器件处于夹断状态，定义漏极漏电超过某一数值时对应的漏端电压，如1 pA/mm或者1 μA/mm，此时器件性能没有被破坏，直流等特性可以恢复，这种击穿通常称为软击穿。

5）导通电阻(R_{on})

导通电阻也称开态电阻，其大小直接影响着器件的饱和电流与频率特性。导通电阻定义为在栅极电压保持开态下，当 AlGaN/GaN HFET 器件工作在线性区时，源极和漏极之间的电阻。对于耗尽型器件，通常取栅极电压为0 V时源极和漏极之间的电阻作为导通电阻。导通电阻主要由欧姆接触电阻、栅源与栅漏间的沟道电阻以及栅下区域的沟道电阻构成。因此，欧姆接触阻值、沟道二维电子气密度、栅源间距、栅长以及栅漏间距等都影响着 AlGaN/GaN HFET 器件的导通电阻。

6）开关比

开关比为转移曲线中开态电流与关态电流的比值。开关比越大，器件效率越高，损耗越小，表明器件越接近于理想开关，即器件开态下短接，关态下断接。

2. 射频特性

AlGaN/GaN HFET 器件的交流特性主要包括频率特性和功率特性。频率特性包括最高振荡频率 f_{max} 和电流增益截止频率 f_T 等，功率特性包括最大输出功率 P_{om}、功率增益 G 和功率附加效率 PAE 等。图 4－4 所示为 AlGaN/GaN HFET 器件等效电路模型。C_{gs}、C_{gd} 和 C_{ds} 分别为栅极-源极间、栅极-漏极间以及漏极-源极间的本征电容；R_g、R_s、R_d、R_{gs}、R_{gd} 和 R_{ds} 分别代表器件的栅电阻、源电阻、漏电阻、栅源间电阻、栅漏间电阻及漏源间输出电阻；L_g、L_d 和 L_s 分别表示栅极、漏极和源极的寄生电感；g_m 为交流跨导。电流增益截止频率 f_T 定义为电流增益为 1 的工作频率，其表达式[8]为

$$f_{\mathrm{T}}=\frac{g_{\mathrm{m}}}{2\pi(C_{\mathrm{gs}}+C_{\mathrm{gd}})}=\frac{v_{\mathrm{sat}}}{2\pi L_{\mathrm{gate}}} \tag{4-15}$$

式中：L_{gate}为栅长。

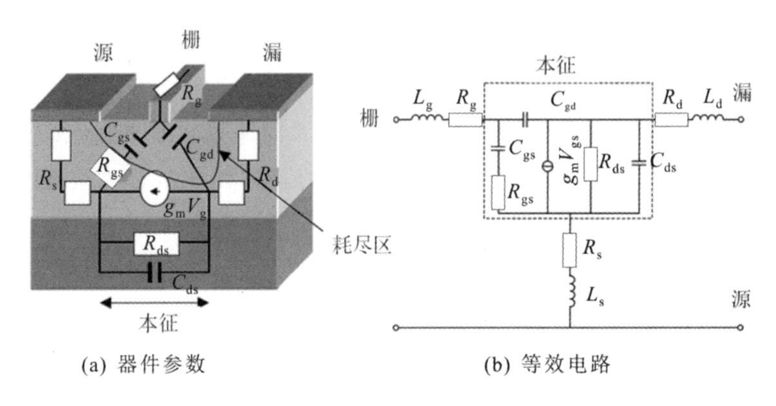

(a) 器件参数　　(b) 等效电路

图 4-4　AlGaN/GaN HFET 器件等效电路模型[7]

最高振荡频率$f_{\max}$为器件功率增益变为1时的工作频率，其表达式[8]为

$$f_{\max}=\frac{f_{\mathrm{T}}}{2\sqrt{\dfrac{R_{\mathrm{g}}+R_{\mathrm{s}}+R_{\mathrm{gs}}}{R_{\mathrm{ds}}}+2\pi f_{\mathrm{T}}R_{\mathrm{g}}C_{\mathrm{gd}}}} \tag{4-16}$$

对于正弦波形，根据最大输出电压和电流摆幅可得到最大输出功率P_{om}：

$$P_{\mathrm{om}}=\frac{1}{8}I_{\mathrm{dsat}}(V_{\mathrm{br}}-V_{\mathrm{dsat}}) \tag{4-17}$$

式中：I_{dsat}为最大饱和电流，V_{br}为三端击穿电压，V_{dsat}为膝点电压。

功率性能的另外两个参数为功率增益G和功率附加效率PAE。功率增益G的表达式为

$$G=\frac{P_{\mathrm{out}}}{P_{\mathrm{in}}} \tag{4-18}$$

式中：P_{out}为输出功率，P_{in}为输入功率；功率增益G的单位通常采用dB。

功率附加效率PAE的表达式为

$$\mathrm{PAE}=\frac{P_{\mathrm{out}}-P_{\mathrm{in}}}{P_{\mathrm{DC}}} \tag{4-19}$$

式中：P_{DC}为直流消耗功率。

3. 陷阱表征

陷阱引起的电流崩塌、动态导通电阻增加等可靠性问题仍是制约GaN异

质结器件发展的瓶颈之一。目前 GaN 异质结器件的缺陷类型和位置众多，陷阱对器件性能影响的机理仍在探索中，陷阱表征技术有助于分析 GaN 异质结器件的陷阱行为，指导进一步推动器件性能提升。目前，用于研究和表征 GaN 基器件陷阱效应现象的技术主要有以下几种。

1）脉冲电压测试法

基于脉冲电压测试得到动态导通电阻，通过对比分析动态导通电阻对时间的微分随时间的变化，推出陷阱能级和截获面积；同时可以对比分析漏源电流和阈值电压等变化，用于器件的可靠性研究。

AlGaN/GaN HFET 器件动态电阻与时间的关系如图 4－5(a)所示，不同温度下，动态电阻随时间的变化不同，E_1 和 E_2 为不同时间常数的陷阱能级。图 4－5(b)所示为$\ln(\tau T^2)$与 $\frac{q}{kT}$ 的关系，通过线性拟合斜率可推算出陷阱能级 E_1 和 E_2，由截距可推算出捕获面积。

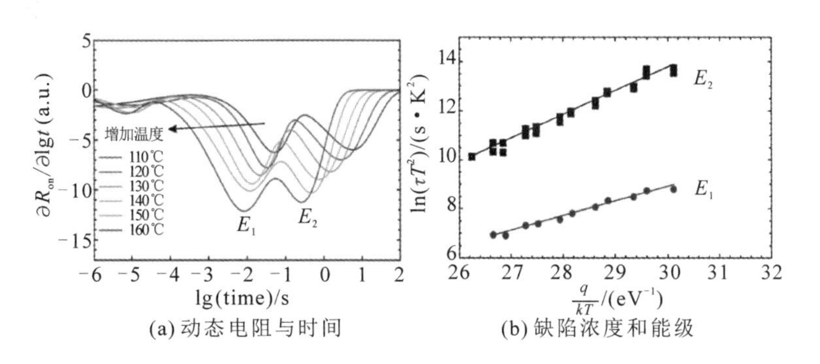

(a) 动态电阻与时间　　(b) 缺陷浓度和能级

图 4－5　AlGaN/GaN HFET 器件脉冲电压测试曲线[9]

2）变频 CV 测试法

变频 CV 是推算栅下陷阱信息的重要手段之一。通过测试不同频率下的电容、电导，可绘制电导/角频率与频率的关系图，基于电导/角频率的峰值可推出缺陷密度，由峰值点对应的频率可以推出陷阱时间常数和能级。此外，可通过改变栅极电压，控制耗尽区的深度，提取不同深度的陷阱信息。

以求解表面陷阱为例，AlGaN/GaN HFET 器件栅下变频电导随频率的变

化如图 4-6 所示，电导与频率的关系[5]为

$$\frac{G_{\text{surt}}}{\omega}=\frac{q^2 D_{\text{surf}}\omega\tau_{\text{surf}}}{1+\omega^2\tau_{\text{surf}}^2} \tag{4-20}$$

变换上式为

$$\frac{G_{\text{surf}}}{\omega}=\frac{q^2 D_{\text{surf}}}{\dfrac{1}{\omega\tau_{\text{surf}}}+\omega\tau_{\text{surf}}} \tag{4-21}$$

式中：G_{surf}为电导，ω 为角频率，D_{surf}为陷阱密度，q 为电子电荷，τ_{surf}为陷阱时间常数，其表达式为

$$\tau_{\text{surf}}=(\sigma_{\text{surf}}N_{\text{c}}v_{\text{t}})^{-1}\exp[E_{\text{surf}}/kT] \tag{4-22}$$

式中：σ_{surf}和 E_{surf}分别为表面陷阱截获面积(一般取值为 3.4e15 cm^{-2})和陷阱能级，v_{t} 为电子平均热速度，k 为玻耳兹曼常数，T 为热力学温度。

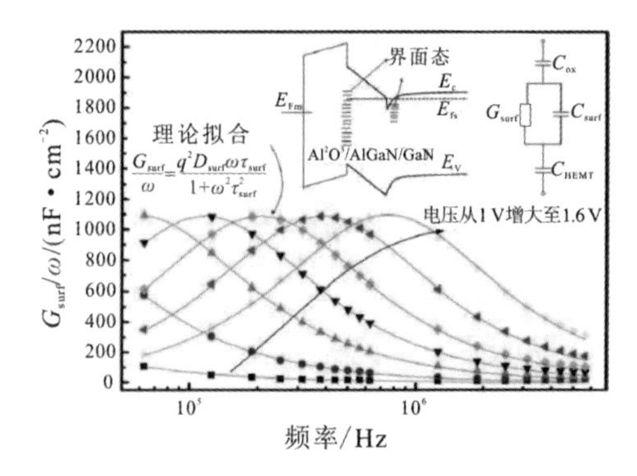

图 4-6　变频 CV 测试法提取陷阱信息[10]

由式(4-21)可知，角频率 $\omega=\dfrac{1}{\tau_{\text{surf}}}$处，存在电导/角频率与频率关系曲线峰值，峰值为$\dfrac{D_{\text{surf}}q^2}{2}$，所以由此峰值及其对应频率可以求得表面陷阱面密度和能级。

此外，利用电容模式深能级瞬态谱分析法(C-DLTS)、电流模式深能级瞬态谱分析法(I-DLTS)、电流瞬态多指数函数分析法以及栅延迟/漏延迟测试法等方法，监控电容、电流的变化，可推算出陷阱能级的激活能、截获面积、陷阱效应时间常数、位置等信息。

4.2　氮化镓太赫兹三极管设计与制备

4.2.1　器件结构设计

1. AlGaN/GaN HFET 器件物理解析模型

AlGaN/GaN HFET 器件物理解析模型可以实现对器件电场分布、频率特性和热场分布等特性的数字模拟，同时能够理论预判材料与器件结构对器件性能的影响，对指导材料与器件结构优化设计有着重要的参考价值。与传统的Si、GaAs 射频器件不同，AlGaN/GaN HFET 器件具有独特的极化效应以及表面态等特性。目前商用仿真软件涉及 AlGaN/GaN HFET 器件的内容不全，难以全面包含极化现象、电子表面态、热声子效应等。通常需要初步建立AlGaN/GaN HFET 器件模型，而后通过实验测试结果修正模型参数，最终实现器件模型的确定。该方案对材料器件结构以及器件工艺的依赖性较强。

AlGaN/GaN HFET 器件物理解析模型需要借助商用仿真软件，通过自洽求解数学物理方程，在考虑各种散射模型、输运模型和热模型等各种因素下建立。GaN HFET 仿真模型建立过程主要包括材料器件结构定义、划分网格、物理模型以及算法的选择，其中物理模型的选择是重中之重，直接影响模型的准确性。GaN HFET 太赫兹器件的尺寸小，常规的漂移扩散模型不适合该器件，载流子输运模型需采用包含载流子能量和短沟效应的转换流体力学(Hydrodynamic)模型[11-13]：

$$\vec{J}_{\mathrm{n}} = q\mu_{\mathrm{n}}(n\nabla E_{\mathrm{c}} + kT_{\mathrm{n}}\nabla n + f_{\mathrm{n}}^{\mathrm{td}}kn\nabla T_{\mathrm{n}} - 1.5nkT_{\mathrm{n}}\nabla\ln m_{\mathrm{n}}) \tag{4-23}$$

$$\vec{J}_{\mathrm{p}} = q\mu_{\mathrm{n}}(n\nabla E_{\mathrm{c}} + kT_{\mathrm{p}}\nabla n + f_{\mathrm{p}}^{\mathrm{td}}kn\nabla T_{\mathrm{p}} - 1.5nkT_{\mathrm{p}}\nabla\ln m_{\mathrm{p}}) \tag{4-24}$$

式中：T_{n} 和 T_{p} 为电子和空穴温度，m_{n} 和 m_{p} 为电子和空穴有效质量。

迁移率是描述二维电子气运动的关键物理参数。在 AlGaN/GaN HFET 中，导电沟道基本上被限制在无掺杂的 GaN 一侧，所以可以不用考虑杂质散射带来的影响，只需要考虑晶格振动(声子散射)对迁移率的影响。低场下AlGaN/GaN HFET 的电子迁移率只与晶格温度有关，即为

$$\mu = \mu_{\text{L}} \left(\frac{T}{300\text{K}} \right) \tag{4-25}$$

式中：μ_{L} 为由体声子散射产生的迁移率，T 为晶格温度。

为了保证输出功率密度，GaN HFET 功率器件通常会工作在高场下。在高电场下，载流子的漂移速度不再与电场呈比例关系，而是基本上趋于饱和。高场下的沟道电子饱和迁移[14-15]可以表达为

$$\mu(F) = \frac{(\alpha+1)\mu_{\text{low}}}{\alpha + \left\{1 + \left[\frac{(\alpha+1)\mu_{\text{low}} F}{v_{\text{sat}}}\right]^{\beta}\right\}^{\frac{1}{\beta}}} \tag{4-26}$$

式中：μ_{low} 为低场迁移率，α 为模型修正参数，v_{sat} 为电子饱和速度，F 为驱动电场，β 为拟合参数，其依赖于温度，表达式为

$$\beta = \beta_0 \left(\frac{T}{300\text{K}} \right) \tag{4-27}$$

对于氮化镓太赫兹三极管而言，异质结材料中的沟道电子迁移率模型与缓冲层体材料的电子迁移率模型具有较大差距，需分区定义迁移率模型，此外还需考虑多种物理模型，包括产生复合模型、碰撞电离模型以及与陷阱相关的陷阱辅助隧穿等，并考虑表面陷阱、缓冲层体陷阱等非理想因素，通过求解 Poisson 方程、Schrodinger 方程、漂移扩散方程和热场发射方程，实现器件物理模型的初步建立，而后通过对比器件实际的电流电压输出曲线、转移曲线以及热分布特性，修正极化、迁移率、饱和速度和自热等模型，实现器件模型的建立。

2. 材料与器件结构优化设计

从器件的频率公式可以看出，提高氮化镓器件的频率特性，需要有效降低器件的寄生电阻、寄生电容，提高输出阻抗等。从材料和器件结构角度分析，影响器件频率特性的主要因素包括势垒层的厚度和势垒层中的元素组分、GaN 缓冲层厚度、源漏欧姆接触电阻、栅漏间距、栅源间距、纳米栅尺寸与形状、表面钝化和衬底厚度等。改善器件频率特性的具体方法包括如下几个方面。

1) 合理提高势垒层 Al 组分，减小势垒层厚度

小尺寸是实现太赫兹器件的必要条件之一。随着沟道的缩小，漏端电压增大会导致漏致势垒降低(DIBL)现象，使得器件饱和特性变差，短沟道效应严

重。材料势垒层厚度是影响短沟道效应最重要的因素，势垒层厚度减薄有助于提高栅控能力，削弱短沟道效应，但同时会降低二维电子气浓度，增大沟道寄生电阻，对器件饱和电流、频率和功率等性能产生不利影响。势垒层厚度主要是通过对器件跨导的改变影响器件频率特性的。势垒层厚度增加，沟道2DEG浓度以及栅与沟道的距离均会增加，两者对跨导和栅控能力的影响是相互矛盾的。因此，提升器件频率特性，需要合理提高势垒层 Al 组分，减小势垒层厚度，抑制短沟道效应，提高栅控能力。

2）增强沟道二维电子气限域性

引入背势垒结构是增强沟道二维电子气限域性的典型措施，背势垒结构可有效加强对二维电子气的限域作用，从而提高器件的夹断特性，削弱短沟道效应和泄漏电流。为了避免背势垒形成远离栅的新异质结，一般选取 Al 组分为4％左右的 AlGaN 背势垒较为合适。

3）降低寄生电阻

AlGaN/GaN HFET 器件的寄生电阻主要包括沟道电阻、欧姆接触电阻以及栅电阻等。减小沟道电阻需要有效缩短源漏间距，然而源漏间距减小，尤其是栅漏间距变小后，器件的击穿特性会变差，这会大大降低器件输出功率特性。因此，目前多采用栅偏源结构，使栅电极更加靠近源电极，在保证器件击穿特性的前提下，有效降低沟道电阻。欧姆接触电阻的大小主要取决于欧姆接触的制备工艺，不同的制备方法对欧姆接触电阻值的影响很大(关于欧姆接触制备方式的内容将在后面章节具体介绍)。栅电阻也是器件寄生电阻的重要组成部分，为了在不影响器件的频率特性的前提下降低栅电阻，常采用 T 型栅的方式，也就是在栅金属的顶部构造一个大的金属栅帽。此外，器件的寄生电阻与材料结构和晶体质量也有很大的关系，在器件设计过程中，需要综合考虑这些因素的影响，实现高频大功率器件研制。

4）降低寄生电容

AlGaN/GaN HFET 器件的寄生电容主要包括栅源寄生电容、栅漏寄生电容以及源漏间的寄生电容等。栅长是决定栅寄生电容的最主要因素，栅长越小，栅寄生电容越小，但是栅寄生电阻越大，所以为了兼顾低栅寄生电容和低栅寄生电阻，微波功率器件通常采用 T 型栅结构。T 型栅的栅根高度越高，栅寄生电容越低，对器件频率越有利。栅根高度的选取主要取决于工艺难度，栅根越高，栅越容易倾倒，工艺制备难度越大。此外，衬底减薄也可以有效降低器件的寄生电容。

3. 器件热特性分析

为实现大功率输出，在单片集成电路功率放大器中多采用多指栅结构的GaN HFET，一般采用四指、六指或者八指栅等。在大功率工作状态下，氮化镓三极管的散热能力对器件性能有重要的影响。影响器件热特性的参数主要有栅栅间距、衬底厚度、烧结材料和热沉材料等。

栅栅间距越大，器件结温分布越均匀，越有利于器件散热。但栅栅间距越大，器件占用的尺寸越大，同时也越不利于电路设计；衬底厚度越薄，越有利于器件散热，但减薄工艺面临的挑战越大；烧结材料和热沉材料对器件的散热起着重要的作用，传统的热沉材料多采用铜或者铜钼铜等材料。近年来随着高热导率金刚石材料制备工艺成熟，采用金刚石改善器件热特性成为目前的研究热点。

4.2.2 器件制备工艺

AlGaN/GaN HFET 器件制备工艺流程主要包括材料清洗、台面隔离、欧姆接触、纳米 T 型栅、表面钝化、衬底减薄、空气桥(或源极通孔互联)等工艺。其中欧姆接触、纳米 T 型栅、衬底减薄和源极(漏极)互联是研制氮化镓太赫兹三极管的核心工艺。

1. 欧姆接触制备工艺

欧姆接触对 AlGaN/GaN HFET 器件性能的影响非常关键。尤其对于氮化镓太赫兹三极管器件来说，欧姆接触直接影响着器件电流增益截止频率(f_T)和最高振荡频率(f_{max})等频率特性，同时还决定着器件的膝点电压与饱和输出电流，影响着器件的输出功率与效率等性能指标。良好的欧姆接触必须具备以下三个要素：

(1) 欧姆接触电阻率低且均一性良好。欧姆接触电阻越低，器件寄生电阻越小，频率特性越好。

(2) 表面光滑平整，线条尺寸可控。欧姆接触表面的平整程度对于后续光

刻中的套准精度有着十分重要的影响，尤其对于栅条的套刻，微小的偏差都有可能影响器件的击穿电压、增益等特性，甚至引起器件的短路。氮化镓太赫兹三极管器件频率高，源漏间距小，对欧姆接触表面平整度有更高的要求。

(3) 机械性能可靠，并具有高温热稳定性。好的机械稳定性能保证器件电极在后续工艺中不被破坏，而热稳定性则尤为重要，器件除了要耐受后续高温工艺外，还要能经受工作时高的结温，以保证可靠工作。

传统的 AlGaN/GaN HFET 欧姆接触制备多采用 Ti/Al/Metal/Au 金属体系快速高温合金实现，高温合金过程中，Ti、Al 以及氮化物之间发生化学反应，实现欧姆接触金属与沟道二维电子气的连接。Metal 层多采用镍(Ni)、铂(Pt)和钼(Mo)等难熔金属，用以阻挡高温合金中 Al 金属的外溢。该方法具有制备简单的优势，针对不同的材料体系，通过调整金属比例、金属层厚度、合金温度和时间，可实现良好的欧姆接触。但该工艺由于需要通过高温合金实现，温度一般在 900℃，即使采用难熔金属阻挡高温过程中 Al 的外溢，但效果也不够理想。尤其是对于太赫兹氮化镓三极管器件来讲，源漏间距很小，欧姆接触边缘不整齐会导致器件在电极边缘容易出现尖峰电场，直接影响器件的击穿电压，此外，表面不平整对纳米栅的套刻和准精度也有很大的影响。

为了实现边缘整齐、表面平整、接触电阻低的欧姆接触，同时提升器件的可靠性，当前用于太赫兹氮化镓三极管器件欧姆接触制备的工艺多采用 n^+GaN二次外延技术或者离子注入技术。这两种技术都可以在非合金的情况下实现良好的欧姆接触，解决传统的欧姆制备工艺的诸多问题，并具备以下几大优势：

(1) 可实现低的欧姆接触电阻值，极大地减小欧姆接触寄生参量。

(2) 欧姆接触边缘的形貌大幅改善。上述两种方法不需要高温合金，极大地改善了源漏电极的边缘形貌，有利于提高电子束曝光的对准精度，降低纳米 T 型栅的直写难度。

(3) 有利于器件尺寸等比例缩小。上述两种方法可以在不缩小漏源金属电极间距的前提下，缩小有效漏源间距，有效降低沟道寄生电阻。

从工艺角度来讲，上述两种技术各有优缺点：

(1) n^+GaN 二次外延技术。

目前已报道的高频 GaN HFET 器件大多选用 n^+GaN 二次外延技术制备

欧姆接触。该技术通过选择性刻蚀源漏欧姆接触区域的 GaN 材料(刻蚀至异质结界面以下)，利用 MBE 或 MOCVD 设备二次外延生长重掺杂的 n^+ GaN(电子浓度一般高于 10^{19} cm^{-3})。重掺杂的 n^+ GaN 与沟道二维电子气形成良好的衔接。欧姆接触金属与重掺杂的 n^+ GaN 在非合金的情况下就可以实现低电阻值的欧姆接触。

二次外延 n^+ GaN 欧姆接触中的等效电阻分布如图 4-7 所示，采用 n^+ GaN二次外延技术制备的欧姆接触电阻主要包括金属与 n^+ GaN 间的金-半接触电阻(R_{con})、n^+ GaN 的体电阻(R_{n^+GaN})，以及 n^+ GaN 与 GaN 异质结电子沟道间的接触电阻(R_{int})。金属与 n^+ GaN 间的接触电阻(R_{con})与 n^+ GaN 的体电子浓度直接相关，而 n^+ GaN 与 GaN 异质结电子沟道间的接触电阻(R_{int})和 n^+ GaN 与 GaN 异质结侧壁接触的好坏以及两侧的浓度有关。因此，为实现良好的欧姆接触，需要优化刻蚀与二次外延工艺，降低刻蚀损伤，提升 n^+ GaN 掺杂浓度，改善 n^+ GaN 与 GaN 异质结沟道二维电子气的衔接。

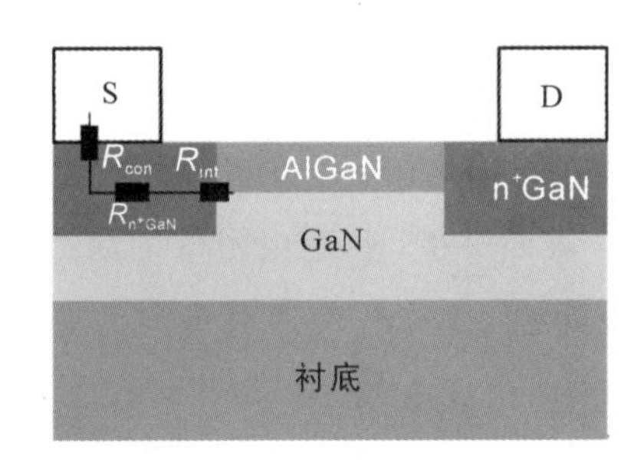

图 4-7　二次外延 n^+ GaN 欧姆接触中的等效电阻分布图

(2) Si 离子注入技术。

通过对源漏区域注入高能 Si 离子而后通过高温激活注入离子，可实现源漏区域高浓度电子，从而实现非合金欧姆接触。由于氮化镓宽禁带的特性，注入的高能 Si 离子很难实现有效的激活，需要高于 1000℃ 的高温退火才能实现有效的离子激活，如此高的温度会给材料带来一定的损伤。因此在高温激活过程中需要在氮化镓材料表面进行 SiN 或 SiO_2 的钝化保护。此外，高能注入的离子在材料中呈高斯分布，即峰值浓度不在材料表面，这对降低欧姆接触电阻是不利的。该问题一般是通过进行不同注入能量的离子注入来解决的。

离子注入能量、注入剂量以及高温退火温度与时间直接影响着欧姆接触电阻值，同时影响着离子的横向扩散，这对于太赫兹氮化镓 HFET 器件是非常关键的。

2. 纳米 T 型栅制备工艺

栅长直接影响着器件的频率特性，太赫兹氮化镓 HFET 器件的栅长需要在百纳米以下，但是栅长减小、栅电阻增大严重影响着器件的增益。因此，需要在栅金属的顶部构造一个大的金属栅帽，即 T 型栅。纳米 T 栅型中栅长的大小、栅根的高度以及栅帽的大小对器件性能都有重要的影响。因此，纳米 T 型栅制备工艺成为氮化镓太赫兹 HFET 器件非常重要的关键技术之一。

纳米 T 型栅制备一般采用电子束曝光工艺实现。电子束曝光的原理是利用具有一定能量的电子与光刻胶碰撞，发生化学反应完成曝光。它的优点是曝光精度高，无掩膜，可及时对曝光精度进行调整。但由于曝光过程中会发生电子散射，产生邻近效应，使所形成的光刻图形发生畸变，因此会影响图形的完好率和图形的光刻精度。邻近效应的机理是在电子束对光刻胶的曝光过程中，聚焦电子束的能量不能完全聚焦在所设计的位置，电子束在光刻胶和衬底中发生散射，使得电子束偏离原有入射方向，于是不想曝光的区域被意外曝光了，而某些设计的曝光区域没有得到充分的曝光。显影后，实际得到的图形与所设计的图形产生差异。

邻近效应主要与电子束束能、束斑大小、光刻胶厚度、光刻胶类型等有关。邻近效应无法被彻底消除，但可以通过调整电子束束能、束斑大小、光刻胶厚度、光刻胶类型等曝光显影的物理参数和修正设计版图。目前纳米 T 型栅制备工艺主要有以下几种。

1）介质 T 型栅制备技术

介质 T 型栅制备的主要流程为在源漏金属制备好之后，首先采用 PECVD 在器件表面淀积 SiN，然后通过电子束曝光实现栅根光刻，再利用 RIE 刻蚀栅根区域的 SiN，刻蚀过程中采用光刻胶作为掩蔽层。样品经过清洗后，在样品表面二次旋涂光刻胶，之后通过电子束曝光实现栅帽光刻，最后通过蒸发剥离工艺实现介质 T 型栅制备。

图 4－8 所示为采用介质 T 型栅的器件横截面。该工艺制备的纳米 T 型栅

具有高的可靠性和稳定性。但受限于刻蚀过程中的横向刻蚀，很难实现几十纳米尺寸的 T 型栅。同时，该类型栅的寄生电容较大，对器件频率特性不利。

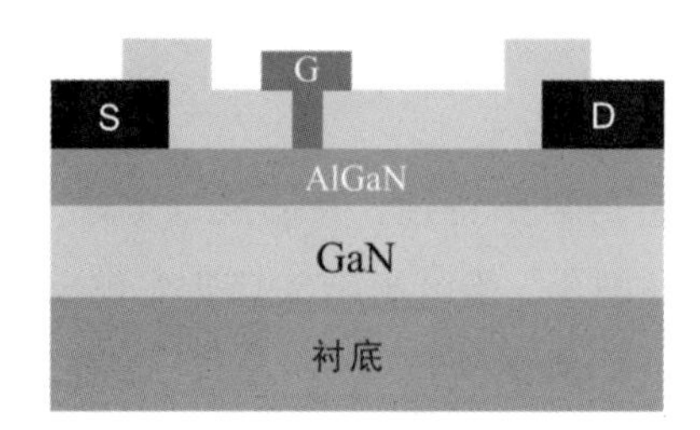

图 4-8　采用介质 T 型栅的器件横截面示意图

2）两次曝光两次显影技术

邻近效应与光刻胶的厚度有直接关系，光刻胶越厚，邻近效应越显著，越难实现更细线条。采用两次曝光两次显影技术（如图 4-9 所示）可有效抑制邻近效应。这种方法采用 PMMA/Copolyer/PMMA 三层光刻胶，首先进行栅帽曝光，进行第一层显影，通过调节曝光剂量和显影时间，使得显影终止于底层的 PMMA 光刻胶；而后进行栅根曝光，进行第二次栅根的显影；最后采用蒸发剥离工艺实现纳米 T 型栅制备。通过两次曝光两次显影，变相地减薄了实际曝光的光刻胶厚度，有效地抑制了曝光过程中的前散射和背散射，这种方法更容易实现100 nm 以下的纳米 T 型栅。

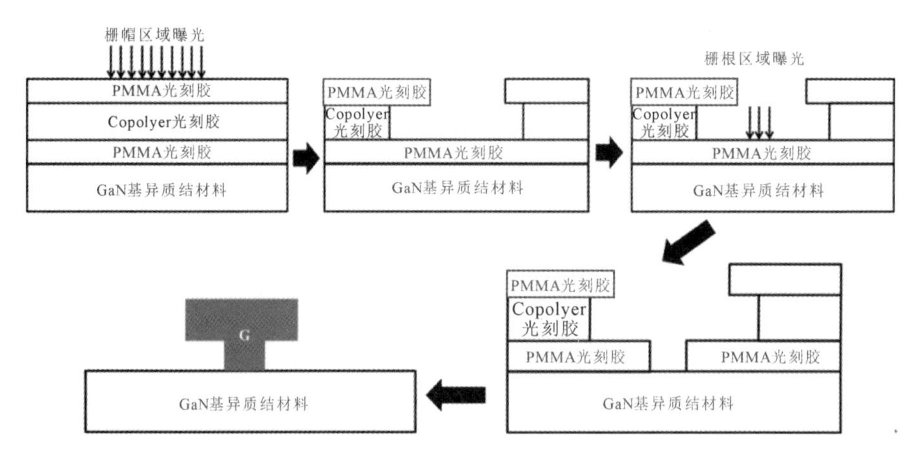

图 4-9　两次曝光两次显影技术工艺流程示意图

3. 衬底减薄工艺

GaN 器件的衬底材料一般为 SiC，厚度约为400 μm。衬底厚度过大会增加器件的寄生电容，对器件频率特性提升不利，同时在大功率应用时会带来散热差的问题，影响器件的输出功率特性。衬底减薄可以有效降低器件的寄生电容和电感，改善器件散热问题，提升器件高频频段下的工作性能。然而，SiC 衬底硬度很大，莫氏硬度为 9.5 级，仅次于世界上最硬的金刚石(10 级)，同时其化学性质稳定。因此，SiC 衬底减薄具有一定的工艺难度，尤其是对于太赫兹氮化镓 HFET 器件而言，其 SiC 衬底需要减薄至20 μm左右，甚至完全去除。

SiC 衬底减薄工艺一般采用机械研磨的方法，研磨粉多采用碳化硼磨料或金刚石微细颗粒粉。衬底减薄的速度、减薄后的表面粗糙度及平整度等与磨料颗粒的直径、衬底所受到的压力以及磨抛机的转速等因素有关。磨料颗粒的直径越大、磨盘施加的压力越大、磨抛机的转速越快，衬底的研磨速度就越快，但表面的粗糙度就越大，厚度不均匀性就越大。因此，实际工艺过程中需要综合考虑这几个因素的影响。在衬底减薄过程中，由于衬底初始厚度较厚，为了缩短工艺时间，初始阶段采用颗粒较大的磨料结合较快的研磨速率和大的研磨压力，在接近目标厚度时，换用颗粒较小的磨料结合较慢的研磨速度和小的研磨压力，最后通过表面抛光实现表面光滑的薄衬底。

氮化镓太赫兹 HFET 器件的衬底减薄一般采用以下工艺：

首先在氮化镓样品表面涂高温蜡，并倒贴在厚度为3 mm左右的蓝宝石衬底上；随后采用机械研磨的方法对 SiC 衬底进行减薄，研磨粉采用碳化硼磨料或金刚石微细颗粒粉，初始阶段采用颗粒较大的磨料结合较快的研磨速率，直至 SiC 衬底厚度低于 100 μm，换用颗粒较小的磨料结合较慢的研磨速度，将衬底减薄至目标值(一般为20 μm左右，部分器件需要全部去除 SiC)，随后通过抛光工艺实现表面光滑的薄衬底。

4. 源极(漏极)互联工艺

GaN HFET 器件的输出功率密度是有限的。在 GaN 单片集成电路(MMIC)功率放大器应用中，单指或双指器件的输出功率是无法满足应用需求的。提高器件的总输出功率，就必须增大栅宽，即采用多指器件(一般采用四指或六指器件)。对于多指器件而言，需要将独立的源极(漏极)连接在一起，形成统一的源端(漏端)电极，即源极(漏极)互联，一般采用以下空气桥技术和源极通孔互联技术两种方式实现。

1）空气桥技术

如图4－10所示，空气桥的结构主要有平行栅和鱼骨栅两种。平行栅结构的空气桥引入的寄生电容较小，有利于提升器件的频率特性，但该结构在漏端收集到的信号的相位差较大，同时在大功率工作下的散热性能较差，不利于提升器件的效率和功率增益；鱼骨栅结构的空气桥对信号相位差的影响较小，有利于器件散热，器件的效率和功率增益更高，但该结构的器件寄生电容较大，对器件的频率特性不利。

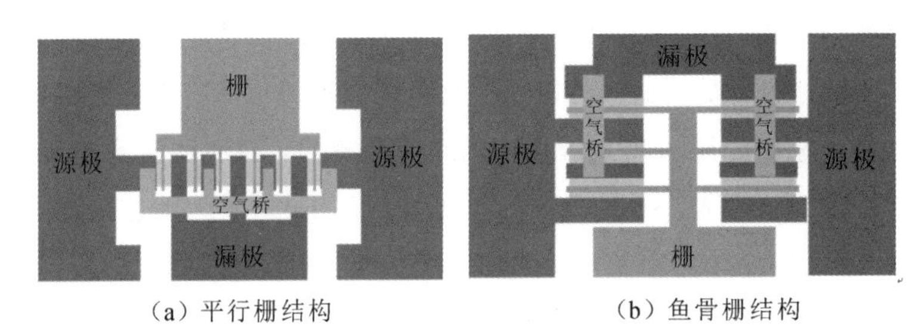

(a) 平行栅结构　　(b) 鱼骨栅结构

图4－10　空气桥结构示意图

空气桥的制备一般采用以下工艺：

首先利用光刻技术将需要连接的源极(或漏极)区域曝光显影；然后利用磁控溅射方法在晶圆片表面溅射一层“金属生长层”(该层主要作为后续金属电镀的种子层)；再次利用光刻技术将桥面区域曝光显影，并采用电镀工艺形成金属桥面；随后通过曝光显影去除上层光刻胶，采用湿法腐蚀工艺去除“金属生长层”；最后去除底层光刻胶形成空气桥。

空气桥的高度主要取决于底层光刻胶的厚度，底层光刻胶越厚、空气桥越高，寄生电容就越小，越有利于器件的频率提升。但高度越高，桥面金属的强度越小。

2）源极通孔互联技术

源极互联可以采用源极通孔接地的方式实现(如图4－11所示)。相比于传统的空气桥结构，该方法可以在不增加寄生电容的情况下，极大地降低寄生电

感，是目前用于氮化镓太赫兹器件研制的主流方式。

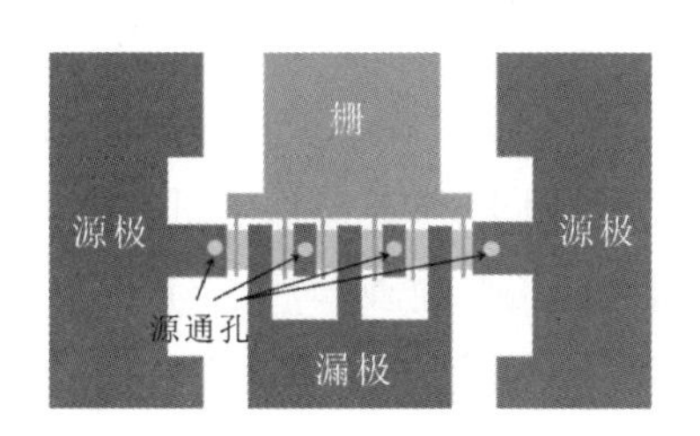

图 4-11　源极通孔互联结构示意图

然而，该工艺实现起来难度较大。GaN 材料和 SiC 衬底材料都非常坚硬，实现通孔往往需要大剂量的等离子体进行干法刻蚀，需要尺寸较大的背孔通过这些等离子体。而氮化镓太赫兹器件中源极的宽度一般在30 μm左右，为此必须实现小尺寸的通孔工艺，一般需要背面通孔尺寸控制在20 μm×20 μm以内。

通孔刻蚀工艺多采用 ICP 干法刻蚀，主要针对 SiC 衬底材料和 GaN 材料进行相应的刻蚀。通用的干法刻蚀气体主要是氯基(Cl_2)和氟基(SF_6)两种体系。采用氯基(Cl_2)体系的刻蚀产物主要是 $SiCl_4$ 和 CCl_4，而采用氟基(SF_6)体系的刻蚀产物主要是 SiF_4。相比于 $SiCl_4$ 和 CCl_4，SiF_4 更容易挥发。此外，采用氟基(SF_6)体系时可同时加入 O_2，形成更易挥发的 CO、CO_2 气体。所以通孔刻蚀工艺需要考虑 SiC 衬底的厚度和 GaN 材料的厚度，并选取合适的刻蚀气体，对于深度刻蚀，一般选用 SF_6/O_2 刻蚀气体。另外，对于刻蚀掩蔽层也需要综合考虑，常用的刻蚀掩蔽层有 SiO_2、金属铝(Al)和镍(Ni)等。刻蚀速率是通孔刻蚀工艺的关键，直接影响着刻蚀效率与散热。刻蚀速率与 ICP 功率源的大小、刻蚀气体的种类、气体流量和反应室压强等有直接关系。以 SF_6/O_2 刻蚀气体为例，当 O_2 的体积分数小于 20%时，增大 O_2 的体积分数有利于提升刻蚀速率，但超过该比例后，反而会减小刻蚀速率。这主要是由于单纯采用 SF_6气体时，在刻蚀 SiC 的过程中会产生 CF_4，加入一定量的 O_2 后，含 C 的刻蚀的最终产物是 CO、CO_2 和 COF_2，相对于 CF_4 而言，它们更容易挥发，所以相应地提高了刻蚀速率；但是当加入过多的 O_2时，就会形成 S 基化合物的沉积，阻止了刻蚀中化学反应的进一步进行，从而降低了 SiC 的刻蚀速率。对于氮化镓太赫兹器件的通孔刻蚀工艺，需要根据实际情况，选择合适的刻蚀气体，通过优化干法刻蚀与电镀工艺实现源极的互联。

4.2.3 氮化镓高频三极管发展现状

自从 1993 年美国南卡大学的 M. Asifk 等人研制出国际上第一只氮化镓 HFET 器件以来[16]，GaN 射频 HFET 器件的研究及应用的发展非常迅速，全球大约有 500 家大学、研究机构和企业开展了与 GaN 射频 HFET 相关的材料和器件的研发与生产。目前在氮化镓 HFET 器件方面处于领先地位的研究单位主要包括美国的 CREE 公司(Wolfspeed 部门)、Qorvo 公司、HRL 等企业和研发机构。

近年来，随着氮化镓异质结材料外延和 HFET 器件制备水平的大幅提高，氮化镓 HFET 器件的性能得到了大幅提升，输出功率密度得到了成倍提升，并在 L 波段乃至 W 波段实现了批量系统应用。目前，氮化镓射频 HFET 器件的一个重要发展方向就是进一步提升工作频率，向太赫兹频段迈进。

AlGaN/GaN 异质结构的 HFET 器件是目前商业化应用的主流材料和器件结构，其工作频段主要集中在 W 波段及以下频段。提高工作频率最重要的是等比例缩小器件尺寸。然而，随着器件尺寸的缩小，尤其是栅长的减小，短沟道效应对 AlGaN/GaN HFET 器件的影响越发严重，这主要是由于 AlGaN 势垒层需要保持一定的厚度才能提供足够高的沟道二维电子气浓度。当势垒层厚度小于10 nm时，沟道载流子浓度会急剧下降，导致器件性能大幅下降。AlGaN/GaN 异质结构的 HFET 器件在太赫兹电子器件领域的应用受到了一定的限制，但科研人员尝试通过材料结构与器件工艺优化，提升器件的频率特性。

2006 年，加利福尼亚大学采用 InGaN 背势垒结构，抑制器件短沟道效应。器件栅长采用100 nm，相比于传统的 AlGaN/GaN 异质结结构，采用 InGaN 背势垒结构后器件的短沟道效应得到了显著抑制，器件的频率特性得到了大幅提升，最大振荡频率(f_{max})达到了230 GHz[17]。

2010 年，麻省理工学院通过优化欧姆区域的刻蚀深度与合金温度，将欧姆接触电阻的电阻率降至0.15 Ω·mm，有效降低了器件寄生电阻，提升了器件饱和电流，同时结合凹栅工艺，有效抑制了短沟道效应。具有高 f_{max}的 AlGaN/GaN HFET 器件结构如图 4-12 所示，器件采用60 nm T 型栅，源漏间距为1.1 μm，研制的 AlGaN/GaN HFET 器件的最大振荡频率(f_{max})达到 300 GHz[18]。

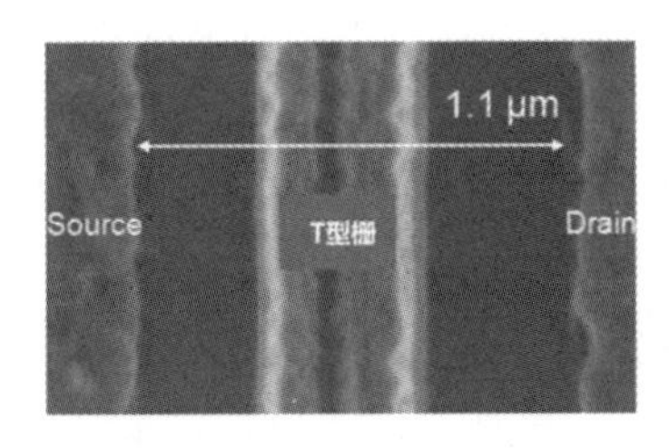

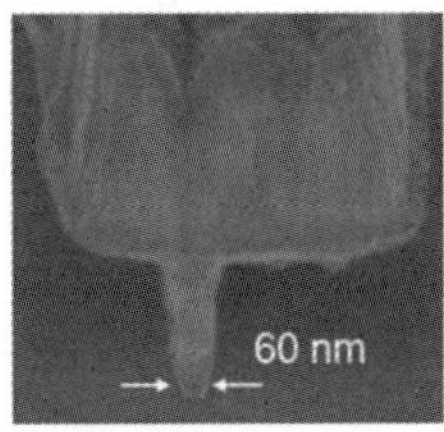

图 4 - 12　具有高 f_{max} 的 AlGaN/GaN HFET 器件结构图

国内包括中国电科十三所、中国电科五十五所、西安电子科技大学、中科院微电子所、中科院半导体所和北京大学等科研院所和高校也开展了 AlGaN/GaN 高频 HFET 器件的研究。其中，2016 年中国电科十三所基于 SiC 衬底 AlGaN/GaN 异质结材料，采用再生长 n^+ GaN 非合金欧姆接触工艺将器件的源漏间距缩小至600 nm，同时，采用60 nm T 型栅结合凹栅工艺研制出的高频器件，在栅偏压为1 V时，器件的漏源饱和电流密度达到了1.53 A/mm，器件的电流增益截止频率（f_T）和最大振荡频率（f_{max}）分别达到了 149 GHz 和263 GHz[19]。

采用背势垒和凹栅技术对 AlGaN/GaN HFET 器件的频率特性有一定的提升，但相关工艺技术的均匀性与重复性较差，尤其是凹栅刻蚀尚达不到产业化应用的要求。为了克服传统 AlGaN/GaN 异质结材料本身物理性质的限制，将氮化镓 HFET 器件向太赫兹频段迈进，近年来国际上多采用新型超薄势垒 GaN 基异质结材料，包括 AlN/GaN 异质结材料、InAlN/GaN 异质结材料以及 InAlGaN/GaN 异质结材料等，这些材料的共同特点就是超薄势垒层下依靠强极化效应，异质结材料依然可保持高密度的2DEG，仅需数纳米的势垒层厚度就可以获得高的二维电子气密度，能够有效抑制短沟道效应，改善器件的频率特性。另一方面，反极性的 N 面 GaN 异质结材料也受到了一定的重视。通过反极性的方式，大幅提升沟道电子的限域性，有效抑制短沟道效应，可改善器件的频率特性。

1. 新型 AlN/GaN HFET 器件

新型 AlN/GaN 异质结材料具有超薄势垒和强自发极化与压电极化的特性，仅需数纳米厚度的 AlN 势垒层就可以在异质结界面处形成高浓度的二维电子气。因此，采用新型 AlN/GaN 异质结材料可以有效抑制器件尺寸缩小带来的短沟道效应，大幅提升器件的频率特性。国内外很多研究所和高校都开展了新型 AlN/GaN HFET 器件的研发，其中美国休斯研究实验室的研究成果最引人注目。

2012 年，美国休斯研究实验室基于超薄势垒的 AlN/GaN 异质结构，结合再生长重掺杂的 n^+GaN 欧姆接触工艺，在大幅缩小器件尺寸的前提下，有效抑制器件短沟道效应，大幅提升了器件的频率特性。AlN/GaN HFET 器件结构与射频特性如图 4-13 所示，材料结构从顶部到底部包括2.5 nm的 GaN 盖帽层、3.5 nm的 AlN 势垒层、20 nm的 GaN 沟道层以及 $Al_{0.08}Ga_{0.92}N$ 背势垒层。背势垒层的引入主要用于进一步抑制短沟道效应。通过优化再生长的n^+GaN 欧姆接触工艺，接触电阻的电阻率降至0.101 Ω·mm，同时源漏有效间距缩减至160 nm，有效降低了器件的寄生电阻。器件采用20 nm T 型栅，峰值跨导超过了1000 mS/mm，器件的 f_T、f_{max}分别达到了342 GHz、518 GHz[20]。

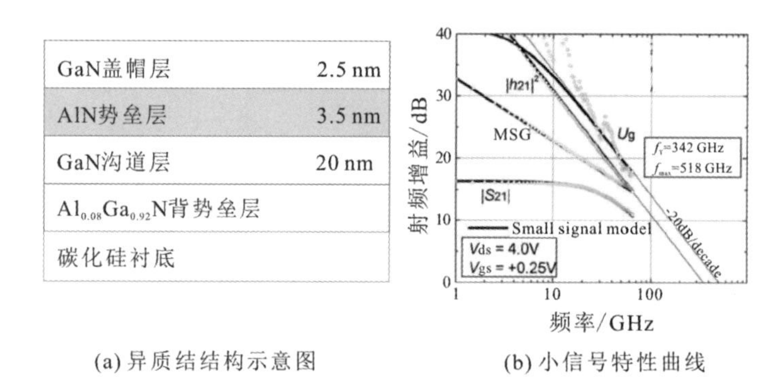

(a) 异质结结构示意图　　(b) 小信号特性曲线

图 4-13　AlN/GaN HFET 器件结构与射频特性

2013 年美国休斯研究实验室基于上述 AlN/GaN 异质结材料，进一步优化器件结构与工艺，高频 AlN/GaN HFET 器件横截面结构如图 4-14 所示，采用再生长 n^+GaN 非合金欧姆接触工艺将源漏间距缩小至130 nm，结合20 nm T 型栅，同时，纳米栅更靠近源极(栅源间距为20 nm，栅漏间距为90 nm)，这样有利于提升器件的 f_{max} 特性，研制的 AlN/GaN HFET 器件的 f_{max} 达到582 GHz。此外，器件击穿电压达14 V，栅压为2 V时器件的饱和电流密度大于4 A/mm[21]。

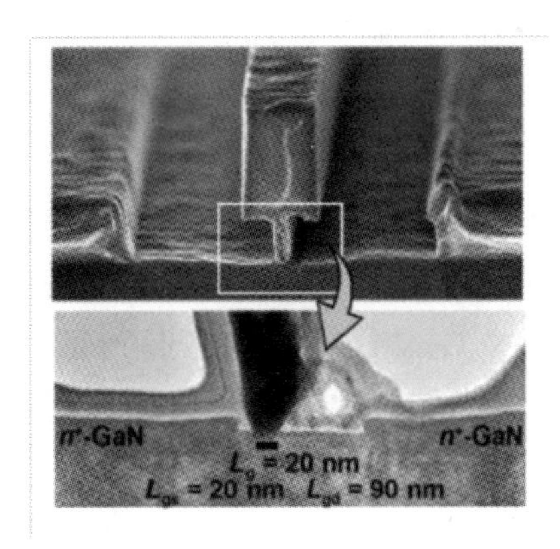

图 4-14　高频 AlN/GaN HFET 器件横截面结构图

2. 新型 InAlN/GaN HFET 器件

新型 InAlN/GaN 异质结材料具有界面带隙差大和自发极化强的特点，只需数纳米厚的超薄势垒层就能获得很高的载流子浓度，不仅可以有效地抑制器件尺寸等比例缩小带来的短沟道效应，还能大幅降低寄生沟道电阻。此外，当 In 组分为 17%时，InAlN 势垒层与 GaN 缓冲层晶格匹配，无应力和压电极化的产生，可大幅低晶格失配和压电极化引起的晶格缺陷，有效防止高压下逆压电效应导致的器件失效，这些特点使得 InAlN/GaN HFET 成为实现 GaN 器件向太赫兹领域应用的重要候选。

2013 年 TriQuint 公司采用势垒层厚度为8 nm的 InAlN/GaN 异质结材料，利用再生长 n^+GaN 非合金欧姆接触将源漏间距缩小至140 nm，同时结合 27 nm T 型栅工艺，研制出 f_T、f_{max}分别为 348 GHz、340 GHz的 InAlN/GaN HFET[22]。2013 年美国圣母大学报道了具有高 f_T 的超薄势垒 InAlN/GaN HFET 器件，InAlN/GaN 异质结材料中 InAlN 势垒层厚度选用7.5 nm。采用再生长n^+GaN非合金欧姆接触工艺制备器件源漏欧姆接触，欧姆接触电阻的电阻率为0.16 Ω·mm，同时源漏间距仅为270 nm。采用电子束曝光工艺制备了30 nm直栅，器件的峰值跨导达到653 mS/mm，电流截止频率(f_T)达到400 GHz[23]。

国内多家科研院所和高校也开展了新型 InAlN/GaN HFET 器件的研究。其中，中国电科十三所采用 MOCVD 方法外延出高质量晶格匹配的超薄势垒

层 AlInN/GaN 异质结材料，室温下电子迁移率达到2175 $cm^2/(V \cdot s)$，相关器件在结温 150℃下的平均失效时间(MTTF)达到了 8.9×10^6 小时，实验证实了新型 AlN/GaN 异质结材料具有高可靠性的潜力[24]。此外，中国电科十三所基于新型超薄势垒 InAlN/GaN 异质结材料，采用非合金欧姆接触工艺将有效源漏间距缩小至600 nm，并结合40 nm T 型栅工艺，研制出了最大振荡频率(f_{max})为405 GHz的 InAlN/GaN HFET 器件；同时，采用34 nm直栅工艺，研制出了电流截止频率(f_T)为350 GHz的 InAlN/GaN HFET 器件[25]。另外，西安电子科技大学与北京大学在超薄势垒层 AlInN/GaN 异质结材料与器件研究方面也取得了重要进展。

3. 新型 InAlGaN/GaN HFET 器件

2011 年，Notre Dame 大学的 Ronghua Wang 等人报道了一个 f_T、f_{max}分别为230 GHz、300 GHz的 InAlGaN/GaN HFET 器件。器件势垒层为11 nm $In_{0.13}Al_{0.83}Ga_{0.04}N$，插层为0.5 nm AlN，沟道层为55 nm GaN。材料方阻为195 Ω/sq，二维电子气浓度为 1.8 e13 cm^{-2}，迁移率为1770 $cm^2/(V \cdot s)$。采用非合金欧姆接触工艺制备了器件源漏，源漏间距为0.8 μm。采用电子束制备了栅根长度为40 nm的 T 型栅。小信号 S 参数测试表明，器件实现的 f_T 和 f_{max} 分别为230 GHz和300 GHz[26]。

4. N 面 GaN 高频 HFET 器件

GaN 材料在沿着晶轴的两个相反方向上展现出两种不同的原子排列顺序，即在不同的方向上原子排列顺序不同，从而使材料具有不同的极性。不同的表面所对应的自发极化方向不同。对于 Ga 面材料，自发极化由表面指向衬底，而 N 面材料的自发极化方向恰好相反，从衬底指向表面。与常规的 Ga 面器件相比，N 面器件具有良好的电子限域性等优点，容易实现较高的 f_{max}值。

2012 年加利福尼亚大学圣塔芭芭拉分校报道了栅长为100 nm的 N 面 GaN/InAlN MIS-HFET 器件。f_{max}为400 GHz的 N 面 GaN HFET 器件结构如图4-15所示，沟道层为10 nm GaN，势垒层为25 nm InAlN。采用非合金再生长工艺有效缩减源漏间距至175 nm，器件开态电阻(R_{on})的电阻率仅为0.29 Ω·mm，短沟道效应以及寄生电阻都得到了明显抑制。测试结果表明，器件的 f_{max}达到400 GHz，高于同等栅长下 Ga 面器件水平[27]。N 面 GaN 异质

结材料的外延生长和器件研制近几年在国际上才受到关注，外延生长具有一定的技术挑战。目前，采用 MBE 方法制备的 N 极性面 GaN 异质结材料的质量更好一些。

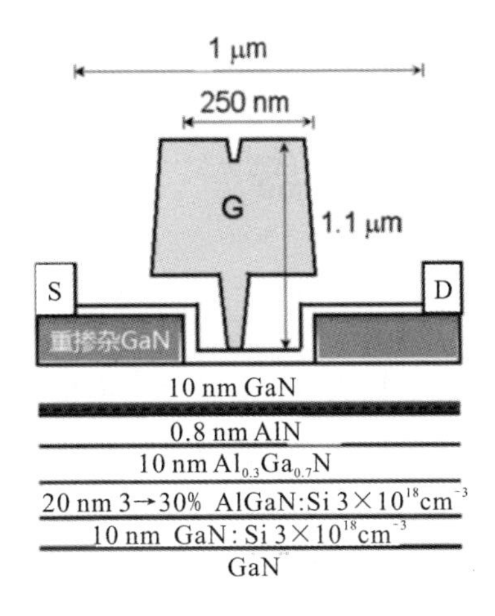

图 4-15　f_{max} 为400 GHz的 N 面 GaN HFET 器件结构示意图

图 4-16 汇总了已报道的 GaN HFET 器件的频率特性，包括 AlGaN/GaN HFET、InAlN/GaN HFET、AlN/GaN HFET 和 N 面 GaN HFET。从图4-16可以看到，新型 GaN 异质结材料可以有效抑制器件尺寸等比例缩小带

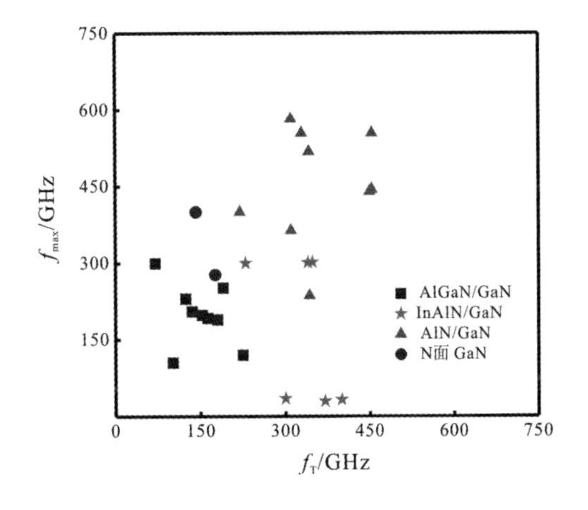

图 4-16　已报道的 GaN HFET 器件的频率特性汇总

来的短沟道效应，进一步提升器件的频率特性，f_{max}最高可达到582 GHz。一般情况下，器件的最大振荡频率(f_{max})需要高于工作频率的2倍才能满足功率放大器的设计需求。为满足更高工作频段的功率放大需求，需要开展新型氮化镓异质结材料及相关器件的研究。

4.3 氮化镓功率放大器

太赫兹波具有束波窄、绕射小、带宽宽以及大气衰减小等特点，可以提高系统的多目标识别能力、抗干扰能力、信息传播速率和全天候工作能力，能够在无线通信、雷达、毫米波成像等诸多领域得到广泛的应用。太赫兹功率放大器是太赫兹系统发射组件的核心元器件，其发展水平是制约太赫兹应用的主要因素。相比于InP、GaAs，第三代宽禁带半导体材料GaN具有更大的禁带宽度、更高的击穿电场、更大的电流密度等诸多优势，能够显著提高太赫兹功率放大器的特性。

4.3.1 功率放大器特性

1. 功率放大器的主要技术参数

功率放大器的主要技术参数包括工作频率与带宽、输出功率、效率、增益、稳定性和驻波比等，功率放大器性能的优劣主要通过上述技术参数来评价[28]。

1) 工作频率与带宽

工作频率为功率放大器工作时的中心频率。带宽为功率放大器满足全部性能指标的频率上限与频率下限之差。按照带宽分类，功率放大器可分为窄带功率放大器和宽带功率放大器，其中工作带宽小于20%频程带宽的功率放大器称为窄带功率放大器，工作带宽大于20%频程带宽的功率放大器称为宽带功率放大器。

2) 输出功率

功率放大器的输出功率(P_{out})定义为功率放大器驱动给负载的带内信号功

率，即

$$P_{out}=\frac{V_{out}^{2}}{2R_{L}} \tag{4-28}$$

式中：V_{out}为输出信号的电压摆幅；R_L为负载阻抗(通常为50 Ω)。

采用分贝表示时，有

$$P_{out}(\mathrm{dBm})=10\log\frac{P_{out}}{1\ \mathrm{mW}} \tag{4-29}$$

3) 效率

功率放大器是将直流功率转换为射频功率的电路，直流功率转换为射频功率的效率是衡量放大器性能的一个关键指标。常用来度量效率的量有两个，即漏极效率(DE)和功率附加效率(PAE)。其中漏极效率(DE)可表示为

$$\mathrm{DE}=\frac{P_{out}}{P_{DC}}\times 100\% \tag{4-30}$$

功率附加效率(PAE)可表示为

$$\mathrm{PAE}=\frac{P_{out}-P_{in}}{P_{DC}}\times 100\% \tag{4-31}$$

式中：P_{out}是输出功率；P_{in}是输入功率；P_{DC}是直流功率。功率附加效率的应用更为广泛。提高功率附加效率的一个重要途径是通过改善偏置点来降低晶体管偏置状态下的电流。

4) 增益与增益平坦度

增益与增益平坦度是表征功率放大器特性的重要指标。

增益表示功率放大器的输出功率与输入功率的比值。功率放大器常使用的增益有以下三种：

(1) 实际功率增益G_P，表示传送给负载的功率P_L与传送到网络输入端的功率P_{in}的比；

(2) 资用功率增益G_A，表示网络输出端口的资用功率P_{avn}和信号源的资用功率P_{avs}的比；

(3) 转换功率增益G_T，表示电路中实际传送到负载的功率P_L和信号源的资用功率P_{avs}的比。

在双共轭匹配网络中，上述三种增益相等。

增益平坦度(ΔG)表征在一定频率范围内增益变化的大小，其定义为

$$\Delta G=\frac{G_{max}-G_{min}}{2} \tag{4-32}$$

式中：G_{max}为工作带宽范围内增益的最大值；G_{min}为工作带宽范围内增益的最小值。

在宽带功率放大器设计中需要同时关心增益与增益平坦度。

5）稳定性

功率放大器的稳定性取决于 HFET 器件的小信号散射参数、电路匹配网络的设计和偏置端条件等。对于一个功率放大器，当输入或输出端口阻抗呈现负实部时，该功率放大器有可能发生振荡。为了提高功率放大器的稳定性，不但要考虑小信号工作时的稳定性指标，还要考虑不同模式下的电路稳定性以及不同功率下器件等效电路元件参数变化引起的稳定性的变化。

6）驻波比

放大器设计通常用于50 Ω系统中。输入输出驻波比表示放大器和系统的匹配程度，这一指标影响着功率放大器在应用中的实际性能。在驻波状态下，传输线上存在着方向相反的两列行波，传输线的电压就是这两列行波电压的叠加。当方向相反的两列行波的相位相同时，叠加后的电压值最大，形成驻波波腹，记为V_{max}；当方向相反的两列行波的相位也相反时，叠加后的电压值最小，形成驻波波节，记为V_{min}。电压驻波比(VSWR)定义为

$$\mathrm{VSWR}=\frac{V_{max}}{V_{min}} \tag{4-33}$$

电压驻波比(VSWR)与反射系数(Γ)的关系满足：

$$\mathrm{VSWR}=\frac{1+|\Gamma|}{1-|\Gamma|} \tag{4-34}$$

大的驻波比往往是驻波反射过大造成的，输入匹配或者输出匹配偏离驻波比最佳的共轭匹配状态是驻波比大的主要原因。驻波比过大会引起电路功率的降低以及稳定性的恶化。

2. 功率放大器的工作状态

功率放大器主要有四种常见的工作状态：A 类、B 类、AB 类、C 类。不同的工作状态对应不同的静态工作点。工作状态不同，MMIC 功率放大器的导通状态和效率也不相同。

A 类工作状态：静态工作点位于器件输出曲线的中心位置附近，功率放大器在没有信号输入的情况下，晶体管漏极电流很大，功率放大器在信号周期内始终存在工作电流，即导通角秒为 360 度。直流功率均以热能的形式散发掉，因此 A 类功率放大器的效率不高，而且稳定性也容易受到热的影响而恶化。

B 类工作状态：静态工作点位于器件输出曲线的阈值电压处，功率放大器在信号周期内只有半个周期存在工作电流，即导通角秒为 180 度。B 类功率放大器的优点是效率高，缺点是会产生失真。

AB 类工作状态：静态工作点位于器件输出曲线的中心位置与阈值电压之间，导通时间大于信号的半个周期而小于一个周期，导通角秒略大于 180 度。AB 类功率放大器的效率比 A 类功率放大器的高，因此获得了极为广泛的应用。

C 类工作状态：静态工作点位于器件输出曲线的阈值电压以下，在信号周期内存在工作电流的时间不到半个周期，即导通角秒小于 180 度。C 类功率放大器的优点是效率非常高，尺寸紧凑，输出功率高，可达数千瓦，工作温度比 B 类功率放大器要低，可靠性高，在要求失真不严的系统中得到了广泛的应用。

除上述几类功率放大器的工作状态外，GaN MMIC 功率放大器还存在 D 类、E 类、F 类等几种形式的工作状态，这些功率放大器也称为开关功率放大器。这些功率放大器通过自身的特定负载网络控制漏极电压和电流波形，使其不重叠，理论上的效率甚至可以达到 100%。

3. 功率放大器的热特性

随着射频器件尺寸的日益缩小，自热效应变得越来越显著。器件结温过高会导致性能显著退化，如饱和电流下降、电阻增大、阈值电压漂移、增益降低和输出三阶交调点减小等，甚至会使器件发生热击穿。因此，准确地测试氮化镓功率器件的热特性有助于器件结构设计，从而提高器件的性能与可靠性。

目前用于氮化镓功率放大器热特性测试的方法主要有电学方法和光学方法两类。电学方法通过监测器件电学温度敏感参数随温度的变化获得器件的热特性；光学方法通过测量被测件发出或反射的光信号获取热信息，主流的光学方法又分为显微红外热成像法、微区拉曼法和可见光热反射成像法等。

1）电学方法

电学方法的基本原理是将射频器件视为温度敏感元件，通过测量射频器件某一电参数与温度之间的关系而得到结温、热阻等热特性，一般称这个参数为温度敏感参数(TSP)。对于氮化镓功率放大器，器件结温测试常用的温度敏感参数是栅极肖特基二极管正向导通压降。

国际固态电子委员会(JEDEC)先后发布的 JESD51－1 *Integrated Circuit Thermal Measurement Method － Electrical Test Method*、JESD51－14 *Integrated Circuit Thermal Measurement Method －Electrical Test Method* 等标准，对基于二极管正向导通压降的电学方法进行热特性测试做出了明确的规定。器件的结温(T_j)可以由下式得到：

$$T_j = T_{j0} + \Delta T_j \tag{4-35}$$

式中：T_{j0}为器件加热之前的初始结温(单位：℃)；ΔT_j 为施加功率后被测件结温的变化量(单位：℃)。

该方法利用温度敏感参数(TSP)测量施加功率后被测件(DUT)结温的变化量，即有

$$\Delta T_j = K \times \Delta U_{TSP} \tag{4-36}$$

式中：ΔU_{TSP}为温度敏感参数的改变量(单位：mV)；K 为温度与敏感参数的关系系数或变化系数(单位：℃/mV)。

通过测量温度敏感参数的变化，可计算出结温及最终的热阻。该方法一般分为以下两步：

(1) 测量 K 系数。一般采用的方法是使用控温装置使被测件处于不同的温度，测量不同温度下的温度敏感参数，得到 K 系数。根据二极管导通公式，对于固定的电流 I_M，正向结电压 U_{TSP}与结温 T_j 近似呈线性变化。此时 K 系数可由下式得到：

$$K = \left| \frac{T_{Hi} - T_{low}}{U_{Hi} - U_{low}} \right| \tag{4-37}$$

式中：T_{Hi}是较高的温度(单位：℃)；T_{low}是较低的温度(单位：℃)；U_{Hi}和 U_{low}分别为高温和低温的结电压(单位：mV)。

(2) 用较大的电流(一般在安培级以上，称为工作电流)给器件加电，待被测件温度稳定的瞬间由工作电流切换至测量电流。此时，测量 TSP 的值可得

到施加工作电流时被测件的结温变化量，进而计算结温和热阻。

2）光学方法[29]

（1）显微红外热成像法。

显微红外热成像法的基本原理是普朗克黑体辐射定律，其数学表达式为

$$W_b(\lambda, T) = \frac{c_1}{\lambda^5\left(\exp\frac{c_2}{\lambda T}-1\right)} \tag{4-38}$$

式中：$W_b(\lambda, T)$为黑体光谱辐射通量（单位：Wm^{-3}）；c_1 为第一辐射常数，其值为 3.742×10^{-16}（单位：$W\cdot m^2$）；c_2 为第二辐射常数，其值为 1.4388×10^{-2}（单位：$m\cdot K$）；T 为黑体温度（单位：K）；λ 为波长（单位：m）。

用于微波功率器件测温的红外热成像仪器多采用光子探测器，因此热成像仪器的响应与入射光子的数量（而非能量）成正比，所以采用斯蒂芬-玻耳兹曼公式的光子形式来表示：

$$Q = \sigma\varepsilon T^3 \tag{4-39}$$

式中：Q 为单位面积全波长光子发射量（单位：$s^{-1}\cdot cm^{-2}$）；ε 为辐射单元表面发射率；σ 为常量，其值为 1.52×10^{11}（单位：$s^{-1}\cdot cm^{-2}\cdot K^{-3}$）；$T$ 为辐射单元表面热力学温度（单位：K）。

采用显微红外热成像技术的测温装置一般称为显微红外热像仪或红外显微镜（infrared microscope），其典型结构如图 4-17 所示，被测件置于控温平台上，以降低周围环境辐射的影响。被测件的红外辐射由显微镜头进入热像仪经光路系统传输后进入探测器，探测器响应的信号再由计算机进行处理和显示。

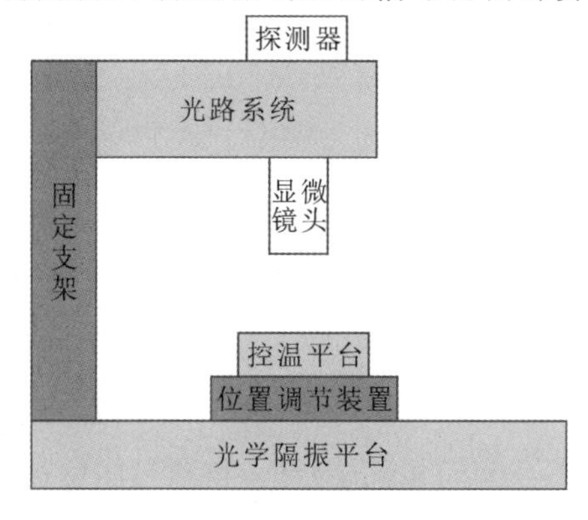

图 4-17　显微红外热像仪典型结构

红外热成像测温装置多采用阵列式探测器，可以一次性获得被测件表面的温度分布。焦平面阵列探测器一般是光子探测器，多为 InSb 或 HgGdTe，适用的波长范围一般在中红外波段(2～5 μm)或远红外波段(8～13 μm)。以 InSb 探测器为例，在空气介质的条件下，最高可实现1.9 μm的空间分辨率。

氮化镓射频器件的表面材料一般是各种金属和钝化介质，其表面发射率都小于甚至远小于 1。必须获取氮化镓射频器件的表面发射率才能进行精确的测温，而氮化镓射频器件的表面发射率是未知的，所以测温前必须先测量表面发射率，这个过程一般称为发射率修正。具备发射率修正功能的显微红外热成像装置可以实现对氮化镓功率放大器表面温度分布及峰值温度的有效测试。

在测量动态变化的温度时，由于阵列式红外光子探测器本身的帧频较低，依据奈奎斯特采样定理，其无法对随时间高速变化的温度信号进行有效数据采集。为了满足对脉冲条件下器件高速变化的温度检测需求，具备瞬态结温测试功能的红外热像仪应运而生，其响应时间为 13～16 μs。此类装置采用单一探测器替代了阵列式探测器。

(2) 微区拉曼法[30]。

微区拉曼法的工作原理为光子轰击物质表面时发生的拉曼散射效应。当被测件温度改变时，晶格中的声子频率会发生相应的改变。拉曼散射技术是一种非接触、非破坏性的半导体表征技术，它通过测量声子频率随温度的变化关系来获得半导体材料的温度。测试系统将激光源聚焦于半导体上，分光仪检测到小部分频移的散射光。如果已知声子频移随温度的变化关系，就可以通过声子频移得到半导体的温度。声子频移($\Delta\omega$)与热力学温度的关系式如下：

$$\Delta\omega = \omega_0 - \frac{A}{\exp\left(\frac{B\hbar\omega_0}{\kappa_B T}\right) - 1} \tag{4-40}$$

式中：ω 为声子频率(单位：Hz)；ω_0 为0 K时的声子频率(单位：Hz)；κ_B 为玻耳兹曼常数，其值为$1.380\ 649\times10^{-23}$(单位：J/K)；$\hbar$ 为约化普朗克常数；A 和 B 是与材料相关的拟合参数；T 为绝对温度(单位：K)。

目前工程上应用的拉曼光谱技术通过光学透镜将激光束(波长约为500 nm)聚焦成一个直径小于1 μm的光斑，再通过测量被测表面上散射光的光谱来实现对温度的测量，其最高空间分辨率可达0.5 μm。

用微区拉曼法测量温度可以通过两种方式来实现：第一种，某些材料具有比较明显的光子模式(Photon mode)，此时可以通过观察该材料的光子模式在光谱上的拉曼偏移(Raman shift)来判读物体的温度；第二种，当物体没有明显的光子模式时，可以通过测量 Raman 散射引起的 Stokes 散射和反 Stokes 散射之比的变化来实现。与红外技术不同，基于微区拉曼法的测温装置属于点测温范畴，当对被测件进行温度测量时需要采用驻点扫描的形式，对于大面积的温度测量需要消耗大量的时间。另外，该技术不能用来测量金属温度，因为金属声子能量太低而不能被探测到。

早期的微区拉曼法不具备瞬态温度测量能力。引入调制技术后，微区拉曼法在氮化镓功率放大器瞬态结温测试方面得到了应用，其最高可实现10 ns的时间分辨率。除上述功能外，由于所用波长能穿透多数半导体材料，因此微区拉曼法是一种能够测量器件内部温度的技术手段，即可以实现器件三维温度测量。

(3) 可见光热反射成像法。

当可见光照射在某种材料表面时，材料对可见光的反射率随材料温度变化而变化，一般认为其变化关系近似呈线性，可表示为

$$\frac{\Delta R}{R}=\frac{1}{R}\frac{\partial R}{\partial T}\Delta T=C_{\mathrm{TR}}\Delta T \tag{4-41}$$

式中：ΔR 为反射率变化量；R 为反射率的均值；ΔT 为被测材料温度变化量(单位：K)；C_{TR}为热反射率校准系数(单位：K^{-1})。

利用上述原理，通过测量反射率的变化量 ΔR 计算得到材料表面温度变化量 ΔT 的技术称为热反射测温技术或光反射测温技术。可见光热反射成像法最高可以实现300 nm的空间分辨率。光热反射成像测温需要对被测件进行调制。根据所测热信号频率的不同，调制模式也有较大差异，大致可分为以下三种[31]：

① 零差模式。

零差模式的时间分辨率在毫秒量级。对器件施加频率为 f 的驱动，光源工作于连续波模式下，CCD 以 $4f$ 频率进行触发，其原理可表达如下：

$$R(x, y, t)=R_0(x, y, t)+\Delta R(x, y, t)\cos[2\pi ft+\varphi(x, y)+\psi] \tag{4-42}$$

式中：$R(x, y, t)$表示被测物上位置为(x, y)的区域在时间 t 时的反射率；

$R_0(x, y, t)$为温度变化前的初始反射率；$\Delta R(x, y, t)$为不同采集时间点时的反射率变化量；$\varphi(x, y)$为由于热调制造成的移相，ψ为延迟造成的移相。

② 外差模式。

外差模式的时间分辨率可达微秒量级。对器件施加频率为 f_1 的驱动，对光源施加频率为 $f_2=f_1+F$ 的触发频率（F 的值较小，如10 Hz），对 CCD 施加 $4F$ 的触发频率，该模式可以实现对于高速温度变化信号的实时检测。光源发出的光通量 $\phi(t)$及反射的光通量 $S(x, y, t)$分别如下：

$$\phi(t)=\frac{\phi_1}{2}[1+\cos(2\pi f_2 t)] \tag{4-43}$$

$$S(x, y, t)=\frac{\phi_1}{2}R_0(x, y, t)+\frac{\phi_1}{4}\Delta R(x, y, t)\cos[2\pi Ft-\varphi(x, y)-\psi] \tag{4-44}$$

③ 瞬态模式。

瞬态模式的时间分辨率可达纳秒量级。该模式给光源施加脉宽为10 ns的脉冲调制信号，通过同步电路设计使光源与被测件的激励信号同步。设置 CCD 的工作时钟，使每个 CCD 曝光周期内只有一个脉冲信号。利用该模式可以实现高速的瞬态温度检测，理论上最小的时间分辨率可以达到10 ns。采用激光作为光源后，光热反射成像的时间分辨率可达800 ps。

电学方法、显微红外热成像法、微区拉曼法、可见光热反射成像法都已经广泛应用在氮化镓功率放大器热特性测试及分析领域。这些结温测量方法都存在其各自的优缺点：电学方法的优势在于国内外都发布了相关测试或检测标准，采用该方法可以测量被测件在完整封装条件下的热阻信息，结合结构函数法分析后可以得到器件纵向上各层材料的热阻、热容信息，其缺点是只能获得平均的结温和热阻，低估了器件的实际峰值温度；在光学方法中，利用显微红外热成像法可以得到器件二维表面的实时温度分布，并能迅速地确认热点位置，它也是测量金属温度的方法之一，然而不足之处在于其测试准确性依赖于材料的发射率，且红外辐射波长较长，在半导体材料中的透射较为严重，空间分辨率也不及微区拉曼法和光热反射成像法等其他光学方法；微区拉曼法的优势在于其空间分辨率优于1 μm，更为独特的是该方法可以测量器件内部的热特性，其缺点是在对大面积的样品进行测试时需要消耗大量的时间，且不能测

量金属材料的温度；可见光热反射成像法具有最高800 ps的时间分辨率，同时采用成像形式进行结温测试，能够得到器件各个区域在各个瞬间的温度分布情况，这是现有其他技术都不具备的能力。但是与显微红外热成像法相比，可见光热反射成像法的测量速度慢，测量不同的材料需要更换不同波长的光源，测试效率远低于显微红外热成像法。

4.3.2　功率放大器电路设计

1. 二端口网络与太赫兹器件模型

二端口网络是指具有两个端口的网络，其中一个端口为输入端(激励端)，另一个端口为输出端(响应端)。任何一个二端口网络都可以通过网络参量来描述其特性，使用二端口网络来描述晶体管、放大器、滤波器、匹配网络等微波信号传输系统，是微波系统分析及设计的基本方法。一个标有端口电压和端口电流的二端口网络如图 4-18 所示。

图 4-18　二端口网络框图

其中 I_1 和 V_1 为端口 1 的端口电流和端口电压，I_2 和 V_2 为端口 2 的端口电流和端口电压。选取二端口网络的一对变量为自变量，另一对变量为因变量，根据自变量与因变量的选取形式不同，二端口网络可以分别使用 Z 参数矩阵、Y 参数矩阵、H 参数矩阵、ABCD 参数矩阵描述。根据网络参数矩阵种类，二端口网络可以被等价描述如下：

$$\begin{bmatrix} V_1 \\ V_2 \end{bmatrix} = \begin{bmatrix} z_{11} & z_{12} \\ z_{21} & z_{22} \end{bmatrix} \begin{bmatrix} I_1 \\ I_2 \end{bmatrix} = [\boldsymbol{Z}] \begin{bmatrix} I_1 \\ I_2 \end{bmatrix} \tag{4-45}$$

$$\begin{bmatrix} I_1 \\ I_2 \end{bmatrix} = \begin{bmatrix} y_{11} & y_{12} \\ y_{21} & y_{22} \end{bmatrix} \begin{bmatrix} V_1 \\ V_2 \end{bmatrix} = [\boldsymbol{Y}] \begin{bmatrix} V_1 \\ V_2 \end{bmatrix} \tag{4-46}$$

$$\begin{bmatrix} V_1 \\ I_2 \end{bmatrix} = \begin{bmatrix} h_{11} & h_{12} \\ h_{21} & h_{22} \end{bmatrix} \begin{bmatrix} I_1 \\ V_2 \end{bmatrix} = [\boldsymbol{H}] \begin{bmatrix} I_1 \\ V_2 \end{bmatrix} \tag{4-47}$$

$$\begin{bmatrix} V_1 \\ I_1 \end{bmatrix} = \begin{bmatrix} A & B \\ C & D \end{bmatrix} \begin{bmatrix} V_2 \\ -I_2 \end{bmatrix} \tag{4-48}$$

Z参数、Y参数、H参数、ABCD参数矩阵可以被广泛地应用在不同形式的网络连接里，方便网络参数的计算并用来描述级联网络，但是在高频下这些参数并不能通过测量准确地得到，其原因为以下两方面：

(1) 这些参数的提取需要在端口开路或者短路的前提下进行，当信号频率很高时，在宽频范围内理想的开路和短路难以实现；

(2) 当信号以波的形式传播时，在不同测试点上电流以及电压信号的幅度和相位都是不同的。

因此，电压和电流描述微波二端口网络具有局限性。在微波频段分析以及二端口网络测试中应用更为广泛的是S参数(scattering parameter)矩阵，它可基于入射波和反射波的概念更为完整地描述二端口网络。

微波信号在传输线上传播时，沿线电压的通解形式描述如下：

$$V_i(x) = V_i^+ e^{-\gamma x} + V_i^- e^{\gamma x} \tag{4-49}$$

当把传输线入射电压波 V_i^+ 和反射电压波 V_i^- 对特征阻抗 Z_0(如50 Ω)平方根归一化时，可以得到二端口网络的入射波 a_i 和反射波 b_i，分别为

$$a_i = \frac{V_i^+}{\sqrt{Z_0}} \tag{4-50}$$

$$b_i = \frac{V_i^-}{\sqrt{Z_0}} \tag{4-51}$$

此时，二端口网络的模型变成图4-19所示的形式，其中 a_1 为输入端口的归一化入射功率波，b_1 为输入端口的归一化反射功率波，a_2 为输出端口的归一化入射功率波，b_2 为输出端口的归一化反射功率波。

图4-19　使用S参数描述的二端口网络模型

使用 S 参数的二端口网络可描述如下：

$$\begin{bmatrix} b_1 \\ b_2 \end{bmatrix} = \begin{bmatrix} S_{11} & S_{12} \\ S_{21} & S_{22} \end{bmatrix} \begin{bmatrix} a_1 \\ a_2 \end{bmatrix} = [\boldsymbol{S}] \begin{bmatrix} a_1 \\ a_2 \end{bmatrix} \tag{4-52}$$

使用 S 参数描述二端口网络的优点在于 S 参数可以通过在输入端口或者输出端口接匹配负载时测试二端口网络的反射系数及功率增益得到，此外利用表 4-2 所示的转换关系，可以很容易地实现二端口网络 S 参数与 Z 参数、Y 参数、H 参数以及 ABCD 参数之间的相互转换。通过转换，可以完成二端口网络电路级联关系的计算、阻抗匹配的计算以及微波小信号模型中模型参数的提取。

表 4-2　S、Z、Y、H、ABCD 参数之间的转换关系[32]

S↔Z	
$s_{11}=\dfrac{(z_{11}-Z_0)(z_{22}+Z_0)-z_{12}z_{21}}{(z_{11}+Z_0)(z_{22}+Z_0)-z_{12}z_{21}}$	$z_{11}=Z_0\dfrac{(1+s_{11})(1-s_{22})+s_{12}s_{21}}{(1-s_{11})(1-s_{22})-s_{12}s_{21}}$
$s_{12}=\dfrac{2z_{12}Z_0}{(z_{11}+Z_0)(z_{22}+Z_0)-z_{12}z_{21}}$	$z_{12}=Z_0\dfrac{2s_{12}}{(1-s_{11})(1-s_{22})-s_{12}s_{21}}$
$s_{21}=\dfrac{2z_{21}Z_0}{(z_{11}+Z_0)(z_{22}+Z_0)-z_{12}z_{21}}$	$z_{21}=Z_0\dfrac{2s_{21}}{(1-s_{11})(1-s_{22})-s_{12}s_{21}}$
$s_{22}=\dfrac{(z_{11}+Z_0)(z_{22}-Z_0)-z_{12}z_{21}}{(z_{11}+Z_0)(z_{22}+Z_0)-z_{12}z_{21}}$	$z_{22}=Z_0\dfrac{(1-s_{11})(1+s_{22})+s_{12}s_{21}}{(1-s_{11})(1-s_{22})-s_{12}s_{21}}$
S↔Y	
$s_{11}=\dfrac{(1-y_{11}Z_0)(1+y_{22}Z_0)+y_{12}y_{21}Z_0^2}{(1+y_{11}Z_0)(1+y_{22}Z_0)-y_{12}y_{21}Z_0^2}$	$y_{11}=\dfrac{1}{Z_0}\dfrac{(1-s_{11})(1+s_{22})+s_{12}s_{21}}{(1+s_{11})(1+s_{22})-s_{12}s_{21}}$
$s_{12}=\dfrac{-2y_{12}Z_0}{(1+y_{11}Z_0)(1+y_{22}Z_0)-y_{12}y_{21}Z_0^2}$	$y_{12}=\dfrac{1}{Z_0}\dfrac{-2s_{12}}{(1+s_{11})(1+s_{22})-s_{12}s_{21}}$
$s_{21}=\dfrac{-2y_{21}Z_0}{(1+y_{11}Z_0)(1+y_{22}Z_0)-y_{12}y_{21}Z_0^2}$	$y_{21}=\dfrac{1}{Z_0}\dfrac{-2s_{21}}{(1+s_{11})(1+s_{22})-s_{12}s_{21}}$
$s_{22}=\dfrac{(1+y_{11}Z_0)(1-y_{22}Z_0)+y_{12}y_{21}Z_0^2}{(1+y_{11}Z_0)(1+y_{22}Z_0)-y_{12}y_{21}Z_0^2}$	$y_{22}=\dfrac{1}{Z_0}\dfrac{(1+s_{11})(1-s_{22})+s_{12}s_{21}}{(1+s_{11})(1+s_{22})-s_{12}s_{21}}$

续表

S↔H	
$s_{11}=\dfrac{(h_{11}-Z_0)(1+h_{22}Z_0)-h_{12}h_{21}Z_0}{(h_{11}+Z_0)(1+h_{22}Z_0)-h_{12}h_{21}Z_0}$ $s_{12}=\dfrac{2h_{12}Z_0}{(h_{11}+Z_0)(1+h_{22}Z_0)-h_{12}h_{21}Z_0}$ $s_{21}=\dfrac{-2h_{21}Z_0}{(h_{11}+Z_0)(1+h_{22}Z_0)-h_{12}h_{21}Z_0}$ $s_{22}=\dfrac{(h_{11}+Z_0)(1-h_{22}Z_0)+h_{12}h_{21}Z_0}{(h_{11}+Z_0)(1+h_{22}Z_0)-h_{12}h_{21}Z_0}$	$h_{11}=Z_0\dfrac{(1+s_{11})(1+s_{22})-s_{12}s_{21}}{(1-s_{11})(1+s_{22})+s_{12}s_{21}}$ $h_{12}=\dfrac{2s_{12}}{(1-s_{11})(1+s_{22})+s_{12}s_{21}}$ $h_{21}=\dfrac{-2s_{21}}{(1-s_{11})(1+s_{22})+s_{12}s_{21}}$ $h_{22}=\dfrac{1}{Z_0}\dfrac{(1-s_{11})(1-s_{22})-s_{12}s_{21}}{(1-s_{11})(1+s_{22})+s_{12}s_{21}}$
S↔ABCD	
$s_{11}=\dfrac{AZ_0+B-CZ_0^2-DZ_0}{AZ_0+B+CZ_0^2+DZ_0}$ $s_{12}=\dfrac{2(AD-BC)Z_0}{AZ_0+B+CZ_0^2+DZ_0}$ $s_{21}=\dfrac{2Z_0}{AZ_0+B+CZ_0^2+DZ_0}$ $s_{22}=\dfrac{-AZ_0+B-CZ_0^2+DZ_0}{AZ_0+B+CZ_0^2+DZ_0}$	$A=\dfrac{(1+s_{11})(1-s_{22})+s_{12}s_{21}}{2s_{21}}$ $B=Z_0\dfrac{(1+s_{11})(1+s_{22})-s_{12}s_{21}}{2s_{21}}$ $C=\dfrac{1}{Z_0}\dfrac{(1-s_{11})(1-s_{22})-s_{12}s_{21}}{2s_{21}}$ $D=\dfrac{(1-s_{11})(1+s_{22})+s_{12}s_{21}}{2s_{21}}$

晶体管频率特性其实就是晶体管对微波信号的放大功能。二端口网络输出端端口电流与输入端端口电流之比定义为电流增益。GaN HEMTs 的 H 参数实际上给出了 GaN HEMTs 电流增益的表达式：

$$h_{21}=\frac{I_2}{I_1}\quad (V_2=0) \tag{4-53}$$

根据 GaN HEMTs 的 S 参数，按照表中的转换关系，容易得到晶体管的电流增益。

功率放大器的目的在于对输入信号的功率进行放大。S_{21} 是晶体管输出端口接匹配负载情况下的正向功率增益，S_{12} 是晶体管输入端口接匹配负载情况下的反向功率增益，于是晶体管的最大稳定增益(MSG)为

$$\text{MSG}=\frac{|S_{21}|}{|S_{12}|} \tag{4-54}$$

MSG 是晶体管能够提供的最大功率增益。定义晶体管稳定性相关的因子 K 因子和 B_1 因子如下：

$$K=\frac{1-|S_{11}|^2-|S_{22}|^2+|\Delta|^2}{2|S_{12}S_{21}|} \tag{4-55}$$

$$B_1=1+|S_{11}|^2-|S_{22}|^2-|\Delta|^2 \tag{4-56}$$

$$\Delta=S_{11}S_{22}-S_{21}S_{12} \tag{4-57}$$

晶体管的最大稳定增益 MSG 基于晶体管的 K 因子小于 1 或 B_1 因子小于 0 的情况，当 K 因子大于 1 且 B_1 因子大于 0 时晶体管的最大资用功率增益(MAG)如下：

$$\text{MAG}=\frac{|S_{21}|}{|S_{12}|}(K-\sqrt{K^2-1}) \tag{4-58}$$

MAG 是晶体管及其匹配网络能够实现的最大功率增益。

电流截止频率 f_T 和最大振荡频率 f_{max} 是毫米波半导体器件最重要的频率特性参数，前者决定器件的开关速度，后者决定器件的功率增益能力。两者分别定义如下：

f_T：正向电流增益(h_{21})下降到单位增益时的频率。

f_{max}：最大资用功率增益(MAG)下降到单位增益时的频率。

f_T 与 f_{max} 的表达式如下：

$$f_T=\frac{v_{sat}}{2\pi l_g} \tag{4-59}$$

$$f_{max}=\frac{f_T}{\sqrt{4Rg_d+4\pi f_T C_{gd}(R+R_g+\pi f_T L_s)}} \tag{4-60}$$

$$R=R_g+R_i+R_d+R_s+\pi f_T L_s \tag{4-61}$$

AlGaN/GaN HEMT 的电路模型就是可以用来描述 AlGaN/GaN HEMT 在一定偏压下的等效电路模型。图 4-20(a)为基于通用的场效应晶体管(FET)的小信号等效电路模型建立的 GaN HEMT 的标准小信号等效电路模型，由于测试需要，器件结构中存在 PAD，PAD 会引入寄生电感与寄生电容。图 4-20(b)为加入 PAD 结构的小信号等效电路模型，虚线框内的部分为去嵌后的等效电路模型[33]。

上述小信号等效电路模型可分为以下两部分参数：

(1) 本征元件：g_m(跨导)、g_{ds}(输出导纳)、τ(跨导延时)、C_{gs}(栅源电容)、C_{gd}(栅漏电容)、C_{ds}(源漏电容)、R_i(分布电阻)。

(2) 寄生元件：L_g(栅极寄生电感)、L_d(漏极寄生电感)、L_s(源极寄生电

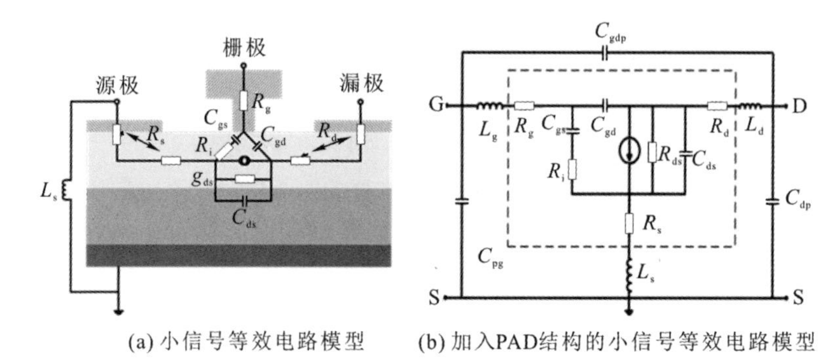

图 4－20　AlGaN/GaN HEMT 小信号等效电路模型及加入 PAD 结构的小信号等效电路模型

感)、R_g(栅极寄生电阻)、R_d(漏极寄生电阻)、R_s(源极寄生电阻)、C_{gp}(栅极寄生电容)、C_{dp}(漏极寄生电容)、C_{gdp}(栅漏极寄生电容)

本征元件中的跨导 g_m 表示输出电流随栅压的偏导数；跨导延时 τ 表示沟道电荷重新建立分布的时间，也称渡越时间；g_{ds} 表示输出电流对漏压的偏导数；C_{gs}、C_{gd} 分别表示栅源电容、栅漏电容，用来描述耗尽层电容随栅压引起的充放电行为；C_{ds} 表示漏源电容，用来描述沟道电容随漏压的充放电行为；沟道 R_i 为栅下沿沟道的分布电阻，也是由匹配端口的 S_{11} 而引入的电阻；寄生元件中的 L_g、L_d、L_s 分别表示栅极、漏极和源极的引线寄生电感，这些电感值的大小主要取决于引线的几何特征；R_g 为栅极寄生电阻，栅极寄生电阻值主要受栅形貌、栅金属电阻率以及界面电阻的影响；R_d、R_s 分别为漏极、源极的寄生电阻，源漏间距、栅宽、材料方阻以及欧姆接触都会影响 R_d、R_s 的值；C_{gp}、C_{dp}、C_{gdp} 分别为栅极寄生电容、漏极寄生电容、栅漏极寄生电容，主要取决于器件的版图结构，其中 C_{gdp} 比 C_{gp}、C_{dp} 的值小，低频下通常可忽略，高频下应当考虑。

2. 太赫兹频段氮化镓功率放大器设计

通过输入信号对晶体管的控制，太赫兹功率放大器能够将直流电源的直流功率转换为输出信号功率，因而可以用来放大输入的太赫兹信号。太赫兹功率放大器的设计过程按照如下步骤进行(如图 4－21 所示)：

步骤一：选取合适的器件，确定功率放大器的工作状态。

步骤二：通过测量及建模过程，确定器件的阻抗参数或者模型参数。

步骤三：依据功率放大器的稳定性要求、最大输出功率要求、增益要求以

及设计指标中的其他要求(如驻波要求)等，进行匹配网络的设计。匹配网络除包括微带阻抗变换线之外，还应包括偏置网络与功率合成网络。

步骤四：通过电路优化设计有源电路，包括原理图仿真和电磁仿真两部分，在设计中需要完成对版图的调整以减小面积。

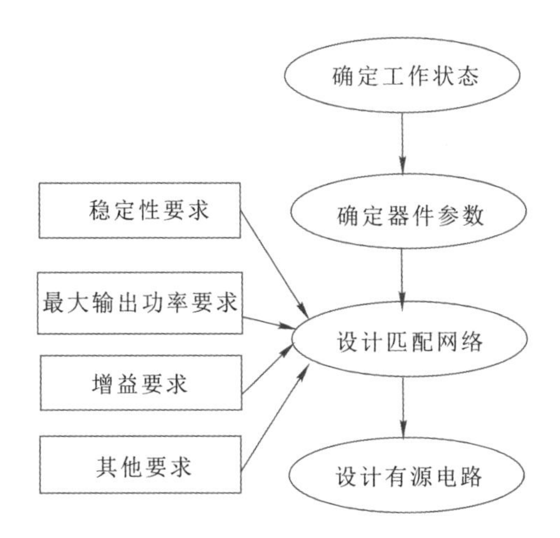

图 4－21　太赫兹功率放大器的设计过程[34]

2014 年，美国 HRL 报道了一款工作在 G 波段的 AlN/GaN MMIC 功率放大器。AlN/GaN HFET 器件的栅长为40 nm，f_T 为200 GHz，f_{max}为400 GHz，击穿电压大于40 V。如图 4－22 所示，放大器采用的器件栅宽为4×20 μm，180～200 GHz下的增益为4.5 dB，电路在漏压为8 V偏压时，180 GHz频点下可实现296 mW/mm 的饱和输出功率密度，该功能是 InP HFET 器件的 3 倍。

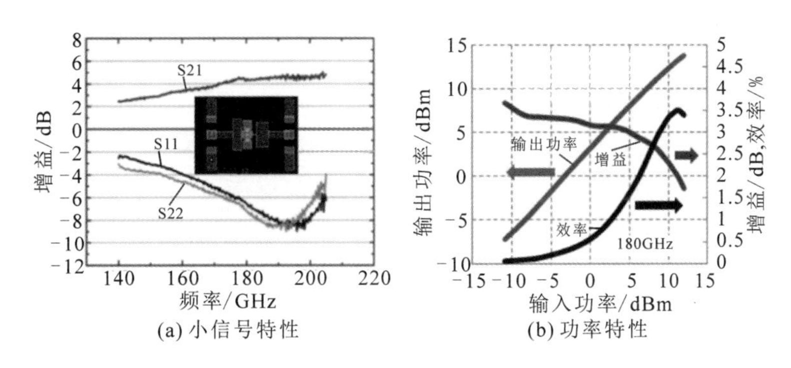

(a) 小信号特性　　(b) 功率特性

图 4－22　G 波段 AlN/GaN MMIC 功率放大器[35]

2018年，美国QuinStar公司设计研制了一款F频段(90～140 GHz)的GaN MMIC功率放大器(如图4-23所示)，该MMIC器件中采用的GaN器件的f_T、f_{max}分别为85 GHz、220 GHz，单路MMIC器件在102～118 GHz范围内的输出功率达0.9 W，采用4路合成技术，研制的F频段GaN功率放大器在102～116 GHz范围内的输出功率超过了2 W。

(a) 放大器照片

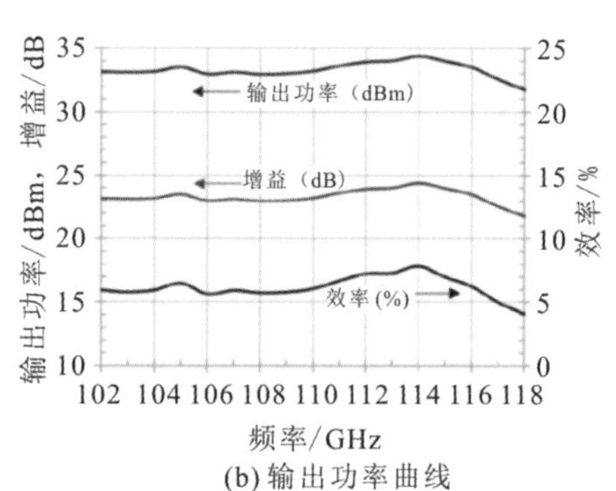

(b) 输出功率曲线

图4-23　F频段GaN MMIC功率放大器[36]

2020年，德国弗朗霍夫应用固态物理研究所首次报道了200 GHz以上的G波段宽带氮化镓功率放大器单片(如图4-24所示)，电路采用共源HEMT器件，采用10级放大结构，频率覆盖145～217 GHz，峰值输出功率接近50 mW。

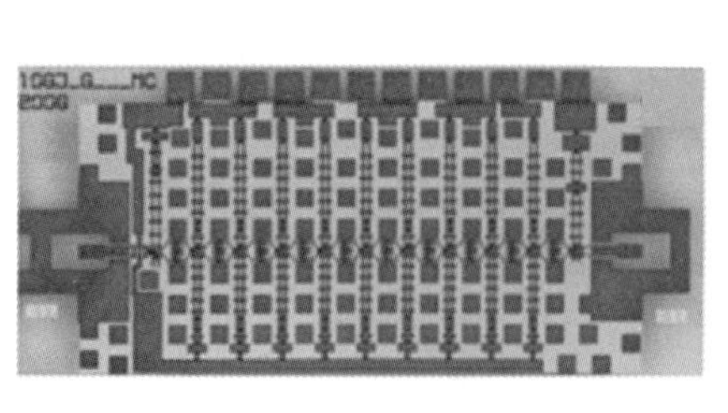

(a) 芯片照片

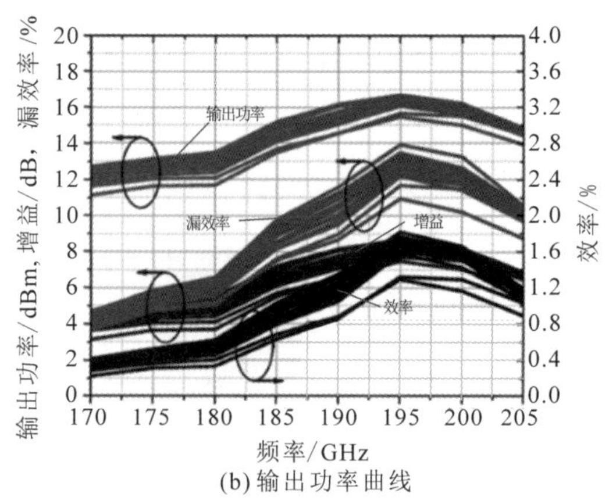

(b) 输出功率曲线

图4-24　200 GHz频段GaN功率放大器[37]

参考文献

[1] AMBACHER O, FOUTZ B, SMART J, et al. Two dimensional electron gases induced by spontaneous and piezoelectric polarization in undoped and doped AlGaN/GaN heterostructures [J]. Journal of applied physics, 2000, 87(1): 334 - 344.

[2] AMBACHER O, SMART J, SHEALY J R, et al. Two-dimensional electron gases induced by spontaneous and piezoelectric polarization charges in N- and Ga-face AlGaN/GaN heterostructures [J]. Journal of applied physics, 1999, 85(6): 3222 - 3233.

[3] RUNTON D, TRABERT B, SHEALY J, et al. History of GaN: high-power RF Gallium Nitride (GaN) from infancy to manufacturable process and beyond [J]. IEEE micro-wave magazine, 2013, 14(3): 82 - 93.

[4] TIMOTHY B. GaN-on-Silicon-Present capabilities and future directions [C]. AIP Conference Proceedings, 2018, 1934: 020001.

[5] 姜忠华. AlGaN/GaN HEMT 器件特性仿真 [D]. 成都：电子科技大学，2012.

[6] 王冲. AlGaN/GaN 异质结高电子迁移率晶体管的研制与特性分析 [D]. 西安：西安电子科技大学，2006.

[7] JARNDAL A, KOMPA G. An accurate small-signal model for AlGaN/GaN HEMT suitable for scalable large-signal model construction [J], IEEE microwave and wireless Components letters, 2006, 16(6): 333 - 335.

[8] BOUZID S, MAHER H, DEFRANCE N, et al. AlGaN/GaN HEMTs on Silicon substrate with 206-GHz F_{max}[J]. IEEE electron device letters, 2012, 34(1): 36 - 38.

[9] MENEGHINI M, MENEGHESSO G, ZANONI E. Analysis of the reliability of AlGaN/GaN HEMTs submitted to on-state stress based on electroluminescence investigation [J]. IEEE transactions on device & materials reliabilit, 2013, 13(2): 357 - 361.

[10] MA XH, Zhu JJ, LIAO X Y, et al. Quantitative characterization of interface traps in

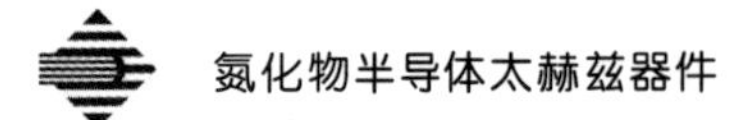

Al 2 O3/AlGaN/GaN metal-oxide-semiconductor high-electron-mobility transistors by dynamic capacitance dispersion technique, [J] Applied physics letter, 2013, 103(3): 0335101-5.

[11] STRATTON R. Diffusion of hot and cold electrons in semiconductor barriers [J]. Physical review, 1962, 126(6): 2002-2014.

[12] Blotekjr K. Transport equations for electrons in two-valley semiconductors [J]. IEEE transactions on electron devices, 1970, 17(1): 38-47.

[13] BENVENUTI A, PINTO M R, COUGHRAN W M. Evaluation of the influence of convective energy in HBTs using a fully hydrodynamic model [C]. International Electon Devices Meeting Technical Digest, 1991, Washington: 1-2.

[14] 郭宝增，张锁良，刘鑫．钎锌矿相 GaN 电子高场输运特性的 Monte-Carlo 模拟研究 [J]. 物理学报，2011, 60(6): 068701-(1)-068701-(6).

[15] CANALI C, MAJNI G, MINDER R, et al. Electron and hole drift velocity measurements in Silicon and their empirical relation to electric field and temperature [J]. IEEE transactions on electron devices, 1975, 22(11): 1045-1047.

[16] ASIFK M, BHATTARAI A, KUZNIA J N, et al. High electron mobility transistor based on a GaN-AlxGa1-xN heterojunction [J]. Applied physics letters, 1993, 63(9): 1214-1215.

[17] PALACIOS T, CHAKRABORTY A, HEIKMAN S, et al. AlGaN/GaN high electron mobility transistors with InGaN back-barriers [J], IEEE electron device letters, 2006, 27(1): 13-15.

[18] CHUNG J W, HOKE W E, CHUMBES E M, et al. AlGaNGaN HEMT with 300-GHz f_{max}[J]. IEEE electron device letters, 2010, 31(3): 195-197.

[19] LV Y J, SONG X B, GUO H Y, et al. High-frequency AlGaN/GaN HFETs with f_T/f_{max} of 149/263 GHz for D-band PA applications [J]. Electronics letters, 2016, 52(15): 1340-1342.

[20] SHINOHARA K, REGAN D C, CORRION A, et al. Deeply-scaled self-aligned-gate GaN DH-HEMTs with ultrahigh cutoff frequency [C]. IEEE Electron Devices Meeting (IEDM), 2012: 617-620.

[21] SHINOHARA K, REGAN D C, TANG Y, et al. Scaling of GaN HEMTs and schottky diodes for submillimeter-wave MMIC applications[J]. IEEE electron device letter, 2013, 60(10): 2982-2996.

[22] SCHUETTE M L, KETTERSON A, SONG B, et al. Gate-recessed integrated E/D GaN HEMT technology with f_T/f_{max} > 300 GHz [J]. IEEE electron device letters, 2013, 34(6): 741 - 743.

[23] YUE Y, HU Z, GUO J, et al. Ultrascaled InAlN/GaN High Electron Mobility Transistors with Cutoff Frequency of 400 GHz [J]. Japanese journal of applied physics, 2013, 52(8): 08JN14 -(1)- 08JN14 -(2).

[24] WANG Y G, LV Y J, SONG X B, et al. Reliability assessment of InAlN/GaN HFETs with lifetime 8.9×10^6 h [J]. IEEE electron device letters, 2017, 38(5): 604 -606.

[25] FU X C, LV Y J, ZHANG L J, et al. High-frequency InAlN/GaN HFET with f_{max} over 400 GHz [J]. Electronics letters, 2018, 54(12): 783 - 785.

[26] WANG R H, LI G W, VERMA J, et al. 220 GHz quaternary barrier InAlGaN/AlN/GaN HEMTs [J]. IEEE electron device letters, 2011, 32(9): 1215 - 1217.

[27] DENNINGHOFF D J, DASGUPTA S, BROWN D F, et al. N-polar GaN HEMTs with f_{max} > 300 GHz using high-aspect-ratio T-gate design [C]. 69th Device Research Conference, 2011: 269 - 270.

[28] 曹梦逸. 高效率和大功率氮化镓半导体放大器研究 [D]. 成都: 电子科技大学, 2013.

[29] 翟玉卫, 郑世棋, 刘岩, 等, 半导体器件用显微红外热成像技术原理及应用[J]. 计测技术, 2018, 38(66): 53 - 56.

[30] SARUA A, JI H F, KUBALL M, et al. Intregated micro-Raman/infrared thermalgrghy probe for monitoring of self-heating in AlGaN/GaN transistor structure [J]. IEEE transactions on electron devices, 2006, 53(10): 2438 - 2452.

[31] FARZANEH M, MAIZE K, LUERBEN D, et al. CCD-based thermpreflectance microscopy: Principles and applications [J]. Journal of physics: D, 2009, 42(14): 1 - 4.

[32] 高建军. 场效应晶体管射频微波建模技术[M]. 北京: 电子工业出版社, 2007.

[33] 姜霞. AlGaN/GaN HEMT 模型研究及 MMIC 功率放大器设计[D]. 天津: 河北工业大学, 2011.

[34] MATTHEW M, RADMANESH. 射频与微波电子学[M]. 顾继慧, 李鸣, 译. 北京: 电子工业出版社, 2012.

[35] MARGOMENOS A, KURDOGHLIAN A, MICOVIC M, et al. GaN Technology for E, W and G-band Applications[J]. IEEE CSICS 2014.

[36] EDMAR C, JAMES S, LANI B, et al. F-band, GaN power Amplifiers[J]. IEEE

IMS 2018.

[37] MACIEJ C, PETER B, STEFANO L, et al. First Demonstration of G-band broadband GaN power amplifier MMICs operating beyond 200 GHz [J]. IEEE IMS 2020.

第 5 章

氮化镓太赫兹直接调制器件

太赫兹直接调制泛指对传输的太赫兹波幅度、相位和波束进行直接调制和控制，对于发展太赫兹应用系统具有重要的意义和价值。将 HEMT 与耦合谐振人工微结构阵列相结合，通过控制2DEG的输运特性，可得到电控太赫兹准光阵列调制器。不仅如此，得益于2DEG的高电子迁移率，HEMT 太赫兹调相器还可具备极高的调制速率。本章将从幅度、相位和波束三个方面介绍 GaN 太赫兹直接调制器，同时也将从阵列型和片上型的分类进行介绍。

5.1 氮化镓太赫兹阵列型幅度调制器

高电子迁移率晶体管(HEMT)中的二维电子气(2DEG)拥有极高的电子迁移率，通过控制2DEG的电子输运特性，可以控制电子和自由输运载体的分布。通常，纳米结构的2DEG元件可嵌入到金属结构中以构建基于 HEMT 阵列的主动调制器件，因此，这种结构称为 HEMT 超表面。超表面上的金属结构不仅可作为电磁谐振器，而且是复合材料的一部分。通常，金属人工微结构与2DEG接触，以构成源极和漏极，控制栅极与中心连接，以确保外部信号电压能加载在2DEG上。基本机制包括两阶段：第一阶段，不存在电压，漏极和源极金属电极连接，入射的太赫兹波可以引起初始共振；第二阶段，当在两个电极之间施加偏压时，外延掺杂层中的电子被耗尽，自由输运载流子消失。此外，漏极和源极断开，这就重新构造了超表面，从而可以诱发另一个共振。因此，在外部电压控制过程中，发生了显著的模式转换，从而增强了透射和反射太赫兹波的幅度或相位调制。

2011 年，美国波士顿大学的 D. Shrekenhamer 等人首次提出了利用将 HEMT 与人工微结构阵列相结合的技术方案制备太赫兹调制器，如图 5-1(a)所示[1]，该器件将 InGaAs/GaAs HEMT 嵌套在 *LC* 谐振结构的开口缝隙处，通过栅压调节 HEMT 沟道中2DEG的浓度，控制谐振结构开口处的通断[1]。

2016 年，韩国光州科技院的研究人员制备出了一种基于 GaAs-HEMT 变容二极管的太赫兹调制器，如图 5-1(b)所示[2]，开口谐振环的中央开口处嵌套有 GaAs-HEMT，且 HEMT 采用双栅设计。与波士顿大学的 HEMT 调制器调制原理不同，该太赫兹调制器中2DEG浓度的变化不再控制谐振结构开口

处的通断，而是改变谐振结构的等效电容，从而控制器件的频移[2]。

2017年，北京大学的科研团队制备出了一种双沟道的InGaAs-HEMT太赫兹调制器，如图5-1(c)所示[3]，该调制器的基本单元结构为对称的四重开口谐振环，每一个开口处都嵌套有一个HEMT，这种独特的设计使HEMT单元被有效地整合在一起，降低了器件的工作电压[3]。

2015年，电子科技大学的张雅鑫等人首次将GaN基HEMT应用于太赫兹调制器的研究，如图5-1(d)所示[4]，该结构将InAlN/AlN/GaN/AlN/GaN双通道异质结构与具有偶极谐振特性的人工微结构嵌套在一起。该器件中的人工微结构在设计中被尽量简化，从而减小了寄生电容等参量，该太赫兹调制器首次实现了1 GHz的调制速度和85%的调制深度以及68°的相位偏移[4]。

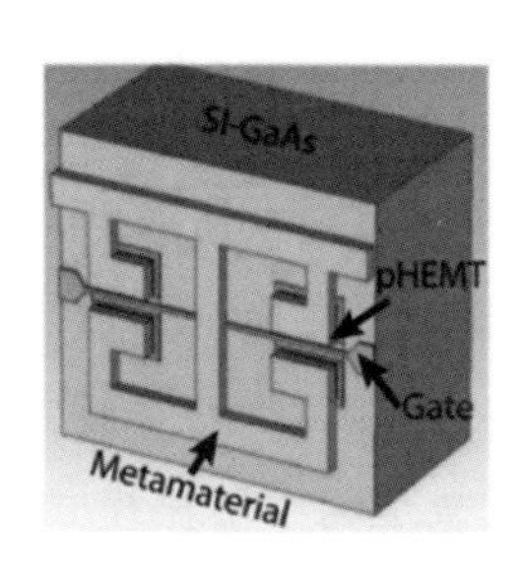

(a) GaAs-HEMT太赫兹调制器[1]

(b) GaAs-HEMT可变电容二极管太赫兹调制器[2]

(c) 双沟道InGaAs-HEMT太赫兹调制器[3]

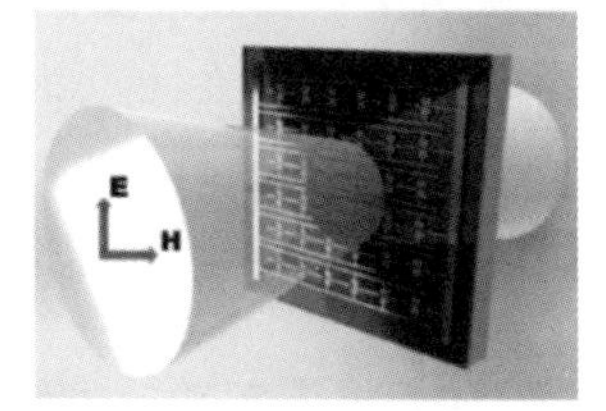

(d) GaN-HEMT太赫兹调制器[4]

图5-1　高电子迁移率晶体管太赫兹准光调制器

随着太赫兹动态器件的不断发展，基于HEMT与人工微结构阵列相结合的太赫兹幅度调制器逐渐展现出优异的性能优势。为获得更高的调制速率及更大的调制效率，太赫兹调制器的发展始终围绕着降低寄生参量这一基本要求，采用HEMT与人工微结构相结合的方式实现了控制区域的模块化分布，既可

以很好地解决调制深度问题，又可以有效降低寄生参量，提高调制速率。本文重点讨论采用 GaN-HEMT 与人工微结构相结合的技术方案来研发高速高效的太赫兹幅度调制器。

5.1.1 氮化镓太赫兹阵列型幅度调制器工作原理

电控太赫兹动态器件面临的两个主要问题分别为调制速率与调制深度。对于调制速率而言，由于限制外部调制器调制速率的主要因素之一为结构的寄生参量，因此可采用 GaN 半导体材料 HEMT 作为动态材料，通过将 HEMT 进行隔离或者刻蚀，形成一个个小型 HEMT 区域。然后利用光刻对准等操作将 HEMT 设置于人工微结构的核心位置处，从而进一步减小寄生参量的影响。目前国际上常用的太赫兹动态器件实施方案均为人工微结构与体材料相结合的方式，而 HEMT 中的二维电子气厚度只有纳米级，是一种二维平面材料。相比于体材料，二维平面材料具有更小的寄生参量与杂质散射，这对提高调制速率和降低功耗具有重要意义。另外，对于调制深度而言，嵌套 HEMT 的人工微结构具有较强的模式切换能力，可进一步提高调制器的调制深度。模式切换主要是基于二维电子气的控制去调控人工微结构中谐振模式的变化实现幅度调控，常见的模式切换主要围绕人工微结构 *LC* 谐振、偶极谐振进行，例如 *LC* 谐振到 *LC* 谐振切换，偶极谐振到 *LC* 谐振切换，偶极谐振到偶极谐振切换，当然也有其他的谐振模式参与。但是在太赫兹调制器中因为复杂的模式会带来额外的寄生，*LC* 谐振和偶极谐振因为谐振结构简单，所以寄生低，常被用于高速幅度调制。

1. *LC*－*LC* 模式切换调制器

LC－*LC* 模式切换调制器是一种基于不同 *LC* 振荡模式切换的太赫兹调制器。其设计思路是将不同谐振频点的 *LC* 振荡回路融合到一个谐振单元中，再将 HEMT 嵌入到谐振单元的结构敏感区域(通常为人工微结构的电容开口处)，最后经过结构设计与优化，将源漏电极与栅极馈电同人工微结构良好地结合在一起，其具体结构如图 5－2 所示。图中金色区域为人工微结构。绿色区域为源漏欧姆接触，粉红色细线为栅极馈线。暗红色区域为 GaN 外延层，黄色区域为 SiC 衬底。该人工微结构为对称结构，包括三个开口电容以及若干谐振回路。

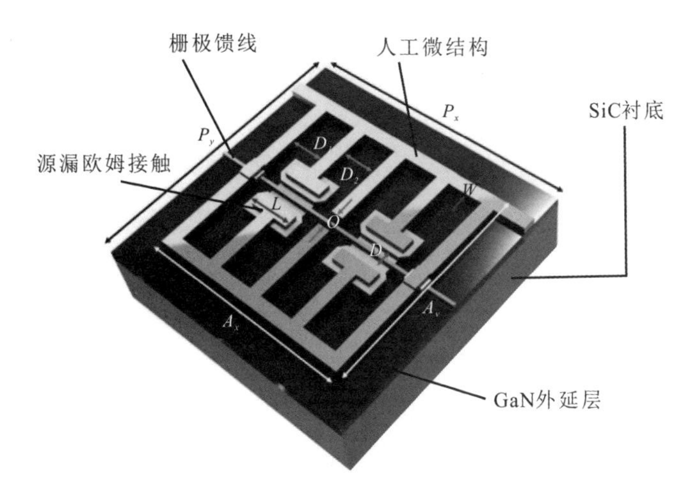

图 5-2　*LC*-*LC* 模式切换调制器结构示意图

LC 谐振模式切换透射系数图和场分布、表面电流图如图 5-3所示。从图 5-3(a)所示的透射频率曲线上可以看出，在 0.35 THz附近，随着载流子浓度的减小，透射率不断降低。对于耗尽型 HEMT，载流子浓度的降低对应于负电压的持续增大。而在0.64 THz处，透射率随着载流子浓度的减小持续增加，同样对应于负电压的增大。总体来看，随着载流子浓度的降低，其谐振频点从0.64 THz转换为0.34 THz，说明该器件可能具备一定的频率调制功能。

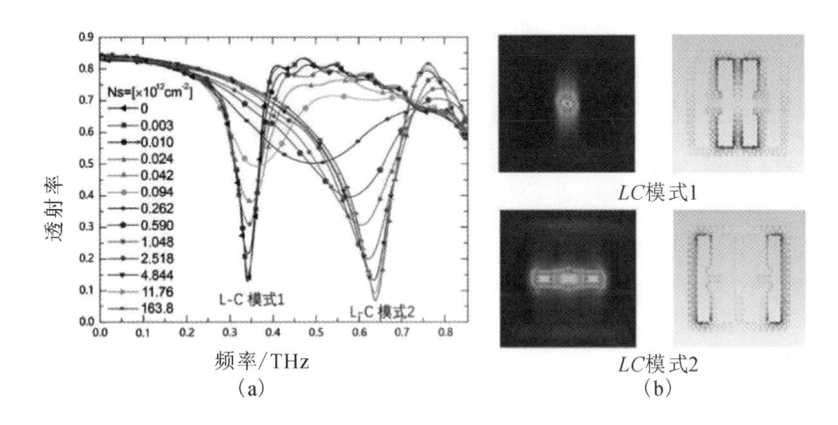

图 5-3　*LC* 谐振模式切换透射系数图和场分布、表面电流图

从图5-3(b)两组谐振模式场分布和表面电流图可以看到，当栅极未加电压时，左右电容开口处的HEMT沟道内存在着高浓度二维电子气，晶体管可被认为是导通状态，表面电流可以从开口处流过。从而在结构中间形成经典的金属开口谐振环。从电场分布图上来看，电场主要集中于中央开口处，表明该振荡模式由人工微结构中间谐振环构成。对于0.34 THz谐振频率点，该频点对应着加电状态，此时沟道内二维电子气耗尽，晶体管断开。其表面电流以左右两开口为等效电容构成谐振回路。同样地，其电场分布集中于左右两开口电容处。与0.64 THz相比，该谐振频点明显降低。虽然两者的谐振回路大小相近，但是在此状态下的电容片长度明显增大，导致等效电容增大，当电容 C 增大时，对应频率 f 减小，从而可以得出随着电压增大频率出现移动这一现象。由此也可以看到，谐振频率变化会使幅度出现变化，由此可实现幅度调制。

2. 偶极-*LC* 谐振模式切换调制器

前面介绍了 *LC*-*LC* 模式切换调制器结构。然后我们试想设计一种偶极振荡与 *LC* 振荡模式相互切换的混合模式结构。其实现方案为：在 *LC*-*LC* 模式切换结构基础上，通过将中央 *LC* 开口谐振环改为偶极振荡环，进而实现偶极振荡与 *LC* 振荡之间的自由切换，其结构如图5-4所示。

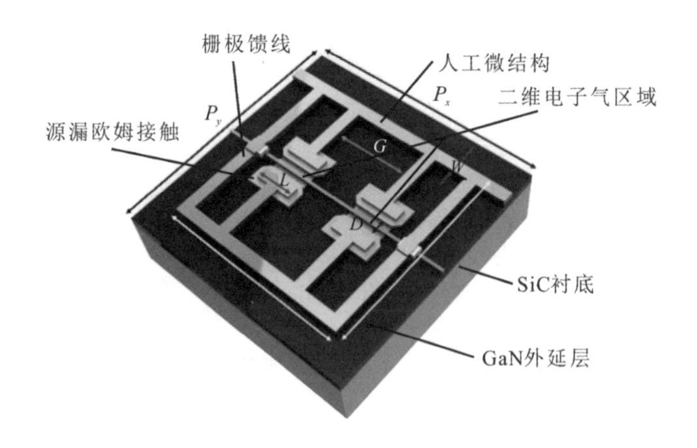

图5-4 偶极-*LC* 模式切换调制器结构示意图

图中金色区域同样为人工微结构，绿色区域为源漏欧姆接触，红色细线为栅极馈线，天蓝色区域为二维电子气存在的区域，暗红色和黄色部分分别为GaN外延层和SiC衬底。该人工微结构同样是对称结构，包含两个开口电容与

若干谐振回路。与图5-2相比，两种调制器结构的主要区别为该结构减少了中间开口电容。二维电子气同样设置在左右开口电容处，可以在栅极控制下，改变晶体管的通断。而在栅极与人工微结构交叉的位置，需采用空气桥技术或介质桥技术将栅极与源漏馈电分开，从而避免短路。

对应于较高的载流子浓度，此时谐振频率点位于0.87 THz，如图5-5(a)所示，而随着电压的增大，二维电子气中的载流子浓度逐渐降低，此时0.87 THz处的透射率逐渐增大，0.34 THz处的透射率逐渐降低。其谐振频率点也从0.87 THz变为0.34 THz。其模式切换原理是在未加电压状态下，二维电子气中的载流子浓度较高，晶体管处于导通状态。此时电场分布于人工微结构的上下两部分。其表面电流可以从电容开口处流过并整体呈现出上下来回振荡趋势，如图5-5(b)图下所示。这是一种典型的等效集体偶极子振荡效应。而随着电压的增大，载流子浓度逐渐降低，当晶体管断开时，形成左右对称分布的*LC*振荡模式。此时电场主要集中于开口电容处，表面电流在开口处断开，形成对开口电容的充放电过程，如图5-5(b)图上所示。由于在0.87 THz处的谐振是一种偶极振荡(这是一种很强的辐射振荡模式)，因此该谐振峰带宽很宽，*Q*值很低，谐振强度较高。另外由于偶极振荡回路相比于*LC*振荡回路较短，因此其具有较高的谐振频率。

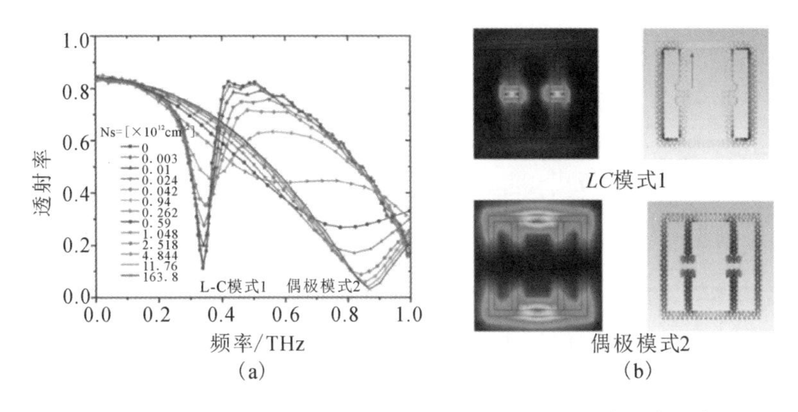

图5-5　偶极-*LC*模式切换调制器透射系数图和场分布、表面电流图

3. 偶极-偶极谐振模式切换调制器

前面所述的 $LC-LC$ 模式切换调制器和偶极-LC 模式切换调制器在加工制备中都需要介质桥技术来将栅极馈线与源漏电极分开。复杂的工艺可能会给器件制备带来成品率低、一致性差等不确定因素，甚至可能会影响器件的整体性能。目前国际上关于太赫兹电控调制器普遍存在的一大难题在于馈线。如何在既不影响人工微结构的谐振又具备加工可行性的前提下实现源漏布线与栅极布线，已成为该类调制器亟待解决的主要问题。本书接下来介绍长短偶极子之间的转换来实现不同偶极振荡模式切换的太赫兹动态器件，可为解决电控调制器馈电问题提供很好的解决方案，其单元结构如图 5-6 所示[5]。

图 5-6　偶极-偶极谐振模式切换调制器单元结构[5]

该结构单元主要分为三部分：一部分为金色的人工微结构；另一部分为白色与鲜红色区域的 HEMT，其中白色区域为源漏欧姆接触，鲜红色区域为 HEMT 沟道；最后是暗红色区域与黄色部分的衬底材料，其中暗红色区域为 HEMT 外延层，黄色部分为衬底。中间鲜红色区域上方的细金属线为 HEMT 的栅极，利用不同的电压，它可以控制晶体管的通断。本文所采用的 HEMT 为耗尽型晶体管，所以当栅极未加电压时，上下金属电容片处于导通状态，此时上下两部分 I 型结构构成一个整体。而当栅极加有负压时，大的 I 型结构断开，形成两个小的 I 型结构独立振荡。

偶极-偶极谐振模式切换调制器透射系数图和场分布、表面电流图如图 5-7所示。当栅极未加负压时，其透射频谱如图 5-7(a) 中黑色虚线所示。谐振频率点在0.18 THz。随着电压的增加，沟道内等效载流子浓度降低，人工微

结构在0.18 THz处的谐振逐渐减弱。与此同时，0.352 THz处的谐振不断增强。当载流子浓度约为 $0.09\times10^{12}\ cm^{-2}$时，曲线变化趋于饱和，如图中红线所示。然而在实际情况下，源漏欧姆接触存在一定的欧姆接触电阻和沟道电阻，因此源漏之间很难达到理想导通状态。其实际导通状态如图中绿线所示，此时的载流子浓度 N_s 约为 $4.85\times10^{12}\ cm^{-2}$。最后得到理想状态下的调制深度约为 91%，实际情况下约为 88%。在未加电状态下，HEMT 沟道中存在着高浓度的二维电子气，上下两部分金属结构处于导通状态，整个金属结构构成一个整体并在外场激励下进行振荡。而在加电状态下，电场在上下两金属杆的分布减弱，在开口处的电场增强。表面电流分布呈现出明显的断开状态，在上下两部分金属杆上形成独立振荡。其产生的原因在于，在外加电场作用下，HEMT 内的二维电子气逐渐耗尽，上下两部分金属不再导通，两部分结构在外加电场作用下独立振荡。此时，其谐振频点明显变高，从0.18 THz提高为0.352 THz，这是由于较短的偶极子具有较高的振荡频率。而开口导通状态下的偶极子较长，因此振荡频率较低。

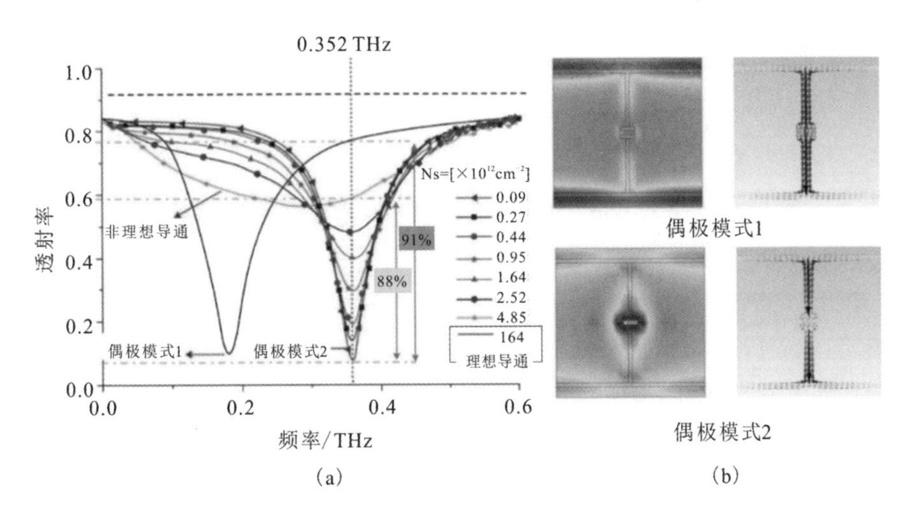

图 5-7　偶极-偶极谐振模式切换调制器透射系数图和场分布、表面电流图

4. 谐振态切换调制器

在谐振模式转换的过程中，单元之间往往会产生大量的寄生模式。因此，普通的人工微结构阵列无法有效抑制寄生模式的产生。新型 HEMT 人工微结

构复合超表面的结构阵列是一个统一的整体，不再具有传统意义上的人工微结构单元。因此，谐振模式不再局限在人工微结构单元内部，而是扩散到整个超表面结构中，形成一种谐振态。谐振态可有效抑制人工微结构阵列中寄生模式的形成，从而显著提高太赫兹幅度调制器的整体性能。

谐振态 GaN - HEMT 动态超表面太赫兹幅度调制器的设计如图 5 - 8 所示，金属人工微结构是一种交错式的网状结构，HEMT 被有规律地嵌入到网状结构上呈错位分布。该 HEMT 金属人工微结构复合超表面中没有独立的人工微结构单元，整个人工微结构为统一的整体，不再是普通的阵列分布。超表面中所有 HEMT 的源极和漏极短接，栅极加载负压调控2DEG的浓度。

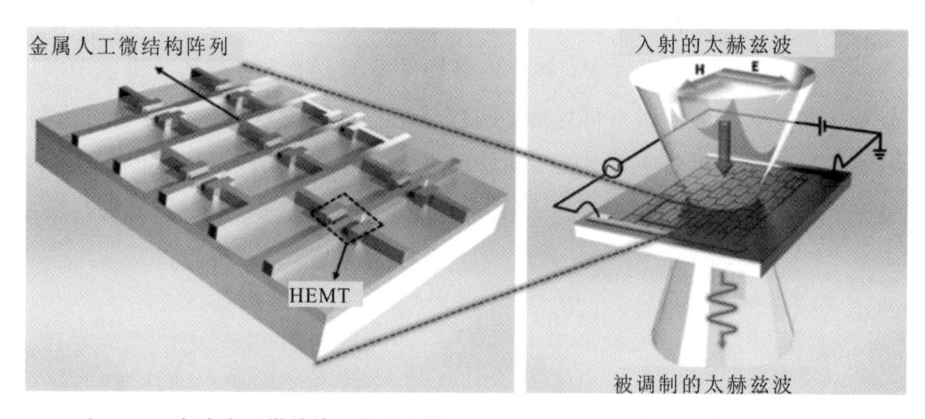

(a) HEMT复合人工微结构三维示意图　　(b) 调制器工作原理示意图

图 5 - 8　谐振态 GaN - HEMT 动态超表面太赫兹幅度调制器的设计

在该结构中当栅控区的2DEG耗尽时，源极和漏极之间的导电通道消失。如图 5 - 9(a)所示，此时 HEMT 源漏电极之间没有连续的电流。入射太赫兹波在垂直方向上引起相邻 HEMT 间不连续的 Z 形表面电流，如图 5 - 9(b)所示，每一个振荡的 Z 形电流可等效为一个微结构单元，每一个独立的单元就是微结构的基本谐振单元。在这种情况下，栅控区的2DEG沟道便成为相邻单元的边界。此时超表面的谐振频率取决于单个单元的谐振特性，因此这种谐振模式称为超表面的独立态。

随着外加栅压的减小，2DEG沟道导通，如图 5 - 9(c)所示，HEMT 的源漏电极之间产生了连续的电流。此时，原本独立的单元彼此连接在一起，超表

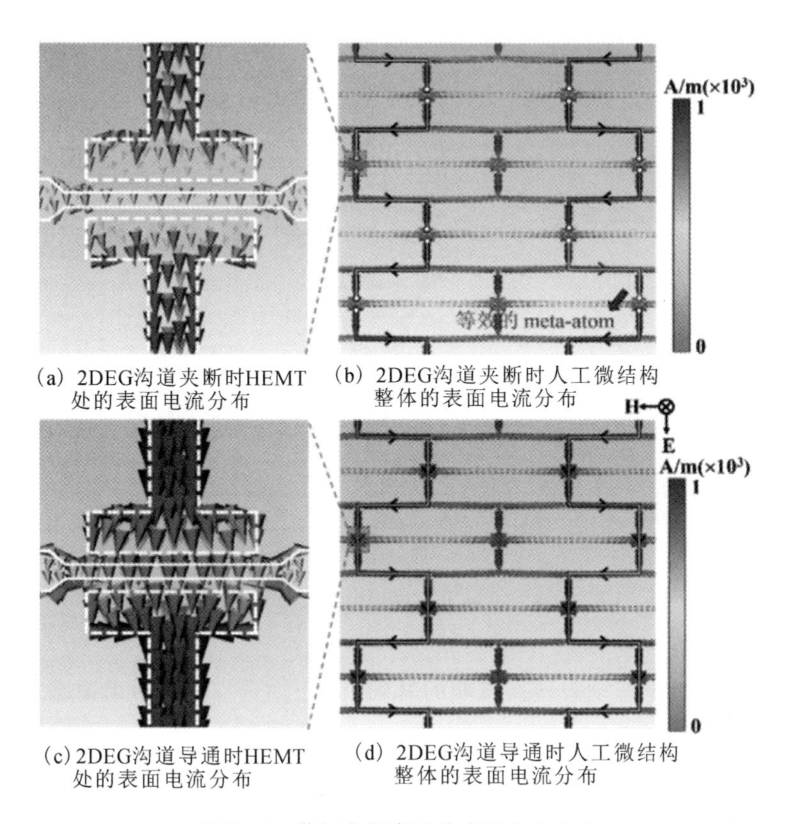

(a) 2DEG沟道夹断时HEMT处的表面电流分布　(b) 2DEG沟道夹断时人工微结构整体的表面电流分布

(c) 2DEG沟道导通时HEMT处的表面电流分布　(d) 2DEG沟道导通时人工微结构整体的表面电流分布

图 5-9　谐振态超表面的表面电流分布

面的谐振模式转变为一个整体的偶极子振荡，如图 5-9(d)所示，周期性的 S 形表面电流在整个网状结构中往复振荡。这种谐振来源于单元的集体化，是所有单元成为统一的整体后的振荡形式，因此称为超表面的集体谐振态。

因此，在上述动态超表面中，HEMT 作为相邻单元边界的开关，可以控制相邻 Meta-atom 的聚合。通过调节栅极偏压，可以将单元在空间上进行组合或分离，从而实现超表面独立态与集体态的转换。实际上，谐振态的转换本质上依然是谐振模式的转换。但在传统的超表面结构中，模式转换仅仅依赖于独立的人工微结构单元，而在上述人工微结构中，模式转换依赖于超表面的重构，这也是将上述谐振模式称为谐振态的原因。

幅度色散曲线随载流子浓度变化的仿真结果如图 5-10 所示，从图中可以看出，谐振态的转换可以在0.35 THz处实现 94%的调制效率，独立态时的谐振频点位于0.34 THz附近。需要注意的是，由于在模拟中采用的是无限周期性边界条件，因此集体态的谐振频率无限接近0。

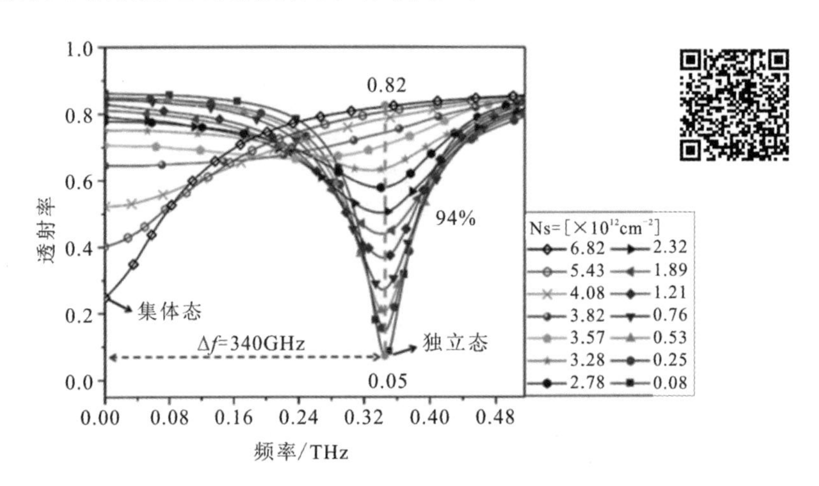

图 5-10　幅度色散曲线随载流子浓度变化的仿真结果

在说明了谐振态动态转换机制的基础上，下面进一步分析谐振态对超表面结构中寄生模式的抑制作用。

图 5-11(a)和图 5-11(b)分别展示了添加栅极模型后，在2DEG沟道导通和夹断两种情况下，HEMT 的电场分布。在集体态下，由于连续而强烈的表面电流流经整个网状结构，因此超表面的任何地方都不会产生电荷的堆积。集体态时超表面的电场分布如图 5-11(c)所示，整个人工微结构的电场分布都十分微弱，且强度几乎不随电流的振荡而变化。独立态时超表面的电场分布如图 5-11(d)所示，连续的表面电流被栅控区的2DEG通道切断，由入射太赫兹波的电场所感应出的电势使电荷大量堆积在源漏金属电极上。因此，栅极下方的2DEG沟道处产生强烈的电场，且电场随着电荷的充放电过程而剧烈波动。可以发现，在独立态与集体态相互转换的过程中，电场的强烈变化仅仅出现在HEMT 的源漏间隙处，而在超表面其他部位的电场要微弱得多，且强度无明显变化，这一现象说明人工微结构中不存在明显的寄生模式。

通过将错位式网状人工微结构的电场分布与普通人工微结构阵列的电场分布进行对比，可以更好地分析寄生模式的产生原因。图 5-12 展示的是由一种哑铃状人工微结构单元周期性排列形成的超表面的电场分布图。该超表面的

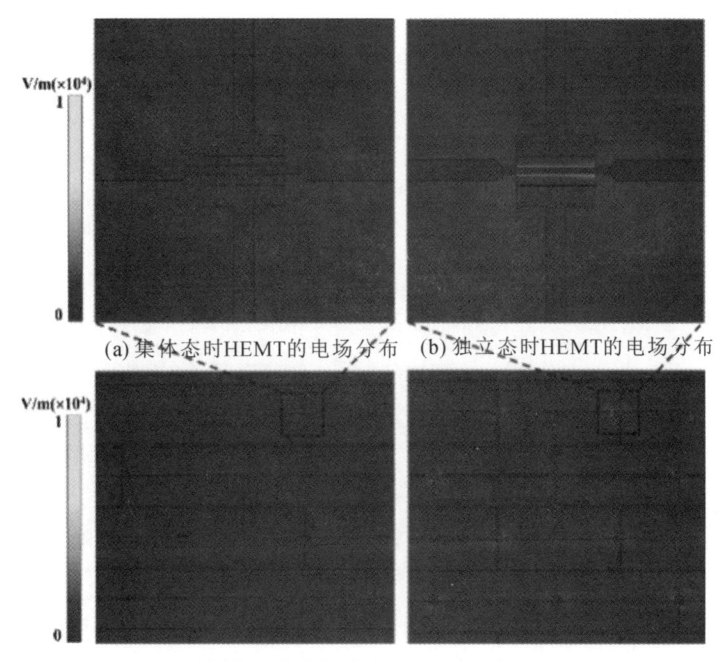

(a) 集体态时HEMT的电场分布　(b) 独立态时HEMT的电场分布

(c) 集体态时超表面的电场分布　(d) 独立态时超表面的电场分布

图 5－11　电场分布的仿真结果

HEMT 被嵌入在哑铃结构的中心位置[1]，如图 5－12(a)所示，当2DEG沟道导通时，人工微结构单元内被激励起偶极子谐振模式，表面电流沿哑铃结构的中央竖杆往复振荡。如图 5－12(b)所示，当2DEG沟道夹断时，哑铃结构被分割为上下两部分，表面电流也被一分为二。由于表面电流被限制在单元结构内部，大量的感应电荷积聚在哑铃结构两端的金属横杆上，图 5－12(c)和图 5－12(d)分别是2DEG沟道导通和夹断时的电场分布，可以发现人工微结构间出现明显的寄生模式。

实际上，与哑铃状人工微结构阵列类似，普通人工微结构阵列的谐振模式都被限制在了结构单元内部，这往往会导致超表面中寄生模式的产生。而错位式网状人工微结构的谐振模式脱离了传统结构单元的束缚，形成了以整个超表面为变化单元的谐振态转换机制，有效抑制了寄生模式的形成。

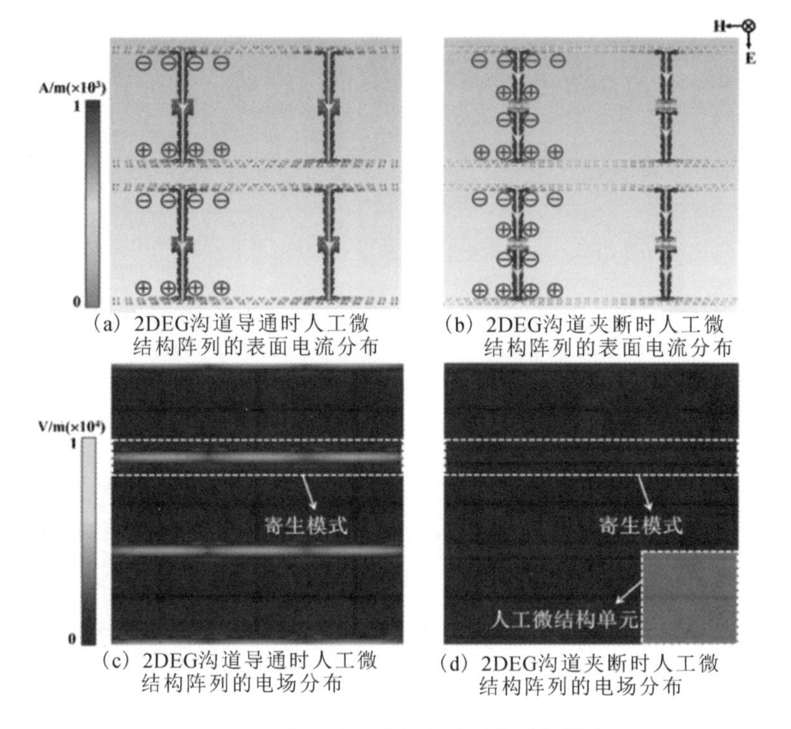

图 5-12　普通人工微结构阵列的谐振模式

5.1.2　氮化镓太赫兹阵列型幅度调制器制备

由于太赫兹波波长很短，因此采用亚波长尺寸的人工微结构很难通过机械加工来完成。随着半导体与微电子技术的不断发展，如今微细加工工艺在科研与生产领域得到了广泛应用。对于基于半导体材料的微细加工而言，光刻技术是整个加工过程中的核心技术。光刻技术是基于光学-化学反应的原理，利用化学、物理刻蚀的方法将图形从掩膜版传递到晶体表面或介质层上，形成有效的图形窗或功能图形的工艺技术。如今的光刻已经从常规光学技术(如深紫外(UV)光刻)发展到了电子束、X射线、微离子束以及激光等新领域，所用波长也已经从4000 Å扩展到0.1 Å，极大地提高了微细加工精度。

调制器芯片制备流程如图 5-13 所示。除了500 nm栅极需要电子束曝光，其余结构均可通过接触式光刻实现。整个加工过程需要进行多次套刻。

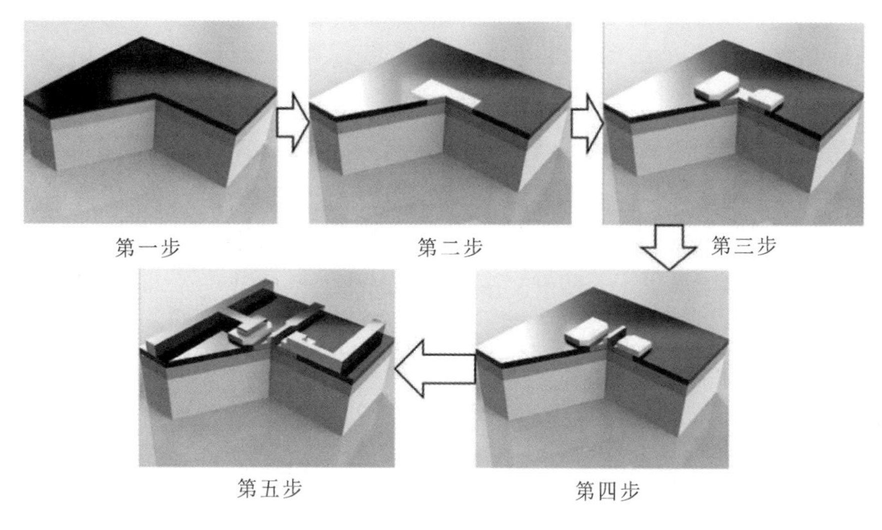

图 5－13　调制器芯片制备流程示意图

第一步，为了去除基片表面油渍以及金属离子等其他杂质，降低杂质对器件性能的影响，采用标准的 HEMT 清洗工艺。首先将基片分别放置于丙酮和乙醇溶液中，通过超声和加热等方式清洗表面有机物；然后将基片经过热酸液处理，去除表面金属离子；最后用大量的去离子水冲洗表面。

第二步，通常对于 AlGaN/GaN 器件的隔离是通过干法刻蚀台面实现的。常用的干法刻蚀方法有感应耦合等离子体刻蚀(ICP)和反应离子刻蚀(RIE)等。但干法刻蚀的缺点在于，台阶的引入会对整体结构造成影响，如金属断裂、缓冲层漏电等，此外还会引入较大的寄生电容，影响器件的整体工作性能。而近几年来广泛采用的离子注入隔离不仅简化了工艺，同时还增强了器件的平面化设计，降低了台阶的引入造成的不利影响。这里采用 B^+ 离子注入隔离的方法进行有源区隔离，实现了很高的隔离区阻值。

第三步，采用电子束蒸发和快速退火形成欧姆接触。首先将欧姆接触光刻之后的样品放置于 $HCl:H_2O=1:10$ 的溶液中漂洗 1 分钟以去除表面氧化层，并立即将其移入 EI-5Z 镀膜设备中蒸发 Ti/Al/Ni/Au (20 nm/160 nm/70 nm/100 nm)多层金属，之后在 900℃氮气环境中进行30 s快速热退火处理，最终经过剥离形成源漏欧姆接触。该欧姆接触的主要作用在于，在未加电压状态下，耗尽型的 HEMT 源漏处于导通状态，可将上下两个 I 型结构连成一个整体进行振荡。

第四步，由于所采用的栅极尺寸为500 nm，普通的接触式光刻很难实现如此高的精度。这里采用电子束曝光的方法进行栅极曝光。之后选用 Ni/Au (50 nm/200 nm)作为器件的栅极金属层，经过剥离之后形成栅极的肖特基接触。

第五步，经过套刻将人工微结构与栅极以及源漏欧姆接触精确对准。之后通过镀金、剥离等工艺形成人工微结构阵列。人工微结构同时也作为源漏电极的馈线与外电路相接。而栅极也通过栅极连接线统一与外部电路相接，从而方便调制信号加载，图 5-14 给出了调制器实际加工样品图。

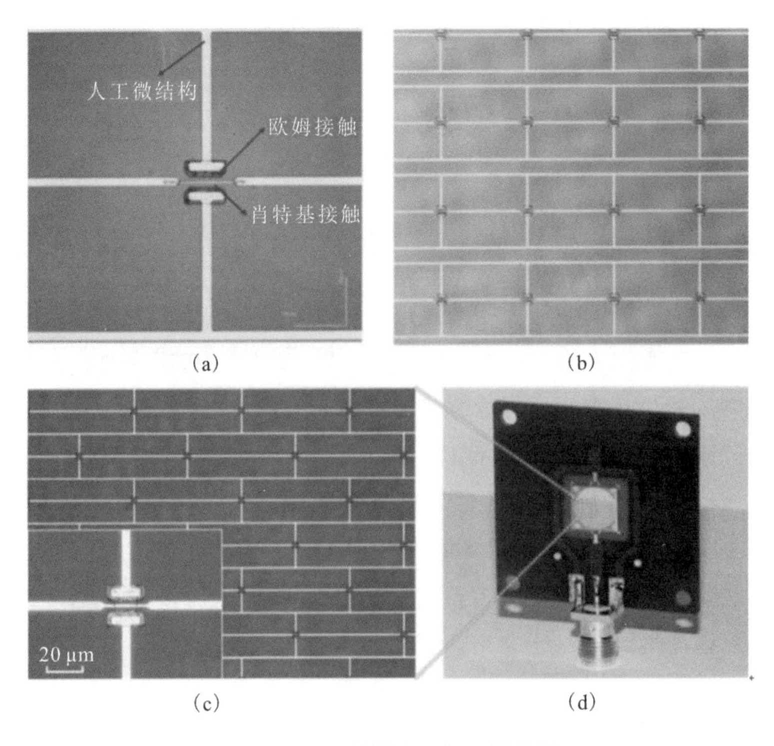

图 5-14　调制器实际加工样品图

5.2　氮化镓太赫兹相位调制器

目前太赫兹准光相位调制器在太赫兹雷达、通信上有很大的需求，因此太

赫兹准光相位调制器依然是研究的重点，其主要目标是提高相移量，增大相位调制效率。克莱默-克朗尼格关系（K－K 关系）揭示了幅度色散曲线和相位色散曲线的内在联系，因此改变人工微结构阵列的幅度传输特性可控制太赫兹波在传输过程中的相位变化。结合 K－K 关系，可以制作出一种具有耦合谐振模式的人工微结构，这种全新的谐振模式具有的谐振增强效应可有效提高太赫兹波传输过程中的相位跳变量。通过将耦合谐振人工微结构阵列与高电子迁移率晶体管有机结合在一起，可实现电激励下 130°以上的动态相位调控。

5.2.1　克莱默-克朗尼格关系概述

克莱默-克朗尼格关系描述的是响应函数中实部与虚部之间的关系。最早由克莱默和克朗尼格两人共同提出。1928 年，他们首次给出了介电函数和复折射率的实部与虚部间的色散关系式，并将其成功地应用于 X 射线的色散关系中[6]。之后这种关系式便以两人的名字命名，即 Kramers－Kronig（K－K）关系。在实际应用中，K－K 关系能够用于很多方面。例如，电化学中的复阻抗实部和虚部之间的关系，超声波的传播，电网中信号的传输，等等，这些问题都涉及因果性，即一个稳定的系统在受到外界的作用或者干扰的情况下，会对此做出响应，最后达到稳定状态，当前的稳定状态只和之前的作用有关，与在这之后的作用无关。

K－K 关系本质上描述的是具有因果性的响应函数的实部和虚部之间的联系。物理材料的折射率、复介电常数、电磁波的传输系数、反射系数等都属于因果性响应函数。K－K 关系表明了因果性线性响应函数的实部和虚部并不是孤立的，而存在某种对应规律。响应函数 $G(\omega)$ 可以表示如下的频域形式[7]：

$$G(\omega) = G'(\omega) + \mathrm{i}G''(\omega) \tag{5-1}$$

式中：$G'(\omega)$和 $G''(\omega)$分别为响应函数的实部和虚部，可以分别写成如下形式：

$$\begin{aligned} G'(\omega) &= \frac{2}{\pi}P\int_0^{\infty} \frac{\omega' G''(\omega')}{\omega'^2 - \omega^2}\mathrm{d}\omega' \\ G''(\omega) &= -\frac{2\omega}{\pi}P\int_0^{\infty} \frac{G'(\omega')}{\omega'^2 - \omega^2}\mathrm{d}\omega' \end{aligned} \tag{5-2}$$

式中：P 为相应的柯西主值，ω 表示角频率，ω'表示其相应的积分变量。

为了探索实部与虚部间的具体对应关系，首先对响应函数 $G(\omega)$ 进行对数运算，可以得到：

$$\ln G(\omega) = \ln|G(\omega)| + i\angle G(\omega) \tag{5-3}$$

通过推导可得 $\angle G(\omega)$ 与 $\frac{dM}{dv}$ 成正比例，进一步可得 $\angle G(\omega) \propto \frac{d\ln|G|}{d\ln\omega}$

综上可知，响应函数的虚部与实部的导数成正比例。事实上，K－K 关系可以更全面地概括为：响应函数的实部与虚部作为函数的两个分量，某一分量的色散曲线中对频率的微分极大值处，对应另一分量色散曲线上的峰。反之，某一分量的色散曲线中对频率的微商极小值处，对应另一分量色散曲线上的谷[8]。因此，通过 K－K 关系，我们可以分析传输系数的实部与虚部，也就是幅度与相位间的关系，从而找到实现相移量增大的理论突破口。

早在 2009 年，H. T. Chen 等人就提出了第一款太赫兹准光相位调制器，其单元结构结构模型如图 5－15(a)所示，并指出：K－K 关系表明了传输系数中幅度和相位之间并不是彼此孤立的，而是具有强烈的频率依赖关系，即相位与幅度对频率的导数成正比[9]。如图 5－15(b)所示，他们还结合动态的实验结果得出：相位变化最大的频点处对应的幅度变化最小(灰色实线处)，而幅度色散曲线的斜率在该频点处最大，反之亦然(灰色虚线处)。

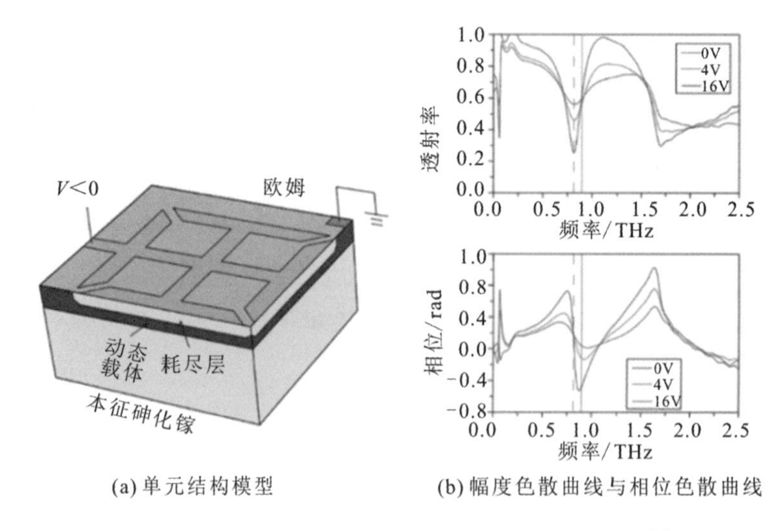

(a) 单元结构模型　　(b) 幅度色散曲线与相位色散曲线

图 5－15　H. T. Chen 提出的太赫兹准光相位调制器[9]

接下来通过一种简单的 Fano 谐振结构(见图 5－16(a))更直观地分析相位色散曲线与幅度色散曲线间的对应关系。由于幅度与相位可以分别看作传输系数的实部和虚部，由 K－K 关系可知，幅度色散曲线的谷(谐振峰)对应相位色散曲线的微分极大值处，如图 5－16(b)中 a 点与 b 点相对应；而相位色散曲线的谷(b'点)与峰(b''点)分别对应于幅度色散曲线的微分极小值(a'点)与微分极大值(a''点)处。因此，在每一个幅度谐振峰处都存在一个相位跳变，相位跳变量就是 b'点与 b''点间的相位差。不同的谐振结构拥有不同的谐振特性，将产生不同的谐振峰，对应着不同的相位跳变。因此，设计实现具有谐振增强效果的新型人工微结构对于增大相位跳变量，进而提高调相器的相移量具有重要意义。

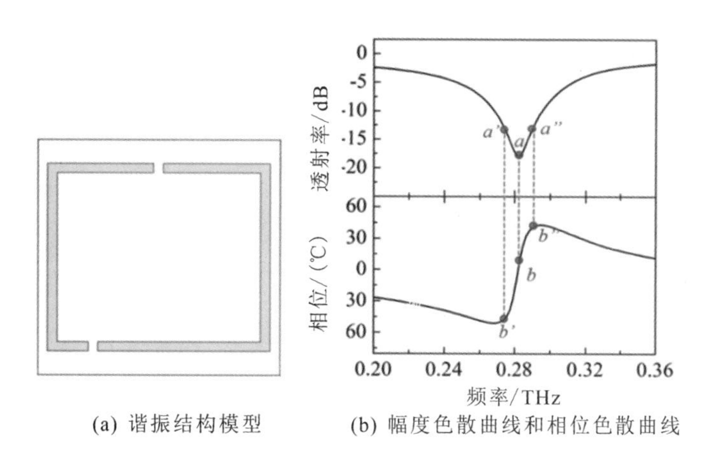

(a) 谐振结构模型　　(b) 幅度色散曲线和相位色散曲线

图 5－16　一种 Fano 谐振结构幅度色散曲线和相位色散曲线

5.2.2　人工微结构谐振强度和相位跳变关系

如 5.2.1 节叙述，谐振强度和相位满足 K－K 关系，本节以谐振强度和跳变相位的具体联系进行说明。在圆形开口环谐振结构(CSRR)中被诱导产生的为典型的 LC 谐振模式。电场集中于开口缝隙处，而表面电流以开口缝隙处为中心，沿着金属结构往复振荡。独立的金属线是一种偶极谐振结构(DR)，表面电流沿着金属线往复振荡，因而电场集中在金属线的两端。

将 CSRR 和 DR 组合在一起形成复合谐振结构(RWCR)时，上述两种谐振模式相互耦合，形成一种具有 LC 谐振和偶极子谐振特性的新型混合谐振模

式。如图 5-17(a)所示，混合谐振模式的电场同时集中在开口缝隙处及中央金属线的两端，因此，其电场分布就是 CSRR 与 DR 电场分布的叠加。混合谐振模式的表面电流有三种不同的路径，如图 5-17(b)所示。电流路径① 展现的是一种典型的 *LC* 振荡模式，这与 CSRR 中的表面电流完全相同。电流路径②展现的是一种典型的偶极子振荡模式，且与 DR 中的表面电流完全相同。电流路径③ 展现的是一种类偶极子振荡，是一种衍生谐振模式。由上述分析可知，该复合谐振结构所拥有的混合谐振模式完美地保留了 *LC* 谐振和偶极子谐振的谐振特性，*LC* 谐振和偶极子谐振耦合在了一起同时存在。

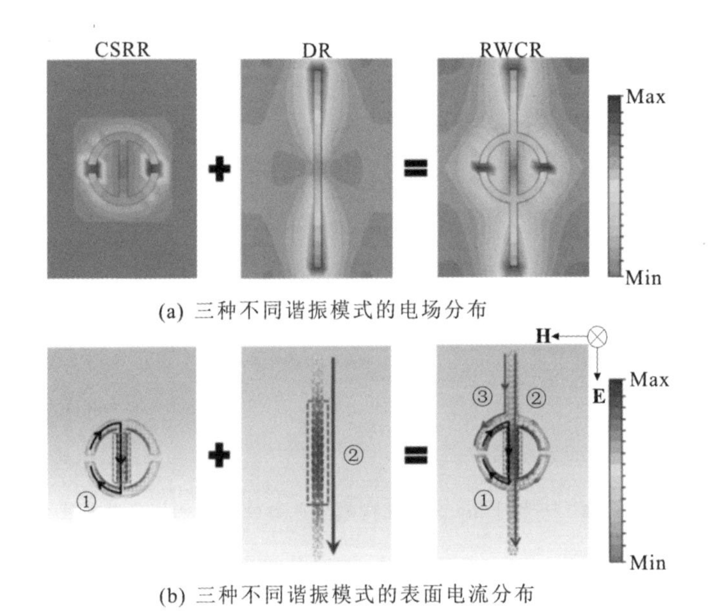

(a) 三种不同谐振模式的电场分布

(b) 三种不同谐振模式的表面电流分布

图 5-17　耦合谐振模式的形成

耦合谐振模式拥有比 *LC* 谐振和偶极子谐振更强的谐振强度。不同谐振结构的幅度色散曲线和相位色散曲线如图5-18所示，CSRR 的 *LC* 谐振模式造成的谐振峰值为−15 dB，DR 的偶极子谐振模式造成的谐振峰值为−28 dB，而耦合谐振模式造成的谐振峰值高达−57 dB。由于耦合谐振模式的谐振增强作用，人工微结构在谐振频点处对太赫兹波的吸收和反射更为强烈，因此谐振频点处传输系数的幅度

大幅降低。更为重要的是，通过对比可以发现，谐振强度越强，其对应的谐振频点处的相位跳变量就越大。耦合谐振模式的谐振增强效应导致了179°的相位跳变，远远高于 *LC* 谐振和偶极子谐振产生的相位跳变量。

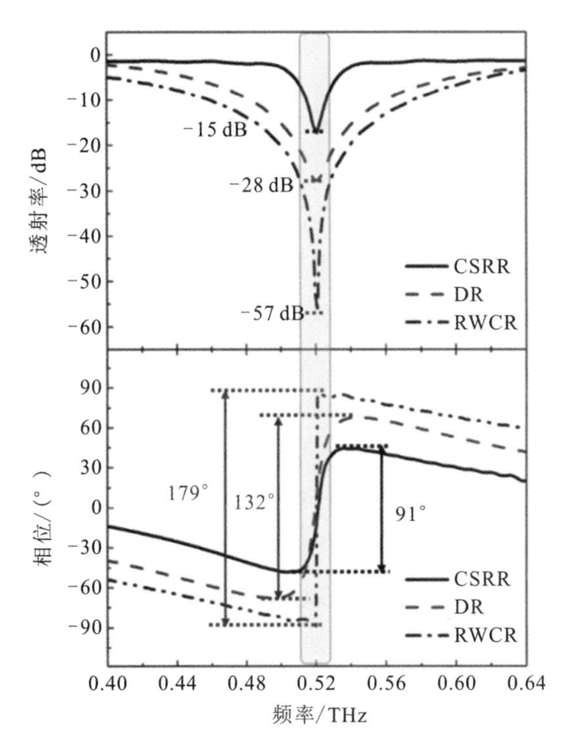

图 5-18　不同谐振结构的幅度色散曲线和相位色散曲线

5.2.3　基于谐振耦合的 GaN-HEMT 相位调制器

5.2.2 节描述了谐振强度越强跳变越大，本节介绍耦合谐振人工微结构的相位调制器。HEMT 被嵌套在谐振环的开口缝隙处，HEMT 的源极、漏极与人工微结构相互叠加成为一体。人工微结构的中央竖直长杆从中间断开，使得栅线可以横穿过谐振环的中央对 HEMT 进行调控。图 5-19 展示了 HEMT 电控太赫兹相位调制器模型[10]。人工微结构阵列中所有 HEMT 的源极和漏极由阵列边缘的总电极短接在一起，而所有 HEMT 的栅极经栅极连接线汇总到阵列另一侧的总电极处。通过阵列边缘两侧的总电极对 HEMT 施加外部偏

(a) 人工微结构单元三维模型图

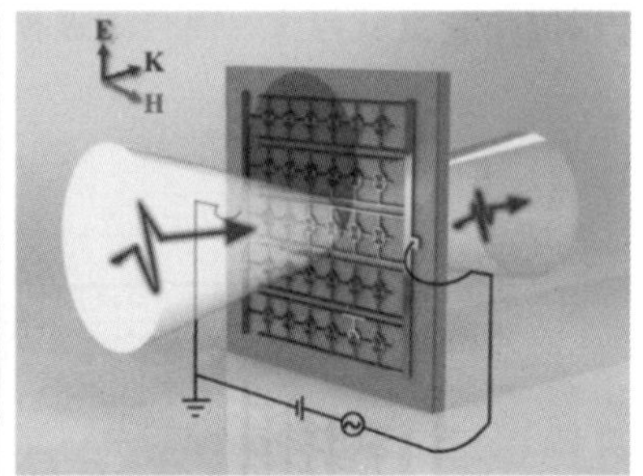

(b)调制器工作原理示意图

图 5-19 电控太赫兹相位调制器模型图[10]

压，调控2DEG的输运特性，改变人工微结构阵列中的谐振模式，从而对入射的太赫兹波进行调制。

由于外加栅压为负压，栅极处的肖特基势垒一直处于反向截止的状态，因此 HEMT 内不会产生直流电流，因而外加直流电压不会对太赫兹波诱导产生的高频电场和电流产生影响，不同 2DEG 浓度时耦合谐振人工微结构的电场及表面电流分布如图 5-20 所示。在初始状态下，外界电压未加载到 HEMT 上，此时2DEG拥有极高的载流子浓度，如图 5-20(a)所示，开口谐振环缝隙处的金属电极经2DEG导电沟道连通。入射的太赫兹波在人工微结构中诱导起一种耦合谐振模式。其中谐振环内侧的表面电流为典型的 *LC* 振荡(图中紫色电流路径)，谐振环外侧与上下金属竖杆上的表面电流为典型的偶极子振荡(图中蓝色电流路径)。*LC* 谐振与偶极子谐振耦合共存。电场分布主要集中在人工微结构的上下两端。当外部电压加载到栅极上时，2DEG中的载流子浓度逐渐降低，源极和漏极间的沟道电阻增加，谐振环开口缝隙处两侧的金属电极开始分离。如图 5-20 (b)所示，随着2DEG损耗的增大，谐振模式逐渐发生转换，人工微结构上下两端的电场强度开始减弱，而开口缝隙处出现了较强的电场分布。随着外加栅压的逐渐增大，2DEG中载流子的浓度进一步降低，人工微结构的重构完成，人工微结构中的耦合谐振模式发生了明显的变化。如图5-20(c)所示，当载流子浓度仅为 $2\times10^5\,\mathrm{cm}^{-2}$ 时，2DEG沟道被彻底夹断，人工微结构被分割为上下两部分。此时，谐振环缝隙处的电场强度明显增大，*LC* 振荡消失，谐振

模式变为偶极子谐振与类偶极子谐振的耦合振荡。

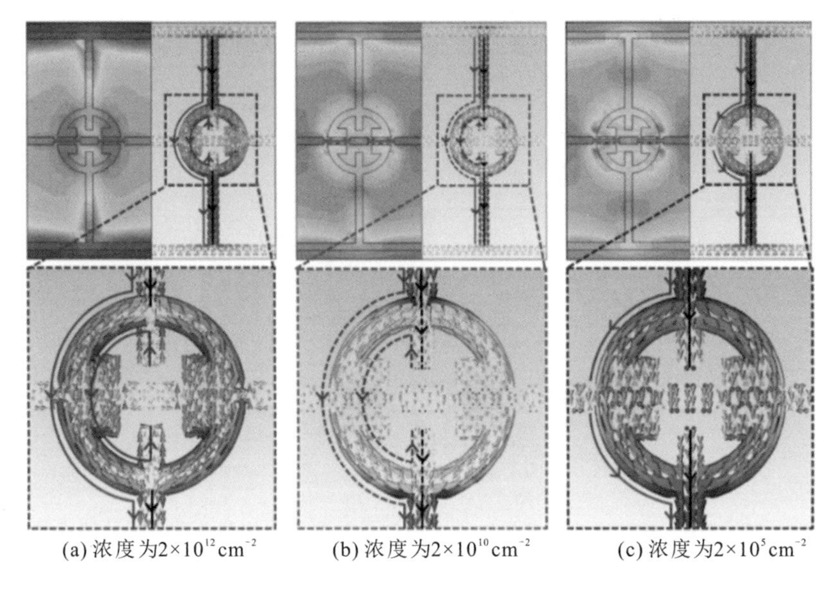

(a) 浓度为2×10^{12} cm^{-2}　(b) 浓度为2×10^{10} cm^{-2}　(c) 浓度为2×10^{5} cm^{-2}

图 5-20　不同2DEG浓度时耦合谐振人工微结构的电场及表面电流分布图

上述模式转换的过程可产生极大的相移。图 5-21 展示了2DEG载流子浓度变化过程中幅度色散曲线和相位色散曲线的仿真结果。在初始状态下，谐振频率约为0.3 THz，谐振频点处的幅度为−61 dB；当2DEG浓度减小时，耦合谐振模式被破坏，谐振强度减弱，相移跳变减小。当2DEG被逐渐耗尽时，谐振模式发生转变，新的耦合谐振模式形成，谐振频率蓝移至0.42 THz，耦合谐振模式的谐振增强效应使谐振频点处的幅度变为−68 dB。两种耦合谐振模式都产生了接近 π 的相位跳变，在模式转换的过程中，产生了 150°以上的相移。

与幅度调制器加工步骤一致，可以通过设计加工出相位调制器。

加工完成的芯片还需装配在 PCB 板上，从而完成调制器的制备。加工制备的 HEMT 电控太赫兹相位调制器芯片及电子显微镜照片如图 5-22 所示，芯片通过烘涂导电胶固定在 PCB 板的中央开口处，以方便入射太赫兹波的传输。PCB 板的边缘处设置有四个安装孔，使调制器便于在测试系统中进行装配。PCB 板上还设置有两个测试过地孔，用于对芯片的装配效果进行测试。

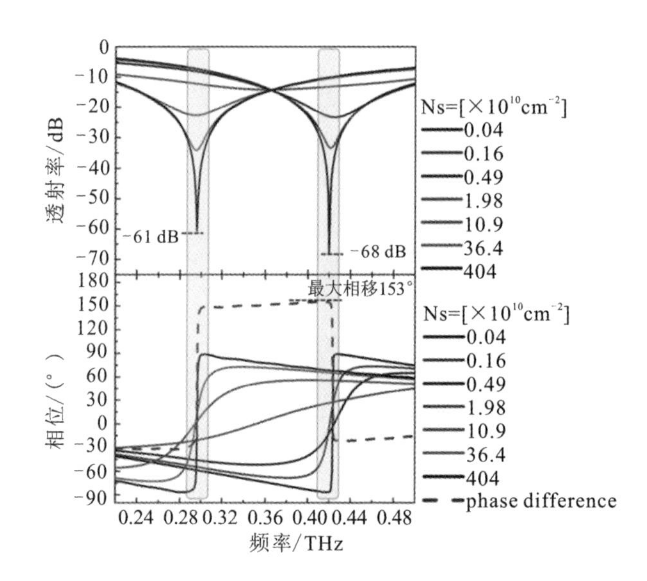

图 5-21　2DEG载流子浓度变化过程中幅度色散曲线和相位色散曲线的仿真结果

HEMT 电控太赫兹相位调制器芯片的封装如图 5-23 所示，键合金丝使芯片上的总电极与 PCB 板上的电路形成电气连接，SMA 焊接在 PCB 板的共面波导传输线(CPW)上，外加调制信号可经 SMA 施加到芯片内部的 HEMT 阵列上。

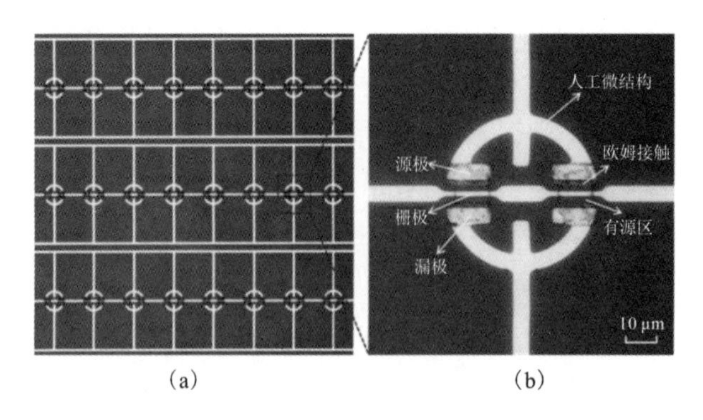

图 5-22　加工制备的 HEMT 电控太赫兹相位调制器芯片及电子显微镜照片

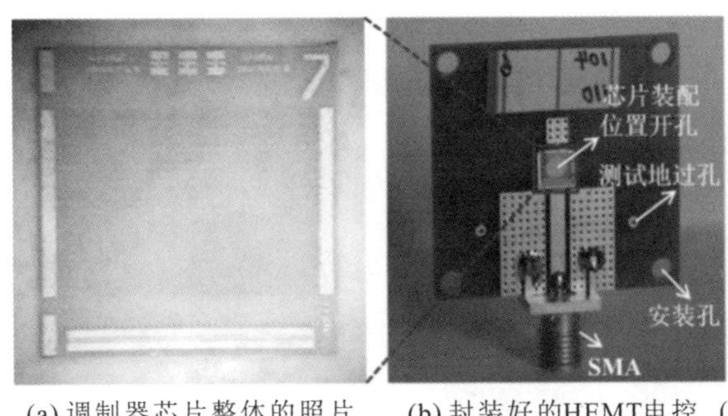

(a) 调制器芯片整体的照片　(b) 封装好的HEMT电控太赫兹相位调制器　(c) 键合金丝的光学显微镜照片

图 5－23　HEMT 电控太赫兹相位调制器芯片的封装

5.3　太赫兹波前调制器

太赫兹多像元波前调制器是太赫兹直接调制技术在太赫兹成像领域的重要研究方向。调制器中的每一个像元相互独立且在不同的偏压下载流子的浓度不同，导致透过太赫兹波的能量发生变化，改变了太赫兹波的幅度，从而能够通过电压控制设计出我们所需要的太赫兹波前。之前的成像系统中所采用的调制器属于掩膜版，每次采样完成后需要更换编码不一样的掩膜版以实现第二次采样，通过这样重复更换不同的编码盘完成整个采样过程，整个过程属于机械慢动作调制，导致采样速率极低。且掩膜版调制器是由对太赫兹波具有高透性的 PCB 板为基板组成的，基板上的每个像元处透过部分不敷铜，不需要透过的部分就敷铜，通过这样的方式实现编码过程。但是由于制作 PCB 板的工艺水平的限制，成像时像元周围出现衍射现象，且成像的分辨率也比较低。因此，这种掩膜版并不适用于太赫兹实时成像系统中。

2009 年美国洛斯阿拉莫斯国家实验室的 H. T. Chen 等人在其提出的砷化镓基太赫兹准光调制器的基础上，与美国莱斯大学的研究团队共同研发了一款拥有 4×4 亚单元结构的太赫兹多像元波前调制器[11]。如图 5－24 所示，该调制器拥有 16 个由外加偏压独立控制的亚单元区域，每个亚单元区域包含 2500 个谐振环结构[12]。图 5－24 展示了阵列中部两个亚单元结构关断时，调制器阵列在 0.36 THz 处的传输成像结果。初步验证了通过太赫兹多像元波前调制器

进行单像素成像的可行性。

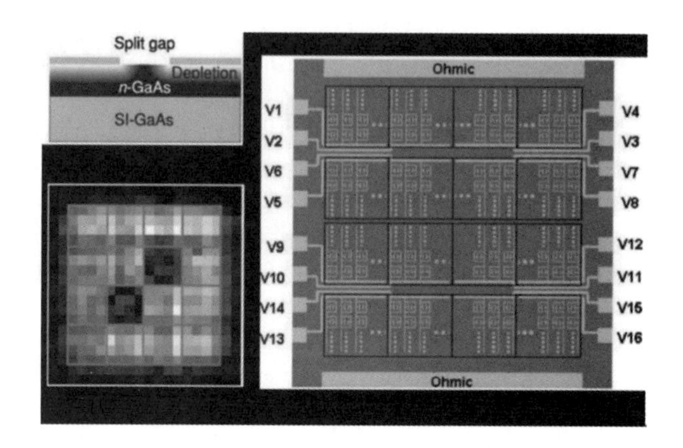

图 5-24 砷化镓基太赫兹多像元波前调制器[12]

2013 年，美国波士顿大学的 W. J. Padilla 等人也提出了一款基于掺杂砷化镓基底的太赫兹多像元波前调制器[13]，器件的亚单元阵列扩大到了 10×10，谐振单元变为偶极谐振结。2014 年，该团队又提出了一款基于液晶薄膜的太赫兹多像元波前调制器[14]，如图 5-25 所示，该器件的阵列规模为 6×6，每个亚单元区域的尺寸为480 μm×466 μm。金属谐振结构上覆盖有液晶薄膜，金属谐振结构与金属底板之间通过介质层隔开。该器件为一款反射式太赫兹多像元波前调制器，实验中单个亚单元区域的调制深度可达 75%。

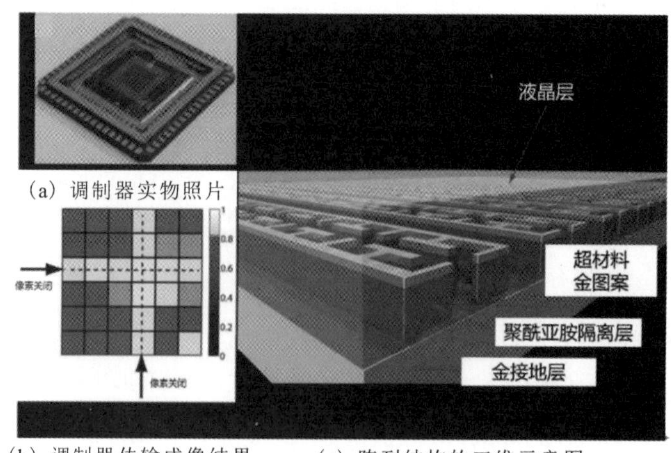

(a) 调制器实物照片

(b) 调制器传输成像结果　　(c) 阵列结构的三维示意图

图 5-25 液晶薄膜太赫兹多像元波前调制器[14]

这里介绍一个拥有 4×4 亚单元阵列结构的 GaN-HEMT 太赫兹多像元波前调制器，每个亚单元阵列作为调制器的一个像元，外部 FPGA 板卡可控制 16 个像元对太赫兹波的开关作用。图 5－26 展示了调制芯片掩膜版图。如图 5－26 (a)所示，人工微结构基本单元采用的是哑铃形结构。由于多像元波前调制器的超表面尺寸较大，人工微结构阵列中的金属线条较长，为了防止在微细加工时出现金属线断裂的情况，哑铃形结构的上下两端金属线宽度被加粗到了 38 μm，单元结构的横向周期和纵向周期都为360 μm，纵向长度为240 μm，HEMT 的栅长和源漏间距分别扩大到了3 μm和10 μm。图 5－26 (b)所示调制芯片整体掩膜版图中展示了像元阵列的分布以及电路的设置。人工微结构基本单元以 19×19 的阵列形式构成一个亚单元结构，每个亚单元结构构成调制器的一个像元阵列。芯片中共包含 16 个像元阵列，单个像元阵列的尺寸为 0.5 cm×0.5 cm，芯片的整体尺寸为2.5 cm×2.5 cm，芯片的边缘一共设置有 20 个电极 Pad，每个 Pad 的尺寸为100 μm×200 μm。其中 16 个 Pad 连接各个像元阵列的栅极总电极，图中用相应的标号加以说明。芯片的左右两部分分别设置有两条源漏电极总线，连接芯片上下两端的接地 Pad。这种电路设计避免了芯片内部各总线之间出现交错分布，而交错分布需要用空气桥或介质桥工艺进行电气隔离，这无疑会增大加工难度和制备成本。

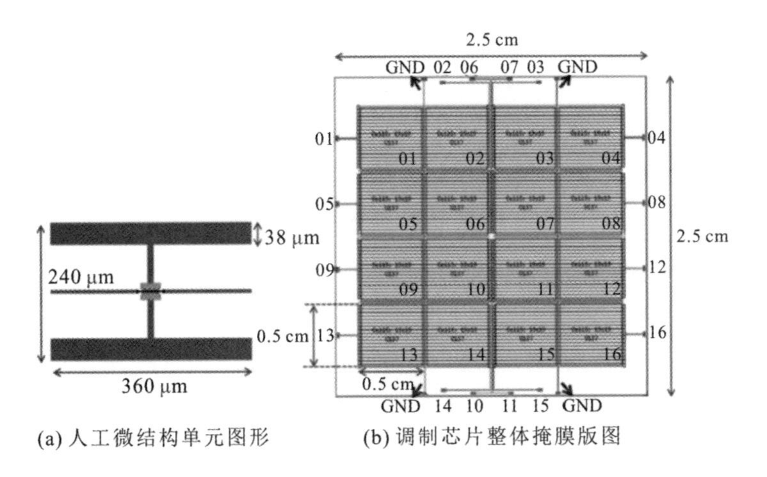

(a) 人工微结构单元图形　　(b) 调制芯片整体掩膜版图

图 5－26　太赫兹多像元波前调制芯片掩膜版图

图 5－27 所示为封装好的 GaN 太赫兹多像元波前调制器照片。图

5－27（a）所示为芯片电极与PCB板电路间的键合金丝以及HEMT人工微结构阵列中源漏电极总线区域。加工完成的芯片通过烘涂凝胶固定在PCB的中央开口处，芯片上的电极Pad通过键合金丝与PCB板上的电路相连，芯片上16个像元阵列的栅极总电极分别连接到16个排针上，源漏总电极则与PCB板的接地板相连，图5－27（b）为封装后的太赫兹多像元波前调制器。

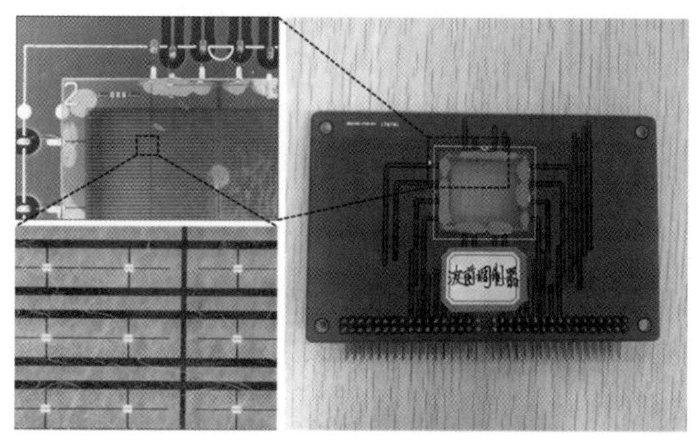

(a) 亚单元阵列结构的显微镜照片 (b) 封装在PCB板上的太赫兹多像元波前调制器

图5－27　封装好的GaN太赫兹多像元波前调制器

芯片中的16个像元是通过外部FPGA控制模块进行编码调控的。调制器的FPGA控制模块如图5－28所示。图5－28（a）所示为FPGA板卡的全貌，板卡由外加12 V直流电压供电，编码指令由串口输入到FPGA控制芯片中，FPGA控制芯片外接16路偏压控制电路，可独立控制每一路脉冲信号的输出。如图5－28（b）所示，PCB板上的排针插入FPGA板卡的插槽上完成调制芯片与控制模块间的组装。

为了测试该调制器的多像元调控能力，可通过0.22 THz的固态倍频收发链路，采用机械扫描的方法，测试不同像元编码下调制器对入射太赫兹波的调控效果。测试系统的现场图片如图5－29所示，发散的波束经过1号离轴抛物镜后形成平行光照射到2号离轴抛物镜的镜面上，汇聚后的波束在镜面的焦点处形成直径约为3 mm的太赫兹光斑，调制器被放置于镜面焦点处，太赫兹光斑恰好汇聚在芯片上。接收端的太赫兹探测器对太赫兹波的功率具有线性响应特性，可将接收到的太赫兹波的功率转换成电流信号输出，连接探测器的电流表将

(a) FPGA控制板卡

(b) 调制芯片的PCB板与FPGA
板卡的组装

图 5-28　调制器的 FPGA 控制模块

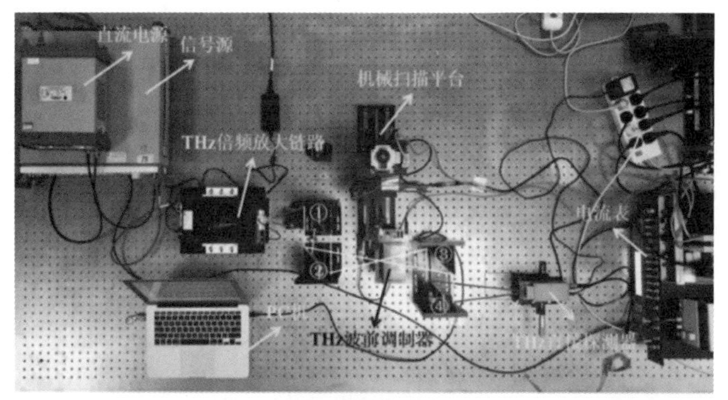

(a) 测试系统的整体图片

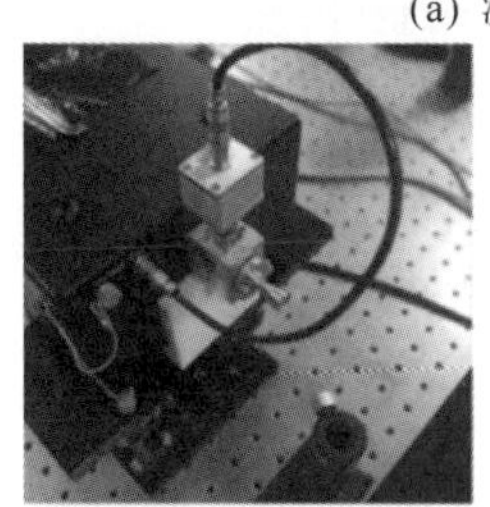
(b) 测试系统中的
太赫兹固态源

(c) 固定在电动三相位
移台上的多像元调制器

(d) 测试系统中的
太赫兹直接探测器

图 5-29　测试系统的现场图片

测出的电流值发送给电脑进行记录。多像元调制器被安装在电动三相位移台上，实验中，位移台以1 mm的步长逐渐移动，使太赫兹光斑扫描过整个像元阵列。这

样就可以使整个光路固定保持不变，避免了因光路抖动而产生的测量误差。

当 FPGA 板卡不输出脉冲信号时，像元处于导通状态；当 FPGA 板卡输出脉冲信号时，相应的像元阵列对入射的太赫兹波产生反射，此时像元处于关断状态。图 5－30 所示为太赫兹多像元处于不同状态时太赫兹波在整个芯片上的透射情况。如图 5－30 (a)所示，当所有像元都处于导通状态时，太赫兹波可以穿过每一个像元阵列。值得注意的是，太赫兹波在芯片边缘像元(01～04、05、08、09、12、13～16 号像元)上的透射率要低于芯片中央像元(06、07、10、11 号像元)的透射率。这是因为照射在像元上的太赫兹光斑的直径为3 mm，其大小已非常接近单个像元阵列的边长(5 mm)，当光斑扫描到外围像元的边缘时，一部分太赫兹波不可避免地会照射在芯片外侧的 PCB 板上，从而被 PCB 板的金属底板反射，致使太赫兹探测器接收到的信号功率降低。造成上述现象的主要原因是光路中太赫兹光斑较大，探测精度不够。如图 5－30(b)所示，当所有像元都处于关断状态时，太赫兹波的透射率发生了极大的变化。对比图 5－30 (a)和图 5－30 (b)可以发现，像元阵列对太赫兹波具有良好的开关效果，其中 09、11、12、14、15 号像元的开关比最高，其在关断状态下，太赫兹波几乎无法透过，而其他像元在关断状态下仍有少量太赫兹波可以透过，因此不同的像元对太赫兹波的调制效果存在差别，造成这种不一致的原因主要为两个方面：一方面可能是 SiC 衬底在生长的过程中并不均匀，致使太赫兹波在芯片不同区域的透射率本身就存在区别；另一方面则是在超表面制备的过程中，芯片的某些区域被杂质污染，这也会影响像元的调制效果。

如图 5－30 (c)所示，当仅有 15 号像元关断时，太赫兹波无法穿过该像元阵列，相比于像元全部导通时的状态，15 号像元处形成了一个透射“空洞”。但仔细观察测试结果可以发现，15 号像元的关断还对附近的像元产生了一定的影响，即 14、11、16 号像元的太赫兹波透射率也随着 15 号像元的关断而减小，相邻像元间的调制似乎发生了串扰。对位于芯片中央部分的像元进行调制时，这种串扰现象更为明显。如图 5－30 (d)所示，当仅关断 6 号像元时，其周围的 8 个像元(01－03、05、07、09－11 号像元)都受到了不同程度的影响，透射率发生了下降。图 5－30(e)和图 5－30 (f)所示同时关断两个像元的测试结果。如图5－30 (e)所示，6 号和 15 号像元被同时关断，由于这两个像元相距较远，此时整个芯片的透射结果就

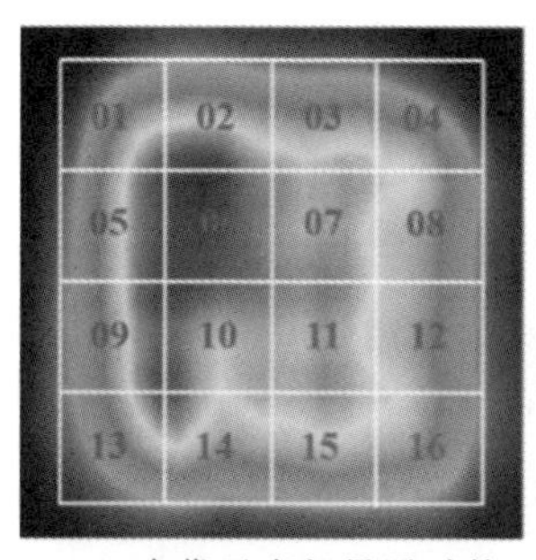

(a) 16个像元全部导通时的测试结果

(b) 6号像元关断时的测试结果

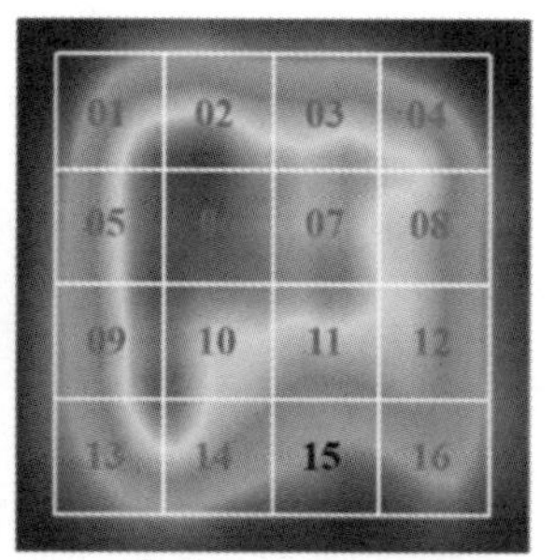

(c) 16个像元全部关断时的测试结果

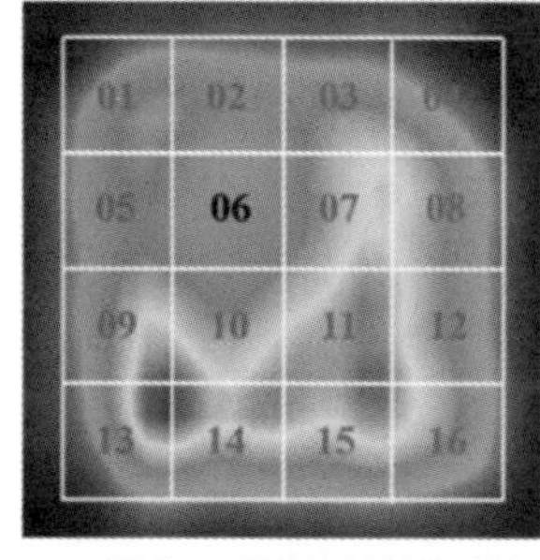

(d) 6号像元关断时的测试结果

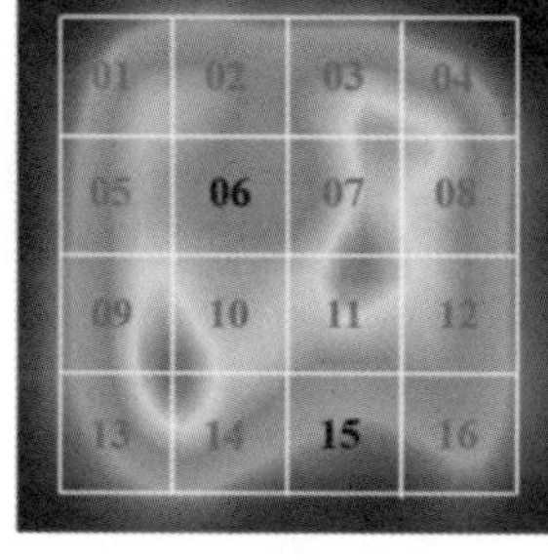

(e) 6号和15号像元关断时的测试结果

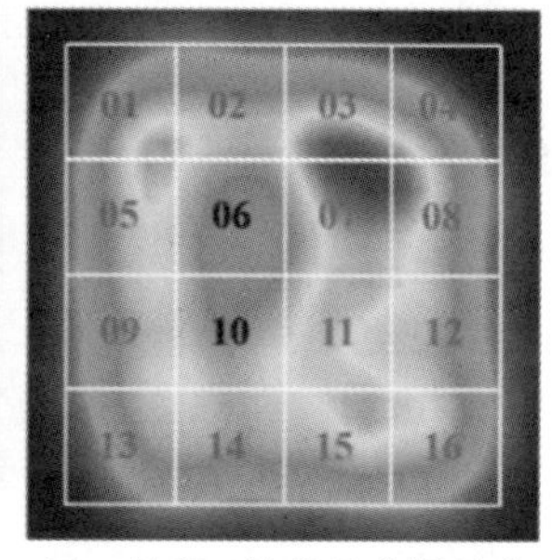

(f) 6号和10号像元关断时的测试结果

图 5-30　太赫兹多像元波前调制器的测试结果

是这两个像元被单独关断时透射结果的叠加。如图 5-30(f)所示，6 号和 10 号像元被同时关断，由于这两个像元彼此相邻，10 号像元的关断也对 6 号附近的像元产生了串扰影响，对比图5-30(d)和图 5-30(f)可以发现，01、02、03、05、07 号像元在这两种调制情况下的透射率发生了较为明显的变化。

5.4　GaN 动态梯度表面太赫兹波束扫描动态器件

5.4.1　太赫兹波束扫描器件

光在介质中传播时，其传播路径是光程的极值路径，换而言之，当光波路径有细微偏离时，光实际传播路径的一阶变化量为零，这一定理称为费马定理。一般地，光在两种介质间传播时，其介质交界面的相位变化是连续的，该交界面呈现一种非连续突变的相位变化，从而会影响原有的反射和折射定理。光波在两种介质表面产生折射的广义斯涅尔原理如图 5-31 所示。

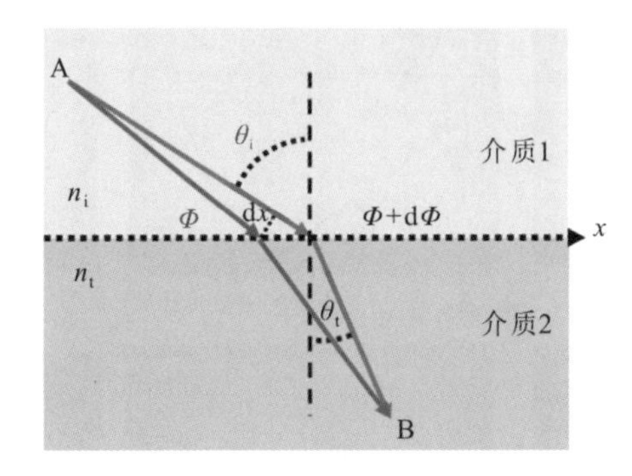

图 5-31　广义斯涅尔原理图[15]

在图 5-31 中，假设从介质 1 中的 A 点发射两束光线，通过两种介质的分界面折射后，汇聚在介质 2 中的 B 点。假设某点的相位是 Φ，与此点距离为 dx 的点的相位变为 $\Phi+\mathrm{d}\Phi$，由光学几何关系可以得到两条光线的相位差为

$$\Delta\Phi = k_0(-n_i\sin\theta_i\mathrm{d}x + n_t\sin\theta_t\mathrm{d}x) - \mathrm{d}\Phi \tag{5-4}$$

式中：n_i 和 n_t 分别为介质 1 和介质 2 两种介质的折射率，θ_i 和 θ_t 分别为入射角和折射角，$k_0=2\pi/\lambda_0$，λ_0 是真空中的波长。

根据费马定理，从 A 点发射的光线到 B 点实际的光学路径只有一条，所以这两条传播路径间的相位差应为零，从而可得到相位突变情况下的广义斯涅尔公式：

$$n_t\sin\theta_t - n_i\sin\theta_i = \frac{\lambda_0}{2\pi}\cdot\frac{\mathrm{d}\Phi}{\mathrm{d}x} \tag{5-5}$$

式(5-5)表明，当两种介质交界面的相位发生突变时，形成了不连续的相位面，则光的传播方向将发生改变。如果光在传播过程中没有发生相位突变，即 $\mathrm{d}\Phi/\mathrm{d}x=0$，那么式(5-5)就变为了传统的斯涅尔定理：

$$n_t\sin\theta_t = n_i\sin\theta_i$$

同样，应用相似的推理过程，可以得到广义斯涅尔定理的反射形式：

$$n_i\sin\theta_r - n_i\sin\theta_i = \frac{\lambda_0}{2\pi}\cdot\frac{\mathrm{d}\Phi}{\mathrm{d}x} \tag{5-6}$$

式中：θ_r 表示反射角。特别地，当入射光垂直入射，即 $\theta_i=0$ 时，反射角为

$$\theta_r = \arcsin\left(1 - \frac{\lambda_0}{2\pi n_i}\left|\frac{d\Phi}{dx}\right|\right) \tag{5-7}$$

广义与传统的斯涅尔定理根本的区别在于介质交界面的相位变化是否连续，这种不连续的相位变化交界面可以为人工改变电磁波传播现象提供有力的理论支撑。因此，可以通过设计具有特定相位响应的人工微结构阵列来灵活地操纵电磁波波束的传播特性。

广义斯涅尔定理指出了非连续的相位变化界面能够改变电磁波的传播方向，而人工微结构对入射电磁波可以产生离散的相位响应，因此，一定排列方式的人工微结构阵列也能够起到对入射电磁波传播方向的操纵作用。接下来从电磁学的角度来解释人工微结构阵列对电磁波的透射和反射操纵特性。

人工微结构是一种人为创造的电磁结构，具有对电磁波相位幅度显著的调控作用，不同排列组合的人工微结构阵列对电磁波有着不同的宏观响应，因此对人工微结构阵列的排列方式的研究是十分必要的。线性阵列是最基础的阵列形式，为了方便描述阵列的辐射原理，这里以图 5－32 所示的线性阵列为例进行分析。

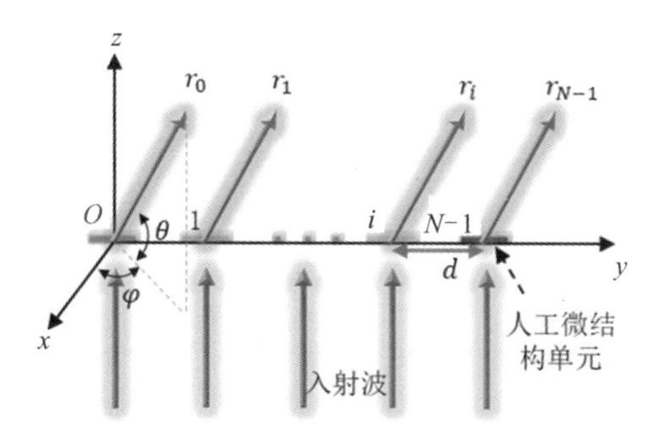

图 5－32　线性阵列透射辐射示意图

当入射电磁波与人工微结构单元发生相互作用时，将会对入射电磁波产生散射现象。每一个单元在入射电磁波的作用下都会激励起电流，同时每一个单元都会产生散射。当入射波经过人工微结构单元后，继续向均匀介质传播，此时的电磁场方程是线性方程，满足叠加定理的条件。因此在远场观察的总场强 E 可以看成 N 个单元在远场叠加之和，当改变线性阵列每一个人工微结构单元的幅值和相位时，远场波束的电场分布可以被改变，这样便可由人工微结构阵列来实现对波束的操纵。

反射式阵列结构是由形状和尺寸大小不同的单元构成的，由于单元形状和尺寸大小不同，与入射电磁波相互作用后能激励出不同的谐振模式，从而呈现出不同的相位响应，为阵列的远场辐射提供一定的相位补偿。当入射波照射在反射式阵列上时，反射阵列上的每一个人工微结构单元都对入射波产生反射形成补偿相位量，从而影响整个阵列的远场散射特性，因此反射波在远场区将形成特定的波束辐射，如图 5-33 所示。对于反射阵列来说，阵列辐射所需相位是馈源所引入的附加相位和单元的补偿相位之和，知道了馈源的位置和所需波束的指向，只须满足所需补偿相位，就能够达到所需的波束操纵效果。

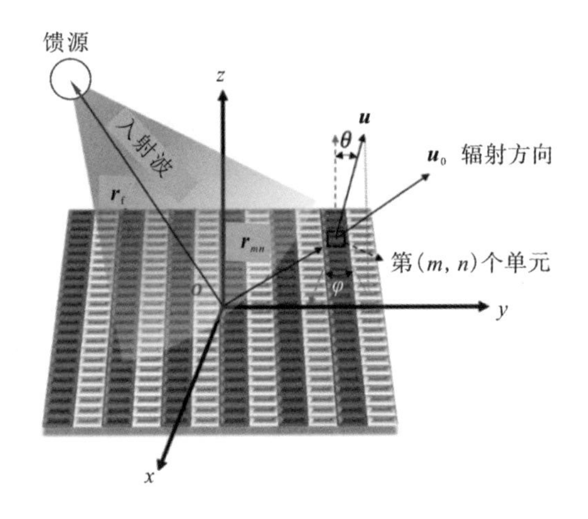

图 5-33 反射式阵列示意图

由于太赫兹波束控制技术的高波束指向性和其他优势，它们在太赫兹雷达、无线通信和成像系统中显示出广泛的应用。因此，作为继续实现这些应用的基石，太赫兹光束转向技术已被广泛研究。在微波频带中，相控阵技术是实现光束转向的成熟解决方案。然而，当利用太赫兹频带时，半导体开关的高损耗限制了相移应用。因此，研究人员期待找到替代方法来克服这一困难。在将频率转换为太赫兹波之前先移相，然后基于液晶和石墨烯等新材料开发空间相位调制器是两个诱人的选择。在太赫兹频率范围内，已经在微波频率上进行了充分研究的其他一些方法仍然可能有用。这些方法包括机械扫描、相控阵、频率扫描天线和多波束切换技术。

机械扫描技术是微波波段经典的波束导向技术，其扫描速度和精度均低于相控阵。然而，随着机电技术特别是微机电系统(MEMS)技术的发展，机械扫描技术在波束控制方面显示出很大的潜力。通常，射频(RF)开关、变容二极管、机械致动器或可调材料可与可重构配置的天线集成在一起，以提供动态响应。射频开关采用机械方式实现电路通断，具有非常低的插入损耗和插入电阻，可以实现小体积的大电流通过。Monnai 等人提出了一种使用可编程光栅操纵一阶衍射波的可重构太赫兹波束转向天线[16]。如图 5-34 (a)、图 5-34 (b)所示，光栅由亚波长金属悬臂阵列组成。使用计算机动态地控制悬臂的微机械位移，由此可以自由调节衍射光栅的周期。最后可以通过调整光栅图案来实现准直的太赫兹光束的灵活转向和聚焦。光束方向角的测量结果(点)和理论值(虚线)都显示在图 5-34(c)中，插图所示为三个不同周期值在0.3 THz处的

(a) 可重构太赫兹光束操纵装置的图像

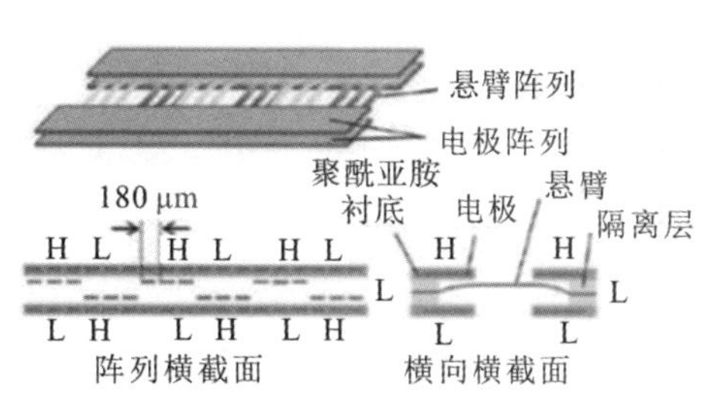

(b) 由金属悬臂和相应电极组成的可编程衍射光栅的示意图

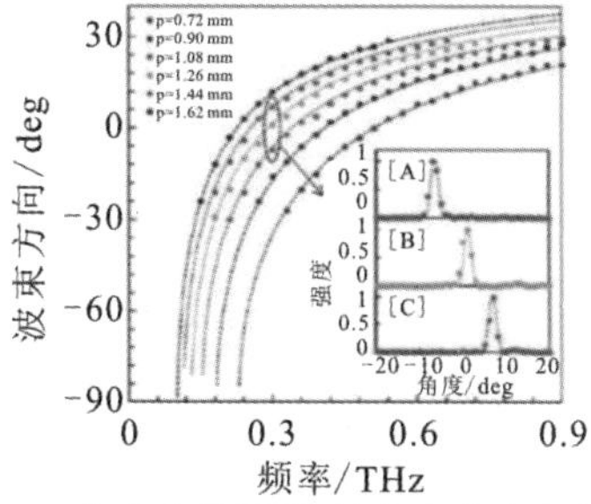

(c) 各种光栅周期p的光束方向角与工作频率的关系，其中比较了测量结果(点)和理论结果(虚线)

图 5-34　Monnai 提出的可重构太赫兹波束转向天线[16]

辐射方向图，这证实了可重构光栅用于太赫兹光束转向的可行性。然而，基于MEMS的可重构阵列在太赫兹波段同样存在着响应速度等问题，机械扫描的波束控速度不足以快速实现高速成像。

与机械扫描方法相比，相控阵技术等非机械扫描方法具有更高的扫描速度。对于基于相控阵的波束控制技术，关键问题是灵活地调制阵元的相移。尽管研究人员在开发太赫兹移相器时遇到了巨大的挑战，但是仍然有很多方法可以实现。因为相移被限制在太赫兹区域内，所以一种解决方案是在其他频带中调制相位，然后转换为太赫兹范围。Yang 提出了一个由 8 个元素组成的370～410 GHz相控阵[17]。图 5－35 (a)为400 GHz相控阵发射机的框图，图5－35(b)为相控阵发射机的显微镜照片和单个通道的放大图像，从图中可以看出，威尔金森分离器将90～105 GHz信号分为 8 个通道，每个通道的相位由矢量调制器调制。经过调制器后，信号被馈入高效 W 波段放大器。最后，信号被馈入四倍频器，后者将频率转换为360～420 GHz。由于相移可通过乘数 4 扩展到 0°～360°，因此可仅在一个象限(0°～90°)中调制输入的 W 波段信号。H 面在390 GHz和400 GHz下测得的场模式如图 5－35 (c)、图 5－35(d)所示。可以看出，总扫描角度大于60°，最大扫描损耗接近5 dB。除了电子器件，可调谐材料提供了另一种相位调制方法。电子控制可调谐材料，如液晶(LC)、石墨烯和二氧化钒(VO_2)提供了设计太赫兹移相器的替代方法。

频率扫描天线作为一种常用的波束控制方法得到了广泛的研究。对于频率扫描天线，阵列的相移通常是由其行波结构中的单元间距决定的。天线或馈电网络的色散为所需的一组频率提供了波束控制。在此基础上，Cullens 等人提出了工作在130～180 GHz的频率扫描波导阵列[18]。如图5－36 (a)所示，这是一个由 20 个元素组成的一维连续扫描阵列，槽的周期长度为中心频率处引导波长的一半，并且槽的位置在波导宽度方向上交替以保持电流同相。20 个元件的开槽波导阵列的测量结果如图 5－36 (b)所示。结果表明，光束在130～180 GHz的频率下从－38°转向－5.5°，扫描损耗接近零。

传统的太赫兹波束扫描技术具有非常诱人的前景，但是仍然有许多挑战需要解决。尽管如此，超表面的出现仍为太赫兹波束扫描提供了新的机会。

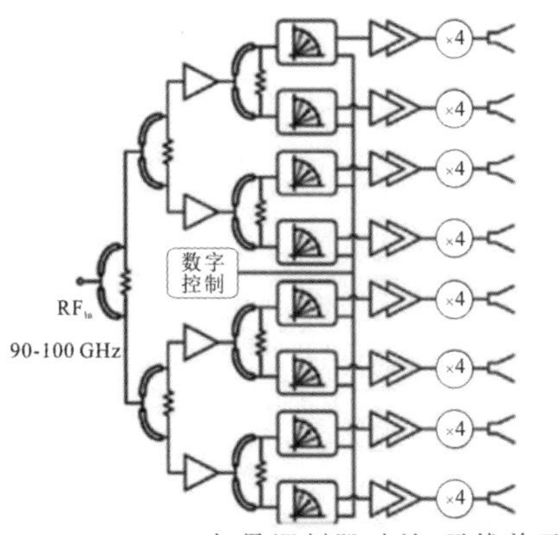

(a) 400 GHz相控阵发射机的框图

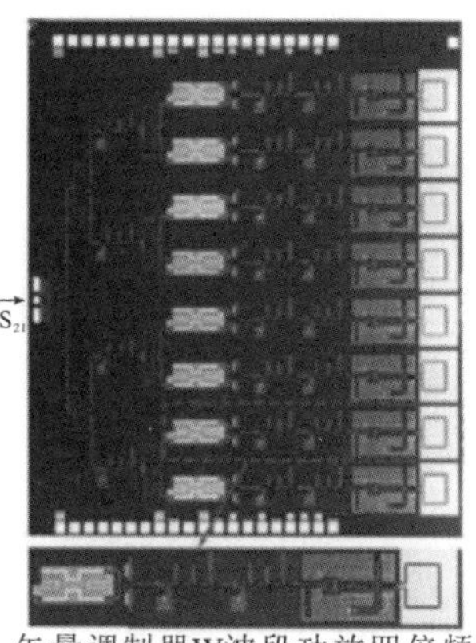

(b) 相控阵发射机的显微照片和单个通道的放大图像

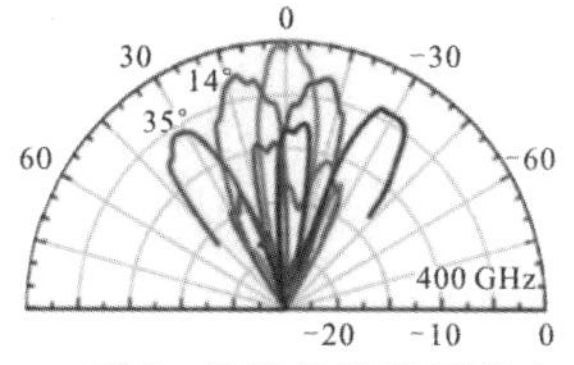

(c) H面上8元素相控阵天线在400 GHz频率下的实测场模式

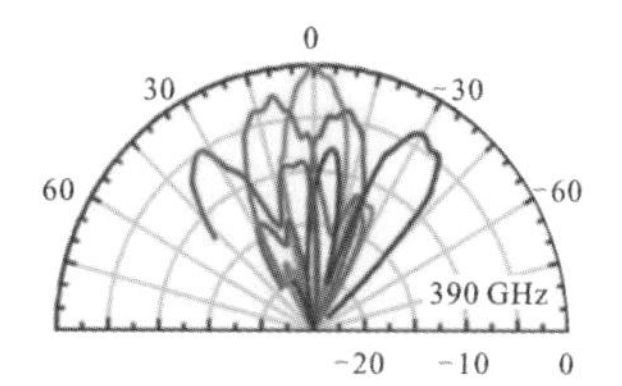

(d) H面上8元素相控阵天线在390 GHz频率下的实测场模式

图 5－35　Yang 提出的由 8 个元素组成的370～410 GHz相控阵[17]

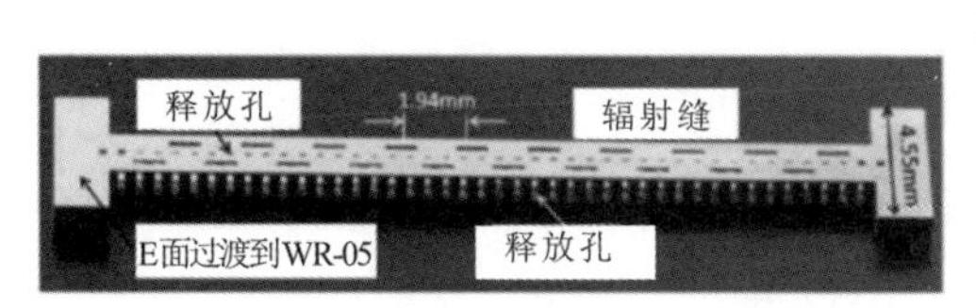

(a) 频率扫描天线的图像

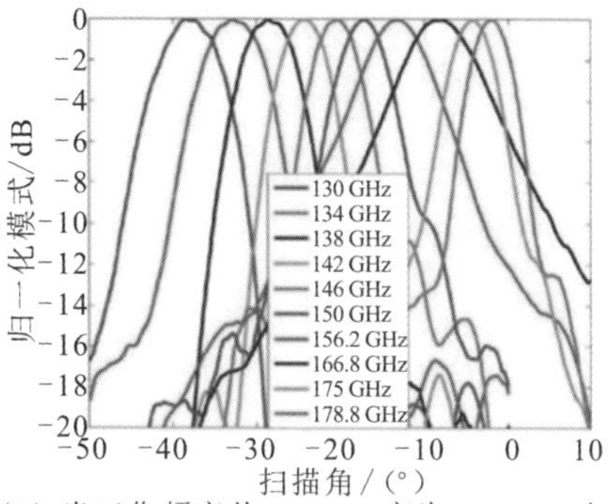

(b) 当工作频率从130 GHz变为180 GHz时，开槽波导阵列的归一化辐射方向图的测量结果[4]

图 5－36　Cullens 等人提出的130～180 GHz频率扫描波导阵列[18]

5.4.2 太赫兹相位梯度表面

太赫兹技术的发展依赖于对太赫兹波的完全控制，只有实现对太赫兹波的振幅、相位以及角动量等的完全控制，才能在较为理想的状态下实现太赫兹波的应用。太赫兹波在超表面的传播中存在几何相位差，这一点对于梯度相位表面来说具有重大的意义，通过几何相位差可以更好地实现 2π 相位的梯度覆盖，为波束控制提供了更多的可能。太赫兹相位梯度表面是一种新型的人工电磁材料，因为其厚度可以忽略不计，所以也称为二维材料。与三维材料相比，相位梯度表面拥有损耗低、厚度薄、易于集成等优点，这些优点吸引着更多的研究人员参与其中。太赫兹超表面器件在平面透镜、四分之一波片、涡旋发生器、极化转换器等上显示出了巨大的潜力和优势。

相位梯度表面，顾名思义是对波束相位进行梯度调制。相位梯度表面根据相位调制类型可以分为 4 种：传输型相位梯度表面、几何型相位梯度表面、电路型相位梯度表面、多种融合型相位梯度表面。

传输型相位梯度表面是指其相位调制源于电磁波在传输的过程中，针对不同的光程有不同的输出相位。目前传输型相位实现方式有两种：第一种是基于表面等离子体波导理论；第二种是基于介质等效折射理论。基于表面等离子体波导(MIM)理论主要是根据波导内的传播常数随着介质宽度的变化而变化。图 5-37(a)所示即为传输型相位梯度表面[19]，该表面基于等离子体波导理论设计突变相位表面，可实现波束的偏折。基于介质等效折射理论是利用两种或者多种介质在一个单元结构内存在的比例差实现透镜对电磁波相位的调制。该方式由于狭缝限制，目前仅用于微波波段，且加工平面透镜不具调谐性和弯曲性，限制了透镜的应用范围。

几何型相位梯度表面的单元结构可以随着几何形状变化而产生突变相位。线极化波在存在极化转换的过程中，针对正交极性会有极化转换相位的产生；圆极化波在平面透镜表面存在旋度转换时，其正交旋度也会产生突变相位[20]。图 5-37(b)为几何型相位的超透表面单元结构和其相位调制范围，单元结构为一金属小棒，对几何结构进行调整后，通过透镜表面，该两种极化方式的电磁波可以轻易调制突变相位，使其覆盖 $0\sim2\pi$。该方式通过结构单元的几何变化很好地满足了突变相位覆盖，但是由于相位变化属于几何变化，其结构很难

实现整体调控。

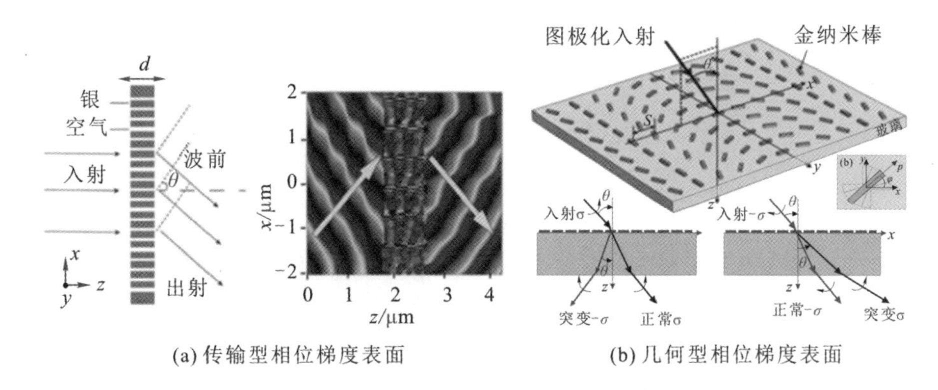

(a) 传输型相位梯度表面　　(b) 几何型相位梯度表面

图 5-37　相位梯度表面类型

电路型相位梯度表面是指由金属超构表面、中间介质层组成的透镜中形成的等效电路，根据电路的谐振特性，改变其等效阻抗或导纳可实现相位突变。根据电场特性，改变金属结构的尺寸大小或形状，电路的等效电容和电感会发生变化，电磁响应发生改变，其对应的表面等效折射率改变，电磁波出射相位获得调制形成突变相位。该方式的相位突变范围覆盖 $0\sim2\pi$，需要大范围的结构尺寸变化，这在微波波段可行，但在高频波段就很难实现 2π 的突变相位覆盖。

多种融合型相位梯度表面是指融合以上相位的两种或两种以上的方式来实现相位突变。常见的融合相位透镜是采用电路型相位和几何型相位相融合，在等效电路模型的基础上添加几何型相位，两种相位融合不仅弥补了电路型相位覆盖范围小的缺点，还补充了几何型相位的可调性。2011 年哈佛大学 F. Capasso 和 N. F. Yu 等人将人工微结构分布在一个近乎二维的表面中，通过引入一个梯度变化的相位不连续界面，改变了透射和反射电磁波的传播方向，这一特性打破了传统斯涅尔定理的限制[21]。产生该奇特现象的基本结构是一种 V 形人工微结构(见图 5-38)。如图 5-38(a)所示，该结构由尾部相连长度为 h 的两个金属臂组成，形成的夹角为 Δ。与单模结构相比，这种结构支持具有不同对称性和不同频率的两个谐振模式，当单臂谐振波长为$2h$时，其双臂的谐振波长为$4h$(这由两金属臂内部的电流决定)。正是因为这样一个独特的特点，利用这种 V 形结构的交叉极化散射可以调制入射光 2π 的相位。通过调整

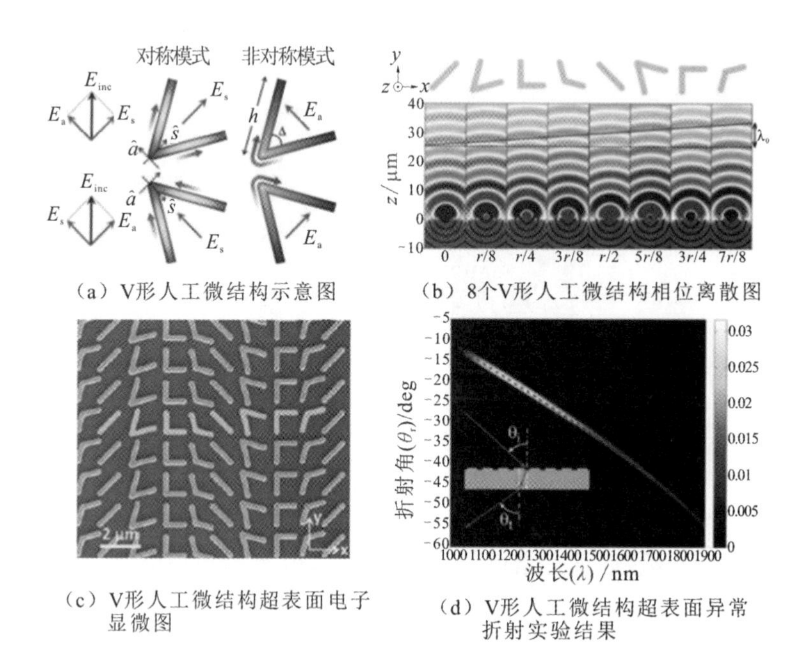

（a）V形人工微结构示意图

（b）8个V形人工微结构相位离散图

（c）V形人工微结构超表面电子显微图

（d）V形人工微结构超表面异常折射实验结果

图 5-38　V 形人工微结构实现的相位离散超表面[21]

不同的几何参数 h 和 Δ，研究人员成功地找到了 4 个结构，这 4 个结构能够将入射光散射到振幅几乎相等的交叉偏振分量上，且相位在 π 内线性变化。进一步通过简单的镜像旋转，可以得到另外 4 个结，也能使相位在 π 内线性变化。如图5-38(b)所示，这样 8 个结构的线性组合最终满足了 2π 的相位变化。随后，N. F. Yu 等人加工制备了由这 8 个 V 形人工微结构构成的阵列(如图5-38(c)所示)，并在中红外波段通过实验证明了这种不同寻常的波束偏转(见图5-38(d))。相位突变的人工微结构超表面的提出，使得体积庞大的人工微结构更为小型化和集成化，为更高集成度的电磁波调控器件提供了新的设计方法。随后，基于相位突变人工微结构设计的电磁波调控器件除了具有异常反射和异常折射的功能外，还有很多新功能被提出，如由其制备出电磁隐身衣、涡旋波发生器、宽带吸波器、超透镜和超表面玻片等。

传统的超材料通常使用有效介质参数(如有效介电常数和渗透率)来描述，而对于超表面，则采用相位不连续或相分布来表征其基本性质。然而，传统的超材料和超表面还没有数字化特征，因此不能轻易地融入信息技术。受数字电

路和信号概念的启发以及动态波束操纵的迫切需求，东南大学的崔铁军团队提出了编码和可编程超表面的概念，随后编码超表面得到了广泛的研究和应用，实现了超材料的数字可编程化[22]。在这个新系统中，考虑到相位或幅度响应的差异，使用编码对超材料单元进行了数字化描述。例如，数字 0 和 1 分别用于 1 位编码超材料，而 00、01、10 和 11 分别用于 2 位编码超材料。此外，通过有源元件的集成，单元的编码状态可以快速切换，从而实现了微波频率下的现场可编程超材料和超表面。图 5-39(a)和图 5-39(b)所示为 1 位编码超材料及其相位响应。图 5-39(c)所示为具有可切换编码状态的超表面单元的原理图和相位响应。可以看到，一个二极管被集成到单元中，通过偏置电压控制二极管的通断状态来调节单元的相位响应，即单元可以在 0 和 1 之间切换。对于 1 D超表面阵列，使用 FPGA 存储和输出编码序列，提供所需的偏置电压，可生成设计的编码模式(见图 5-39 (d))。因此，远场辐射模式可以被实时控制。针对不同编码序列的模拟远场

模式(如图 5-39 (e)所示)可以获得单束、双束和多束辐射，也可以实现波束控制。因此，可以使用现场可编程的超表面将数字编码序列直接转换为远场模式。此外，可以基于现场可编程超表面设计新机制的无线通信和成像系统。携带信息的数字序列可以直接编码到可编程的超表面上，并辐射到远场。在接收机端，辐射图可转换为数字序列。因此，可以开发没有载波的无线通信系统，该无线通信系统可在很大程度上简化设备。

5.4.3　GaN 波束扫描动态器件

阵列中单元不同的相位响应组合能够提供不同波束的赋形。而传统固定波束的反射阵列主要依靠改变单元的旋转角度或单元几何尺寸来提供不同的相位响应，当反射出的波束需要改变其波束方向或形状时，其阵列的结构尺寸也需要得到相应的改变，必须重新设计和加工，从而大大降低了阵列的利用率和实用性。反射式可重构阵列主要分为机械调控、材料调控以及电调控技术。随着技术的发展，电调控技术有了新的突破，高电子迁移率晶体管(HEMT)作为一种新的半导体材料也可用于可重构阵列的调控，其高调控速率给太赫兹可重

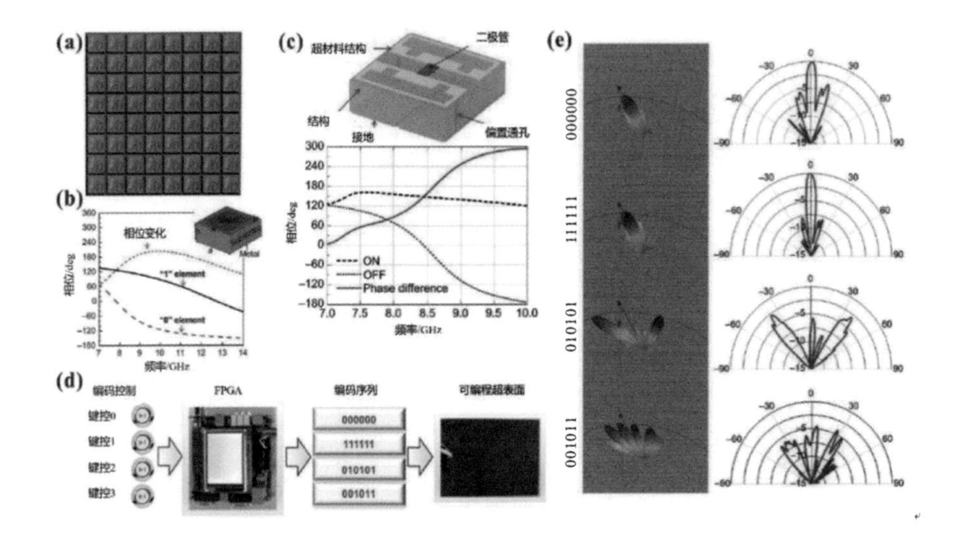

(a) 1 位编码超材料的示意图；(b)分别具有 0 和 1 状态的超材料元素的相位响应；(c)具有可切换编码状态及其在不同二极管状态下的相位响应的超表面晶胞的结构示意图；(d)由 FPGA 硬件控制的可编程超表面的流程图；(e)针对不同编码序列的模拟远场模式。

图 5-39　崔铁军团队提出的编码和可编程超表面[22]

构阵列开启了新的篇章。

HRL 实验室的 J. J. Lynch 等人提出了一种具有 1024 个单元的编码孔径亚反射阵列(CASA)，该阵列采用单位移相器，利用 GaN HEMTs 在反射时调制信号[23]。如图 5-40(a)所示，单比特反射移相器由一个开口的脊状波导天线组成，该天线将入射的辐射引导到波导底部的半导体器件。CASA 磁贴与 ASIC 的接口如图 5-40(b)所示。能量从设备反射并通过天线辐射。该结构设计为在两种离散状态下运行，器件可以完全打开或完全关闭，并且通过适当的设计，两种状态的反射相位相等但方向相反，由此形成了一个二进制反射移相器，该移相器可产生 0°或 180°的相移，并且在两种状态间产生相等的幅度。最后，为了演示波束控制，其以 20°的间隔计算了光束权重(包括零值)，如图5-40(c)所示。

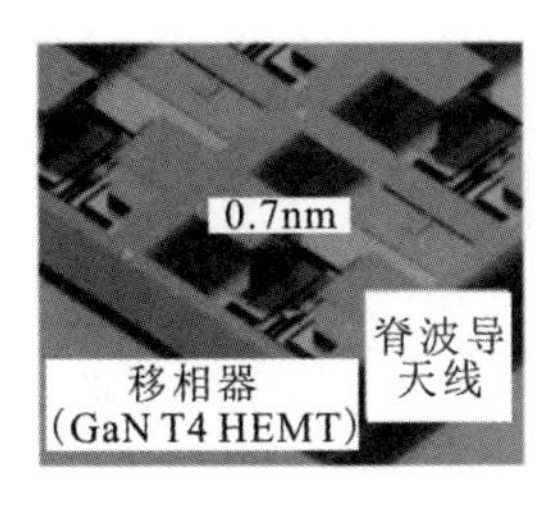

(a) 波导天线耦合到单个电子设备以实现0/180°相移

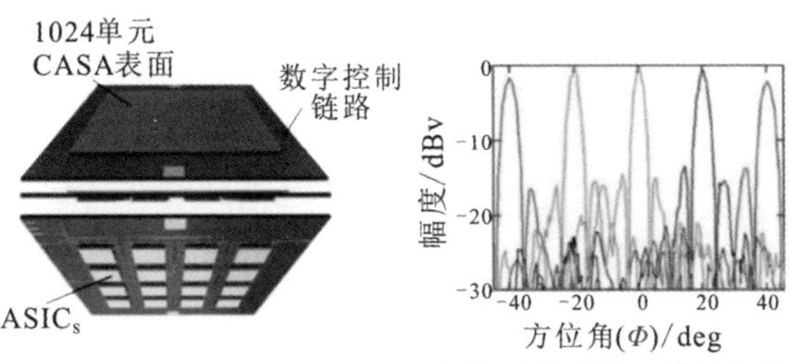

(b) CASA磁贴与ASIC的接口　(c) 以20°为步长，通过方位角控制的波束的方向图

图 5-40　J. J. Lynch 等人提出的具有 1024 个单元的编码孔径亚反射阵列[23]

HEMT 具有电气可调性，当其与人工微结构复合时，可以通过外部栅极电压来改变整个复合结构的谐振特性，从而实现对太赫兹波相位的调控。Lan Feng 等人提出了一种共源漏的 HEMT 复合型1 bit环形结构，该结构是一种类 LC 谐振结构，拥有更小的结构尺寸，更有利于芯片集成化[24]。这种 HEMT 复合型1 bit编码单元结构模型如图 5-41 所示。

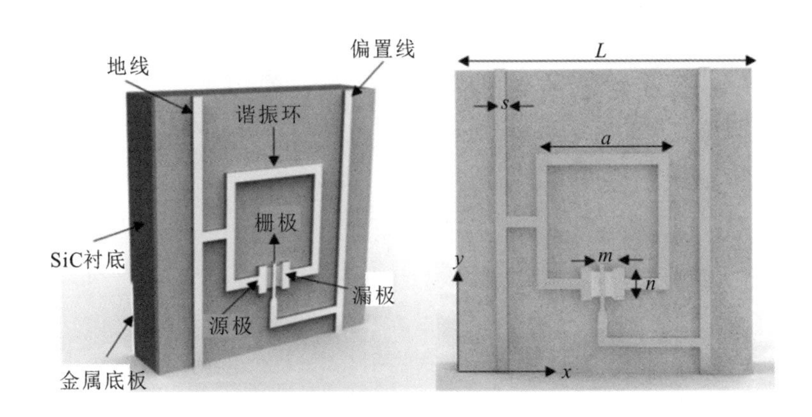

图 5-41　HEMT 复合型1 bit编码单元结构模型示意图

在不加电时，HEMT 中的2DEG拥有极高的载流子浓度，此时的等离子体频率高，开口谐振环间隙处的金属电极经2DEG导电沟道连通(见图 5-42)。如图 5-42(a)所示，此时开口谐振环变为了封闭的方形环，在 x 偏振波的作用下，形成了两个类偶极子谐振。由于此时间隙处的载流子浓度极高，导电性强，因此间隙处的电荷累积效应很弱，如图 5-42 (b)所示，其呈现的局部电场

强度小。当外加电压增大时，2DEG中的载流子浓度有所降低，等离子体频率也降低，如图 5-42 (d)所示，此时开口谐振环间隙处的电场强度有了一定的增强，此时的开口处有了一定的电荷积累，但是其表面电流仍然是上下臂同向，如图 5-42 (c)所示，呈现出的依然是类偶极子谐振。随着外加电压增大，等离子体频率进一步降低到 2.9×10^{14} rad/s 时，如图 5-42 (e)和图 5-42 (f)所示，此时开口谐振环间隙处呈现出很明显的电荷累积效应，电场强度显著增加，同时电子的流向也发生了改变，此时开口谐振环上下臂的电流反向，电流沿着谐振环一个方向流动，谐振模式发生了明显的改变，形成了一种类 *LC* 谐振。

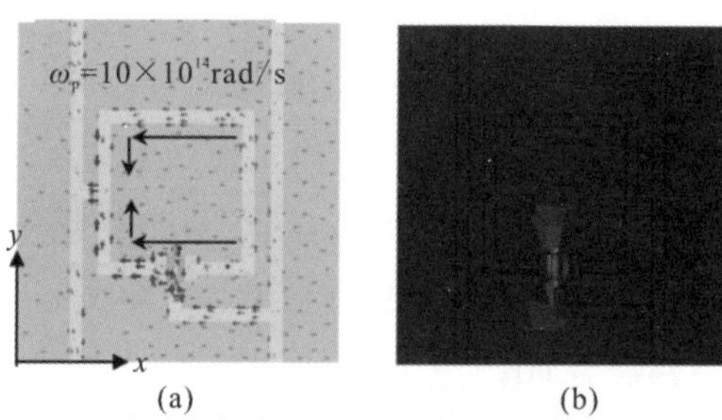

(a) (b)

(a)、(b) 分别为等离子体碰撞频率为10.0×10^{14}rad/s时单元的表面瞬时电流和表面电场

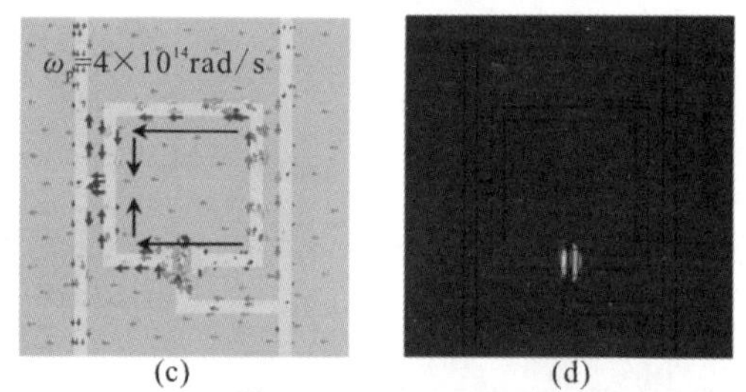

(c) (d)

(c)、(d) 分别为等离子体碰撞频率为4.0×10^{14}rad/s时单元的表面瞬时电流和表面电场

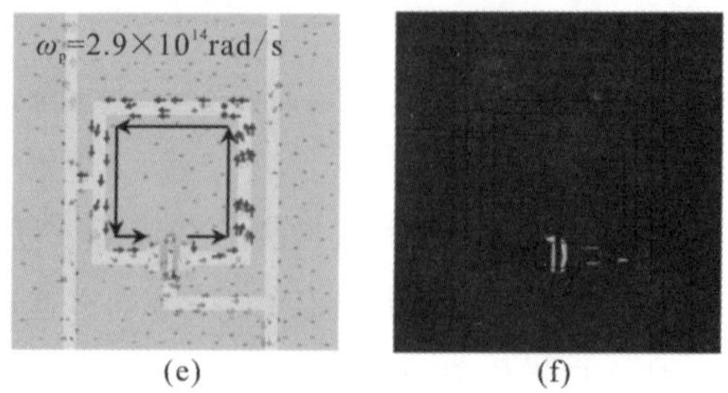

(e) (f)

(e)、(f) 分别为等离子体碰撞频率为2.9×10^{14}rad/s时单元的表面瞬时电流和表面电场

图 5-42 HEMT 复合型1 bit编码单元表面电流与电场特性

2DEG中载流子浓度的变化改变了人工微结构与太赫兹波相互作用的过程和机制，诱导了谐振模式从类偶极子谐振模式到类 LC 谐振模式的转换。这一过程也对幅值和相位响应产生了影响，不同等离子体频率下单元的幅度和相位响应变化如图 5－43 所示。当等离子体频率 $\omega_p=4.0\times10^{14}$ rad/s，2DEG中载流子的浓度较大，开口谐振环的表面电流形成的是类偶极子谐振，其谐振频点为 0.35 THz；随着等离子体频率 ω_p从 4.0×10^{14} rad/s 减小到3.2×10^{14} rad/s，

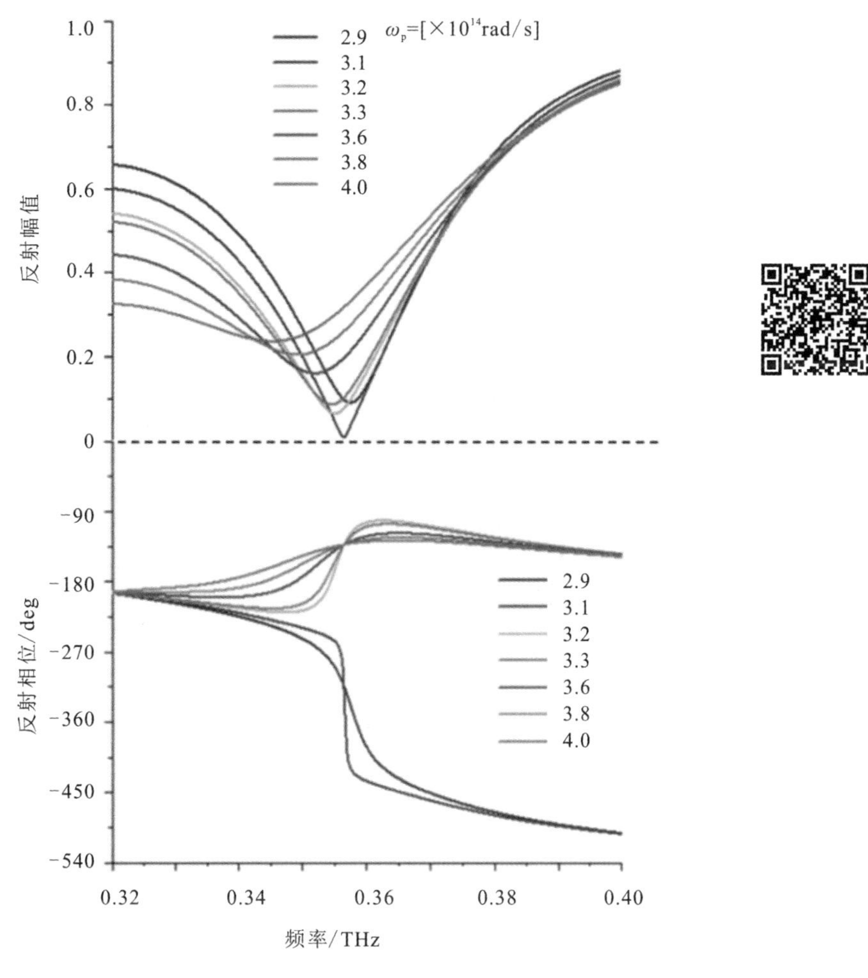

图 5－43　HEMT 复合型1 bit编码单元反射频响特性，上部分为幅值响应，下部分为相位响应

2DEG中载流子的浓度降低，开口谐振环间隙处的电场强度逐渐增强，谐振强度也明显增强，表现为反射幅值发生明显的降低，虽然反射相位响应呈现出上升阶跃，但是尚未形成谐振模式的转换，相位变化的幅值不大。进一步减小离子体频率，2DEG中载流子的浓度进一步降低，当 ω_p 下降到 3.1×10^{14} rad/s 时，反射相位响应呈现出了下降阶跃，此时的谐振强度极强，所呈现的相位也发生了近乎 180°的阶跃变化，此时的状态是类偶极子谐振与类 LC 谐振转换的临界态，是一种共存的双谐振模式，因此表现出了极强的谐振强度。进一步降低2DEG中载流子的浓度，当ω_p 下降到 2.9×10^{14} rad/s 时，谐振强度减弱，此时的类偶极子谐振完全转换为类 LC 谐振。

利用该单元设计的 32 路可编程的重构阵列芯片包含了 32×32 个单元，所有单元的源极和漏极连接在一起，每一列单元共用一路栅线，一共有 32 路栅线，每路栅线可以分别馈入不同的外接电压。多线路可编码的 GaN HEMT 太赫兹波束扫描器件如图 5 - 44 所示。

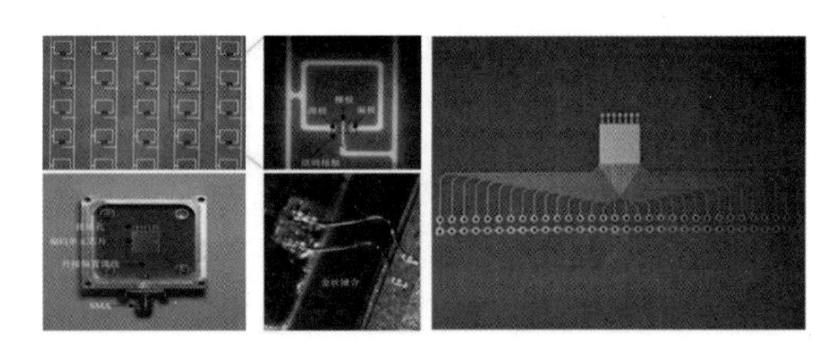

图 5 - 44　多线路可编码的 GaN HEMT 太赫兹波束扫描器件[24]

太赫兹技术成像和通信领域的不断发展催生了对可编程人工微结构阵列的需求，GaN HEMT 复合型太赫兹数字可重构阵列将对太赫兹高帧频高分辨率成像、太赫兹扫描雷达、太赫兹高速通信等领域都有着潜在的应用价值。

参考文献

[1]　SHREKENHAMER D, ROUT S, STRIKWERDA A C, et al. High speed terahertz

modulation from metamaterials with embedded high electron mobility transistors[J]. Optics express, 2011, 19(10): 9968 - 9975.

[2] NOUMAN M T, KIM H W, WOO J M, et al. Terahertz modulator based on metamaterials integrated with metal-semiconductor-metal varactors [J]. Scientific reports, 2016, 6: 26452.

[3] ZHOU Z, WANG S Q, Y. YU, et al. High performance metamaterials high electron mobility transistors integrated terahertz modulator[J]. Optics express, 2017, 25(15): 17832 - 17840.

[4] ZHANG Y X, QIAO S, LIANG S X, et al. Gbps terahertz external modulator based on a composite metamaterial with a double-channel heterostructure[J]. Nano letters, 2015, 15(5): 3501 - 3506.

[5] ZHAO Y C, WANG L, ZHANG Y X, QIAO S, et al. High-speed efficient terahertz modulation Based on tunable collective-individual state conversion within an active 3 nm two-dimensional electron gas metasurface[J]. Nano lett. 2019, 19, 7588 - 7597.

[6] KRONIG R L, KRAMERS H, et al. Theorie der absorption and dispersion in den rntgenspoktren[J]. Zeitschrift fur Physik A Hadrons and Nuclei, 1928, 48(3): 174 -179.

[7] BECHHOEFER J. Kramers-Kronig, bode, and the meaning of zero[J]. American journal of physics, 2011, 79(10): 1053 - 1059.

[8] 陈金金. Kramers-Kronig 关系在光学中的应用[D]. 天津：南开大学，2011，17 - 27.

[9] CHEN H T, PADILLA W J, CICH M J, et al. A metamaterial solid-state terahertz phase modulator[J]. Nature photonics, 2009, 3(3): 148 - 151.

[10] ZHANG Y X, ZHAO Y C, LIANG S X, et al. Large phase modulation of THz wave via an enhanced resonant active HEMT metasurface [J]. Nanophotonics 2018, 8, 153 -170.

[11] CHEN H T, PADILLA W, ZIDE J. et al. Active terahertz metamaterial devices [J]. Nature , 2006, 444, 597 - 600.

[12] CHAN W L, CHEN H T, TAYLOR A J, et al. A spatial light modulator for terahertz beams[J]. Applied physics letters, 2009, 94(21): 213511.

[13] SHREKENHAMER D, MONTOYA J, KRISHNA S, et al. Four color metamaterial absorber THz spatial light modulator[J]. Advanced optical materials, 2013, 1(12): 905 - 909.

[14] SAVO S, SHREKENHAMER D, PADILLA W J, et al. Liquid crystal metamaterial

absorber spatial light modulator for THz applications[J]. Advanced optical materials, 2014, 2(3): 275-279.

[15] 张中杰，滕吉文. 各向异性介质中地震波射线满足的改进型斯涅尔定律[J]. 科学通报[J]. 1995: 9.

[16] MONNAI Y, ALTMANN K, JANSEN C, et al. Terahertz beam steering and variable focusing using programmable diffraction gratings[J]. Opt. express, 2013, 21(2): 2347.

[17] YANG Y, GURBUZ O D, REBEIZ G M. An eight-element 370～410 GHz phased-array transmitter in 45-nm CMOS SOI with peak EIRP of 8～8.5 dBm[J]. IEEE erans. microw. theory tech., 2016, 64(1), 4241-4249.

[18] CULLENS E D, LEONARDO R, VANHILLE K J, et al. Micro-fabricated 130～180 GHz frequency scanning waveguide arrays [J]. IEEE transactions on antennas and propagation, 2012, 60(8), 3647-3653.

[19] XU T, WANG C, DU C, et al. Plasmonic beam deflector[J]. Opt. express, 2008, 16(7): 4753-4759.

[20] LIN J, BALTHASAR J P, WANG Q, et al. polarization-controlled tunable directional coupling of surface plasmon polaritons[J]. Science, 2013, 340(6130): 331-334.

[21] YU N F, GENEVET P, MA K, et al. Light propagation with phase discontinuities: generalized laws of reflection and refraction[J]. Scienc, 2011, 334(6054): 333-337.

[22] CUI T J, QI M Q, WAN X, et al. Coding metamaterials, digital metamaterials and programmable metamaterials[J]. Light sci. appl., 2014, 3(10): 218.

[23] LYNCH J J, HERRAULT F, KONA K, et al. Coded Aperture Subreflector Array for High Resolution Radar Imaging[C]. Proc. SPIE 10189, Passive and Active Millimeter-Wave Imaging XX, 101890 I, 2017.

[24] LAN F, MAZUMDER P, WANG L, et al. Sensitive Terahertz Phase Modulation via a Co-Planar HEMT-Switched LC-Dipole Resonant Metasuraface under Low 2DEG Carrier Concentrations[C]. Int. Conf. Infrared, Millimeter, Terahertz Waves, IRMMW-THz, 2019, 9: 1-2.

第 6 章

氮化镓太赫兹探测器件

6.1 场效应太赫兹探测器简介

6.1.1 背景介绍

太赫兹波作为人类尚未大规模使用的一段电磁频谱资源，有着极为丰富的电磁波与物质间的相互作用效应。太赫兹波不仅在基础研究领域，而且在安检成像、雷达、通信、天文、大气观测和生物医学等诸多技术领域都有着广阔的应用前景。因此，无论是与低功率光源联合，还是未来面向实际应用，室温、高速、高灵敏度和可阵列化探测器都是极其重要的太赫兹核心器件(如图 6-1 所示)。

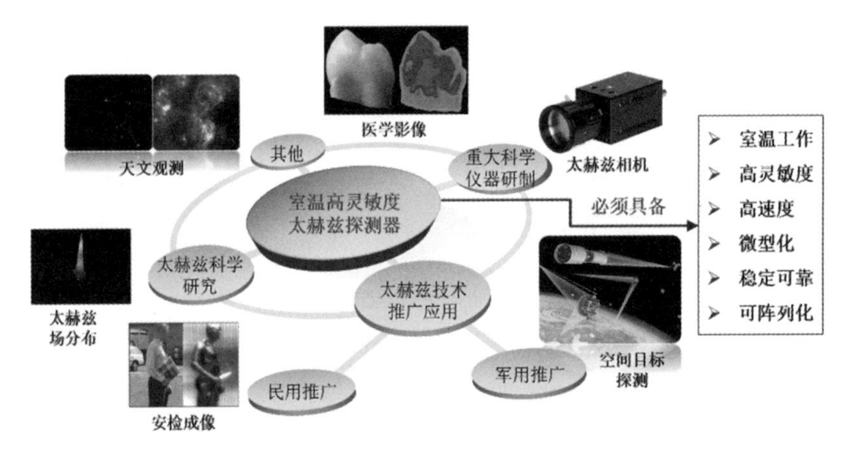

图 6-1 室温、高速、高灵敏度和可阵列化探测技术是实现太赫兹实用化的必备条件

目前较为常用的室温太赫兹探测器包括辐射热探测器和肖特基二极管探测器，然而，它们在灵敏度、响应带宽、响应速度或阵列规模等方面存在不同程度的不足。热释电探测器和高莱探测器等辐射热探测器的优点是频率探测范围大，可覆盖完整的太赫兹频段，但是存在响应速度低(毫秒量级)、灵敏度较低(噪声等效功率，Noise Equivalent Power，NEP，NEP$\geqslant$100 pW/$\sqrt{\text{Hz}}$)、较难阵列化、不可相干探测等缺点。肖特基二极管探测器的优点是在1 THz以下

具有较高的灵敏度(NEP≈10—50 pW/$\sqrt{Hz}$)，可作为直接检波探测器和外差混频探测器，但是其工艺复杂、制备难度大，难以大规模阵列化，且当频率高于1 THz时灵敏度显著降低。

场效应太赫兹探测器是一种自 2000 年左右发展兴起的新型室温太赫兹探测器。在原理上它有别于传统的基于单粒子态输运的电子学或基于量子能级间电子跃迁的光子学的太赫兹探测器。场效应探测器通过二维电子气中等离子体波(电子的集体激发)的非线性特性实现太赫兹波的灵敏探测。该方法有望克服传统方法要求电子迁移率高、电子沟道长度短、器件杂散电学参数小或工作温度低的缺点。同时，得益于其平面制造工艺，具有成本低、一致性好、成品率高和可阵列化等优势。因此场效应探测器具有室温、高速、高灵敏度、可相干探测和阵列化等诸多优势，有望发展成为太赫兹成像、雷达、通信中的核心器件之一。

1993 年，Dyakonov 和 Shur 首次提出了等离子体波的非线性特性可以用于太赫兹的产生[1]和探测[2]，并指出短沟道场效应晶体管中存在失稳的二维电子气等离子体波，其频率可以表示为 $\omega_N = \omega_0(1+2N)$，$N=1, 2, \cdots$，$\omega_0 = (\pi/2L)\sqrt{e(U_{gs}-U_{th})/m}$，其中 e 是单个电子电荷，m 是电子质量，U_{gs} 为栅极电压，U_{th} 为阈值电压。由此可见，通过调节器件的栅压和栅长就可以控制等离子体波的振荡频率。太赫兹探测的基本原理可以表述为：频率为 ω 的太赫兹波激发沟道内二维电子气的等离子体波，等离子体波的非线性特性和非对称的边界条件，使其感应出一个恒定电压 δU，即为太赫兹光电响应电压。当 $\omega_0\tau \ll 1$(其中 ω_0 为等离子体波共振频率，τ 为电子动量弛豫时间)时，探测器的响应是太赫兹频率和栅极电压的平滑函数，即为宽谱探测模式。当 $\omega_0\tau \gg 1$ 时，探测器表现为共振探测模式，这时栅极沟道中的二维电气子形成频率为 $f_0 = \omega_0/(2\pi)$ 的谐振腔，其响应频段可以覆盖完整的太赫兹频段。

1998 年，LÜ 等人首先在 GaAs 高电子迁移率晶体管(High-Electron Mobility Transistor，HEMT)中观察到了非共振探测模式[3-4]，2.5 THz太赫兹波照射下场效应太赫兹探测器光电压响应随栅压变化的实验和理论拟合曲线如图 6-2 所示，表明太赫兹响应电压受栅极地压灵敏地调控。接着一系列新的实验在短沟道高电子迁移率晶体管和硅基场效应管中同样观测到了非共

振探测响应[5-6]。与此同时，在 GaAs HEMT[7-9] 和双量子阱异质结[10] 中分别观测到了共振探测响应，它们共同的特点是通过栅压可以控制二维等离子体的共振频率，如图 6-3 所示。下面将着重讨论基于场效应晶体管的太赫兹共振和非共振探测的理论基础。

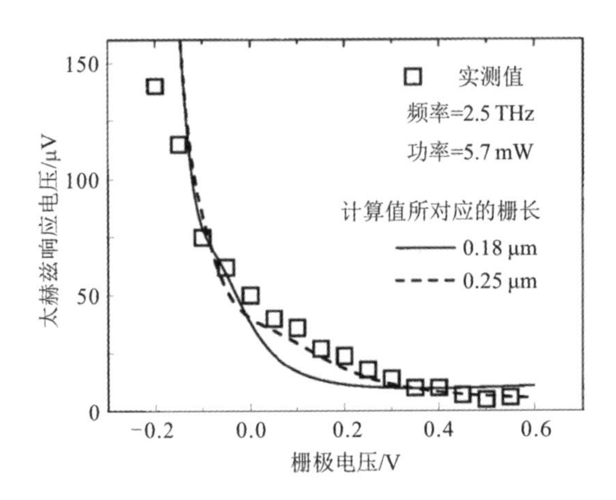

图 6-2　2.5 THz太赫兹波照射下场效应太赫兹探测器光电压响应随栅压变化的实验和理论拟合曲线[3]

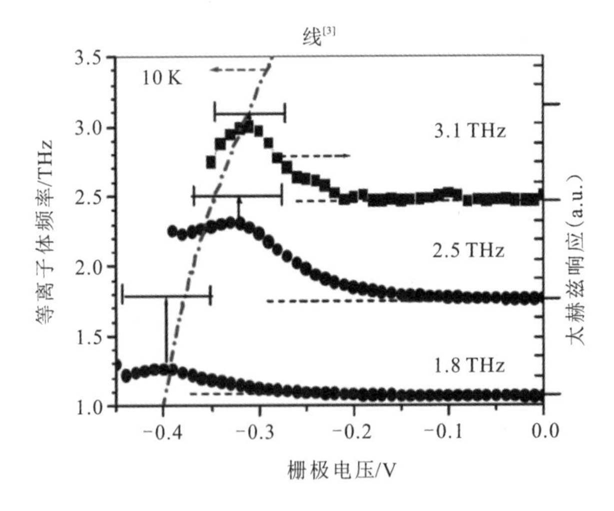

图 6-3　10 K温度下 InGaAs/InAlAs 晶体管在频率分别为1.8 THz、2.5 THz和3.1 THz的共振光电压响应曲线中理论计算所得的最大峰位与电压的关系[9]

6.1.2　基本方程

当栅极做到足够短时，二维电子气沟道可以视为一个等离子体波的谐振腔，可产生等离子体波共振。在太赫兹波照射下，电子浓度受到调制，进而在器件沟道内产生由等离子体波激发引起的太赫兹光电响应。当电子和电子相互长度λ_{ee}小于器件栅长 L 以及电子受杂质和声子的散射长度λ_{ep}时，沟道内的高浓度二维电子气可以视为流体力学体系[1-2]。

通常二维电子气的流体力学方程由运动方程和连续性方程组成[1]，表示如下：

$$\frac{\partial v}{\partial t}+v\frac{\partial v}{\partial x}+\frac{v}{\tau}=-\frac{e}{m}\frac{\partial U}{\partial x} \tag{6-1}$$

$$\frac{\partial v}{\partial t}+\frac{\partial (Uv)}{\partial x}=0 \tag{6-2}$$

式中：U 为场效应沟道内的电压，$\partial U/\partial x$ 为沿着沟道的水平电场，v 为局域电子运动速度，e 为单个电子电荷。

图 6-4 所示为场效应太赫兹探测器示意图和等效电路图，通过缓变沟道近似，局域的沟道电子浓度可以由局域的沟道电压表示为

$$n=\frac{CU}{e} \tag{6-3}$$

式中：C 为栅极相对沟道的单位面电容。式(6-1)和式(6-2)相对源漏欧姆接触可以得到两个边界条件。如图 6-4 所示，器件源端(左侧)存在恒定电压，当电流流过沟道时，漏端(右侧)的电流恒定，上述两个边界条件可分别表示如下：

$$U(0)=U_g+U_a\cos\omega t \tag{6-4}$$

$$U(L)v(L)=\frac{j_d}{C} \tag{6-5}$$

定义 $j_d=|I_d|/W$ 为绝对电流密度(因为电子从源端到漏端，电流为负值)，W 为沟道宽度，$U_g=U_{gs}-V_{th}$ 为外加栅极电压 U_{gs} 和阈值电压 V_{th} 之差，表示沟道内电子真正感受到的电势。通过一系列串联电感和场效应管的漏极接触，可以实现上述边界条件。U_a 和 ω 分别表示太赫兹电势的大小和频率。这样的振荡诱发恒定的源漏电压[2]，则

$$\delta U^* \sim U_a^2 \tag{6-6}$$

可以有非共振和共振两种机制产生太赫兹光电响应。

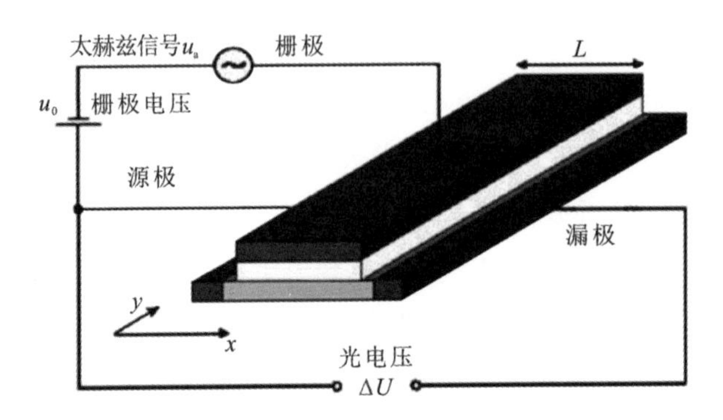

图 6-4　场效应太赫兹探测器示意图和等效电路图[11]

6.1.3　非共振探测理论

对于非共振模式，要求 $\omega_0\tau \ll 1$ 和 $\omega\tau \ll 1$。当满足 $\omega\tau \ll 1$ 时，略去式(6-1)中的 $\dfrac{\partial v}{\partial t}$ 和 $\dfrac{v\partial v}{\partial x}$ 两项，式(6-1)可简化为

$$\frac{e}{m}\frac{\partial U}{\partial x}+\frac{v}{\tau}=0 \tag{6-7}$$

将式(6-7)代入式(6-2)中，可以得到

$$\frac{\partial U}{\partial t}=\frac{\mu}{2}\frac{\partial^2 U^2}{\partial x^2} \tag{6-8}$$

定义 $\mu=\dfrac{e\tau}{m}$ 为电子迁移率。将边界条件式(6-4)和式(6-5)代入式(6-8)中，得

$$U(0)=U_g+U_a\cos\omega t \tag{6-9}$$

$$\left(\frac{\partial U^2}{\partial x}\right)_{x=L}=-\frac{2j_d}{\mu C} \tag{6-10}$$

在没有太赫兹波辐射($U_a=0$)时，联立式(6-8)～式(6-10)，则源漏电流密度可表示为

$$j_d=\frac{\mu C}{L}\left(U_g U^*-\frac{U^{*2}}{2}\right) \tag{6-11}$$

定义 $U^*=U_g-U(L)$ 为跨过沟道的压降，并始终满足 $U^*\leqslant U_g$。当 $U^*=U_g$ 时，漏端的电子浓度将始终为零($n(L)=CU(L)/e=0$)，电流为

$$j_{\text{sat}}=\frac{\mu CU_{\text{g}}^{2}}{2L} \tag{6-12}$$

物理上将 j_{sat} 定义为饱和电流密度，这里仅仅考虑 $U^{*}<U_{\text{g}}$，即 $j_{\text{d}}<j_{\text{sat}}$ 的情况。在太赫兹波照射下，有

$$U=U_{0}(x)+\frac{1}{2}U_{1}\text{e}^{-\text{i}\omega t}+\frac{1}{2}U_{1}^{*}\text{e}^{\text{i}\omega t} \tag{6-13}$$

代入式(6-8)和式(6-10)，只保留直流项，得到静态项满足

$$\frac{\partial^{2}}{\partial x^{2}}\left(U_{0}^{2}+\frac{1}{2}\left|U_{1}\right|^{2}\right)=0 \tag{6-14}$$

且满足边界条件：

$$U_{0}(0)=U_{\text{g}},\ \left[\frac{\partial}{\partial x}\left(U^{2}+\frac{1}{2}\left|U_{1}\right|^{2}\right)\right]\bigg|_{x=L}=-\frac{2j_{\text{d}}}{\mu C} \tag{6-15}$$

振幅 U_1 的空间依赖性可表示为

$$-\frac{\text{i}\omega}{\mu}U_{1}=\frac{\partial^{2}(U_{1}U_{0})}{\partial x^{2}} \tag{6-16}$$

满足边界条件：

$$U_{1}(0)=U_{\text{a}},\ \left[\frac{\partial(U_{1}U_{0})}{\partial x}\right]\bigg|_{x=L}=0 \tag{6-17}$$

将边界条件式(6-15)代入式(6-14)，化简得

$$U_{0}^{2}(x)+\frac{\left|U_{1}(x)\right|^{2}}{2}=U_{\text{g}}^{2}+\frac{U_{\text{a}}^{2}}{2}-\frac{2j_{\text{d}}}{\mu C}x \tag{6-18}$$

由于 U_1 和 U_{a} 皆为小量，近似忽略式(6-18)中的 $|U_1|^2$ 和 $U_{\text{a}}{}^2$ 项，得到沟道内的电势分布函数：

$$U_{0}(x)=U_{\text{g}}\sqrt{1-\frac{\lambda x}{L}} \tag{6-19}$$

定义

$$\lambda=\frac{j_{\text{d}}}{j_{\text{sat}}} \tag{6-20}$$

由式(6-3)和式(6-19)可得到沟道内的静态电子分布：

$$n_{0}(x)=\frac{CU_{\text{g}}}{e}\sqrt{1-\frac{\lambda x}{L}} \tag{6-21}$$

在没有太赫兹波辐射时，由式(6-19)和式(6-21)，可得源端的电势和电子浓度分别如下：

$$U_0(L)\big|_{U_a=0}=U_g\sqrt{1-\lambda},\ n_0(L)\big|_{U_a=0}=\frac{CU_g}{e}\sqrt{1-\lambda} \tag{6-22}$$

因为 $U^*=U_g-U(L)$，所以由太赫兹波辐射感应产生的源漏电压为 $\delta U^*=-\delta U_0(L)$，其中 $\delta U_0(L)=U_0(L)-U_0(L)\big|_{U_a=0}$。为了避免符号混淆，将 $\delta U_0(L)$ 定义为太赫兹波辐射下的探测器响应。由式(6-18)和式(6-22)得

$$\delta U_0(L)\approx\frac{U_a^2-|U_1(L)|^2}{4U_g\sqrt{1-\lambda}} \tag{6-23}$$

因此要得到太赫兹响应，需要简化成计算 $U_1(L)$，引入函数

$$f=\frac{U_1U_0}{U_aU_g} \tag{6-24}$$

将式(6-19)代入式(6-16)，得到

$$\frac{\mathrm{d}^2f}{\mathrm{d}y^2}=-\mathrm{i}\frac{\varepsilon_0}{\sqrt{1-\lambda y}}f \tag{6-25}$$

式(6-25)应满足边界条件：

$$f(0)=1,\ f'(1)=0 \tag{6-26}$$

定义 $y=\frac{x}{L}$，则

$$\varepsilon_0=\frac{\omega L^2}{\mu U_g}=\frac{\pi^2}{4}\frac{\omega}{\omega_0^2\tau}=\frac{L^2}{L_0^2} \tag{6-27}$$

式中：$L_0=s\sqrt{\frac{\tau}{\omega}}$，为太赫兹交流分量 U_1 沿沟道方向的衰减长度。因此，$\varepsilon_0\gg1$ 表明太赫兹振荡从源端激发，未达到漏端之前就被衰减为零。对于源漏偏压为零的情况，即 $\lambda=0$，从式(6-25)容易得到：

$$U_1(L)=\frac{U_a}{\cosh\left(\sqrt{-\mathrm{i}}L/L_0\right)} \tag{6-28}$$

对于零源漏电流，式(6-18)可简化为

$$U_0(L)=\sqrt{U_g^2+\frac{U_a^2-|U_1(L)|^2}{2}}\approx U_g+\frac{U_a^2-|U_1(L)|^2}{2U_g} \tag{6-29}$$

在式(6-29)中，只保留到 U_a^2 的线性项。需要指出的是，我们很难得到更精确的高次项，因为式(6-13)中不含高次谐波项。对于 $L\gg L_0$，太赫兹振荡在传到漏端之前就已经被阻尼掉了，即 $U_1(L)\rightarrow0$，文献[2]中给出了简化的模式：

$$\delta U_0(L) = \sqrt{U_g^2 + \frac{U_a^2}{2}} - U_g \approx \frac{U_a^2}{4U_g} \tag{6-30}$$

相反，当 $L \ll L_0$ 时，漏端太赫兹振荡的幅度非常接近源端，可表示为 $U_1(L) \approx U_a^2\left(1 - \frac{L^4}{6L_0^4}\right)$，得到的太赫兹响应的形式与文献[2]中表述一致：

$$\delta U_0(L) = \sqrt{U_g^2 + \frac{U_a^2}{12}\frac{L^4}{L_0^4}} - U_g \approx \frac{U_a^2}{24U_g}\frac{L^4}{L_0^4} \tag{6-31}$$

在这两种情况下，响应具有相同的符号，对应源端到漏端的负向电压。产生这样的电压是因为相比于漏端，源端有一个大得多的电势。式(6-30)和式(6-31)预示着当 $U_g \to 0$ 时，响应将达到无穷大。但是需要指出的是，它们仅仅在 $U_g \gg U_a$ 时才适用。对于 $U_g \sim U_a$ 的情形，需要考虑式(6-13)的高次谐波项。

进一步考虑，源漏电流不为零时的太赫兹响应取决于 L 和 L_0 之间的关系。相对于 $j_d = 0$，当 $L \ll L_0$ 时，太赫兹响应可能改变符号。

1. 短栅探测理论

首先考虑短栅情况($L \ll L_0$)。从式(6-27)中可以看出，这种形式适用于频率较低的情形($\varepsilon_0 = \omega\tau \ll \tau^2\omega_0^2 \ll 1$)。因此尝试将式(6-25)和式(6-26)展开成一系列包含小量参数 ε_0 的高次函数：

$$f(y) = 1 + \mathrm{i}\varepsilon_0 f_1(y) + \varepsilon_0^2 f_2(y) + \cdots \tag{6-32}$$

将式(6-32)代入式(6-25)、式(6-18)、式(6-19)和式(6-24)可以得到

$$\delta U_0(L) = \frac{U_a^2}{4U_g(1-\lambda)^{3/2}}\left[-\lambda + \frac{4\varepsilon_0^2}{15}\frac{5 + 4\sqrt{1-\lambda} + 1 - \lambda}{(1+\sqrt{1-\lambda})^4}\right] \tag{6-33}$$

这里仅仅保留正比于 U_a^2 的项，并略去 ε_0^2 以及更高次项。对于 $\lambda \ll 1$，式(6-33)可简化为

$$\delta U_0(L) = \frac{U_a^2}{4U_g}\left(-\lambda + \frac{\varepsilon_0^2}{6}\right) \tag{6-34}$$

可见，当 $\lambda > \frac{\varepsilon_0^2}{6}$ 时，响应将改变方向。对于极限形式 $\omega \to 0$，式(6-33)可用静态 $I-V$ 特性来描述。在这种情况下，漏端的电压可用静态 $I-V$ 特性结合式(6-13)得到。漏端电压可表示为 j_d 和 U_g 的函数：

$$U(L) = \sqrt{U_g^2 - \frac{2Lj_d}{\mu C}}$$

当频率较低时，上式依然成立，仅将 $U_g \to U_g + U_a\cos\omega t$ 代入即可，这样漏端的瞬时电压可表示为

$$U(L, t) = \sqrt{(U_g + U_a\cos\omega t)^2 - \frac{2Lj_d}{\mu C}} \tag{6-35}$$

漏极电压的固定值可对式(6-35)做时间平均 $\delta U_0(L) = \langle U(L, t)\rangle$，并按 U_a^2 的一次项展开：

$$\delta U_0(L) = -\frac{\lambda}{(1-\lambda)^{3/2}}\frac{U_a^2}{4U_g} \tag{6-36}$$

显而易见，它就是式(6-33)的第一项。从而揭示了太赫兹响应符号变化的物理意义，这是两种探测机制竞争的原因：一种源于等离子体波的衰减(如式(6-31)或式(6-34)的第二项)，另一种由沟道内非对称的太赫兹电场产生。当电流达到饱和即 $\lambda \to 1$ 时，第二种机制起主要作用。在饱和电压区，漏端的太赫兹电场降为零，而源端的太赫兹电场不受饱和电压的影响，依然保持原有的强度。

2. 长栅探测理论

对于长沟道情形，$L \gg L_0$，即满足条件 $\tau^2\omega_0^2 \ll \tau\omega \ll 1$。因为 $\varepsilon_0 \gg 1$，所以可以尝试 WKB 近似获得式(6-25)的解。由这个近似可以获得两个解，一个呈指数增加，另一个呈指数下降。由边界条件式(6-26)可知，仅仅保留呈指数下降解的形式即可。由 $U_1(L) \to 0$ 及式(6-23)可解得

$$\delta U_0(L) = \frac{U_a^2}{4U_g}\frac{1}{\sqrt{1-\lambda}} \tag{6-37}$$

可以看出对于长沟道($L \gg L_0$)和短沟道($L \ll L_0$)两种情形，探测器的响应度都会在器件接近饱和，即 $\lambda = \frac{J_d}{J_{sat}} \to 1$ 时迅速增强，从而导致公式畸变。如上所述，不均匀的电势和电场分布增强了场效应管的非线性特性，从而提高了探测器的响应度。

3. 阈值电压附近的非共振探测理论

式(6-37)表明太赫兹响应电压在阈值电压附近达到极大值，沟道内的电子浓度可表示为

$$n(x) = \frac{CT\eta}{e^2}\ln\left[1 + \exp\left(\frac{eU}{\eta T}\right)\right] \tag{6-38}$$

式中：T 为热能，$\eta\approx 2$ 为理想因子。当 $T\to 0$ 时，可由式(6－38)得到式(6－3)。太赫兹响应可以由式

$$\frac{\partial n}{\partial t}-\mu\frac{\partial^2\chi}{\partial x^2}=0 \tag{6-39}$$

得到，定义 $\chi=\int_0^U n(U')\mathrm{d}U'$，满足在 $x=L$ 处 $j_{\mathrm{d}}=-\frac{\mu\partial\chi}{\partial x}$，$x=0$ 处 $U=U_{\mathrm{g}}+U_{\mathrm{a}}\cos\omega t$。解得响应的形式和之前得到的非常相似，即

$$\delta U(L)=U_{\mathrm{a}}^2\alpha$$

其中系数 α 可以通过器件的 $I-V$ 特性曲线得到：

$$\alpha=\frac{\left[\dfrac{\partial n(U)}{U}\right]\Bigg|_{U=U_{\mathrm{g}}}}{4n(U)\,|_{U=U_{\mathrm{g}}-U^*}} \tag{6-40}$$

定义 U^* 为在栅控区的电势，通过求解式(6－38)可得

$$\left[\frac{\partial n(U)}{\partial U}\right]\Bigg|_{U=U_{\mathrm{g}}}=\frac{C}{e}\,\frac{\mathrm{e}^{eU_{\mathrm{g}}/(\eta T)}}{1+\mathrm{e}^{eU_{\mathrm{g}}/(\eta T)}} \tag{6-41}$$

最终可得如下探测器响应电压表达式

$$\delta U(L)=\frac{eU_{\mathrm{a}}^2}{4\eta T\left\{1+\exp\left[-\dfrac{eU_{\mathrm{g}}}{\eta T}\right]\right\}}\,\frac{1}{\ln\left\{1+\exp\left[e\,\dfrac{U_{\mathrm{g}}-U^*}{\eta T}\right]\right\}} \tag{6-42}$$

当 $T\to 0$ 时，可以化简得

$$\delta U(L)=\frac{U_{\mathrm{a}}^2}{4(U_{\mathrm{g}}-U^*)} \tag{6-43}$$

对于 $T=0$，静态的 $I-V$ 曲线由式(6－11)给出，得到 $U^*=U_{\mathrm{g}}-\sqrt{U_{\mathrm{g}}^2-\frac{2Lj_{\mathrm{d}}}{\mu C}}$，$U^*$ 隐含在式(6－37)中。对于 $T\neq 0$ 的情形，U^* 可以从实测的 $I-V$ 曲线得到，考虑了探测器串联电阻后，它的实际大小并不是跨接在器件源漏两端的 V_{ds}。以上理论同样适用于探测器工作于线性区的情形。

6.1.4　共振探测理论

本节将着重讨论共振探测时的太赫兹响应。对于

$$\omega_0\tau\gg 1 \tag{6-44}$$

在入射太赫兹波 $\omega\approx\omega_{\mathrm{N}}$ 时，可激发沟道内二维等离子体共振，即

$$\omega_{\mathrm{N}} = \omega_0(1+2N) \tag{6-45}$$

定义 $\omega_0=\dfrac{\pi s}{2L}$，其中 $N=1, 2, 3, \cdots$。为简单起见，仅仅考虑初阶项($N=0$)，试探式(6-1)、式(6-2)、式(6-4)，式(6-5)的解如下：

$$U = U_0(x)+\frac{1}{2}U_1(x)\mathrm{e}^{-\mathrm{i}\omega t}+\frac{1}{2}U_1^*(x)\mathrm{e}^{\mathrm{i}\omega t}+\cdots \tag{6-46}$$

$$v = v_{\mathrm{d}}(x)+\frac{1}{2}v_1(x)\mathrm{e}^{-\mathrm{i}\omega t}+\frac{1}{2}v_1{}^*(x)\mathrm{e}^{-\mathrm{i}\omega t}+\cdots \tag{6-47}$$

相对于 U_0 和 v_0，U_1 和 v_1 仅仅是小量。将式(6-46)、式(6-47)代入式(6-1)、式(6-2)、式(6-4)、式(6-5)，并做时间平均，可以得到

$$\frac{\partial}{\partial x}\left(\frac{v_{\mathrm{d}}^2}{2}+\frac{|v_1|^2}{4}+\frac{eU_0}{m}\right)+\frac{v_{\mathrm{d}}}{\tau}=0 \tag{6-48}$$

$$\frac{\partial}{\partial x}\left(U_0v_{\mathrm{d}}+\frac{U_1v_1^*+U_1^*v_1}{4}\right)=0 \tag{6-49}$$

并满足边界条件：

$$U_0(L)v_{\mathrm{d}}(L)+\frac{U_1(L)v_1^*(L)+U_1^*(L)v_1(L)}{4}=\frac{j_{\mathrm{d}}}{C} \tag{6-50}$$

$$U_0(0)=U_{\mathrm{g}} \tag{6-51}$$

要化解以上方程，需要得到 U_1 和 v_1。U_0 和 v_{d} 沿沟道方向的变化较小，即

$$\frac{U_0(0)-U_0(L)}{U_0(0)}\sim\frac{v_{\mathrm{d}}(0)-v_{\mathrm{d}}(L)}{v_{\mathrm{d}}(0)}\sim\frac{v_{\mathrm{d}}}{s}\ll 1 \tag{6-52}$$

因此可以假定 U_0 和 v_{d} 为常量，即

$$U_1,\ v_1\sim\mathrm{e}^{ikx} \tag{6-53}$$

线性化式(6-1)、式(6-2)、式(6-4)、式(6-5)，可以得到

$$v_1\left(\frac{1}{\tau}-\mathrm{i}\omega+\mathrm{i}kv_{\mathrm{d}}\right)+\mathrm{i}k\frac{eU_1}{m}=0 \tag{6-54}$$

$$U_1(-\mathrm{i}\omega+\mathrm{i}k\omega)+\mathrm{i}kU_0v_1=0 \tag{6-55}$$

$$U_1(0)=U_{\mathrm{a}},\ U_1(L)v_{\mathrm{d}}(L)+v_1(L)U_0(L)=0 \tag{6-56}$$

因为 $s\gg v_{\mathrm{d}}$，$\omega\tau\gg 1$，所以

$$k_{\pm}=\frac{\omega+\dfrac{\mathrm{i}}{2\tau}}{s}\left(\pm 1-\frac{v_{\mathrm{d}}}{s}\right) \tag{6-57}$$

$$U_1=C_+\frac{\omega-k_+v_{\mathrm{d}}}{k_+U_0}\mathrm{e}^{\mathrm{i}k_+x}+C_-\frac{\omega-k_-v_{\mathrm{d}}}{k_-U_0}\mathrm{e}^{\mathrm{i}k_-x} \tag{6-58}$$

$$v_1 = C_+ e^{ik_+ x} + C_- e^{ik_- x} \tag{6-59}$$

其中

$$v_d = \frac{j_d}{CU_g} \tag{6-60}$$

利用边界条件式(6－56)，可以得到

$$C_+ = \frac{U_a}{1 - \frac{k_-}{k_+} e^{i(k_+ - k_-)L}},\ U_- = \frac{U_a}{1 - \frac{k_-}{k_+} e^{-i(k_+ - k_-)L}} \tag{6-61}$$

将式(6－58)÷式(6－61)，并代入式(6－48)和式(6－49)，在解式(6－48)时，略去$\frac{v_d \partial v_d}{\partial x}$和$\frac{v_d}{\tau}$。通过对式(6－48)做积分，可以得到

$$U_0(L) - U_0(0) = \frac{1}{4}(|v_1(0)|^2 - |v_0(L)|^2) \tag{6-62}$$

将式(6－57)、式(6－59)、式(6－61)代入式(6－62)，最终可以解得共振探测的响应为

$$\delta U_0(L) \approx \frac{U_a^2}{4U_g} \frac{\omega_0^2}{(\omega - \omega_0)^2 + \left(\frac{1}{2\tau} + \frac{v_d}{L}\right)^2} \tag{6-63}$$

上式表明，太赫兹响应是以 $\omega = \omega_0$ 为中心的共振函数，共振峰宽为

$$\frac{1}{2\tau_{eff}} = \frac{1}{2\tau} - \frac{v_d}{L} \tag{6-64}$$

因为 $v_d \sim j_d$，所以共振峰宽随电流增加迅速变窄。当$\frac{v_d}{L} = \frac{1}{2\tau}$时，$\tau_{eff}$趋于无穷大，这种情况与等离子体波产生的阈值条件相吻合[2]。

6.1.5　理论的不足之处

以上分别介绍了国际上广泛采用的共振和非共振太赫兹探测模型。对于非共振模式，分别从短栅、长栅、阈值电压附近三种情况展开了论述，作为宽谱的探测模式能够很好地与实验数据吻合。而共振探测模式是一种探测频率受栅压控制的窄谱探测模式。结合共振和非共振模型基本上可以描述场效应管的大多数工作区域，极大地丰富了太赫兹探测器类型，为太赫兹应用技术的发展奠定了坚实的基础。

然而模型依然存在不足之处：对于非共振模型，短栅情况式(6－36)和

长栅情况式(6－37)中分母都有 $1-\lambda$ 项，而当电流达到饱和时，$\lambda\to1$，则 $(1-\lambda)\to0$，导致太赫兹响应 $\delta U_0(L)\propto\frac{1}{1-\lambda}\to\infty$，这并不符合物理意义，因此电流达到饱和区公式就不再适用了。图 6－5(a)所示为 GaAs HEMT 的 $I-V$特性曲线，其中带箭头的圆点表示不同栅压下的饱和点。图 6－5(b)所示为0.2 THz非共振太赫兹响应曲线，带方块的虚线为实测曲线，实线为理论曲线。由图可以看出，在达到饱和电压以前，实验曲线和理论曲线可以较好地吻合。然而一旦过了饱和点，实验曲线和理论曲线严重偏离，理论上这时太赫兹响应会急速增加，然而在实验曲线中却是下降的。可见上述非共振模型只能描述线性区的太赫兹响应，而对于饱和区就不再适用了，因此有必要开发一种更加普适的场效应探测理论。下一节将重点介绍基于缓变沟道近似的场效应自混频太赫兹探测理论，它将适用于包括线性区(LR)、转换区(TR)、饱和区(SR)、夹断区(PR)在内所有工作区域的太赫兹响应。

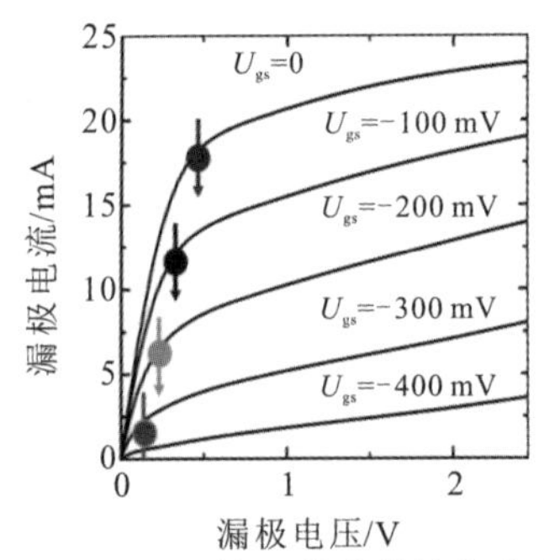

(a) GaAs HEMT的$I-V$输出特性和响应曲线

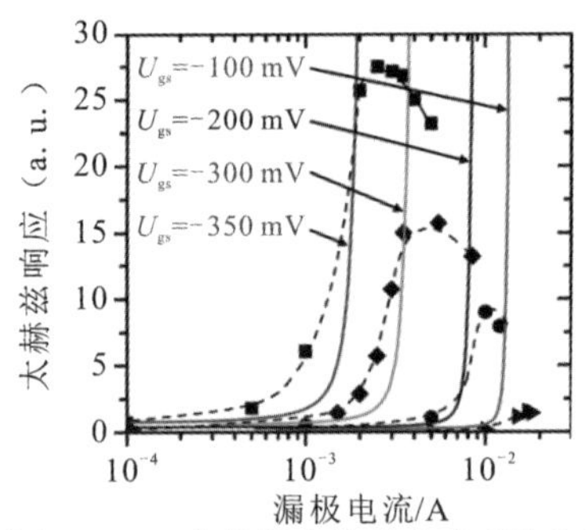

(b) 0.2 THz非共振太赫兹响应理论和测试曲线[12]

图 6－5　探测器的输出特性和响应曲线

6.2　氮化镓场效应自混频太赫兹探测器

6.2.1　场效应自混频探测理论

如 6.1 节所述，现有场效应太赫兹探测理论尚有一些不足之处，因此需要开发一种更加普适的基于场效应管的太赫兹探测理论。对于非共振探测，本文

提出了一种基于缓变沟道近似的自混频探测理论，它可以完整地描述探测器包括线性区(LR)、转换区(TR)、饱和区(SR)、夹断区(PR)在内所有工作区域的太赫兹混频响应。

本节将推导基于缓变沟道近似的场效应太赫兹自混频探测理论。图6-6所示为天线耦合场效应自混频太赫兹探测器的侧视示意图和等效电路图。场效应自混频探测器由栅控电子沟道和太赫兹天线构成。栅控电子沟道为GaN/AlGaN异质结中的二维电子气。特殊设计的太赫兹蝶形天线在电子沟道内感应出水平和垂直沟道的电场，分别调控电子的漂移速度和电子浓度，引起太赫兹波的混频，从而在电子沟道内产生定向的混频电流。

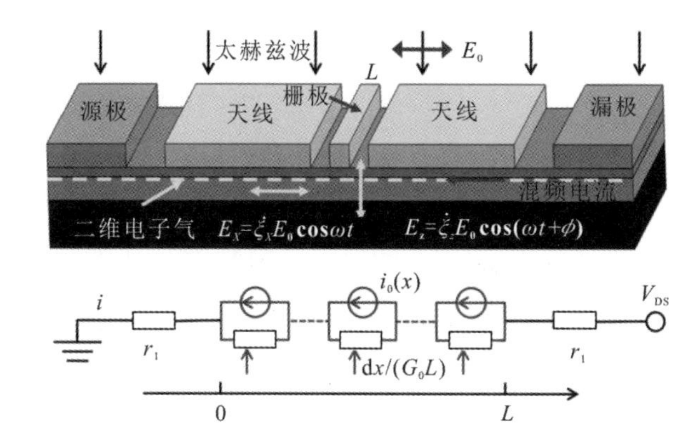

图6-6　天线耦合场效应自混频太赫兹探测器的侧视示意图和等效电路图

场效应缓变沟道近似中，栅长为L的场效应管可以分成若干个相互串联的微小电子沟道，如图6-6所示，在源漏电压V_{DS}的作用下，流过每个微小场效应管的电流可以表示为

$$i_x=-eWn_x\mu\frac{dV_x}{dx}=-eWnV_{geff}\mu\frac{dV_x}{dx}\tag{6-65}$$

式中：e和μ分别为单个电子电荷和电子迁移率，W为电子沟道的宽度，定义$V_{geff}=V_G-V_{th}-V_x$为栅控沟道x处的有效栅压，其中V_G和V_{th}分别为外加栅极电压和阈值电压，V_x由$x=0$处的0变到$x=L$处的V_{DS}。局域电子密度n_x可以表示为单位面电容C_g和有效栅压V_{geff}的函数，即$n_x=C_gV_{geff}/e$。由于这些微小电子沟道是相互串联的，流过每个微小沟道的电流都相等且等于总的沟道

电流，因此可以把流过源漏的总电流表示为

$$i_{DS} = -eWn(V_{geff})\mu \frac{dV_x}{dx} = -eW\mu C_g V_{geff} \frac{dV_x}{dx} \tag{6-66}$$

这样零偏压下随栅压控制的电导可以表示为

$$G_0 = e\mu \frac{W}{L} n(V_G - V_{th})\big|_{V_{DS}=0} \tag{6-67}$$

由缓变沟道近似，源漏电流和局域沟道电势可分别表示如下：

$$i_{DS} = \begin{cases} \mu C_g W[2(V_G - V_{th})V_{DS} - V_{DS}^2]/(2L),\ V_{DS} \leqslant V_G - V_{th} \\ \mu C_g W[(V_G - V_{th})^2 + \lambda(V_{DS} - V_G + V_{th})]/(2L),\ V_{DS} > V_G - V_{th} \end{cases} \tag{6-68}$$

$$V_x = \begin{cases} (V_G - V_{th})[1-(1-x/L_{LR})^{1/2}],\ x \in [0,\ L],\ V_{DS} \leqslant V_G - V_{th} \\ (V_G - V_{th})[1-(1-x/L_{SR})^{1/2}],\ x \in [0,\ L_{SR}],\ V_{DS} > V_G - V_{th} \end{cases} \tag{6-69}$$

式中：λ 为栅控沟道有效长度调制参数，在饱和区有 $L \rightarrow L_{SR} = \dfrac{L}{1+\dfrac{\lambda(V_{DS}-V_G+V_{th})}{(V_G-V_{th})^2}}$，在线性区有 $L_{LR} = \dfrac{L(V_G-V_{th})^2}{2(V_G-V_{th})V_{DS}-V_{DS}^2}$。由式(6-67)、式(6-69)，可以通过数值计算得到局域电子浓度随有效栅压的微分 dn/dV_{geff}。

在频率和能流密度分别为 $\omega=2\pi f$ 和 P_0 的太赫兹波照射下，太赫兹天线分别在栅控场效应沟道内感应出水平电场 $\dot{\xi}_x E_0$ 和垂直电场 $\dot{\xi}_z E_0$ 沟道的太赫兹电场，并产生附加的源漏电压和栅极电压：

$$V_x \rightarrow V_x + \xi_x E_0 \cos\omega t \tag{6-70}$$

$$V_G \rightarrow V_G + \xi_z E_0 \cos(\omega t + \phi) \tag{6-71}$$

式中：$\dot{\xi}_x = d\xi_x/dx$ 和 $\dot{\xi}_z = d\xi_z/dz$ 为太赫兹天线在水平和垂直方向的电场增强因子。$E_0 = \sqrt{P_0 Z_0}$、Z_0、ϕ 分别为自由空间太赫兹电场、自由空间阻抗、水平和垂直电场的相位差。将式(6-70)和式(6-71)代入式(6-65)，可以得到太赫兹波辐射下流过每个微小场效应管的电流为

$$i_x = e\mu Wn[V_{geff} + \xi_z E_0 \cos(\omega t + \phi) - \xi_x E_0 \cos\omega t] \frac{d(V_x + \xi_x E_0 \cos\omega t)}{dx} \tag{6-72}$$

式(6-72)两边都乘以 dx 并积分得

$$\int_0^L i_x \mathrm{d}x = e\mu W \int_0^L n[V_{\text{geff}} + \xi_z E_0 \cos(\omega t + \phi) - \xi_x E_0 \cos\omega t] \mathrm{d}(V_x + \xi_x E_0 \cos\omega t) \tag{6-73}$$

由于在缓变沟道近似中这些微小沟道相互串联，因此流过它们的电流都相等，并且等于流过源漏两端的电流 i_{DS}，所以最终可以得到太赫兹波照射下流过源漏两端的总电流：

$$i_{\text{DS}} = e\mu \frac{W}{L} \int_0^L n[V_{\text{geff}} + \xi_z E_0 \cos(\omega t + \phi) - \xi_x E_0 \cos\omega t] \mathrm{d}(V_x + \xi_x E_0 \cos\omega t) \tag{6-74}$$

将沟道电子浓度 n_x 随栅压做一阶展开得

$$n = n(V_{\text{geff}}) + \frac{\mathrm{d}n}{\mathrm{d}V_{\text{geff}}}[\xi_z E_0 \cos(\omega t + \phi)] - \frac{\mathrm{d}n}{\mathrm{d}V_{\text{geff}}}(\xi_x E_0 \cos\omega t) \tag{6-75}$$

这样直流偏置电流以及太赫兹混频电流之和就为

$$i_{\text{DS}} = I_{\text{DS}} + i_{xz} + i_{xx} \tag{6-76}$$

其中，等式右边第一项为直流偏置电流，第二和第三项为太赫兹波照射产生的直流混频电流，可分别表示为

$$i_{xz} = \frac{e\mu W}{2L} Z_0 P_0 \, \overline{z} \int_0^L \frac{\mathrm{d}n}{\mathrm{d}V_{\text{geff}}} \dot{\xi}_x \dot{\xi}_z \cos\phi \mathrm{d}x \tag{6-77}$$

$$i_{xx} = -\frac{\mu e W}{2L} Z_0 P_0 \int_0^L \frac{\mathrm{d}n}{\mathrm{d}V_{\text{geff}}} \xi_x \dot{\xi}_x \mathrm{d}x \tag{6-78}$$

式中：$\overline{z} = \xi_z / \dot{\xi}_z$ 为栅极到沟道内二维电子气的有效距离。由上面的推导可见自混频光电流正比于入射光强和太赫兹波对沟道电子的调制强度，因此电流响应度可以表示为

$$R_{\text{i}} = \frac{i_{xz} + i_{xx}}{P_0} = \frac{\mu e W}{2L} Z_0 \left\{ \overline{z} \int_0^L \frac{\mathrm{d}n}{\mathrm{d}V_{\text{geff}}} \dot{\xi}_x \dot{\xi}_z \cos\phi \mathrm{d}x - \int_0^L \frac{\mathrm{d}n}{\mathrm{d}V_{\text{geff}}} \xi_x \dot{\xi}_x \mathrm{d}x \right\} \tag{6-79}$$

响应度可通过沟道电子迁移率、沟道几何尺寸和天线效率得到增强。

当源漏电压为零时，沟道内各处的有效栅压趋于一致，都为$V_{\text{geff}} = V_{\text{G}} - V_{\text{th}}$，沟道内各处的二维电子气浓度也相同，可以由式(6－67)变换表示为

$$n(V_{\text{G}} - V_{\text{th}}) = \frac{G_0 L}{e\mu W} \tag{6-80}$$

将式(6－80)代入式(6－76)，便得到零偏压下的太赫兹光电流

$$i_0 = \frac{Z_0 P_0}{2} \frac{\mathrm{d}G_0}{\mathrm{d}V_{\mathrm{geff}}} \left(\overline{z} \int_0^L \dot{\xi}_x \dot{\xi}_z \cos\phi \mathrm{d}x - \int_0^L \xi_x \dot{\xi}_x \mathrm{d}x \right) \tag{6-81}$$

可以看出式(6-81)括号内的积分项与栅压无关，而仅与其自身结构有关，因此本书将其定义为探测器结构参数 A，用以表征天线对太赫兹电场的增强能力，把 A 称为天线结构因子。当 $\xi_z \gg \xi_x$ 时，第一项占主导，因而零偏压下的光电流可以简化为

$$i_0 = A \frac{Z_0 P_0}{2} \frac{\mathrm{d}G_0}{\mathrm{d}V_{\mathrm{geff}}} \tag{6-82}$$

利用欧姆定律可以得到零偏压下的光电压表示形式如下：

$$u_0 = A \frac{Z_0 P_0}{2G_0} \frac{\mathrm{d}G_0}{\mathrm{d}V_{\mathrm{geff}}} \tag{6-83}$$

在实际器件中，还需要考虑如图 6-7 所示的串联电阻和放大器输入内阻等因素的影响，这时短路电流和开路电压分别可以表示如下：

$$i_{\mathrm{m}} = A \frac{Z_0 P_0}{2} \frac{1}{1-(2r_1 + r_{\mathrm{mc}})G_{\mathrm{m}}} \frac{\mathrm{d}G_{\mathrm{m}}}{\mathrm{d}V_{\mathrm{geff}}} \tag{6-84}$$

$$u_{\mathrm{m}} = A \frac{Z_0 P_0}{2} \frac{r_{\mathrm{mv}} G_{\mathrm{m}}}{1+r_{\mathrm{mv}} G_{\mathrm{m}}} \frac{1}{1-2r_1 G_{\mathrm{m}}} \frac{\mathrm{d}G_{\mathrm{m}}}{\mathrm{d}V_{\mathrm{geff}}} \tag{6-85}$$

式中：G_{m} 为包括串联电阻的沟道实测有效电导，$2r_1$、r_{mv} 和 r_{mc} 分别为探测器的串联电阻、电压放大器的输入阻抗和电流放大器的输入阻抗。

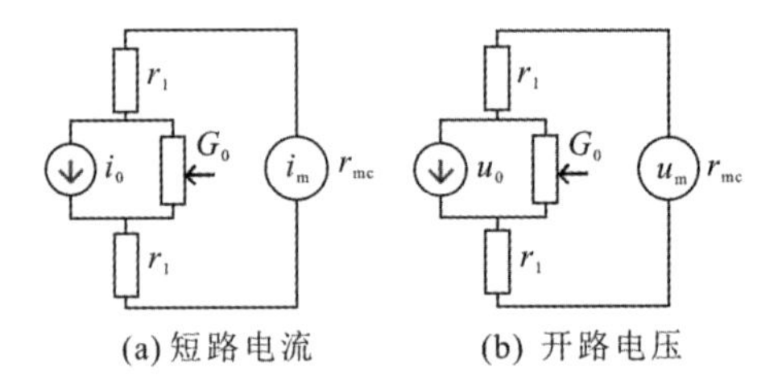

图 6-7　考虑串联电阻的光电测试电路图

由热噪声受限的探测器噪声等效功率可表示为

$$\mathrm{NEP} = \begin{cases} \dfrac{N_{\mathrm{iB}}}{R_{\mathrm{i}}} = \dfrac{\sqrt{4kTG_{\mathrm{m}}}}{i_{\mathrm{m}}/P_0} \\[2ex] \dfrac{N_{\mathrm{vB}}}{R_{\mathrm{v}}} = \dfrac{\sqrt{\dfrac{4kT}{G_{\mathrm{m}}}}}{u_{\mathrm{m}}/P_0} \end{cases} \tag{6-86}$$

式中：T 和 k 分别为探测器温度和玻耳兹曼常数，N_{iB}和 N_{vB}分别为探测器的电流和电压噪声谱密度，实测的电流响应度和电压响应度分别定义为 $R_i = i_m / P_0$ 和 $R_v = u_m / P_0$。通过电子迁移率、栅极长度和沟道宽度等的优化设计可降低等效噪声功率。

分析表明，基于缓变沟道近似的自混频探测理论能够很好地描述晶体管各个工作区域的太赫兹响应且不出现畸性，它只跟栅极对沟道内局域电子的调控能力有关，对此经典场效应理论已经能够给出很好的描述，因而克服了国际上非共振探测理论不适用于饱和区的缺点，且形式更加简单。

6.2.2 氮化镓自混频探测器设计

从以上基于缓变沟道近似的场效应自混频太赫兹探测理论，可以看到探测器光电流的大小主要取决于两点：首先是栅极对沟道电子浓度的调控能力 $\mathrm{d}n(V_{\mathrm{geff}})/\mathrm{d}V_{\mathrm{geff}}$，它可以通过材料的选取和结构的优化来提高；其次就是栅下水平电场（$\dot{\xi}_x E_0$）和垂直电场（$\dot{\xi}_z E_0$）及相位差 ϕ 的综合作用 $\dot{\xi}_x \dot{\xi}_z \cos\phi$，可以用太赫兹天线来增强电场，并优化它们之间的相位差。在零偏压下，天线结构因子 A 中起主导作用的是第一项，即$\approx \int_0^L \dot{\xi}_x \dot{\xi}_z \cos\phi \mathrm{d}x$。因而在优化天线时需要兼顾 $\dot{\xi}_x E_0$、$\dot{\xi}_z E_0$、ϕ，以达到其混频因子 $\dot{\xi}_x \dot{\xi}_z \cos\phi$ 最大。下面将详细介绍时域有限差分方法（FDTD）优化天线和基于 AlGaN/GaN 异质结的场效应混频沟道。

1. 天线调控的太赫兹电场分布

蝶形天线是一种比较成熟的天线结构，已被广泛应用于微波和射频等领域，下面从蝶形天线出发，重点描述天线的设计和优化过程。

图 6－8 所示为对称蝶形天线结构，它由左右两瓣组成，其谐振频率与瓣的长度密切相关，通过优化将单个瓣长确定为 45 μm，宽度为 10 μm，相对应的谐振频率为900 GHz，极化方向沿着 x 轴。设置中间栅长为 2 μm，天线和栅极间距为 1.5 μm，台面宽度为 4 μm。

图 6－9 所示为900 GHz太赫兹波照射下对称蝶形天线在栅极核心区域下 23 nm处太赫兹电场增强因子和相位分布。图 6－9(a)所示为水平电场增强因子 $\dot{\xi}_x$，增强的区域主要分布在栅极两侧 $x=-1$ μm 和 $x=1$ μm 处，且在 200 nm范围以内，且增强因子大小相当，增强幅度约为 30。由于只有受栅极控

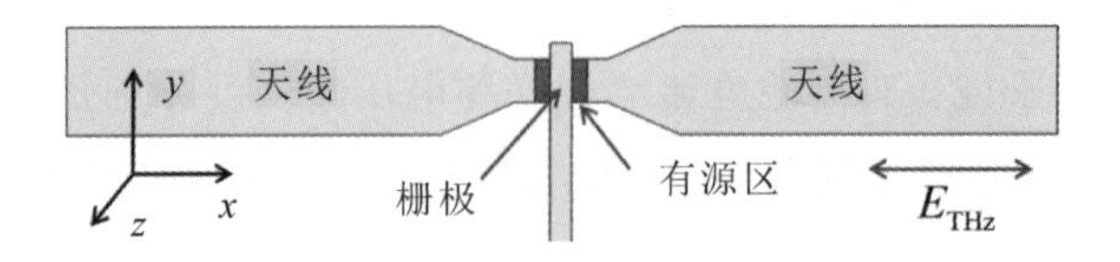

图 6-8　对称蝶形天线结构图

制的区域才参与太赫兹波混频，也就是虚线框出的区域，因此别的区域在此不做讨论。图 6-9(b)所示为垂直电场增强因子 $\dot{\xi}_z$，增强的区域同样分布在栅极两侧，增强幅度约为 100。图 6-9(c)所示为在 $y=0$ 处水平电场的相位 ϕ_x 随 x 的变化曲线，可以看到在栅下区域的 ϕ_x 始终为零，即 $\dot{\xi}_x$ 的方向始终保持一致。而图 6-9(d)所示为在 $y=0$ 处垂直电场的相位 ϕ_z 随 x 的变化曲线，大约在栅极中间区域 $x=0$ 处的相位突然由 $\phi_z=0$ 变为 $\phi_z=180°$，这意味着 $x=0$ 左右两侧的电场方向是相反的，但它们的大小相等。由 $\dot{\xi}_x$ 和 $\dot{\xi}_z$ 的相位差$\phi=\phi_x-\phi_z$，并结合图 6-9(c)和(d)，可以发现在 $x=0$ 处 ϕ 变换 180°。结合图6-9(a)～(d)，便可以得到图 6-9(e)所示的混频因子 $\dot{\xi}_x\dot{\xi}_z\cos\phi$ 在栅极核心区域的分布，可以看到混频因子还是主要分布于栅极200 nm范围以内，且整体增强了 2000，可以看出它们幅度相同，然而左右两侧的符号却是相反的。在栅控区域对其积分得 $\int_0^L \dot{\xi}_x\dot{\xi}_z \mathrm{d}x = 0$，这意味着它们的混频电流大小相同方向相反，最终混频电流相互抵消。因此这种完全对称的蝶形天线结构虽然能够很好地增强太赫兹电场，但它并不能使探测器产生净向光电流，所以这种天线对于太赫兹探测器是完全无效的，除非在场效应沟道上进行电场调制，形成非对称性天线。

基于以上的模拟结果和分析，要产生净向光电流，栅极两侧的电场必须不对称，要么大小迥异，要么始终保持相位 ϕ 相同。但通过分析可以发现，栅极两侧的相位 ϕ 始终保持 180°的相位差。因此只能通过设计非对称的天线结构，使得栅极两侧的增强因子各不相同，从而产生净向光电流。

图 6-10 所示为非对称三瓣蝶形天线结构，该天线由左右两瓣 A 和 B，以及非对称的瓣 C 组成，瓣 A 和瓣 B 主要用于增强水平太赫兹电场，瓣 C 能感应产生极强的垂直电场。这里单个瓣长依然为 45 μm，宽度为 10 μm，谐振频率为900 GHz，电场极化方向沿着 x 轴。中间栅长依然设置为 2 μm，两边蝶形

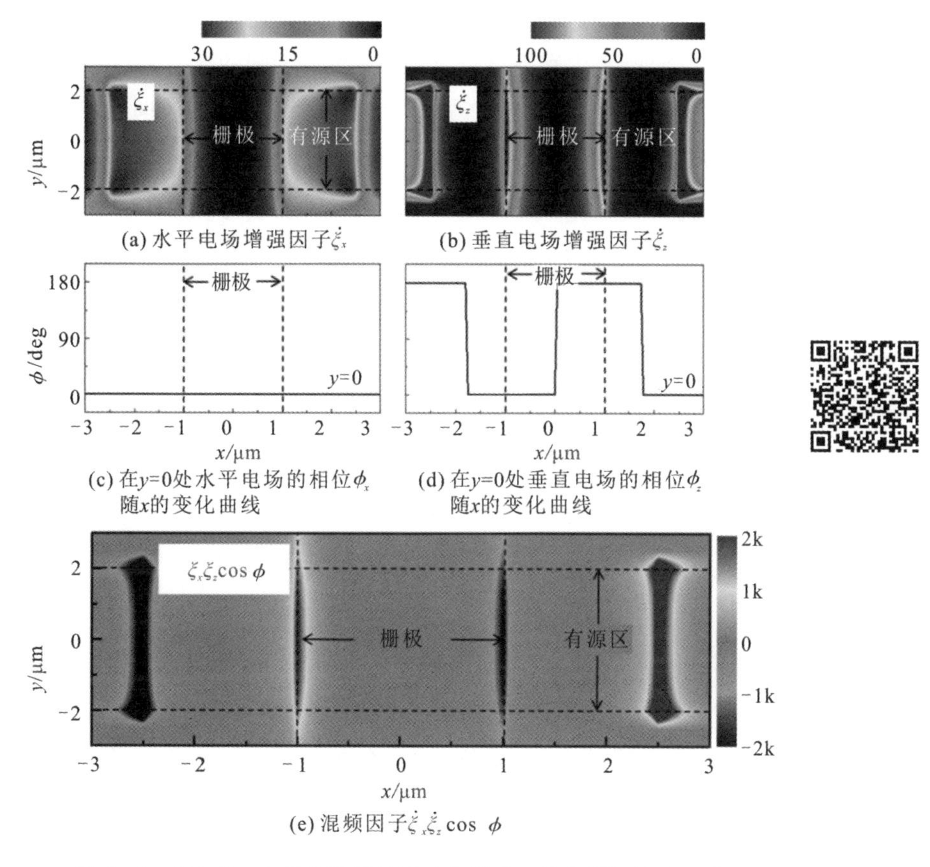

图 6－9　900 GHz太赫兹波照射下对称蝶形天线在栅极核心区域下 23 nm 处太赫兹电场增强因子和相位分布图

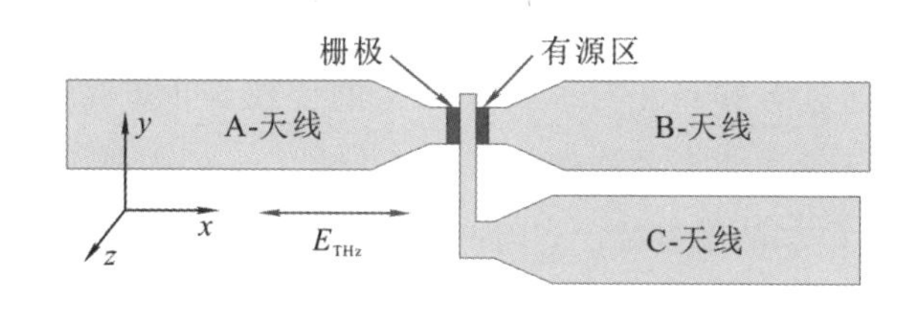

图 6－10　非对称三瓣蝶形天线结构图

天线的间距为 5 μm，台面宽度为 4 μm。

图 6－11 所示为900 GHz太赫兹波照射下非对称三瓣蝶形天线在栅极核心

区域下 23 nm 处太赫兹电场增强因子和相位的分布(极化方向沿着 x 轴)。图 6-11(a)所示为水平电场增强因子 ξ_x，增强的区域与对称蝶形天线一致，主要还是分布在栅极两侧$x=-1$ μm 和$x=1$ μm处，且在200 nm范围以内，但是左侧和右侧的增强因子大小迥异。左侧$\dot{\xi}_x(0)\approx60$，明显大于对称蝶形天线结构，而右侧 $\dot{\xi}_x(L)<20$，远小于左侧，因而通过非对称的设计，不但引入了电场分布的不对称性，而且相比对称天线有更大的水平电场。图6-11(b)所示为垂直电场增强因子 $\dot{\xi}_z$，增强的区域同样分布在栅极两侧，左侧$\dot{\xi}_z(0)>200$，明显大于对称蝶形天线结构，而右侧$\dot{\xi}_z(L)<100$，小于左侧，同样引入了电场分布的不对称性，而且相比对称天线有更大的垂直电场。图 6-11(c)所示为在 $y=0$ 处水平电场的相位 ϕ_x 随 x 的变化曲线，不同于对称结构，大约在栅极中间区域$x\approx0$处的相位突然由 $\phi_x=0$ 变为 $\phi_x=180°$，这意味着在 $x=0$ 两侧的电场方向是完全相反的。而图6-11(d)所示为在 $y=0$ 处垂直电场的相位 ϕ_z 随 x 的变化曲线，可以看到在栅下区域的 ϕ_z 始终为零，即 $\dot{\xi}_z$ 的方向始终保持一致。由 $\dot{\xi}_x$ 和 $\dot{\xi}_z$ 的相位差 $\phi=\phi_x-\phi_z$，并结合图 6-11(c)和(d)，可以发现在 $x=0$ 处 ϕ 变换 180°。结合图6-11(a)～(d)，同样可以得到图6-11(e)所示的混频因子 $\dot{\xi}_x\dot{\xi}_z\cos\phi$ 在栅极核心区域的分布，可以看到它还是主要分布于栅极200 nm范围以内，栅极左侧增强了正的10 000多倍，而栅极右侧仅仅增强了不到负的2 000倍。虽然左右两侧的方向是相反的，但是栅极左侧远大于右侧，因此净的 $\dot{\xi}_x\dot{\xi}_z\cos\phi>8000$，所以通过非对称天线的设计避免了栅极两侧电场完全相消，形成了一个净向的增强太赫兹混频电场，进而存在可观测的直流太赫兹光电流响应。

综上所述，通过对称和非对称天线结构的比较，可知混频因子 $\dot{\xi}_x\dot{\xi}_z\cos\phi$ 中的相位 ϕ 起到了至关重要的作用，它直接决定了 x 处太赫兹光电流的流向，而 $\dot{\xi}_x\dot{\xi}_z$ 是太赫兹电场的增强幅度，因此电场分布的非对称性在天线设计中非常关键。

上述讨论表明，非对称三瓣蝶形天线可以适用于场效应太赫兹混频探测。由于实验室现有的太赫兹源为返波管(BWO)，其频率可调范围较小，约为830～930 GHz，中心频率为880 GHz，如何设计天线使得天线的谐振频率落在返波管的频率可调节范围内变得尤为关键。而通过改变单瓣的长度(AL)和宽度

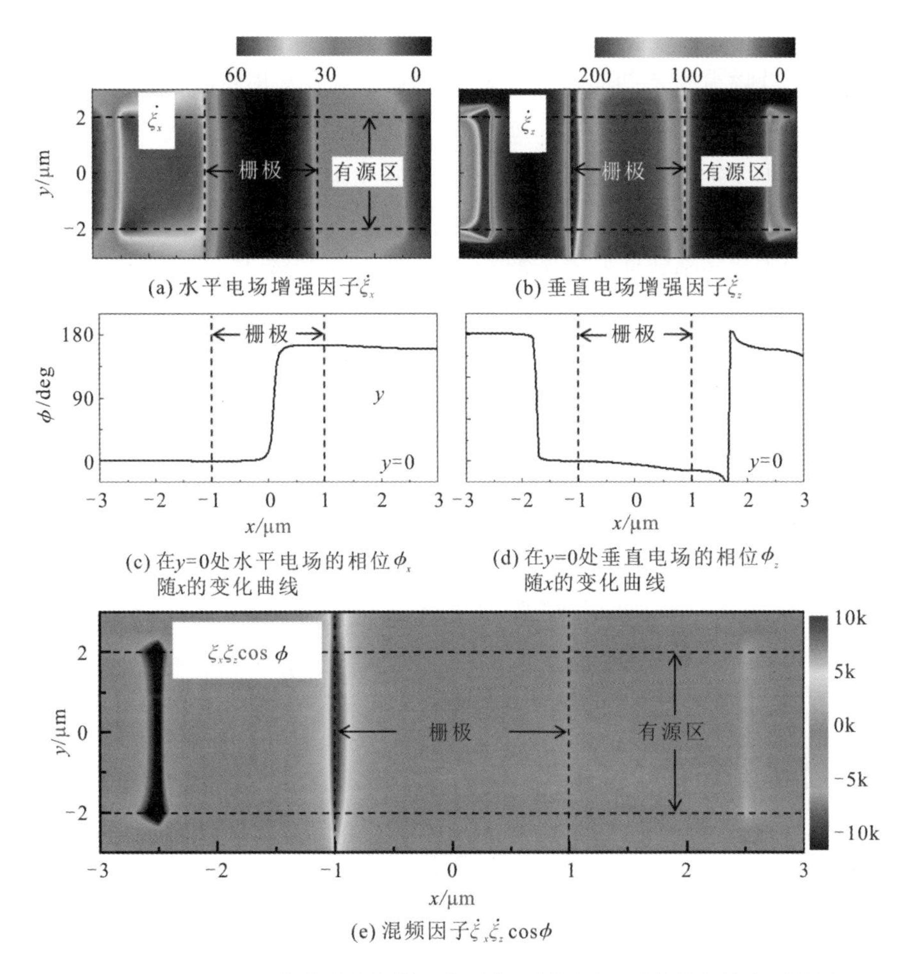

(a) 水平电场增强因子$\dot{\xi}_x$　(b) 垂直电场增强因子$\dot{\xi}_z$

(c) 在y=0处水平电场的相位ϕ_x随x的变化曲线　(d) 在y=0处垂直电场的相位ϕ_z随x的变化曲线

(e) 混频因子$\dot{\xi}_x\dot{\xi}_z\cos\phi$

图 6-11　900 GHz太赫兹波照射下非对称三瓣蝶形天线在栅极核心区域下 23 nm 处太赫兹电场增强因子和相位的分布图

(AW)能够调节天线的谐振频率。因此可采用图 6-10 所示的天线结构，分别固定瓣的长度和宽度，并分析长度和宽度分别对太赫兹的增强特性。图 6-12 所示为三瓣蝶形天线结构的谐振特性随瓣长和瓣宽变化的曲线。图 6-12(a) 所示为瓣宽固定为10 μm时天线谐振频率和混频因子 $\dot{\xi}_x\dot{\xi}_z\cos\phi$ 随瓣长变化的曲线。瓣长由10 μm增加到120 μm，其谐振频率往低频太赫兹段漂移，由 1.74 THz迅速降低到0.38 THz，而混频因子 $\dot{\xi}_x\dot{\xi}_z\cos\phi$ 由 500 迅速增加到 90 000。可以看到返波管中心频率对应的瓣长为 45 μm，说明低频段的太赫兹

天线的增强效率相对较高，设计也相对容易。图 6－12(b)所示为瓣长固定为45 μm 时天线谐振频率和混频因子 $\dot{\xi}_x\dot{\xi}_z\cos\phi$ 随瓣宽变化的曲线。瓣宽由4 μm增加到20 μm，其谐振频率缓慢地向低频太赫兹段漂移，由905 GHz降低到780 GHz，而混频因子 $\dot{\xi}_x\dot{\xi}_z\cos\phi$ 由12 500缓慢增加到16 300。可以看到返波管中心频率对应的瓣宽为 10 μm，说明瓣宽对谐振特性的影响较瓣长要小很多，因此在优化天线频率特性上首先要考虑的是天线的长度。

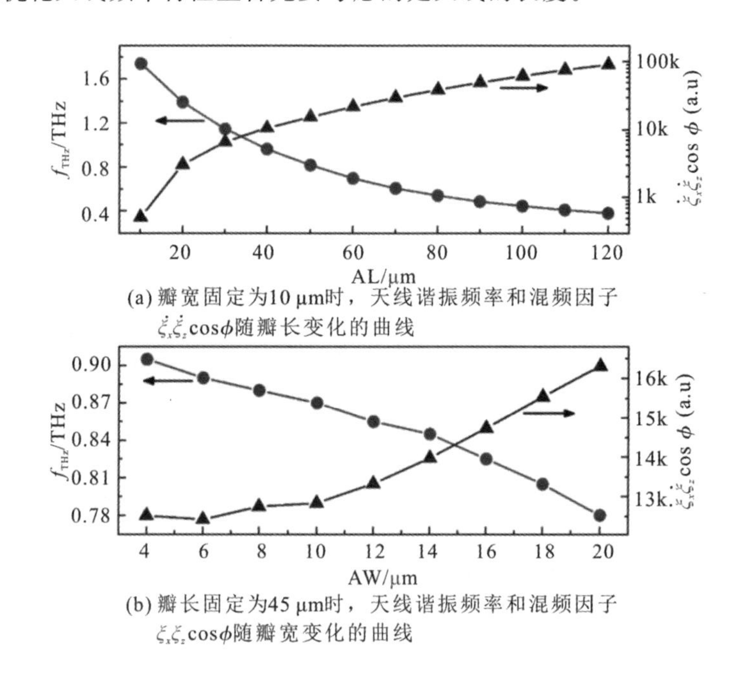

(a) 瓣宽固定为10 μm时，天线谐振频率和混频因子 $\dot{\xi}_x\dot{\xi}_z\cos\phi$ 随瓣长变化的曲线

(b) 瓣长固定为45 μm时，天线谐振频率和混频因子 $\dot{\xi}_x\dot{\xi}_z\cos\phi$ 随瓣宽变化的曲线

图 6－12　三瓣蝶形天线结构的谐振特性随瓣长和瓣宽变化的曲线

2. AlGaN/GaN 高电子迁移率晶体管

1) GaN 材料及 GaN 器件优势

在半导体产业的发展中，一般将 Si、Ge 称为第一代半导体材料，而将GaAs、InP、GaP、InAs、AlAs 及其三元、四元合金称为第二代半导体材料。宽禁带(E_g>2.3 eV)半导体材料近十年来发展非常迅速，成为第三代半导体材料(禁带宽度大于2.3 eV的宽禁带半导体材料)，包括 CdS(2.42 eV)、SiC(3.2 eV)、ZnO(3.32 eV)、GaN(3.42 eV)、ZnS(3.68 eV)、金刚石(5.45 eV)、AlN(6.20 eV)等。GaN 作为第三代半导体材料的主要代表，在电

子器件方面的研究相对比较成熟，具有禁带宽度大、临界击穿电场高、热导率高、电子饱和速率高、介电常数小等优点，并具有前两代半导体材料(Si 和 GaAs)所不能比拟的潜力，在光电子器件和高温高频大功率微电子器件等方面具有广泛的应用前景[13-15]，是目前半导体材料和器件研究领域的热点。GaN 基材料具有禁带宽、成键离子性强以及晶体中存在强烈的自发极化效应的特点。

在微电子和光电子学领域，研究人员特别关注的是器件的高速和高功率特性。表 6-1 所示为典型半导体 Si、GaAs、SiC 和 GaN 关键性能参数。从表 6-1中可以看出，与第一、第二代半导体材料相比，第三代宽禁带半导体材料具有能隙更宽、饱和电子速率更高、击穿电压更大、介电常数更小、导热性能更好等特点。对 GaN 而言，其化学性质更稳定，且耐高温、耐腐蚀和抗辐射，非常适合于制作高频、大功率和高密度集成的电子器件。因此，GaN 在微波、射频、电力电子和太赫兹技术等领域展示出了巨大的应用前景。其中 Johnson 品质因数 JMF 和 Baliga 品质因数 BFOM 是表征半导体材料高频大功率应用潜力的指标[16]：

$$\mathrm{JMF} = (E_{\mathrm{B}} v_{\mathrm{s}})^2 (4\pi^2) \tag{6-87}$$

$$\mathrm{BFOM} = \varepsilon \mu_{\mathrm{n}} E_{\mathrm{B}}^2 \tag{6-88}$$

式中：ε 为材料的介电常数，μ_{n} 为二维电子气迁移率，E_{B} 为击穿电压，v_{s} 为电子饱和漂移速度。表 6-1 表明，GaN 在高频和高功率器件方面具有明显的优势。

表 6-1　典型半导体 Si、GaAs、SiC 和 GaN 关键性能参数

物理性质	Si	GaAs AlGaAs/GaAs	4H-SiC	GaN AlGaN/GaN
禁带宽度 E_{g}/eV	1.11	1.43	3.2	3.4
相对介电常数 ε	11.4	13.1	9.7	9.8
击穿电场 E_{g}/(V/cm)	6×10^5	6.5×10^5	3.5×10^6	3.5×10^6
电子饱和漂移速度 v_{s}/(cm/s)	1×10^7	1×10^7 (2.1×10^7)	2×10^7	1×10^7 (2.7×10^7)

续表

物理性质	Si	GaAs AlGaAs/GaAs	4H-SiC	GaN AlGaN/GaN
二维电子气迁移率 $\mu_n/(cm^2 \cdot V^{-1} \cdot s^{-1})$	1500	8500 (10 000)	700	900 (2000)
热导率 $k/(W \cdot cm^{-1} \cdot K^{-1})$	1.5	0.5	4.9	1.3
工作温度 T/℃	175	175	650	600
抗辐照能力/rad	$10^4 \sim 10^5$	10^6	$10^9 \sim 10^{10}$	10^{10}
JMF	1	5	136	246
BFOM	1	9	13.5	39

2）AlGaN/GaN 异质结界面势阱和二维电子气的形成

对于普通的金属氧化物场效应晶体管(MOSFET)，二维电子气的形成完全受外场控制，栅压通过氧化硅加载到半导体上，当施加适当的电压时，氧化硅和半导体界面形成反型层，并出现一个三角势阱，电子被限制在阱内，这样就形成了二维电子气。而对于半导体异质结，二维电子气的形成完全是自发的。宽带隙半导体和窄带隙半导体存在带阶差是形成二维电子气的本质原因。

下面以 AlGaN/GaN 异质结为例着重阐述二维电子气的形成过程。图6－13所示为 AlGaN/GaN 异质结能带结构，左右两侧分别对应宽带隙 AlGaN 和窄带隙 GaN。图 6－13(a)所示为 AlGaN 和 GaN 接触前未形成异质结的能带结构。这时它们拥有各自的半导体基本参数，宽带隙半导体 AlGaN 的导带底、价带顶、费米能级、半导体功函数、电子亲和势与内建势分别为 E_{c1}、E_{v1}、E_{F1}、ϕ_{s1}、χ_{s1} 和 V_{B1}。窄带隙半导体 GaN 的导带底、价带顶、费米能级、半导体功函数、电子亲和势与内建势分别为 E_{c2}、E_{v2}、E_{F2}、ϕ_{s2}、χ_{s2} 和 V_{B2}。这时可以自然地得到它们的导带差 $\Delta E_c = E_{c1} - E_{c2}$，价带差 $\Delta E_v = E_{v1} - E_{v2}$，费米能级差 $\Delta E_F = E_{F1} - E_{F2}$。由于存在这些差异，特别是费米能级之差导致在 AlGaN/GaN 界面处电子受到很强的电场力。图 6－13(b)所示为 AlGaN 和 GaN 接触后形成异质结的能带结构，当 AlGaN/GaN 发生接触时，在这种电场力的作用下，电子由高电势的 AlGaN 往低电势的 GaN 跑，导致在 AlGaN/GaN 界面靠近 AlGaN 处的导带开始往上翘，而靠近 GaN 处的导带开始往下弯。当达到热平衡时，AlGaN/GaN 异质结的费米能级被拉平，这时它们将有一致的导带底

E_c 和价带顶 E_v。这时在 AlGaN/GaN 界面靠近 GaN 处的导带形成三角势阱，费米能级对于导带以下，整体变成简并态，于是阱内形成了高浓度的二维电子气。这时并没有外加任何电压，而是由于异质结本身的带隙差在其内部形成了一个内建势 V_B，这是异质结有别于 MOSFET 的最本质特点。

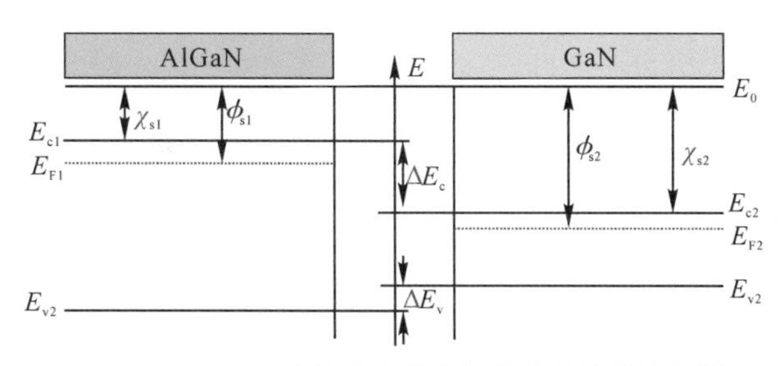

(a) AlGaN和GaN接触前未形成异质结的能带结构图

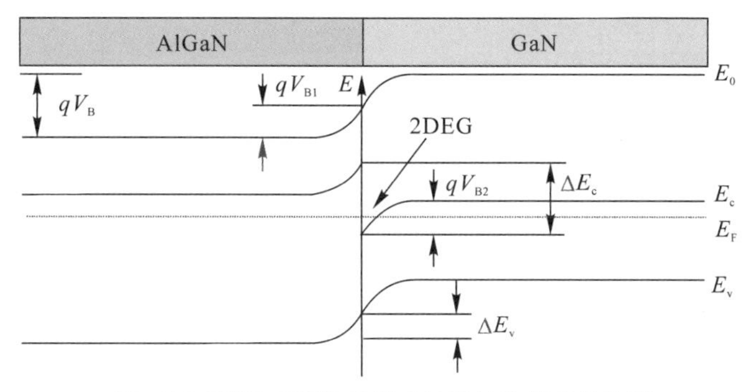

(b) AlGaN和GaN接触后形成异质结的能带结构图

图 6-13　AlGaN/GaN 异质结能带结构图

对于应力 AlGaN/GaN 异质结构，其异质结界面处的二维电子气密度与界面处导带不连续性和 AlGaN 势垒层极化密切相关。GaN 的禁带宽度为 3.42 eV，AlGaN 的禁带宽度随 Al 组分的变化遵循如下公式：

$$E_g(x) = xE_g(\text{AlN}) + (1-x)E_g(\text{GaN}) - x(1-x) \tag{6-89}$$

$$\Delta E_c = 0.7[E_g(x) - E_g(0)] \tag{6-90}$$

式中：$E_g(\text{AlN})=6.13$ eV，$E_g(\text{GaN})=3.42$ eV，例如在本课题的研究中，异质结材料 Al 组分是 0.27，即 $\text{Al}_{0.27}\text{Ga}_{0.73}\text{N}$ 中 $E_c=0.53$ eV。这使得在 AlGaN/GaN 异质结界面处造成一个很深的势阱，从而增强了对二维电子气的空间限制。电子在垂直于界面的 z 方向的运动受到势阱的约束形成更大的导带差。由

于非掺杂的窄带材料一侧势阱中的电子与宽带中的电离施主在空间上是分离的，减弱了二者之间的杂质散射作用，电子迁移率显著增加，而且在宽带隙材料高掺杂的情况下，仍可获得较高的载流子迁移率，因此在很大程度上缓解了传统 MESFET 器件中掺杂浓度与迁移率之间的突出矛盾，得到了有较高电导率的导电沟道。这种独特的性质使得 AlGaN/GaN HEMT 器件具有良好的电学特性。实际上 AlGaN/GaN 异质结有限高势垒与无限高势垒的情况有所区别，垂直于异质结界面的电场造成一个势阱，电子在该方向的运动受到约束，但仍可用三角形近似方法做分析，去描述二维电子气的量子化行为。按照量子力学的观点，电子在垂直于界面方向的运动应被量子化，其能量分布为不连续的分立能级。而电子在平行于界面方向的运动是自由的，其能量连续分布，需要求解薛定谔方程得到势阱中的波函数和能量的本征值：

$$-\frac{\hbar^2}{2}\frac{\mathrm{d}}{\mathrm{d}z}\left[\frac{\mathrm{d}}{m(z)\mathrm{d}z}\right]\varphi+\left[eV(z)+\Delta E(Z)\right]=E\varphi \tag{6-91}$$

二维电子气在三角势阱中的边界条件为

$$\begin{aligned}V(z)&=\infty(z<0)\\V(z)&=Fz(z\geqslant 0)\end{aligned} \tag{6-92}$$

这里 F 为界面势阱中的电场，$V(z)$ 为电势。利用上述边界条件，求解方程(6-91)可得

$$\frac{\mathrm{d}^2\varphi(z)}{\mathrm{d}z^2}+\frac{2m^*}{\hbar^2}(E_{\mathrm{i}}-qFz)\varphi(z)=0 \tag{6-93}$$

式中：m^* 为垂直于界面方向上的电子有效质量，E_{i} 是分立能级。第 i 子带中波矢为 k 的电子具有能量：

$$E_{\mathrm{i}}(k)=E_{\mathrm{i}}+\frac{\hbar k_x^2}{2m_x^*}+\frac{\hbar k_y^2}{2m_y^*} \tag{6-94}$$

式中：k_x 和 m_x^* 分别为 x 方向电子波矢和有效质量，k_y 和 m_y^* 分别为 y 方向的电子波矢和有效质量。

与传统的 MESFET 器件相比，AlGaN/GaN HEMTs 具有的显著的优点是具有较高的二维电子气浓度。自发极化场作用下 AlGaN/GaN 异质结中的各种电荷分布如图 6-14 所示，由于 AlGaN/GaN 异质结具有很强的极化效应，其二维电子气浓度可高达 $1\times10^{13}\ \mathrm{cm}^{-2}$，而且由于势阱中的电子与施主杂质在空间上是分离的，电子迁移率得以大大提高（$2000\ \mathrm{cm}^2/(\mathrm{V\cdot s})$），表现为

HEMT 器件具有高跨导、高饱和电流以及高截止频率的优良特性。

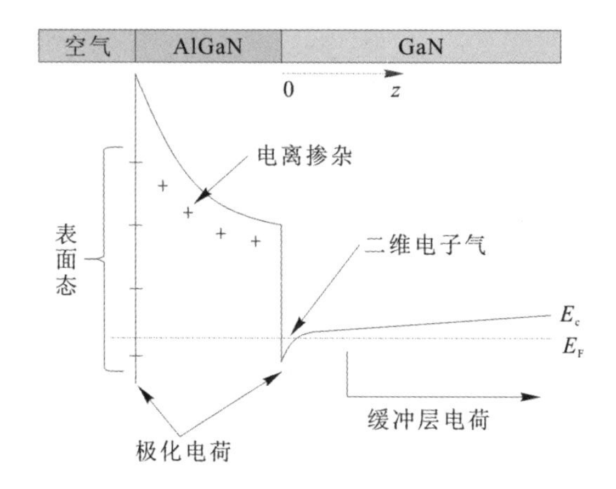

图 6－14　自发极化场作用下 AlGaN/GaN 异质结中的各种电荷分布示意图

3) AlGaN/GaN 高电子迁移率晶体管

得益于现代高质量半导体外延技术，低噪声的高电子迁移率晶体管能够工作在很高的频率(300 GHz)，并且已经应用于雷达和卫星通信等高科技领域。在未掺杂的本征 GaN 晶圆片用外延技术生长 AlGaN 的高质量二维电子气材料就用于高质量 HEMT 的制备，典型的结构如图 6－15(a)所示，其中 S 为源极，D 为漏极，G 为栅极，可以通过栅极控制沟道内的二维电子气浓度，从而控制沟道电导。典型的基于 AlGaN/GaN 材料的二维电子气浓度可以高达 1×10^{13} cm^{-2}，高浓度二维电子气与施主分离，可使电子实现高迁移率和低噪声运行。源端和漏端被金属覆盖，并通过退火使其与二维电子气接触，从而形成良好的欧姆接触。图 6－15(b)所示为零栅极偏压下的能带结构，二维电子气处于热平衡状态，金属的费米能级 E_{Fm} 和半导体的费米能级 E_{Fs} 趋于一致，AlGaN/GaN 界面处的导带在费米能级以下，这时沟道内存在高浓度二维电子气，沟道处于开启状态。图 6－15(c)所示为外加负向栅极编压下的能带结构，其中 E_c 为导带底，E_v 为价带顶，E_{Fm} 为金属的费米能级，E_{Fs} 为半导体的费米能级，$q\phi_B$ 为肖特基势垒高度，V_G 为外加栅压。当在栅极上外加负向电压时，金属的费米能级 E_{Fm} 和半导体的费米能级 E_{Fs} 分开，栅极的局域负向电场可以降低沟道内的二维电子气浓度。进一步降低栅压，AlGaN/GaN 界面处的导带将被拉到费米能级以上，二维电子气就会耗尽，沟道被关断，相对应的负向电

压即为此 HEMT 的阈值电压 V_{th}。

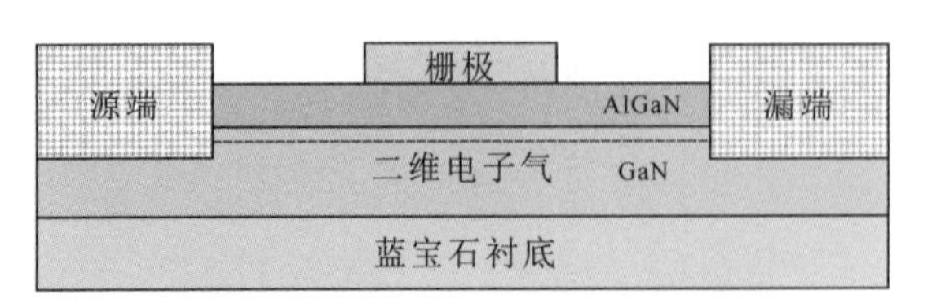

(a) 典型的AlGaN/GaN HEMT结构示意图

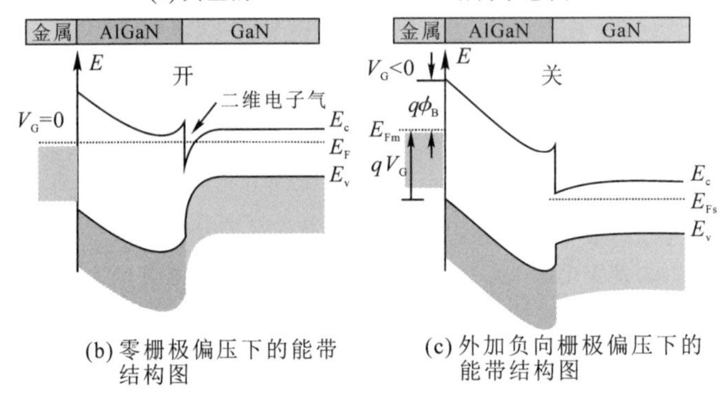

(b) 零栅极偏压下的能带结构图

(c) 外加负向栅极偏压下的能带结构图

图 6-15　AlGaN/GaN HEMT 的结构示意图和能带结构图

通俗地讲，场效应晶体管可以视为一个栅压控制的可变电阻器。在缓变沟道近似下，源漏电流可表示为

$$I = -en_s vW \tag{6-95}$$

式中：n_s 和 v 分别为沟道内电子的浓度和漂移速度。在无源漏电压下，二维电子气浓度可表示为

$$n_s = C_g \frac{V_g - V_{th}}{e} \tag{6-96}$$

其中 C_g 为单位面积有效栅电容。在源漏偏置电压 V_{DS} 下，在栅控沟道内 x 处的二维电子气浓度可表示为

$$n_s(x) = C_g \frac{V_g - V_x - V_{th}}{e} \tag{6-97}$$

沟道电势 V_x 中 $x=0$ 处的 0 增加到 $x=L$ 处的 V_{DS}。根据式(6-95)，源漏电流可表示为

$$I_{DS} = WC_g(V_g - V_x - V_{th})v \tag{6-98}$$

电子漂移速度可以表示为 $v=\mu E(x)$，其中 μ 为电子迁移率，$E(x)=\frac{dV_x}{dx}$ 为沿

x 方向的电场。源漏电流可表示为

$$I_{DS} = \mu W C_g (V_G - V_x - V_{th}) \frac{dV_x}{dx} \tag{6-99}$$

晶体管的源漏电势分别为 $V(0)=0$ 和 $V(L)=V_{DS}$。通过在式(6-99)两边乘 dx，并对栅控沟道进行积分，得到

$$\frac{1}{L}\int_{x=0}^{L} I_{DS}\,dx = \frac{\mu W C_g}{L}\int_{V=0}^{V_{DS}} (V_G - V_x - V_{th})\,dV_x \tag{6-100}$$

由于沟道内各处的电流是相同的，源漏电流可以写成

$$I_{DS} = \mu C_g \frac{W}{L}\left[(V_G - V_{th})V_{DS} - \frac{1}{2}V_{DS}^2\right] \tag{6-101}$$

由式(6-101)可知，晶体管的沟道电流受源漏电压和栅极电压共同控制。如图6-16(a)所示，若固定 V_G，则相应的 I_{DS} 和 V_{DS} 的关系曲线称为输出特性曲线。如图6-16(b)所示，若固定 V_{DS}，则相应的 I_{DS} 和 V_G 的关系曲线叫作转移特性曲线。从输出特性曲线可以清楚地看出，随着栅压变化，源漏电流发生显著变化，且在特定栅压下当 V_{DS} 大于一定值时，电流就达到饱和，这时晶体管即达到饱和区，对应的源漏电压叫作饱和电压 V_{sat}。而从输出特性曲线可以看到当栅压小于−4.1 V时，源漏电流降为零，二维电子气被耗尽，沟道被关断，此时对应的栅极电压即为阈值电压 V_{th}。

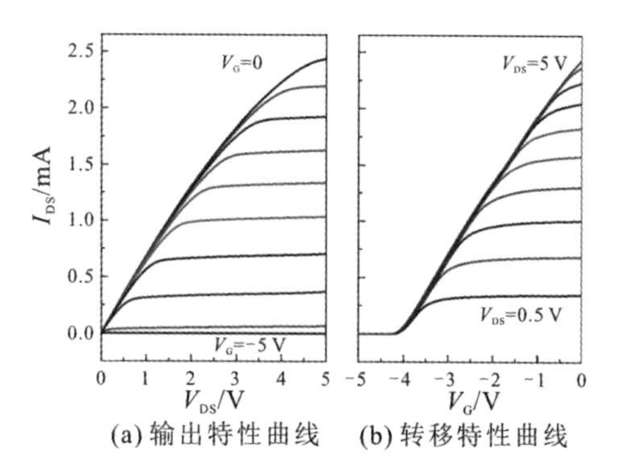

(a) 输出特性曲线　(b) 转移特性曲线

图6-16　AlGaN/GaN HEMT的电学特性曲线

可以定义一个性能系数来表示HEMT将电压信号转换为电流信号的能力。更确切地说，由于在信号处理过程中要考虑电压和电流的变化，因此把这个性能系数定义为漏电流的变化量除以栅极电压的变化量，通常称之为跨导，

用 g_m 表示，其数学形式可表示为

$$g_m = \left.\frac{\partial I_{DS}}{\partial V_G}\right|_{V_{DS.\ const}} \tag{6-102}$$

跨导代表了晶体管的增益：跨导越大，对应同样栅压的微小改变将引起源漏电流的变化越大。图 6-17 所示为不同源流电压下 AlGaN/GaN HEMT 的跨导随栅压变化的曲线。

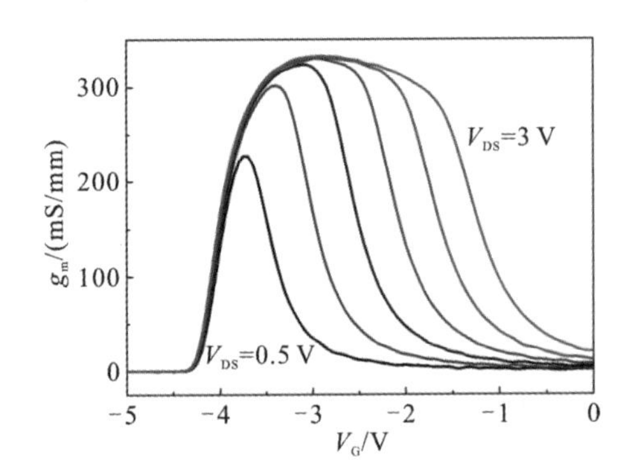

图 6-17　不同源漏电压下 AlGaN/GaN HEMT 的跨导随栅压变化的曲线

栅压控制二维电子气浓度可以近似认为电容充放电的过程，这时的电容主要为栅极电容，可简单表示为

$$C_g = \varepsilon_0 \varepsilon_s \frac{LW}{d} \tag{6-103}$$

式中：ε_0 为真空介电常数，ε_s 为半导体的相对介电常数，L 和 W 分别为栅宽和栅长，d 为栅极下表面到二维电子气界面的距离。而二维电子气浓度 n_s 受栅压控制，栅电容又可以线性近似为以下形式：

$$C_g = \frac{dQ}{dV_G} \approx \frac{en_s}{V_G - V_{th}} LW \tag{6-104}$$

在源漏电压的驱动下，沟道内的电子被加速，并在一定电压下达到饱和漂移速度 v_s，这时的源漏电流可表示为

$$I_{DS} \approx en_s v_s W \tag{6-105}$$

将式(6-104)化简得 n_s，并代入式(6-105)得

$$I_{DS} \approx \frac{1}{L} C_g v_s (V_G - V_{th}) \tag{6-106}$$

在特定源漏电压 V_{DS} 下，跨导 g_m 可由 I_{DS} 和 V_g 表示为

$$g_m = \left(\frac{\partial I_{DS}}{\partial V_G}\right)_{V_{DS}} \approx \frac{1}{L}C_g v_s = ev_s \frac{dn_s}{dV_G}W \qquad (6-107)$$

可以看出，跨导正比于电子浓度随栅压的一阶微分，而从基于缓变沟道近似的太赫兹响应关系式(6-81)可以看出，太赫兹响应正比于跨导 g_m，因而要提高太赫兹响应度首先就需要提高探测器跨导，而如图 6-17 所示，即便是栅长为 2 μm，沟道宽度为 4 μm 的 AlGaN/GaN HEMT 依然具有很高的跨导(约为 300 mS/mm)，因此 AlGaN/GaN HEMT 具有作为高灵敏太赫兹探测器的基本条件。

通过跨导和栅极电容的关系，并结合电子渡越沟道时间 τ，可以得出 HEMT 最高响应频率：

$$f_m = \frac{1}{\tau} = \frac{v_s}{L} = \frac{g_m}{C_g} \qquad (6-108)$$

因此对于栅长为 2 μm 的 HEMT，饱和漂移速度约为10^7 cm/s，可以算出平均渡越时间仅为10 ps，因此响应频率高达100 GHz。进一步减小栅长或栅极电容可以使 HEMT 工作于更高的频率。该频率并不是太赫兹探测频率，而是代表栅控电子沟道电荷输运的速度，代表 HEMT 输出信号的速度，是高速特性的重要保障。

6.2.3 氮化镓自混频探测器制备

有了前面基于天线增强 AlGaN/GaN HEMT 的探测理论和可行性分析，本节将着重讨论探测器的制备。高质量的探测器除了需要合理设计，还需要精确稳定的半导体微加工技术和探测手段，主要包括紫外(UV)光刻技术、电子束曝光技术(EBL)、电子束蒸发技术(EBE)、剥离技术(lift-off)、电感耦合等离子体刻蚀技术(ICP)、高温退火技术等。这些成熟的半导体微加工技术为 AlGaN/GaN 探测器的制备奠定了坚实的基础。

图 6-18 所示为典型 AlGaN/GaN HEMT 探测器实物，其中图 6-18(a)为器件整体扫描电镜照片，图 6-18(b)为核心区放大图，主要包括有源区、源漏欧姆接触电极、栅极、天线、滤波器、引线电极等部分。

图 6-19 所示为探测器制备的工艺流程，主要包括裂片和原片清洗、制备有源区、制备栅极绝缘层、制备欧姆接触电极、制备栅极和滤波器、制备天线

(a) 器件整体扫描电镜照片

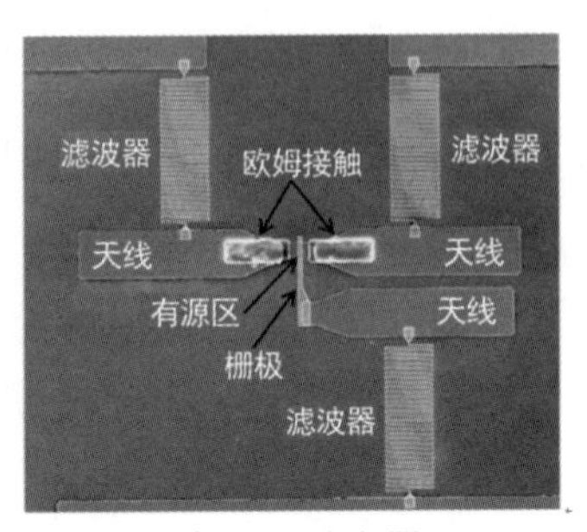

(b) 核心区放大图

图 6-18 典型 AlGaN/GaN HEMT 探测器实物图

和引线电极、封装引线等步骤。涉及工艺主要包括紫外光刻技术、电子束曝光技术、电子束蒸发技术、剥离技术、电感耦合等离子体刻蚀技术、高温快速退火技术等。下面将详细展开叙述整个制备过程。

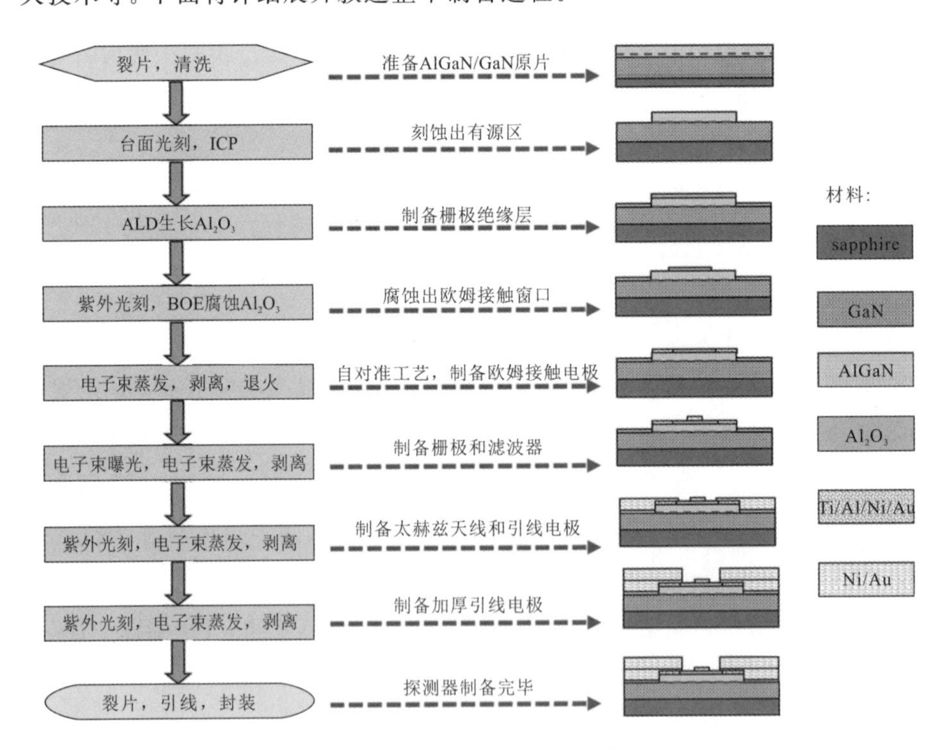

图 6-19 探测器制备工艺流程图

1. 裂片和原片清洗

首先将蓝宝石基 AlGaN/GaN 晶圆片用激光解理技术将其裂成特定尺寸的小样品，然后经丙酮、异丙醇、无水乙醇、去离子水等超声清洗去除有机杂质，最后将其放入氨水和双氧水的混合液中去除样品中的杂质离子。干净的样品是后续制备高性能探测器的基础。

2. 制备有源区

清洗完样品，进入有源区的制备。所谓有源区就是可以输运电子的导电沟道，这里指的是二维电子气通道。首先通过紫外光刻和显影，将要留下二维电子气部分的胶留下，而把其他部分的胶全部去掉。然后经刻蚀的方法，将没有光刻胶区域的二维电气子去掉，而将有胶的留下。最后将胶洗去形成有源区。

由于 AlGaN 和 GaN 的抗化学腐蚀能力很强，所以目前还没有较为实用的湿法刻蚀技术用于台面隔离的刻蚀。因此 AlGaN 和 GaN 常用干法刻蚀，常用的干法刻蚀主要有离子束刻蚀(IBE)、反应离子束刻蚀(RIE)、电感耦合等离子体刻蚀(ICP)等。离子束刻蚀通过离子轰击将样品上的原子去掉，是单纯的物理刻蚀技术，因此刻蚀速率较慢，光刻胶对样品的刻蚀选择比较差，而且高能量离子对样品有一定的损伤。而反应离子束刻蚀是粒子轰击外加化学反应，相比单纯的离子束刻蚀，刻蚀速率有所提高，选择比也有所增加。但是它的稳定性较差，导致刻蚀不均匀，因此刻蚀时一定要时刻注意负偏压的数值，直流偏压对样品表面的损伤较大，离子密度与能量不易单独控制。

电感耦合等离子体刻蚀也同样包含物理刻蚀和化学反应刻蚀。物理刻蚀是通过加速离子对基片表面的撞击，以离子能量的损失为代价，达到刻蚀目的。化学反应刻蚀是反应等离子体在放电过程中产生许多离子和化学活性中性物质(自由基)，这些中性物质是活跃的刻蚀剂。这种反应由于自由基不带电荷只进行自由运动，因此反应是各向同性的。电感耦合等离子体刻蚀(ICP)的特点为：离子密度($>10^{11}$ cm^{-3})高，刻蚀速率高；离子密度和离子能量分别由 ICP 和 RF 功率控制；在低离子能量下可以控制离子流量达到好的形貌控制；在低压下可以维持高的离子流量，从而达到高的刻蚀速率。直流偏压比较低，对器件的损伤小，与 IBE 刻蚀和 RIE 刻蚀相比，ICP 刻蚀能够对等离子体的能量和密度分别进行控制，以得到合理的刻蚀速率和较低的刻蚀损伤。因此，本文研究的器件台面隔离采用ICP干法刻蚀，刻蚀深度为50 nm，所用设备为Ⅲ-Ⅴ-ICP(Oxford Plasmalab System 100 RIE-ICP)刻蚀机，射频和电感耦合电源的频率为13.56 MHz，功率为300 W，被刻蚀样品与耦合线圈之间的距离约为10 cm。

3. 原子沉积法制备栅极绝缘层

有源区制备完成后，采用原子沉积法(Atomic Layer Deposition，ALD)制备栅极绝缘层。由于AlGaN/GaN异质结HEMT器件的阈值电压较高，一般在4 V以下，因此在接近阈值电压区通常伴随着较大的栅极泄漏电流，这种大的泄漏电流对太赫兹波的探测影响尤其显著。首先由于混频电流正比于电子浓度随栅压的变化量，而栅极漏电使得二维电子气浓度产生波动，这样会极大地增加探测器的噪声。再者栅极漏电会增大探测器本底电流，使得放大器过载，从而降低放大器增益。栅极绝缘层能够有效降低栅极漏电，因此要制备高质量的HEMT器件，绝缘介质层的选择十分重要。从探测器的工作原理可知，要想得到比较强的光电流，栅下必须要有足够强的水平和垂直电场，而且对栅控能力的要求也很高。过厚的绝缘层不仅会减弱天线在二维电子气处的电场，还会降低栅极对二维电子气的控制能力。因此要制备高灵敏度、低噪声的HEMT探测器，栅极绝缘层的选取非常关键，要尽量薄而且致密性要好。国际上报道采用ALD的方法制备Al_2O_3与AlGaN有良好的接触特性，并且可以精确控制薄层厚度。所以本文选择原子沉积法制备Al_2O_3作为器件的10 nm厚的栅极绝缘层。整个过程包括清洗、原子层沉积Al_2O_3和退火(600℃，30 min，N_2)等步骤。

原子沉积法是一种可以将物质以单原子膜形式一层一层地镀在基底表面的方法。原子沉积法与普通的化学沉积法有相似之处。但在原子层沉积过程中，新一层原子膜的化学反应是直接与之前一层相关联的，这种方式使每次反应只沉积一层原子。其反应温度可控，薄膜质量较好，而且厚度可以精确控制，是制作纳米结构从而形成纳米器件的极佳工具。ALD的工作原理如图6-20所示，其优点包括：通过控制反应周期数简单精确地控制薄膜的厚度，形成原子层厚度精度的薄膜；不需要控制反应物流量的均一性；前驱体是饱和化学吸附，保证生成大面积均匀性的薄膜；可生成极好的三维保形性化学计量薄

膜；可作为台阶覆盖和纳米孔材料的涂层；可以沉积多组分纳米薄层和混合氧化物；薄膜生长可在低温(室温到 400℃)下进行；可广泛适用于各种形状的衬底。

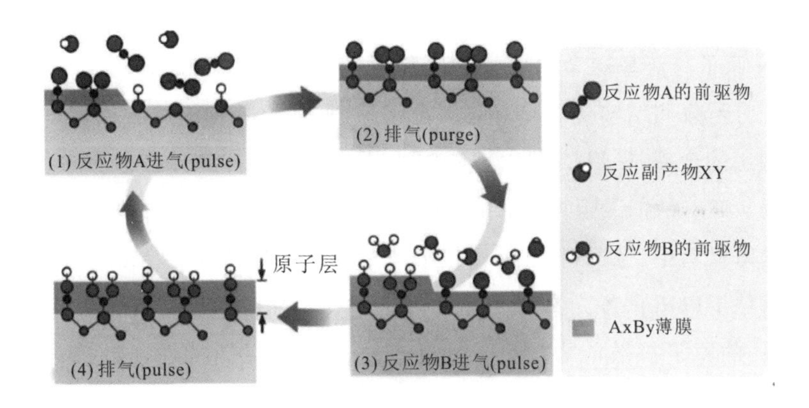

图 6-20　ALD 工作原理示意图

4. 制备欧姆接触电极

在台面上生长完 Al_2O_3 以后，就需要在源漏两端做好能连通二维电子气的欧姆接触。由于之前的 Al_2O_3 是各向同性生长的，因此整个样品表面都覆盖着 Al_2O_3。因此在做欧姆接触之前需要先腐蚀出欧姆接触窗口。首先需要对样品做紫外光刻，显影去胶。然后将样品放进 1∶20 的 BOE 溶液中，静置 3 min，这样欧姆接触区的 Al_2O_3 就完全被腐蚀掉了。再进行电子束蒸发，将 Ti/Al/Ni/Au=80 nm/120 nm/70 nm/100 nm蒸上样品，之后将样品放进丙酮做剥离(lift-off)，这样欧姆接触区的金属留下了，而其他区域的金属都将被去掉。最后在氮气环境下，对样品进行 850℃的高温快速退火，这样就完成了源漏欧姆接触电极的制备。

欧姆接触是 AlGaN/GaN HEMT 制造中的关键工艺。欧姆接触电极质量的好坏决定着器件的许多主要参数(如电流密度、外部增益、最高工作温度和大功率性能等)，要制备高性能的 AlGaN/GaN HEMT 器件，形成良好的金属与 AlGaN 的欧姆接触电极是十分重要的。首先是势垒层，该层选择金属的原则是能形成低阻、低功函数、薄的和热稳定的金属性势垒层化合物，能在 AlGaN 或 GaN 表面形成高密度的 N 空位。Ti、Ta、Zr 和 Co 等都符合要求，其中 Ti 具有难熔性，比其他几种金属具有更高的化学活性，功函数又低，是目前该层最常用的金属。经过退火，Ti 与 AlGaN 中的 N 反应生成 TiN，同时使 AlGaN 中产生了大量起施主作用的 N 空位，形成 n^+ 层，从而使 AlGaN 与退火金属之间形成良好的欧姆接触电极。其次是覆盖层，该层金属起催化作用，可增强 N 原子与势垒层金属原子的固相反应，另外它可和势垒层的金属形成薄的、低功函数和结实的合金相，甚至可与 N 原子形成了薄的氮化物。目前，该层最常用的金属是 Al，而且 Al 能防止 AlGaN 中 Ga 的外扩散所导致的施主浓度降低。第三是扩散阻挡层，由于帽层金属的功函数较高，如果它过多地外扩到半导体材料中，就不利于欧姆接触电极的形成，因而需要在帽层与覆盖层间沉积阻挡层以阻止各元素间相互扩散。一般来说，熔点较高的金属(特别是难熔金属)的原子扩散能力较低，具有较好的扩散阻挡特性，如 Pt、Pa、Ni、Cr、Mo、Ta 和 W 等。第四是帽层，该层的作用是保持稳定低阻的外接触，另外也起到了阻止势垒层和覆盖层的金属氧化的作用，一般选择贵金属，使用较普遍的是 Au。本文采用的是 Ti/Al/Ni/Au = 80 nm/120 nm/70 nm/100 nm，在氮气环境下 850℃快速退火。

5. 制备栅极和滤波器

制备完成欧姆接触电极以后，HEMT 器件另一个最重要部分的制备就是栅极的制备。首先对做完欧姆接触的样品做电子束曝光，工艺主要包括甩胶(光刻胶：PMMA - A4，转速为4000 r/min)、烘胶(180℃，烘胶时间为2 min)、电子束光刻(剂量为 450 $\mu C/cm^2$)、显影(显影液：四甲基二戊酮 MIBK/IPA=1/3，显影时间为90 s)。随后进行电子束蒸发，采用 Ni/Au=30 nm/120 nm作为栅极肖特基接触的金属，最后用 lift-off 的方法，将非栅极接触区域的金属去掉，此时纳米栅极制备完成，与此同时滤波器也一起形成了。

6. 制备太赫兹天线和引线电极

到此为止，HEMT 器件的基本结构已经完成，已具备了源极、漏极、栅极等核心结构。下面是探测器所需太赫兹天线的制备，天线作为增强太赫兹电场的有力工具，对探测器同样起着至关重要的作用。由于天线的尺寸较大，选择了紫外光刻作为图形转移的方式。然后用电子束蒸发的方式将 Ni/Au=50 nm/200 nm金属蒸发在样品上，再用 lift-off 的方法将不需要的金属剥去。

这样太赫兹探测器就制备完成了。为了便于后面的引线分装，又利用紫外光刻、电子束蒸发、lift-off 等工艺制备了 Ni/Au＝50 nm/300 nm的加厚引线电极。

7. 封装探测器引线

到此微加工相关的工艺已经全部完成，最后一步就是引线封装。首先将样品用激光解理的方式裂成更小的单元；然后将其用低温导热胶贴于管壳，这样可以加快探测器的导热速度；最后对器件进行引线压焊。压焊是整个器件加工的最后一个环节。这里采用的是超声压焊，它包括两种形式：球焊和楔焊。图 6－21(a)所示为经过超声压焊后的整体光学照片，图 6－21(b)为单个器件的扫描电镜显微图，从中可以清楚地看到球焊和楔焊一起使用。到此基于AlGaN/GaN HEMT 的太赫兹探测器制备完成了，下一节将进入太赫兹探测器的太赫兹光电响应测试部分。

(a) 经过超声压焊后的整体光学照片　(b) 单个器件的扫描电镜显微图

图 6－21　探测器的实物照片

6.2.4　无源漏偏压的场效应自混频探测理论验证

本节主要论述场效应自混频太赫兹探测器在无源漏偏压下的太赫兹响应特性[17]。太赫兹探测器栅长为 2 μm，为提高天线耦合效率，将天线跨接在台面上且与源漏两端没有物理接触。如 6.2.2 节所述，该设计可以保持天线良好的谐振特性。天线的共振频率由 FDTD 模拟，将其设计为900 GHz。探测器的核心结构是基于 AlGaN/GaN 的高电子迁移率晶体管，在室温下，二维电子气的迁移率和浓度分别为 $\mu=1870\ \text{cm}^2/(\text{V}\cdot\text{s})$ 和 $n_s=8.57\times10^{12}\ \text{cm}^{-2}$。如图 6－22(a)所示，探测器的栅长为 2 μm，有源区宽度为 8 μm。每个天线的尺寸为 45 μm ×10 μm，只有下端的天线(g－天线)直接与栅极相连接。栅极到两个悬浮天线(i－天线)的距离都为 1.5 μm。悬浮天线可以有效抑制引线电极对天线谐振性能的衰减，使天线保持原有的高增强特性，其作用与前文中提到的滤波器相似。源漏欧姆接触电极的距离为 130 μm，器件连同衬底的厚度为 416 μm。

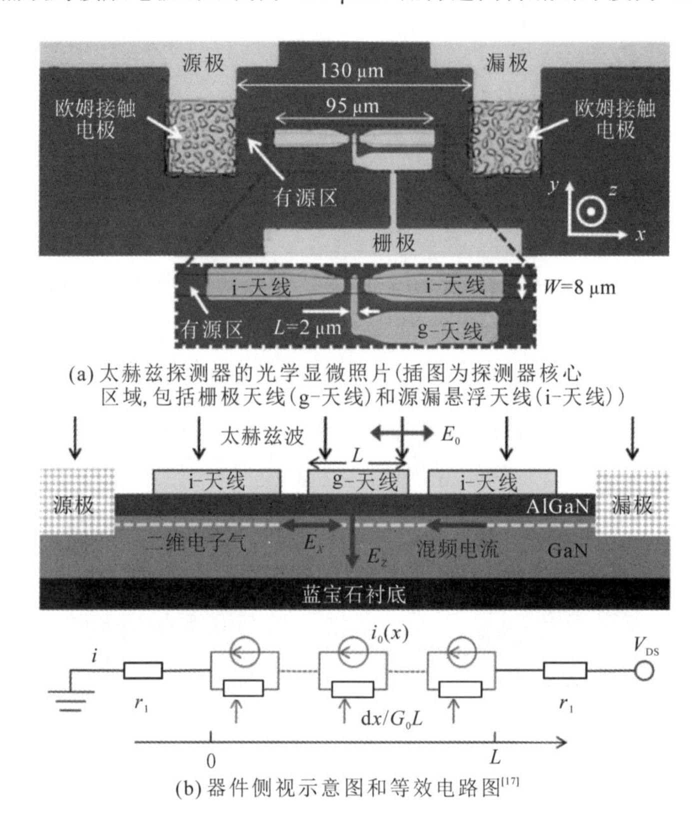

(a) 太赫兹探测器的光学显微照片(插图为探测器核心区域，包括栅极天线(g-天线)和源漏悬浮天线(i-天线))

(b) 器件侧视示意图和等效电路图[17]

图 6-22　探测器的实物照片和结构图

图 6-22(b)所示为器件侧视示意图和等效电路图，其中 $2r_1$ 为包括欧姆接触电极和非栅控台面在内的探测器串联电阻。在频率和能流密度分别为 $\omega=2\pi f$ 和 P_0 的太赫兹波照射下，经由天线分别在栅极感应出水平($E_x=\dot{\xi}_x E_0\cos\omega t$)和垂直($E_z=\dot{\xi}_z E_0\cos(\omega t+\phi)$)沟道的太赫兹电场。其中 E_0 为自由空间太赫兹电场，$\dot{\xi}_x=\dfrac{d\xi_x}{dx}$ 和 $\dot{\xi}_z=\dfrac{d\xi_z}{dz}$ 分别为天线对太赫兹电场的水平和垂直的增强因子，ϕ 为它们两者间的相位差。入射太赫兹波能流密度 P_0 可以由自由空间太赫兹电场 E_0 和自由空间阻抗 Z_0 表示为 $P_0=\dfrac{E_0^2}{2Z_0}$。这样零偏压下的短路

电流可表示为

$$i_{\mathrm{T}}=\frac{i_0}{1+2r_1G_0}=\frac{1}{1+2r_1G_0}\frac{\mathrm{d}G_0}{\mathrm{d}V_{\mathrm{G}}}\int_0^L Z_0P_0\,\overline{z}\dot{\xi}_x\dot{\xi}_z\cos\phi\mathrm{d}x \tag{6-109}$$

式中：i_0 为内部混频电流；$G_0=\mu WC_{\mathrm{g}}\dfrac{V_{\mathrm{G}}-V_{\mathrm{th}}}{L}$ 为沟道电导，其中 C_{g} 为栅极电容，V_{G} 为直流栅极偏压，V_{th} 为阈值电压；$\overline{z}\approx\dfrac{\xi_z}{\dot{\xi}_z}$ 为栅极到二维电子气的有效距离。式(6－109)中的积分部分表示天线总的增强部分，即为天线结构因子 A。

图 6－23(a)所示为900 GHz光照下由 FDTD 模拟得到的 $\dot{\xi}_x\dot{\xi}_z\cos\phi$ 在栅极核心区域的二维分布，由于天线采用的是非对称的蝶形结构，增强的区域主要在栅极两侧 $x=-1$ μm 和 $x=1$ μm 处，栅极左侧增强为正 6000 多倍，而栅极右侧仅仅增强不到负的 1500 倍，左边约为右边的 4 倍之多，这样净的 $\dot{\xi}_x\dot{\xi}_z\cos\phi>4500$。图 6－23(b)所示为 $y=0$ 处，$\dot{\xi}_x\dot{\xi}_z\cos\phi$ 随 x 的变化曲线，从图中可以看到增强的区域在栅极两侧200 nm的范围内，而在200 nm以外迅速衰减。鉴于电场分布的极不均匀性，引入缓变沟道近似是非常必要的。

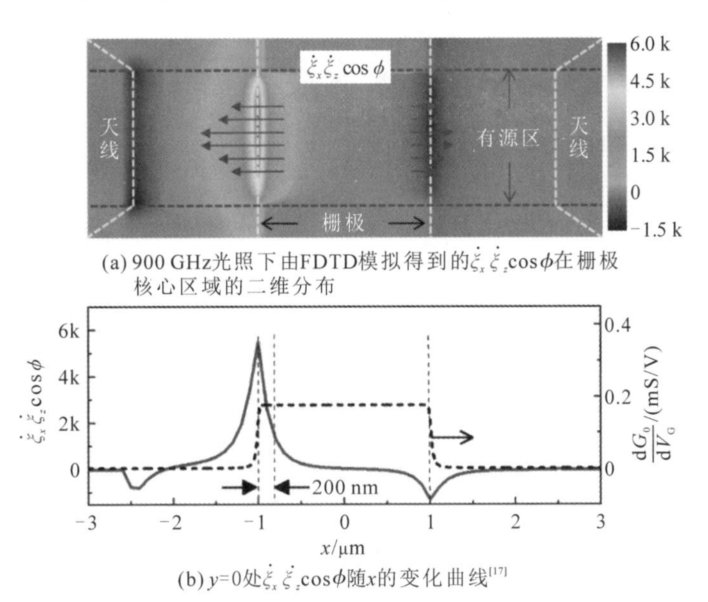

(a) 900 GHz光照下由FDTD模拟得到的$\dot{\xi}_x\dot{\xi}_z\cos\phi$在栅极核心区域的二维分布

(b) $y=0$处$\dot{\xi}_x\dot{\xi}_z\cos\phi$随$x$的变化曲线[17]

图 6－23　由 FDTD 模拟得到的 900 GHz 的自混频因子

图 6－24(a)所示为太赫兹响应实验测试装置，太赫兹波由返波管(0.8～

1 THz)发出，经斩波器调制(317 Hz)，再由两个离轴抛物面镜照射到一个太赫兹分束器上，经分束后的太赫兹波分别聚焦到HEMT探测器和一个商用热释电探测器上。其中热释电探测器用于太赫兹功率的标定。将样品放置于液氮低温杜瓦内，以便提供低温环境。图6-24(b)所示为太赫兹波探测器实验测试电路图，双锁相技术分别用于测量微分电导和混频光电流。通过测试微分电导可以得到式(6-109)中电导随栅压的一阶微分项。测量微分电导时，由锁相输出一个幅值为20 μV、频率为37 Hz的交流信号。交流信号通过一个bias-Tee，将其与漏极电压混合，并输入到漏端，信号经过器件输入到源端，再经电流前置放大器放大送回到锁相放大器，这样经过换算就可以得到探测器的微分电导。

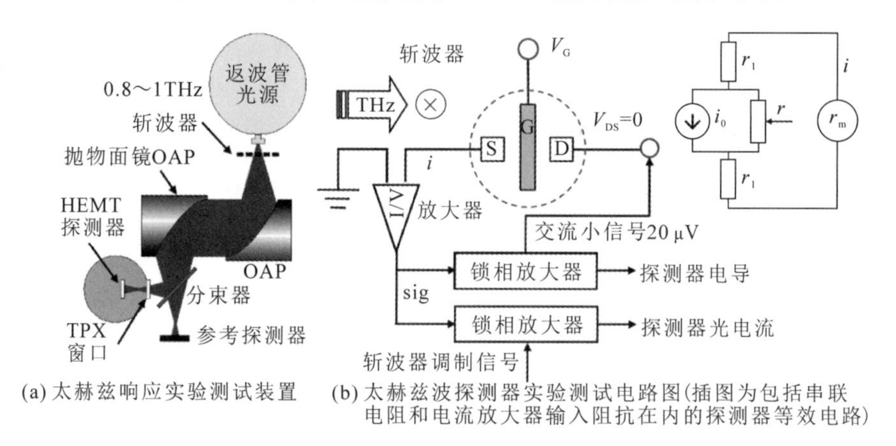

(a) 太赫兹响应实验测试装置　(b) 太赫兹波探测器实验测试电路图(插图为包括串联电阻和电流放大器输入阻抗在内的探测器等效电路)

图6-24　探测器测试装置和电路图

图6-25(a)所示为在300 K和77 K温度且零源漏偏压下沟道电导和电导的一阶微分随栅极电压的变化曲线。从图中可以看出，沟道电导被栅极电压灵敏地控制，并在$V_G=-4.00$ V处关断。电导对栅压做一阶微分之后，在$V_G=-3.68$ V和$V_G=-3.85$ V处分别出现极大值，受低温下载流子漂移速度增加的影响，77 K时的极大值远比300 K时要大，约为室温的5倍。如图6-25(b)所示，在频率为897 GHz、功率为48 nW的太赫兹波照射下，能产生受栅压控制的太赫兹混频光电流。在考虑串联电阻后，基于式(6-109)的缓变沟道理论曲线能够很好地和实验曲线相吻合。在300 K和77 K温度下，探测器的最高混频电流响应度(R_i)分别可以达到71 mA/W和3.6 A/W。受低温下电子迁移率和天线耦合效率提高的影响，77 K温度下的混频光电流要比300 K温度下的

高出50倍。相应的混频电压响应度(R_v)为3.6 kV/W和33.6 kV/W。图6－25(b)所示实线是由式(6－109)拟合得到的，可以看出其符合实验曲线。图6－25(c)所示为扣除串联电阻后沟道电导和电导的一阶微分随栅极电压的变化曲线，这时电导明显增加了，在300 K和77 K温度下，电导对栅压的一阶微分的极大值$\frac{dG_0}{dV_G}$分别是原来的2倍和3.5倍，在77 K温度下要比300 K温度下高出9.2倍，明显比没扣除串联电阻的情况要大。图6－25(d)所示为扣除串联电阻后光电流随栅极电压变化的曲线，它比实际测量得到的要高出很多，在300 K和77 K温度下，分别是实测光电流的1.4倍和1.9倍。因此，减小串联电阻也是提高器件响应度的重要手段之一。

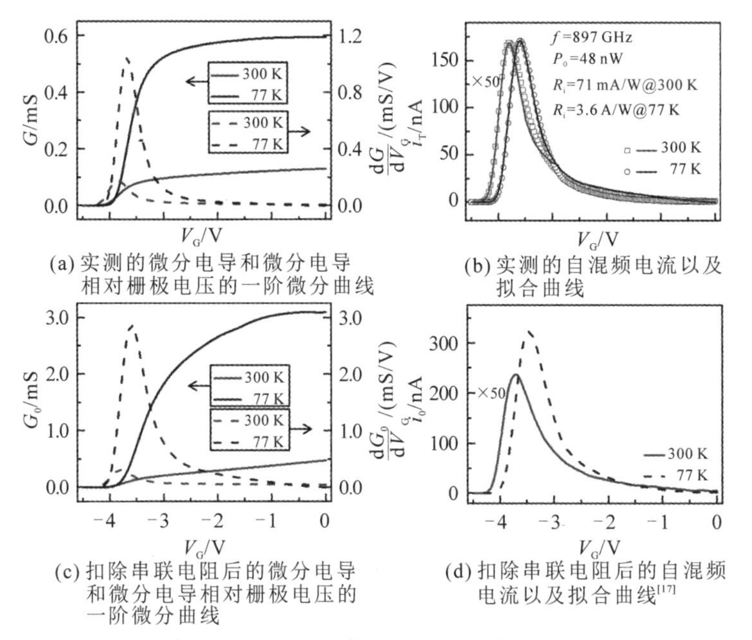

(a) 实测的微分电导和微分电导相对栅极电压的一阶微分曲线

(b) 实测的自混频电流以及拟合曲线

(c) 扣除串联电阻后的微分电导和微分电导相对栅极电压的一阶微分曲线

(d) 扣除串联电阻后的自混频电流以及拟合曲线[17]

图6－25　在300 K和77 K零偏压下探测器的太赫兹自混频探测特性

表6－2所示为300 K和77 K温度下探测器实验参数和理论拟合参数，其迁移率分别是1.87×10^3 $cm^2/(V\cdot s)$和1.58×10^4 $cm^2/(V\cdot s)$。通过拟合得到300 K和77 K温度下的串联电阻分别是5.8 kΩ和1.4 kΩ。77 K温度下的$(1+2r_1G_0)^{-1}$是300 K温度下的0.8倍，且得到$\frac{dG_0}{dV_G}$是9.2倍。这样如果考虑天线耦合效率不随温度变化，那么77 K温度下的响应度应该仅仅是300 K温度下的7.4倍，然而实际上前

者是后者的51倍。因此，可以得出结论：低温(77 K)和室温(300 K)下天线的耦合效率并不一样，随着温度的降低，天线耦合效率明显增加，77 K温度下耦合效率提高到了300 K的7.2倍。低温下响应度的增加是载流子迁移率提高和天线耦合能力增强一起作用的结果。

表 6-2　300 K和77 K温度下探测器实验参数和理论拟合参数

T /K	μ/[cm²/(V·s)]	G_0 /mS	$2r_1$ /kΩ	$(1+2r_1G_0)^{-1}$ —	dG_0/dV_G /(mS/V)	积分值 /(10^{-6} V²)	R_i /(mA/W)	NEP /(pW/Hz$^{\frac{1}{2}}$)
77	1.58×10^4	0.48	1.4	0.60	2.86	109	3600	2
300	1.87×10^3	0.059	5.8	0.75	0.31	15	71	40
比例系数				0.8	9.22	7.2	51	

前面提到的都是零偏压下的短路电流，本器件作为光伏型的太赫兹探测器，也可以测量它的开路电压。图6-26所示为在室温和77 K温度下实测897 GHz太赫兹波光电压随栅压变化的曲线。室温和低温下的电压响应度分别达到了3.6 kV/W和33.6 kV/W。它们的最大值对应的栅压较电流响应峰值对应的栅压明显需要更负的电压，这是探测器满足的欧姆定律决定的。由欧姆定律，开路电压u可由短路电流i和沟道电导G表示为

$$u = \frac{i}{G} \tag{6-110}$$

即只要测试得到光电流或光电压中的某一个量，即可通过欧姆定律得到另一个量。

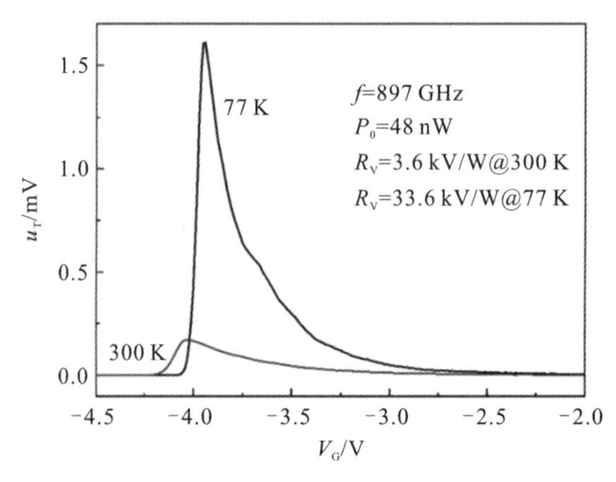

图6-26　在室温和77 K温度下实测897 GHz太赫兹波光电压随栅压变化的曲线

图 6－27(a)所示为探测器沟道电导随栅压变化的曲线，图 6－27(b)所示为对应的太赫兹光电流响应随栅压变化的曲线。由图 6－27(a)和(b)结合式(6－110)，可以得到图 6－27(c)所示的太赫兹光电压随栅压变化的曲线。可以看到实测曲线和欧姆定律推测曲线吻合得非常好，说明欧姆定律能够很好地描述光电压和光电流之间的关系。光电流的极大值出现在栅压对沟道电导一阶微分的最大值处，而光电流的极大值出现在阈值电压附近，因此它们并不处在同一个工作点，这主要是开路电压和短路电流满足欧姆定律造成的。

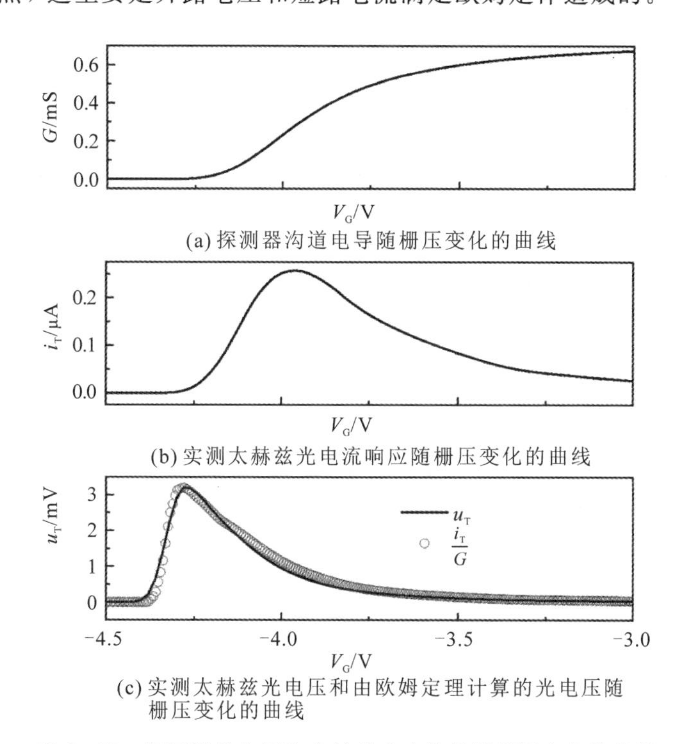

图 6－27　探测器的电导和太赫兹响应特性随栅压变化的曲线

综上所述，可以得出以下结论：

(1) 基于缓变沟道近似的自混频理论能够很好地描述实验结果；

(2) 太赫兹响应同沟道电导随栅压的一阶微分$\frac{dG_0}{dV_G}$密切相关；

(3) 太赫兹天线能够极大地增强 $\dot{\xi}_x\dot{\xi}_z\cos\phi$，并有效提高太赫兹响应；

(4) 短路电流和开路电压满足欧姆定律。

6.2.5 有源漏偏压的场效应自混频探测理论验证

上一节着重讨论了零偏压下的太赫兹响应，可以近似认为探测器始终工作在线性区，此时光电流的大小只与栅极电压有关。前面得到了基于缓变沟道近似的太赫兹响应关系式，太赫兹响应受栅压和源漏电压共同控制。为了更完整地了解探测器的探测特性和物理特性，本节将重点讨论有源漏偏压的探测情况。通过前面的推导分析可知，基于缓变沟道近似的准静态自混频理论可以描述包括线性区(LR)、饱和区(SR)、饱和线性转换区(TR)和夹断区(PR)等所有区域的太赫兹响应。通过测试可以得到光电流关于源漏电压和栅极电压的二维光响应图，从而揭示探测器在栅下的太赫兹电场分布和探测器的有效高灵敏度工作区域。

为了更好地揭示探测器的物理特性，本节依旧采用上节所提及的基于电容耦合天线的 AlGaN/GaN 高电子迁移率太赫兹探测器[18]。图 6-28 所示为源漏偏置下基于缓变沟道近似混频电流测量等效电路(插图为被人工着色的探测器扫描电镜图)。实验的主要目的是验证缓变沟道近似的准静态模型的正确性，其次是通过对称的置换源漏电压，检验能否将栅极两侧的混频电流区分开。通过锁相(A-B)技术锁定探测器串联的 10 Ω 电阻上的光电压信号，可得到混频光电流的幅值和相位信息。由于沟道电阻远大于 10 Ω，所以串联电阻并不会影响外加于探测器的真实源漏电压，因而也不会影响光响应特性。由于要互换源漏端，为了不引起混淆，暂且把探测器的左端称作 S 端，而右端称为 D 端。锁相放大器(A-B)的方向始终沿电流方向保持不变。V_S 和 V_D 分别表示正的漏端电压加载在 S 端和 D 端。为了尽可能地提高信噪比，实验在77 K温度下进行，材料的迁移率和二维电子气浓度分别为 $\mu=1.58\times10^4$ $cm^2/(V\cdot s)$ 和 $n_s=1.06\times10^{13}$ cm^{-2}。探测器的主要结构参数与上节中描述的一致。太赫兹光通过返波管(f=903 GHz)产生，经两个离轴抛物面镜汇聚到探测器。

实验首先在没有太赫兹波照射的情况下进行，主要为了得到探测器基本的场效应特性。图 6-29(a)所示为探测器标准的 $I-V$ 特性曲线，表明探测器具有良好的场效应特性，栅压 V_G 能够很好地调控沟道电阻。图 6-29(b)所示为零源漏偏压下电导受栅极电压控制的曲线，探测器的阈值电压为 $V_{th}=-4.34$ V，其中横坐标 $V_{geff}=V_G-V_{th}$为电子感受到的有效栅压。图 6-29(c)所示为微分电导随栅压和源漏电压的二维分布，其中源漏电压分别被作用在 S

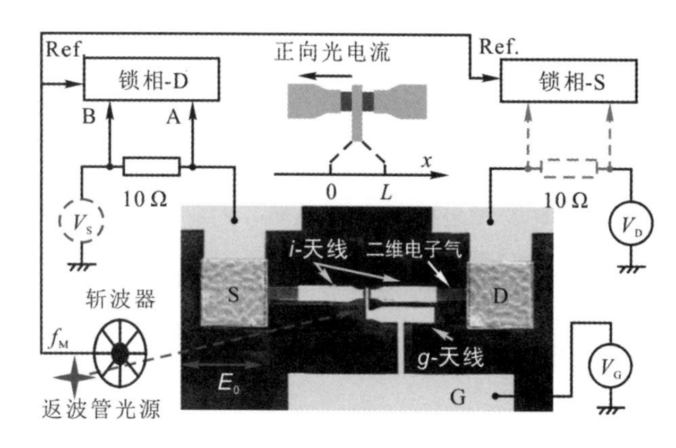

图 6-28　源漏偏置下基于缓变沟道近似混频电流测量等效电路图

端(V_S)和D端(V_D)，并分别由虚线将其分为线性区(LR)、饱和区(SR)、饱和线性转移区(TR)和夹断区(PR)。

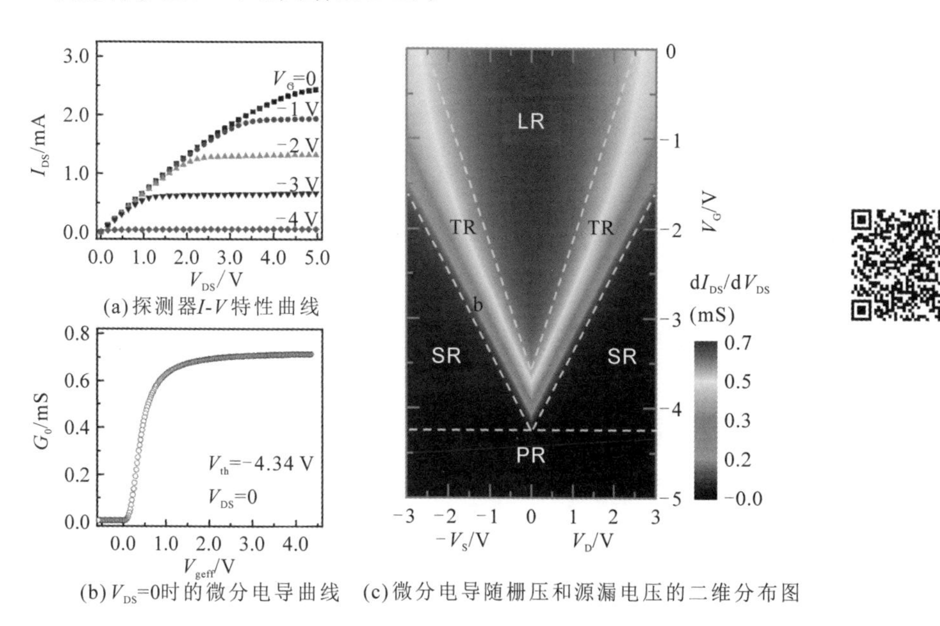

(a) 探测器I-V特性曲线

(b) V_{DS}=0时的微分电导曲线　(c) 微分电导随栅压和源漏电压的二维分布图

图 6-29　探测器的电学特性

根据渐进沟道近似(GCA)，线性区的沟道电流可表示为

$$i_g = e\mu W n_x \frac{dV_x}{dx} \tag{6-111}$$

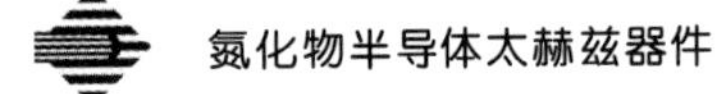

式中：V_x 为沿沟道 x 点处的电势，分别从 $x=0$ 处的 0 变化到 $x=L$ 的 V_{DS}。局域的电子浓度受栅压和源漏电压共同控制，可表示为

$$n_x=\frac{C_g V_{geff}}{e}=\frac{C_g(V_G-V_{th}-V_x)}{e}$$

其中 C_g 为栅极和二维电子气之间的有效电容。$V_{DS}=0$ 的微分电导曲线（$G_0=\frac{dI_{DS}}{dV_{DS}}\approx\mu WC_g\ \frac{V_G-V_{th}}{L}$）如图 6－29（b）所示，可以计算得到阈值电压 $V_{th}\approx-4.34$ V，栅极电容 $C_g\approx0.4\ \mu F/cm^2$。由缓变沟道近似，源漏电流和局域沟道电势可表示成：

$$i_{DS}=\begin{cases}\dfrac{\mu C_g W[2(V_G-V_{th})V_{DS}-V_{DS}^2]}{2L}, & V_{DS}\leqslant V_G-V_{th}\\[2ex] \dfrac{\mu C_g W[(V_G-V_{th})^2+\lambda(V_{DS}-V_G+V_{th})]}{2L}, & V_{DS}>V_G-V_{th}\end{cases}\tag{6-112}$$

$$V_x=\begin{cases}(V_G-V_{th})\left[1-\left(1-\dfrac{x}{L_{LR}}\right)^{\frac{1}{2}}\right], & x=[0,L_{LR}],\ V_{DS}\leqslant V_G-V_{th}\\[2ex] (V_G-V_{th})\left[1-\left(1-\dfrac{x}{L_{SR}}\right)^{\frac{1}{2}}\right], & x=[0,L_{SR}],\ V_{DS}>V_G-V_{th}\end{cases}\tag{6-113}$$

式中：$\lambda\approx0.08$ V，用于表示有效沟道调制长度。在饱和区 $L\rightarrow L_{SR}=\dfrac{L}{1+\dfrac{\lambda(V_{DS}-V_G+V_{th})}{V_G-V_{th}{}^2}}$，在线性区 $L_{LR}=\dfrac{L(V_G-V_{th})^2}{2(V_G-V_{th})V_{DS}-V_{DS}^2}$。由式（6－113）和图 6－29(b)可知，局域的电子浓度和电子浓度随有效栅压的微分 dn/dV_{geff} 可以计算得到。

在频率和能流密度分别为 $\omega=2\pi f$ 和 P_0 的太赫兹波照射下，经天线的作用，能在沟道处感应出平行沟道电场（$\dot{\xi}_x E_0$）和垂直沟道电场（$\dot{\xi}_z E_0$）。其中自由空间太赫兹电场 E_0 可以通过自由空间阻抗 Z_0 和太赫兹能流密度 $P_0=\dfrac{E_0^2}{2Z_0}$ 得到，参数 $\dot{\xi}_x$ 和 $\dot{\xi}_z$ 分别表示天线沿水平方向和垂直方向太赫兹电场的增强因子。900 GHz 光照下由 FDTD 模拟得到的水平和垂直太赫兹电场的增强因子空间分布和 $y=0$ 处相位沿 x 方向的分布如图 6－30 所示。由图 6－30(a)和(b)可知，水平方向的电场主要分布在栅极和两个悬浮天线之间，而垂直方向的电场主要分布于栅下区域，且主要在栅极的两侧 $x=-1\ \mu m$ 和 $x=1\ \mu m$ 附近

200 nm以内。有意的非对称天线设计使得 $x=-1$ μm 处的电场强度明显大于 $x=1$ μm处的电场强度。由图 6－30(c)和(d)可知，水平方向电场的相位在 $x_c\approx+0.3$ μm处相位变化 180°，而垂直方向电场的相位保持不变，始终为零。太赫兹电场主要分布在栅极两侧200 nm范围内，而相位在这个区域内保持连续变化，可以将场效应管的栅极分成很多小纳米栅极，并保持各自的太赫兹电场。

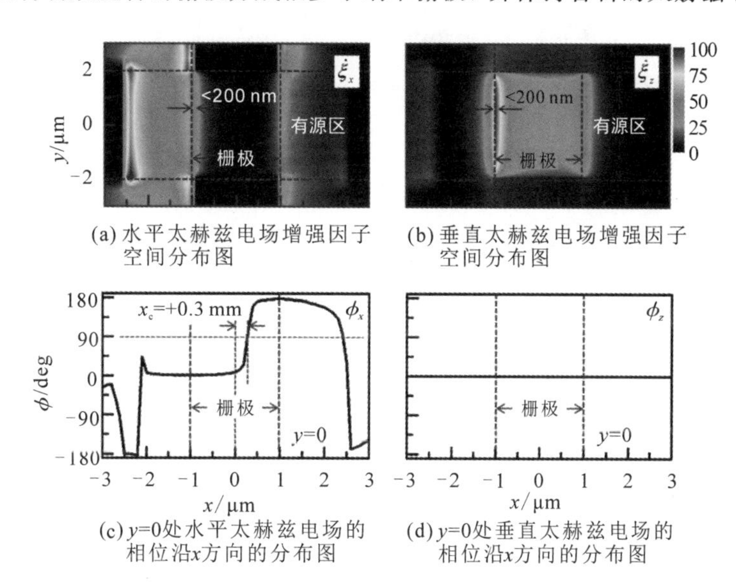

(a) 水平太赫兹电场增强因子空间分布图　(b) 垂直太赫兹电场增强因子空间分布图

(c) y=0处水平太赫兹电场的相位沿x方向的分布图　(d) y=0处垂直太赫兹电场的相位沿x方向的分布图

图 6－30　900 GHz光照下由 FDTD 模拟得到的水平和垂直太赫兹电场的增强因子空间分布和 $y=0$ 处相位沿 x 方向的分布[18]

图 6－31 所示为 900 GHz 光照下由 FDTD 模拟得到的 $\dot{\xi}_x\dot{\xi}_z\cos\phi$ 在栅极核心区域的三维分布，在水平和垂直电场间相位差 ϕ 的影响下，它在栅极两侧的符号发生了变化，在 $x=-1$ μm 处的极大值接近＋6000，而在 $x=1$ μm 处的值为－1500，且电场主要分布在栅极两侧200 nm范围以内。

在77 K温度下，电子的动量弛豫时间 $\tau\approx2$ ps，对应的平均自由程小于 $l=v_d\tau\approx1$ μm(其中 v_d 为电子漂移速度)。然而在细分的微小沟道晶体管中，$\omega\tau\approx10$，电子平均渡越时间($\tau_d\ll200$ nm/$v_d\approx2$ ps)和二维等离子体波传播时间($\tau_p\ll200$ nm/$s\approx0.2$ ps，其中 s 为等离子体波波速)将小于动量弛豫时间，因而 $\omega\tau_{d/p}\ll10$。接下来着重介绍考虑电场非均匀分布探测器光电流随栅压和源漏电压变化的准静态混频模型。基于准静态假设，局域有效沟道电场和有效栅

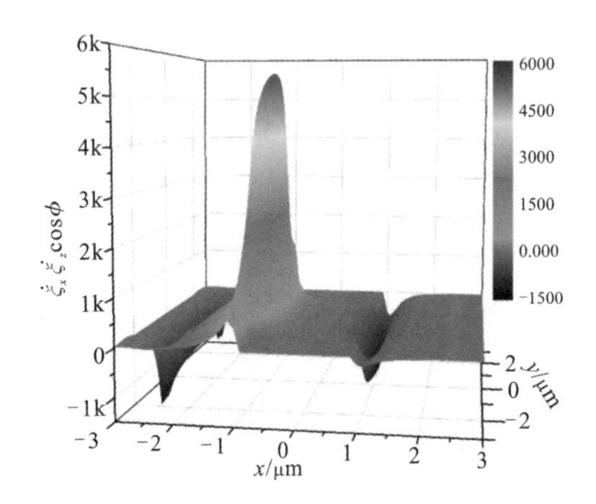

图 6-31　900 GHz光照下由 FDTD 模拟得到的 $\xi_x\xi_z\cos\phi$ 在栅极核心区域的三维分布图

压可表示为 $V_x \to V_x + \xi_x E_0 \cos(\omega t + \phi_x)$ 和 $V_G \to V_G + \xi_z E_0 \cos(\omega t + \phi_z)$，将其代入式(6-111)中，并沿沟道积分，可以得到直流太赫兹光电流：

$$i_T = i_{xz} + i_{xx} = \frac{e\mu W}{2L} Z_0 P_0 \int_0^L \frac{\mathrm{d}n}{\mathrm{d}V_{\mathrm{geff}}} (\dot{\xi}_x \xi_z \cos\phi - \dot{\xi}_x \xi_x) \mathrm{d}x \quad (6-114)$$

其中 $\phi = \phi_x(\phi_z = 0)$。混频光电流 $i_{xz} \propto \dot{\xi}_x \xi_z \cos\phi$ 由水平和垂直电场共同作用产生，而 $i_{xx} \propto \dot{\xi}_x \xi_x$ 仅由水平电场感应产生。通过简化可以把 i_{xz} 近似表示为

$$i_{xz} = \frac{e\mu W}{2L} Z_0 P_0 \bar{z} \int_0^L \frac{\mathrm{d}n}{\mathrm{d}V_{\mathrm{geff}}} \dot{\xi}_x \dot{\xi}_z \cos\phi \, \mathrm{d}x \quad (6-115)$$

式中：$\bar{z} = \frac{\xi_z}{\dot{\xi}_z}$ 为二维电子气到栅极的有效距离。由于相位在 x_c 处变化 180°，因此混频项 i_{xz} 在 x_c 的左侧是正向的，在右侧是反向的，如图 6-31 所示。如图 6-30所示的电场增强因子，在 i_{xx} 中，水平方向的电势 $\xi_x E_0$ 可由水平方向电场 $\dot{\xi}_x E_0$ 分别从 $x_c = 0$ 到 $x_c = L$ 积分得到，并设定 $\xi_x(x_c) = 0$，这样可以计算得到水平方向的电势仅为垂直方向电势的 0.19 倍，因此在这个天线结构的探测器中，i_{xz} 是主要的光电流来源。

图 6-32 所示为实测光电流随栅压 V_G 和源漏电压 V_{DS} 变化的二维分布和准静态模拟结果。模拟时采用了两类数据：一类为场效应管特性参数，包括电子迁移率、栅极几何尺寸、阈值电压、受栅控的二维电子气浓度，它们可以从图6-29(c)中得到；另一类是天线感应产生的水平和垂直太赫兹电场以及它们

之间的相位，可以通过FDTD模拟得到，如图6－30和图6－31所示。模拟再现了探测器混频电流极性和幅度变化的主要特点。在PR区，沟道被完全关断，将不再产生混频光电流，而在线性区也只有很弱的光电流。较强的光电流主要出现在TR和SR区，它们强烈地依赖于源漏电压和栅压的调控。当偏压作用在漏端时，随着栅压从TR区扫过PR区，负向光电流变成很强的正向光电流。相反，当偏压作用在源端时，正向光电流变成较弱的负向光电流。当栅压$V_G=-4.1$ V时，源漏偏压从源端扫到漏端，光电流从较弱的负向迅速变成较强的正向，且强度较少依赖于源漏偏压，这时S端的电子和D端的电子分别被耗尽，它们不再产生光电流。而响应的栅极另一侧，有效栅压和源漏电压无关，即始终满足$V_{geff}=V_G-V_{th}$，这样就将图6－32所示的正负$\dot{\xi}_x\dot{\xi}_z\cos\phi$引起的正负电流完全区分开了。

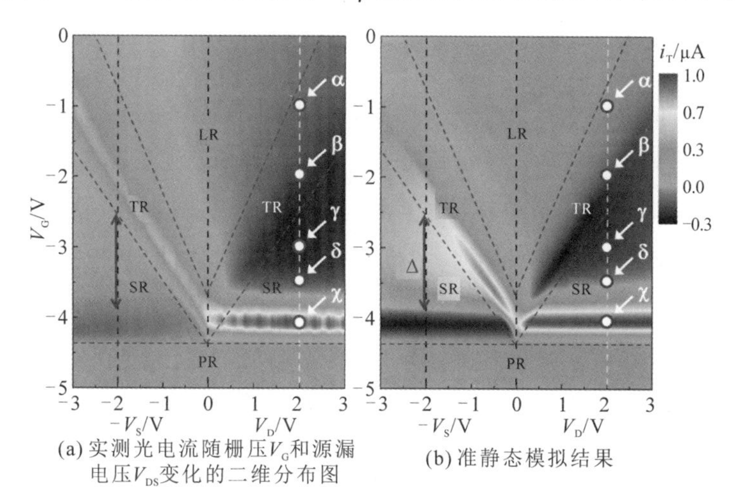

(a) 实测光电流随栅压V_G和源漏电压V_{DS}变化的二维分布图　(b) 准静态模拟结果

图6－32　实测光电流随栅压V_G和源漏电压V_{DS}变化的二维分布和准静态模拟结果

注：三条竖线分别表示$V_S=2$ V、$V_D=V_S=0$、$V_D=2$ V，沿着$V_D=2$ V选取α、β、γ、δ、χ 5个点（分别对应$V_G=-1.0$ V、-2.0 V、-3.0 V、-3.5 V、-4.1 V），源漏电压作用于源端时的饱和区，实验和模拟有一些差别[18]

为更加清楚地对比实验和模拟结果，给出如图6－33所示的三维形式，其中，图6－33(a)为实验结果，图6－33(b)为模拟结果。

图6－34(a)所示为自混频因子$\dot{\xi}_x\dot{\xi}_z\cos\phi$在栅下区域的空间分布曲线，以

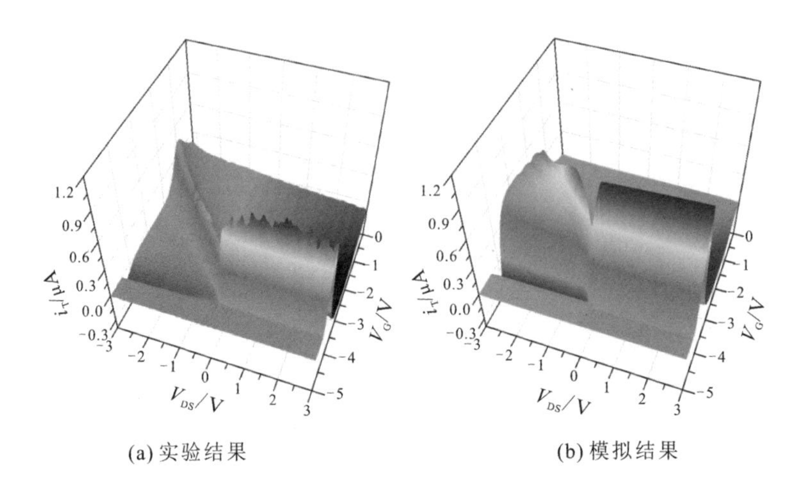

图 6-33　实测光电流随栅压 V_g 和源漏电压 V_{DS} 变化的三维分布和模拟结果

及 $V_G=-4.1$ V、$V_D=2.0$ V 或 $V_S=2.0$ V 时栅压对电子浓度微分$\frac{dn}{dV_{geff}}$的曲线。由于正向偏压弱化了浓度调制因子，局域的自混频被压制，因此在 $V_D=2$ V和 $V_S=2$ V 时电流的极性是相反的。为了更好地阐述不同区域的太赫兹响应，在图 6-34 中做了三条线($V_S=2$ V、$V_D=V_S=0$、$V_D=2$ V)。沿 $V_D=2$ V 选取了 α、β、γ、δ 和 χ 等 5 个具有代表性的点，它们分别对应于栅压 $V_G=-1.0$ V、-2.0 V、-3.0 V、-3.5 V 和-4.1 V。局域的浓度调制因子如图 6-34(b)所示，栅压从 α 减小到 χ 时，浓度调制因子变得更大，最大值的位置由漏端转移到源端。$V_D=2$ V 时可以清楚地看到太赫兹响应由较弱的负向光电流变成很强的正向光电流，这来源于探测器的工作模式从 i_{xx} 到 i_{xz} 转变。图 6-34(c)～ 图 6-34(e)为实测光电流随栅压变化的曲线同模拟数据的比较。在 $V_D=2$ V 处，模拟数据和实验数据能够很好地吻合。如图 6-34(d)所示，当偏压从漏端换到源端 $V_S=2$ V 时，$V_G=-4.1$ V 处的响应变成较弱的负向光电流。从 $V_G=-3.5$ V到 $V_G=-2.5$ V 的正向光电流受到了抑制，然而根据准静态自混频模型，整个区域应该出现很强的光电流。在这个 SR 区域，光电流受到抑制的情况在其他很多对称或非对称以及纳米栅器件中也发现了，其主要特征表现为，太赫兹电场较弱的一侧在 SR 区的光电流总是受到抑制。实验和模型的差异预示着可能有别的探测形式存在，其中最可能的是等离子体波受到共振激发，并产生了反向的光电流，从而抑制了 SR 区的自混频光电流。要揭

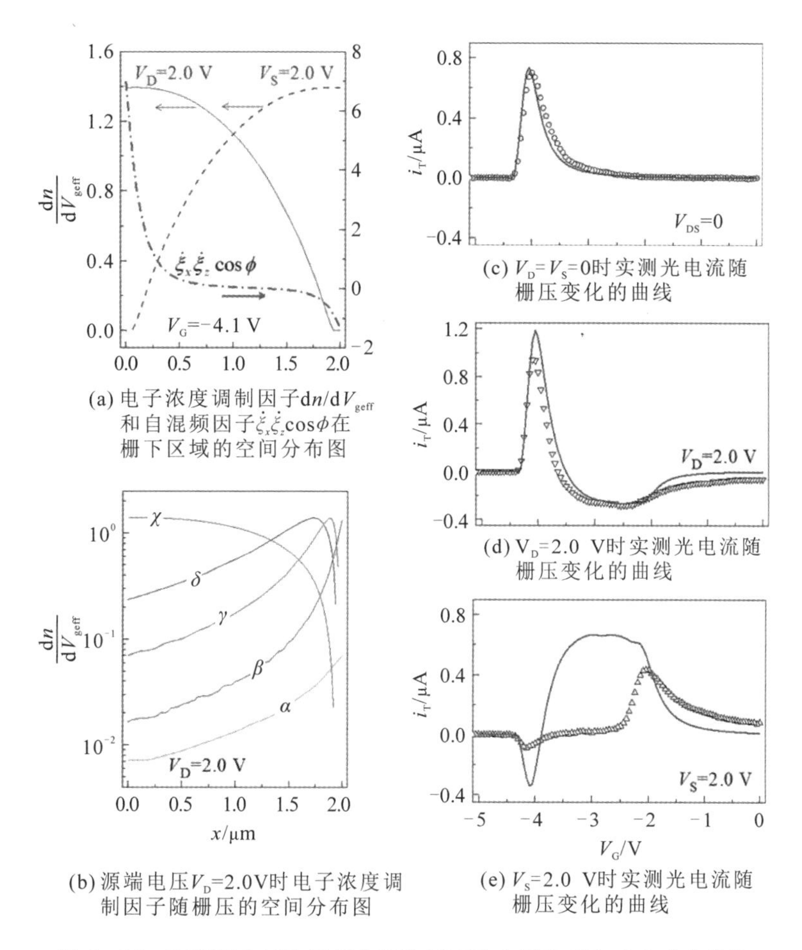

(a) 电子浓度调制因子dn/dV_{geff}和自混频因子$\dot{\xi}_x\dot{\xi}_z\cos\phi$在栅下区域的空间分布图

(b) 源端电压V_D=2.0V时电子浓度调制因子随栅压的空间分布图

(c) $V_D=V_S=0$时实测光电流随栅压变化的曲线

(d) V_D=2.0 V时实测光电流随栅压变化的曲线

(e) V_S=2.0 V时实测光电流随栅压变化的曲线

图 6－34　在源漏电压和栅压共同作用下的电子浓度和光电响应特性

示这个物理过程，需要在更低的温度下对各种对称或非对称以及纳米栅器件做同样的实验。然而从总体上讲，基于局域太赫兹电场缓变沟道准静态模型可以较好地描述场效应探测器的探测机理。

图 6－35 所示为探测器噪声电流随源漏电压 V_{DS}和栅压 V_G 变化的二维分布，从图中可以看出饱和区的噪声远比其他区域的噪声大，散粒噪声可能是主要的噪声来源。因此就信噪比而言，应该把探测器设置在零源漏偏压工作模式。

综上所述，可以得出以下结论：

(1) 基于缓变沟道近似的自混频理论能够很好地描述包括线性区(LR)、饱和区(SR)、饱和线性转移区(TR)和夹断区(PR)等所有区域的太赫兹响应；

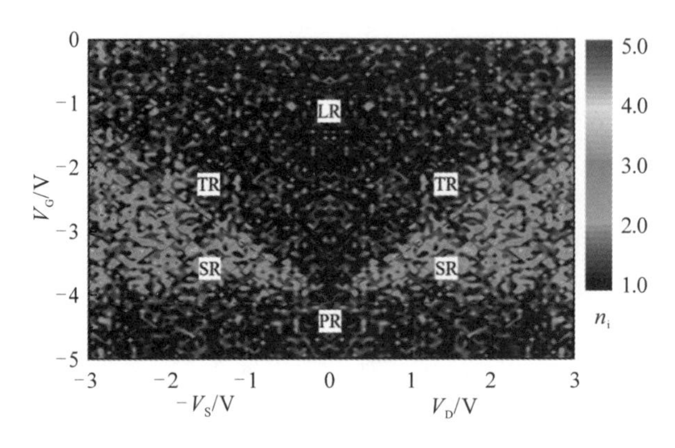

图 6-35　探测器噪声电流随源漏电压 V_{DS} 和栅压 V_G 变化的二维分布图

(2) 通过源漏互换，并在源漏两端分别加正向源漏电压，区分出了栅极两侧极性相反的太赫兹光电流；

(3) 在饱和区，太赫兹电场较弱一侧的光电流同缓变沟道近似模型有些差异，这可能和等离子波的共振激发有关，而缓变沟道近似不能描述等离子体的共振行为，这预示着需要考虑电子更多的动态输运和太赫兹电场的空间分布，从而更好地完善太赫兹探测器的探测理论模型；

(4) 相比于其他探测区域，探测器工作于饱和区时噪声相对较高。

6.2.6　宽频非相干太赫兹波的场效应探测理论验证

现有的太赫兹成像系统仍然受到太赫兹探测器的制约，宽频直接探测器成为无源太赫兹成像应用的理想选择，而外差探测器更适合有源和窄带太赫兹成像应用[19-22]。另一方面，受限于探测器的探测灵敏度，相比于太赫兹时域光谱仪(THz-TDS)，太赫兹傅里叶变换光谱仪(THz-FTS)的动态范围非常有限，因此在太赫兹光谱中的应用越来越少[23-24]。即使是配备液氦(4.2 K)冷却硅测辐射热计的 FTS，与 THz-TDS 相比也没有竞争力。然而，4.2 K的硅测辐射热计和室温下的热释电探测器允许在比传统的 THz-TDS 更宽的频率范围内进行光谱测量[24]。室温下测辐射太赫兹探测器的主要缺点是灵敏度低和响应速度慢，限制了其在快速成像和光谱系统中的应用。因此，亟需研制出一款高灵敏、宽谱和小型化的太赫兹探测器。经过数十年的发展，基于 GaAs 的

肖特基二极管探测器得到了很好的发展，并已在太赫兹成像系统中得到了广泛的应用[25]。波导集成的肖特基探测器的探测频率可覆盖 0.05～1.1 THz，对应的噪声等效功率达到了 2～12 pW/$\sqrt{\mathrm{Hz}}$[26]。硅透镜准光集成的肖特基探测器的探测频率和噪声等效功率分别达到了 0.1～1.0 THz 和 10～25 pW/$\sqrt{\mathrm{Hz}}$。场效应探测器正发展成为具备超高灵敏度的室温太赫兹探测器[17, 18, 27, 29, 30-34]，已具有与肖特基探测器相当的灵敏度和响应频宽[35]。然而，现有的场效应探测器仅实现了可调频单色相干连续太赫兹波[34]和基于 TDS 的宽频太赫兹波的探测[27, 35]。对于后一种情况，太赫兹脉冲的傅里叶分量具有固定的相位关系，在脉冲持续时间内是相干的。因此，利用场效应探测器直接探测来自黑体的非相干太赫兹辐射还没有得到验证。

如前两小节所述，已经在零源漏偏压和有源漏偏压下验证了基于缓变沟道近似的场效应自混频探测理论[18]。本小节进一步将该理论推广到对宽频非相干太赫兹辐射的探测。利用77 K液氮冷却和硅透镜集成的天线耦合 AlGaN/GaN HEMT 探测器实现了对加热黑体辐射宽频非相干太赫兹波的探测。通过探测可调频单色相干太赫兹波和宽频非相干太赫兹波照射下的响应光谱和栅极电压依赖关系，验证了基于缓变沟道近似的场效应自混频宽频太赫兹探测理论。

如图 6-36 所示，基于差分结构的 AlGaN/GaN HEMT 自混频探测器同样基于场效应混频原理和蓝宝石衬底的 AlGaN/GaN 异质结制备而成。图 6-36(a)所示为基于差分结构的 AlGaN/GaN HEMT 自混频探测器电路，两个探测器源端共地，利用太赫兹天线分别控制漏端正向(V_P)和反向(V_N)太赫兹光电信号输出。太赫兹天线的极化特性决定了探测器的极化响应特性。由于采用偶极子天线结构(如图 6-36(a)插图所示)，探测器表现为线性极化特性，太赫兹响应的最大值沿着偶极子极化方向。图 6-36(b)所示为 3 个探测器芯片的实物照片，分别命名为DET-340、DET-650和 DET-900，太赫兹天线对应的中心频率为340 GHz、650 GHz和900 GHz。探测器制备工艺和材料参数与前面描述的相似，在298 K和77 K温度下的二维电子气浓度分别为 $0.86\times10^{13}\ \mathrm{cm^{-2}}$和 $1.10\times10^{13}\ \mathrm{cm^{-2}}$，对应的电子迁移率分别为 $1880\ \mathrm{cm^2/(V\cdot s)}$和 $1.54\times10^4\ \mathrm{cm^2/(V\cdot s)}$。为了进一步提升探测灵敏度，相比上两小节采用紫外接触式光刻对应栅长 2 μm 和天线间隙 1.5 μm 探测器，本节利用紫外投影式

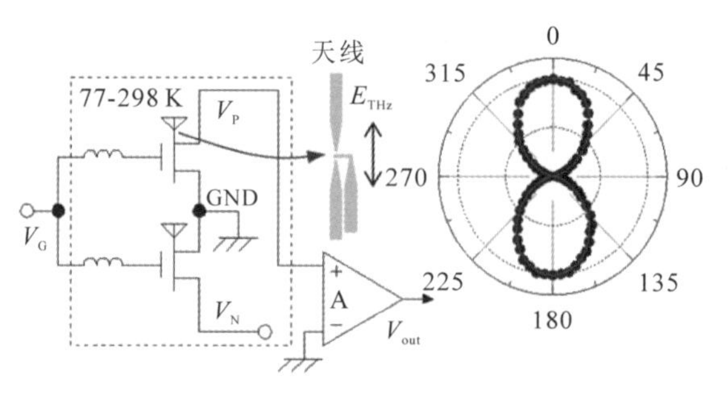

(a) 基于差分结构的AlGaN/GaN HEMT自混频探测器电路图，其中一个探测器与低噪声电流放大器相连，插图为探测器的实测极化响应特性

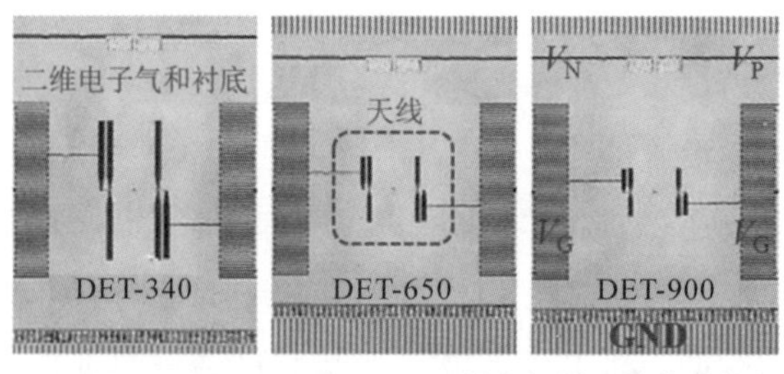

(b) 340 GHz、650 GHz和900 GHz频段探测器的核心视图

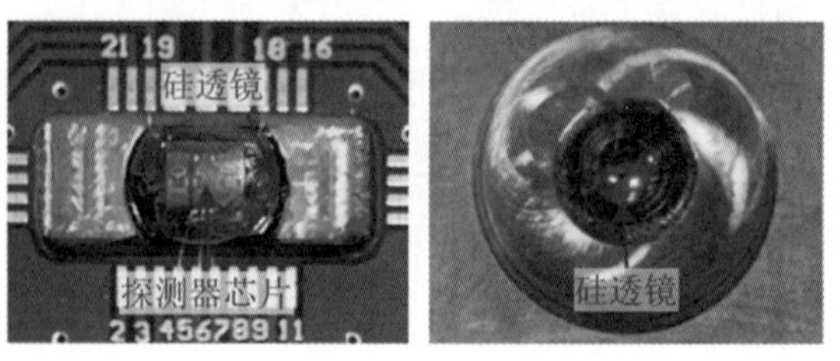

(c) 集成探测器芯片的超半球硅透镜组件后视图和正视图[39]

图 6-36　基于差分结构的 AlGaN/GaN HEMT 自混频探测器的电路图和实物照片

光刻分别将栅长和天线间隙减小至900 nm和650 nm。同时，为了进一步提升太赫兹耦合效率和探测器光学灵敏度(如图 6-36(c)所示)，探测器芯片被减薄至200 μm，并组装在直径为6 mm和高度为3.87 mm的高阻超半球硅透镜平面中心。该探测器在室温下的灵敏度约为30～50 pW/$\sqrt{\text{Hz}}$，受限于黑体太赫兹源极低的辐射效率和功率，难以显示出明显的信噪比。通过将探测器降低至77 K，电子迁移率提升了 8 倍，有望将探测器的噪声等效功率降低至 10 pW/$\sqrt{\text{Hz}}$以下。因此如下基于缓变沟道近似的场效应自混频宽频太赫兹探测理论验证将在77 K温度下进行。

根据场效应自混频模型，在零源漏偏置电压下的太赫兹光电流响应可表示为

$$i_0 = Z_V \Xi(V_G) M(\omega) \tag{6-116}$$

式中：$\Xi(V_G)=\dfrac{dG}{dV_G}$为场效应因子，$M(\omega)$为太赫兹天线结构因子，$Z_V$ 为太赫兹自由空间阻抗。天线结构因子与天线感应的水平和垂直于通道的太赫兹场分量之积的时间平均成正比，即

$$M(\omega) \propto \left[\int_0^L E_x(x, t) E_z(x, t) dx\right]_t \tag{6-117}$$

在单色（ω）相干太赫兹波照射下，天线结构因子可表示为 $M(\omega)=S_A^{-1}\Lambda(\omega)\times I(\omega)S_A$，其中 $I(\omega)=\dfrac{E_0^2(\omega)}{2Z_V}$为能流密度，$S_A$ 为探测器有效受光面积，$I(\omega)S_A$为探测器接收的总能量。$S_A^{-1}\Lambda(\omega)$为由入射通量密度和探测器面积归一化的自混频因子。由能流密度归一化的自混频因子可以表示为

$$\Lambda(\omega) = \int_0^L z\dot{\xi}_x\dot{\xi}_z\cos\phi\ dx \tag{6-118}$$

式中：$\dot{\xi}_x=\dfrac{E_x}{E_0}$和 $\dot{\xi}_z=\dfrac{E_z}{E_0}$分别为天线对太赫兹电场的水平和垂直方向的增强因子，ϕ 为它们两者之间的相位差，z为栅 极和二维电子气之间的距离。值得指出的是，相位差 ϕ 和时间无关，由太赫兹天线决定，在 $x=0$ 和 $x=L$ 之间各不相同。

在宽频非相干太赫兹波照射下，天线在沟道内增强的太赫兹电场可表示为 $E_x=E_0(\omega)\dot{\xi}_x\cos(\omega t+\varphi)$和 $E_z=E_0(\omega)\dot{\xi}_z\cos(\omega t+\varphi+\phi)$，其中 φ 为宽频非相干辐射的每个频率分量的随机相位。将非相干电场分量代入式(6-117)，时间平均自混频因子可以表示为

$$M = \int_0^{+\infty} I'(\omega)\Lambda(\omega)d\omega \tag{6-119}$$

光电流的形式可用式(6-116)表示。

基于以上分析，太赫兹光电流特性与场效应因子和自混频因子成正比，可以作为场效应自混频机理的验证。图 6-37(a)所示为 DET-900 探测器的总电导(o)和栅控沟道电导(实线)随栅压变化的曲线。图 6-37(b)和(c)所示为对应频率700 GHz和1121 GHz单色相干太赫兹波照射下的探测器光电流随栅压变化的曲线，其中最大光电流发生在最佳栅压 $V_G=-2.86$ V 处，此处对应的场效应因子最大值 $\Xi_{max}=2.44$ mS/V。图 6-37(b)和(c)中的实线为基于自混合模型的拟合

曲线，能与实验数据较好地吻合。如图 6-37(c)所示，栅压 $V_G=-2.4$ V 处的小峰是二维电子气中的等离子体波共振所致，在室温下随着等离子体波的寿命降低该峰消失了。图 6-37(d)所示为900 K黑体宽频非相干太赫兹波照射下探测器的光电流随栅压变化的曲线，77 K温度下的光电流为298 K温度下的 44 倍。光电流与场效应因子的正比关系也可以用图 6-37(b)和(c)计算光电流相同的形式很好地描述，表明场效应自混频模型同样适用于宽频非相干太赫兹波辐射的探测。

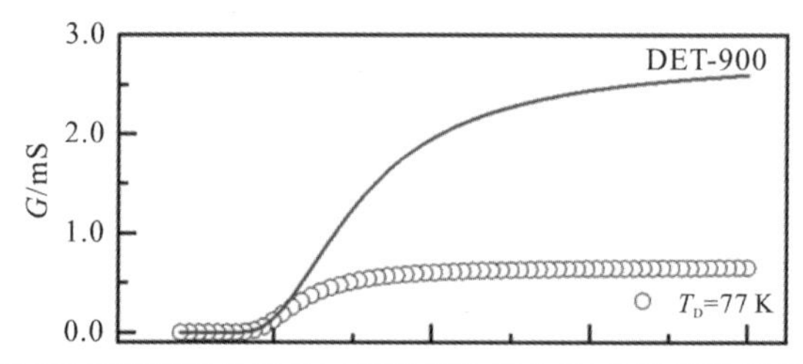

(a) DET-900 探测器的总电导(o)和栅控沟道电导(实线)随栅压变化的曲线

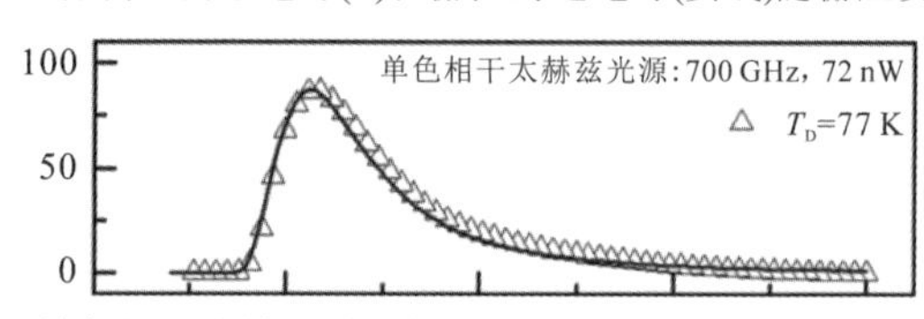

(b) 700 GHz单色相干太赫兹波照射下的探测器光电流随栅压变化的曲线

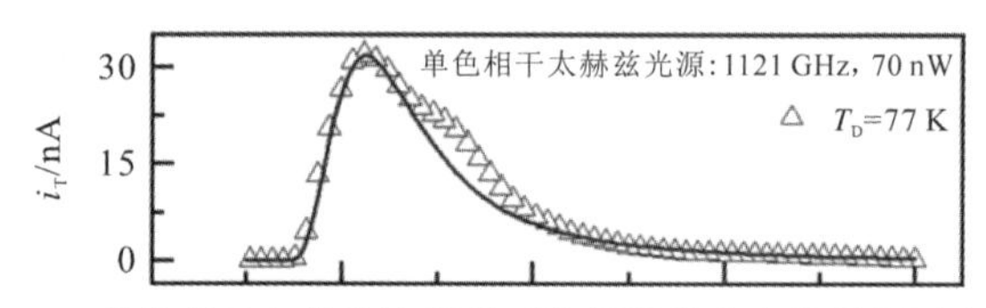

(c)1121 GHz单色相干太赫兹波照射下的探测器光电流随栅压变化的曲线

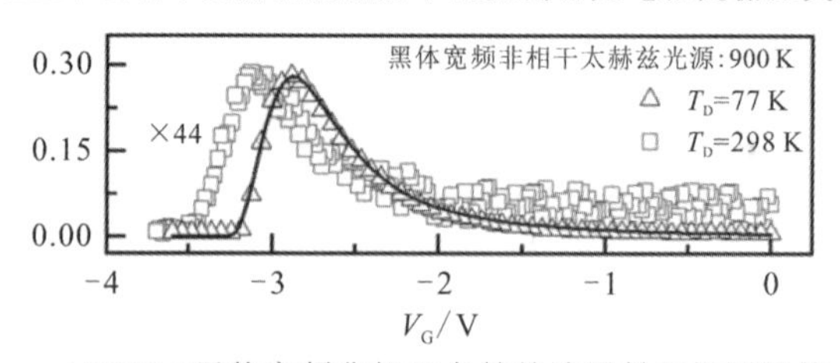

(d) 900 K黑体宽频非相干太赫兹波照射下探测器的光电流随栅压变化的曲线[39]

图 6-37　DET-900 探测器的沟道电导和光电流随栅压变化的曲线

为了进一步验证自混频因子与光电流的对应关系，首先利用连续可调谐太赫兹光源，在298 K温度下研究了不同频率的相干连续太赫兹波照射下探测器

的频谱响应特性。在频谱探测中，DET－340、DET－650 和DET－900探测器都设置了最佳的栅极电压，如图 6－38(a)～图 6－38(c)所示，归一化频谱响应与模拟得到的太赫兹天线的自混频因子能够较好地吻合。通过将探测器降低至

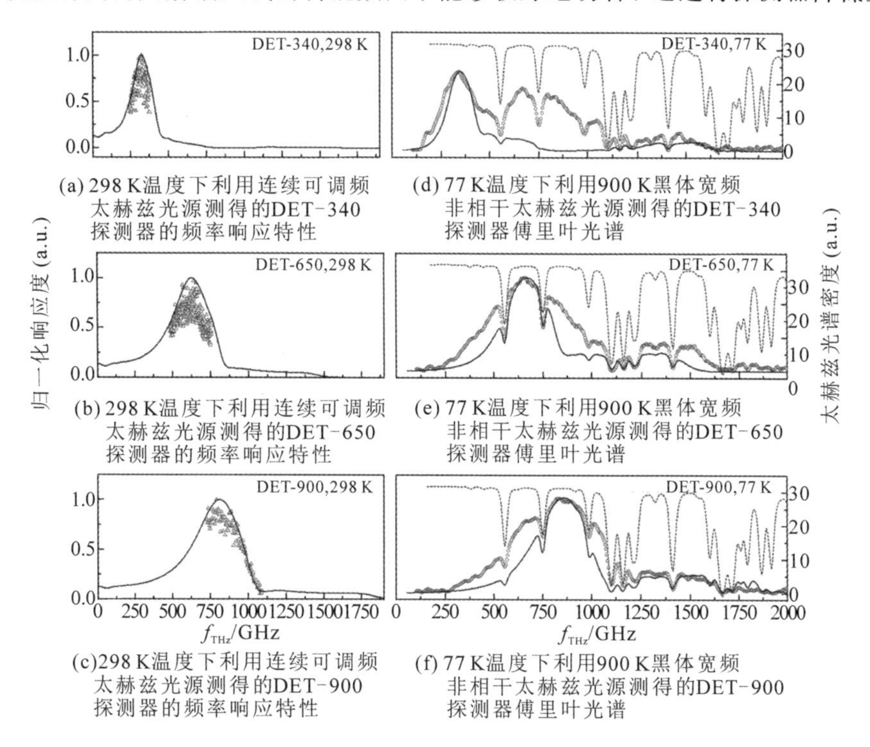

图 6－38　探测器在单色相干和宽谱非相干太赫兹波照射下测得的频谱响应特性[39]

77 K，并结合太赫兹傅里叶变换光谱仪，本文进一步研究了探测器对宽频非相干太赫兹辐射的频谱响应特性。宽频非相干太赫兹辐射来自一个由电流加热的 1 Ω 绕线电阻，并设置其温度约为900 K。DET－340、DET－650 和 DET－900 探测器对应的傅里叶变换光谱如图6－38(d)～图 6－38(f)所示。同时，对每个探测器的自混合因子 $\Lambda(\omega)$、黑体光谱 $I'(\omega)$和空气中太赫兹透射系数$T_{air}(\omega)$的乘积进行了模拟[36]，并绘制了相应的固体曲线。探测器实测响应频谱的中心频率和总体谱形与仿真结果能够较好地吻合。测得的光谱还清楚地展示了大气中水汽的精细太赫兹吸收线，作为参考，将空气中的太赫兹传输系数绘制为虚线。如图 6－38(a)所示，当极化沿偶极子方向时，探测器对宽频非相干辐射具有最大的光响应。然而，实测频谱和模拟频谱之

间也有明显的差异，相较在298 K温度下测得的频谱，在77 K温度下测得的频谱与仿真数据的吻合度较低，其实测频谱明显被展宽。这主要缘于电子迁移率的增加导致天线阻抗发生了变化，或者由于塞贝克热电效应产生了额外的光电流等。在宽频非相干太赫兹波照射下观察到的光电流是一种棘轮效应[37-38]。同时在仿真过程中忽略了二维电子气对太赫兹天线的影响。后续将进行更全面的模拟，以检验二维电子气对天线自混频因子的影响。

如图 6－39 所示，利用场效应探测器和太赫兹扫描成像系统实现了基于宽频非相干太赫兹波的太赫兹扫描成像演示。图 6－39(a)所示为电流加热的1 Ω和 2 Ω 绕线电阻的直接太赫兹扫描成像，电阻体周围的电阻丝呈现出清晰的温度模式。同时，也利用 1 Ω 绕线电阻作为太赫兹光源，演示了透射式扫描太赫兹成像。如图 6－39(b)～图 6－39(d)所示，分别对隐藏在信封中的刀片、门禁卡和干树叶进行扫描成像，太赫兹图像清晰地显示了相应对象的细节。

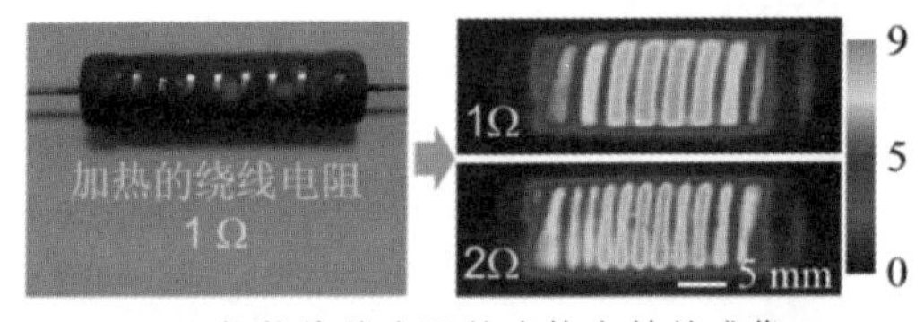

(a) 加热绕线电阻的直接太赫兹成像

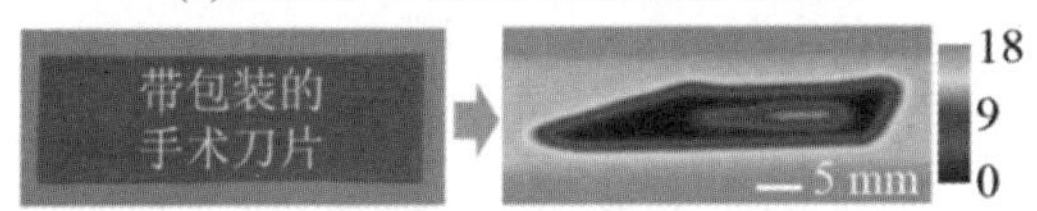

(b) 利用绕线电阻作为太赫兹光源完成手术刀的透射成像

(c) 利用绕线电阻作为太赫兹光源完成门禁卡的透射成像

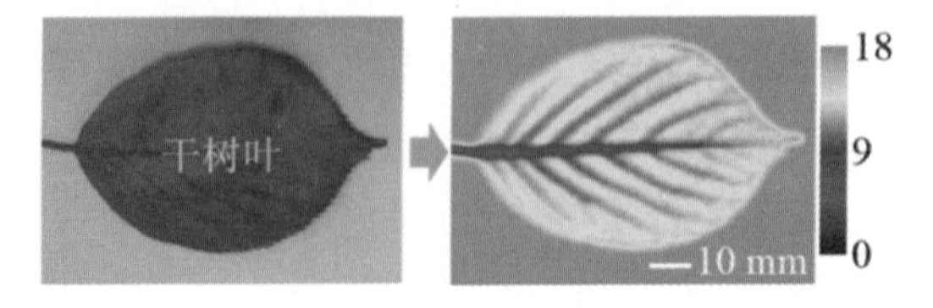

(d) 利用绕线电阻作为太赫兹光源完成干树叶的透射成像[39]

图 6－39　利用DET－900探测器实现的太赫兹扫描成像[39]

为了进一步了解探测器的探测灵敏度，我们研究了DET－900探测器在298 K和77 K温度下的噪声等效功率和它们之间的比值随太赫兹频率变化的对应关系。如图6－40所示，298 K温度下的探测器在700～925 GHz频率范围内的噪声等效功率约为30 pW/$\sqrt{\text{Hz}}$，对应频宽约为200 GHz。77 K温度下在同样频率范围内的噪声等效功率降低至室温的$\frac{1}{30}$，约为1 pW/$\sqrt{\text{Hz}}$。在900 GHz频段，探测器的光学灵敏度已明显优于室温工作的肖特基探测器。当频率高于1060 GHz时，通过降低温度至77 K，灵敏度的增强因子可以达到100倍。当使用宽频非相干太赫兹光源时，也可以从44的增强因子中看到同样的灵敏度提升效果。在相应的最佳栅极电压下，探测器总电阻从298 K时的12.7 kΩ降低到77 K时的3.9 kΩ。灵敏度比值($44\times\sqrt{298\times3.9/(77\times12.7)}\approx48>30$)接近使用如图6－40所示的相干源获得的46倍的平均值。在被动成像应用中需要探测器的温度分辨率优于1 K，对应的探测器的噪声等效功率需要达到NEP～$k_B TB\sim10^{-2}$ pW/$\sqrt{\text{Hz}}$量级(其中k_B为玻耳兹曼常数，T为温度分辨率，B为频谱带宽)，表明要实现被动成像，探测器的灵敏度还需提升至少一个量级。

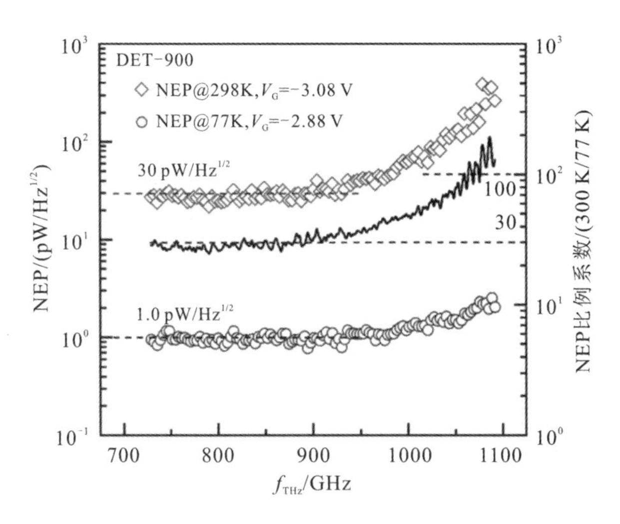

图6－40　DET－900探测器在298 K和77 K温度下的噪声等效功率与它们的比值随太赫兹频率变化的曲线[39]

综上所述，可以得出以下结论：

（1）利用液氮制冷的天线耦合 AlGaN/GaN HEMT 探测器首次实现了加热黑体辐射的宽频非相干太赫兹波的探测和成像；

（2）利用相干和非相干太赫兹辐射分别研究了探测器的响应频谱和栅控响应度，表明自混频模型能够很好地描述探测器对宽频非相干太赫兹波的响应特性；

（3）配备有傅里叶变换光谱仪的一组具有不同中心响应频率的探测器允许在 0.1～2.0 THz的宽频率范围内进行太赫兹光谱分析；

（4）通过进一步提高灵敏度，AlGaN/GaN HEMT 太赫兹探测器有望在被动太赫兹成像和太赫兹光谱中得到应用；

（5）探测器在77 K温度下的的响应光谱与仿真的自混频因子有较大差异，因此需要进一步优化和完善仿真模型。

6.3 氮化镓两端型场效应太赫兹探测器

6.3.1 氮化镓两端型探测器设计和制备

6.2 节重点阐述和验证了基于场效应缓变沟道近似的强局域太赫兹自混频探测理论，并实现了基于 AlGaN/GaN HEMT 场效应自混频太赫兹探测器的研制。相比于肖特基二极管探测器复杂的空气桥制备工艺，较难实现大规模阵列化，场效应探测器则完全基于平面微纳加工工艺，有望实现具有高度均匀性和可靠性的大阵列探测器。然而相比于肖特基简单的两端器件结构，场效应探测器为三端（源极、漏极和栅极）结构，通常需要正或负的栅极偏置以达到最优探测条件，从而导致器件结构和阵列探测器的图形较为复杂[40-44]。主要的困难来自这样一个事实：负/正栅极电压线必须在有限的像素区域内小心地绕着天线阵列布线。同时栅极漏电将严重影响场效应探测器的一致性和稳定性。因此，实现栅极零偏置或栅极悬空的两端型场效应探测器，对简化器件结构以及提高探测器的一致性和稳定性具有十分重要的意义。

2015 年，Marczewski 等人首次验证了基于无结金属氧化物半导体场效应晶体管（MOSFET）的太赫兹探测器可以在零栅偏压模式下工作[45]。由于

AlGaN/GaN HEMT 器件的阈值电压通常在－4 V以下，导致 GaN 自混频探测器需要工作在－3.85 V的栅极电压。因此如何通过调整阈值电压，将氮化镓自混频探测器的最佳工作栅压调整到0，实现两端型探测器具有重要意义。2015 年，蔡勇等人开发了一种基于氟离子注入工艺制备高性能增强型 AlGaN/GaN HEMTs 的新方法，通过注入特定计量的氟离子可以将阈值电压从－4.0 V移到0.9 V[46]。因此，氟离子注入为调整 AlGaN/GaN HEMT 探测器的阈值电压提供了一种可控的手段，从而可在不施加栅极电压的情况下实现最佳的探测条件。基于该方法，本节实现了一种基于 AlGaN/GaN HEMT 的两端型自混频太赫兹探测器，可以在零栅极偏置模式下工作，也可以在栅极悬空的状态下工作。

图 6－41 所示为基于氟离子注入的氮化镓两端型场效应自混频探测器实物，该探测器基于金属有机化学气相沉积(MOCVD)在 2 英寸蓝宝石衬底上生长的 AlGaN/GaN 异质结制作而成。图 6－41(a)所示为探测器的正视图，源极和漏极欧姆接触由二维电子气沟道连接，距离栅极约为 200 μm。在源漏电极

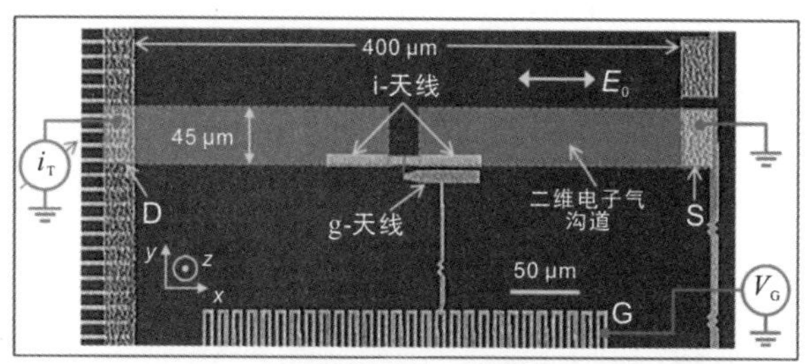

(a) 探测器的正视图

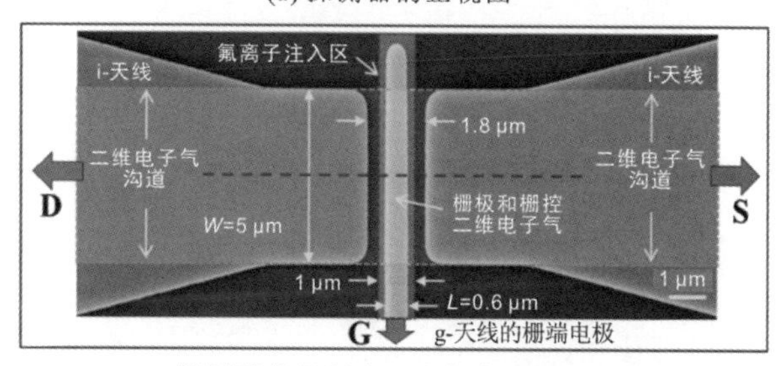

(b) 探测器的栅极中心和氟离子注入区域[47]

图 6－41　基于氟离子注入的氮化镓两端型场效应自混频探测器实物图

之间为非对称三瓣型偶极子天线，每个天线瓣的尺寸为 63 μm×10 μm，对应的中心谐振频率为650 GHz。只有一个天线瓣(g -天线)与栅极引线电极通过一条 3 μm 宽的金属导线连接，用于调节栅极工作电压。另外两个天线瓣(i -天线)在二维电子气沟道上方，不与任何金属结构或电极连接，以保持天线固有的谐振特性。图 6 - 41(b)所示为探测器的栅极中心和氟离子注入区域，栅极长度和沟道宽度分别为600 nm和 5 μm，天线间隙为600 nm。为了保证氟离子能够均匀地注入在包括栅极两侧在内的整个栅控沟道区，将氟离子注入区的长度和宽度分别增加到 1 μm 和 9 μm，如图 6 - 41(b)虚线框所示。

图 6 - 42 所示为图 6 - 41(b)中的虚线对应的探测器的横截面示意图。自下而上的 AlGaN/GaN 外延层分别包括 3 μm 碳掺杂的 GaN buffer 层、200 nm GaN 沟道层、23 nm非掺杂的 $Al_{0.26}Ga_{0.74}N$ 势垒层和2 nm GaN 帽层。在室温下，二维电子气的迁移率和浓度分别为 $\mu=1440\ cm^2/(V\cdot s)$ 和 $n_s=1.2\times 10^{13}\ cm^{-2}$。在第 5 章 5.2 节已验证了无源漏偏置的自混频光电流响应可表示为

$$i_T = P_0 Z_0 \bar{z} \frac{dG}{dV_G}\int_0^L \dot{\xi}_x \dot{\xi}_z \cos\phi \, dx \tag{6-120}$$

式中：P_0 为太赫兹能流密度，Z_0 为太赫兹自由空间阻抗，$\bar{z}$为栅极到二维电子气的有效距离，G 为场效应沟道电导，L 为栅长，V_G 为栅极直流偏置电压。$\dot{\xi}_x$、$\dot{\xi}_z$ 和 ϕ 分别为沿着沟道电场和垂直沟道电场的太赫兹电场增强因子以及两者之间的相位差。$\dot{\xi}_x\dot{\xi}_z\cos\phi$ 为自混频因子，由太赫兹天线控制。$\frac{dG}{dV_G}$为场效应因子，由栅控场效应沟道决定。

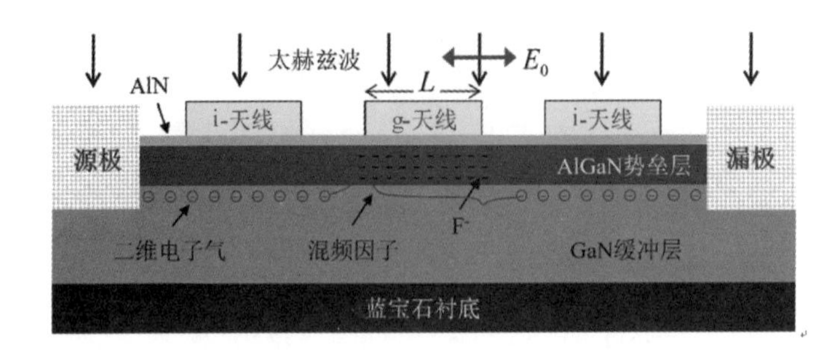

图 6 - 42　图 6 - 41(b)中虚线对应的探测器的横截面示意图[47]

为了获得最优的氟离子注入剂量，制定了分别为 0、0.4×10^{13}、$0.7\times$

10^{13}、1.0×10^{13}和 1.6×10^{13} cm^{-2}等 5 种氟离子剂量。氟离子注入能量设定为 10 keV，使得氟离子能高效地注入并停留在 AlGaN 势垒层。为了高效激活氟离子，离子注入后，需在 400℃氮气氛围下退火 10 min。

为了验证栅控沟道和太赫兹场区均匀地注入了氟离子，在648 GHz频率下利用 FDTD 方法仿真了自混频因子在场效应混频核心区域的二维空间分布，如图6－43所示。为了获得该区域精细的太赫兹电场分布，在 x 方向和 y 方向的网格分别设置为5 nm和20 nm。由图 6－43 可见氟离子注入区域覆盖了整个太赫兹混频区域(栅控区)。得益于天线的非对称性设计，栅极左侧的自混频因子约为栅极右侧自混频因子的 6.4 倍，正是该非对称性使得探测器产生了净向的太赫兹混频响应。

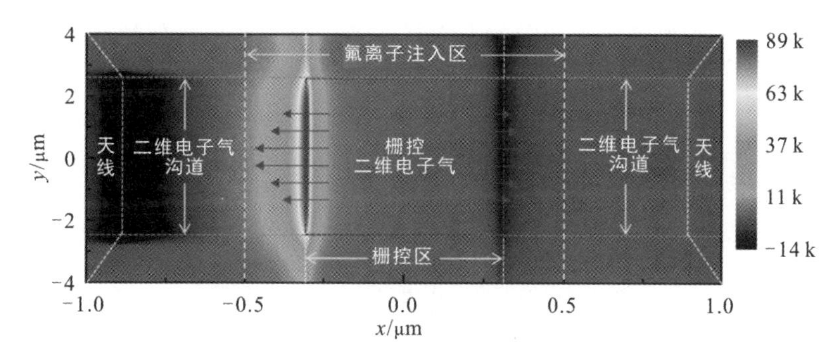

图 6－43　在648 GHz频率下场效应混频核心区域自频混因子的二维空间分布图[47]

6.3.2　氮化镓两端型探测器响应特性

太赫兹测试电路如图 6－41(a)所示，探测器源端接地，漏端连接至一个前置低噪声电流前置放大器，再利用标准的锁相技术读出放大器输出的光电流响应信号。单色频率可调(0.1～1.1 THz)的肖特基倍频链路作为太赫兹光源，频率设定为648 GHz，利用函数发生器将太赫兹波调制为10 kHz的 on-off 方波信号。为了提高太赫兹波的收集效率，探测器芯片被安装在直径为6 mm和高度为3.87 mm的高阻超半球硅透镜平面中心。为了与硅透镜的高度相匹配，从而有效提高太赫兹波的耦合效率，探测器芯片被减薄至 200 μm。

首先对 0、0.4×10^{13}、0.7×10^{13}、1.0×10^{13}和 1.6×10^{13} cm^{-2}等 5 种氟离子剂量探测器的电学特性进行测试表征。探测器基本电学参数如图 6－44 所示。图 6－44(a)所示为探测器的栅控沟道电导随栅压变化的曲线，随氟离子注入剂量增加，阈值电压往正向移动，对应 5 种计量探测器的阈值电压分别为－3.90 V，－2.56 V，－2.18 V，－1.36 V 和－0.34 V。图 6-44(b)所示为探测器的场效应因子（dG/dV_G）随栅压变化的曲线，当氟离子剂量从 0 增加到 1.6×10^{13} cm^{-2}时，场效应因子的最大值所对应的栅压从－3.74 V 转移到 0.04 V。场效应混频模型(式(6-120))表明氟离子剂量为 1.6×10^{13} cm^{-2}的探测器有望实现栅极零偏置工作。由图 6-44(a)提取的阈值电压随氟离子注入剂量变化的曲线如图 6-44(c)所示，通过拟合表明阈值电压和氟离子剂量呈线性关系，可表示为 $V_{th}=\frac{\eta}{4.2\times10^{12}}-3.9$ V，其中－3.9 V 为无氟离子注入探测器对应的阈值电压。然而，随着氟离子注入剂量增加，场效应因子却随之减小，该效应可能与离子注入引起的杂质对沟道中电子产生额外的散射有关。

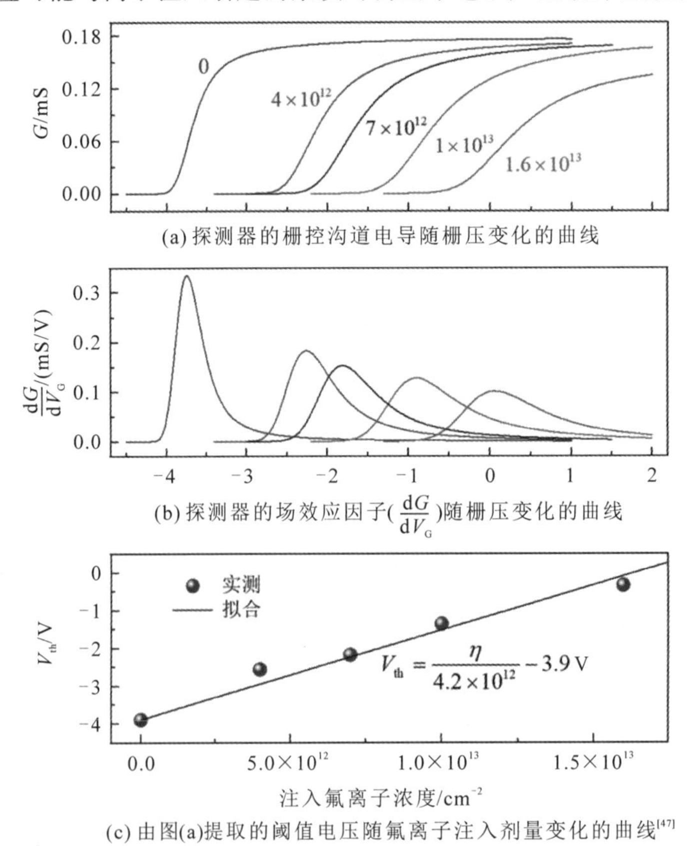

(a) 探测器的栅控沟道电导随栅压变化的曲线

(b) 探测器的场效应因子($\frac{dG}{dV_G}$)随栅压变化的曲线

(c) 由图(a)提取的阈值电压随氟离子注入剂量变化的曲线[47]

图 6-44　探测器基本电学参数

完成电学特性测量后将对探测器的太赫兹响应特性进行测试分析，图6-45所示为探测器在不同氟离子注入剂量下的太赫兹响应参数。图6-45(a)所示为电流响应度随栅压变化的曲线，其中实线为通过场效应混频模型(式(6.120))计算得到的理论值，与实验数据能够较好地吻合。正如我们所预期的，当氟离子剂量从0增加到$1.6\times10^{13}\ \mathrm{cm}^{-2}$时，电流响应度峰值对应的栅压从$-3.64$ V转移到0.36 V。由图6-45(a)提取的电流响应度峰值对应的栅压随氟离子注入剂量变化的曲线如图6-45(b)所示，通过拟合表明阈值电压和氟离子剂量呈线性关系，可表示为$V_G=\dfrac{\eta}{3.6\times10^{12}}-3.64\ \mathrm{V}$，其中$-3.64$ V为无氟离子注入探测器的电流响应度峰值对应的栅压。图6-45(c)所示为噪声等效功率随栅压变化的曲线，当氟离子剂量从0增加到$1.6\times10^{13}\ \mathrm{cm}^{-2}$时，噪声等效功率的最小值所对应的栅压从$-3.86$ V转移到0。由图6-45(c)提取的噪声等效功率的最小值对应的栅压随氟离子注入剂量变化的曲线如图6-45(d)所示，通过拟合表明阈值电压和氟离子剂量呈线性关系，可表示为$V_G=\dfrac{\eta}{3.8\times10^{12}}-3.86\ \mathrm{V}$，其中$-3.86$ V为无氟离子注入探测器的噪声等效功率最小值所对应的栅压。

为了便于比较，表6-3中对比了5种不同氟离子注入剂量探测器的实测参数。当氟离子剂量从0增加到$1.6\times10^{13}\ \mathrm{cm}^{-2}$时，探测器的阈值电压从$-3.74$ V增加到0.04 V，同时二维电子气浓度从$1.2\times10^{13}\ \mathrm{cm}^{-2}$降低至$3.8\times10^{12}\ \mathrm{cm}^{-2}$。由于离子注入引起的材料损伤和杂质散射的增加，霍耳测试得到的电子迁移率由$\mu=1440\ \mathrm{cm}^2/(\mathrm{V}\cdot\mathrm{s})$降低到$\mu=110\ \mathrm{cm}^2/(\mathrm{V}\cdot\mathrm{s})$，同时通过输出特性测量得到的场效应因子由0.33 mS/V降低到0.10 mS/V。随着氟离子注入剂量从0增加到$1.6\times10^{13}\ \mathrm{cm}^{-2}$，电流响应度的最大值从66 mA/W降低到20 mA/W，相对应的噪声等效功率从13 $\mathrm{pW}/\sqrt{\mathrm{Hz}}$增加到47 $\mathrm{pW}/\sqrt{\mathrm{Hz}}$。结果表明，氟离子注入对霍耳实测电子迁移率所产生的极大抑制作用，相对而言，对场效应因子和电流响应度的不利影响要轻微很多。得益于氟离子注入有效地将阈值电压转移到更正向的栅极电压，探测器在零栅极电压下的场效应因子得到了极大的增强。随着氟离子注入剂量从0增加到$1.6\times10^{13}\ \mathrm{cm}^{-2}$，探测器在零栅压下的电流响应度从0.18 mA/W增加到17 mA/W，

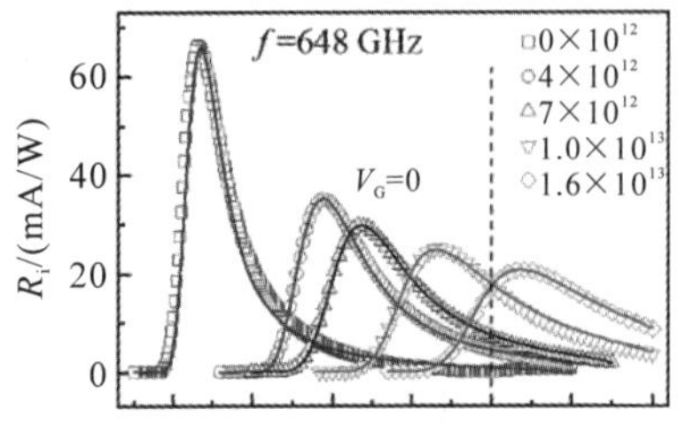

(a) 电流响应度随栅压变化的曲线

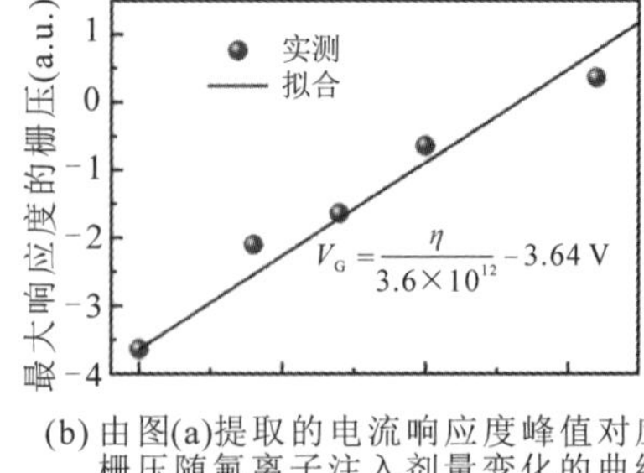

(b) 由图(a)提取的电流响应度峰值对应的栅压随氟离子注入剂量变化的曲线

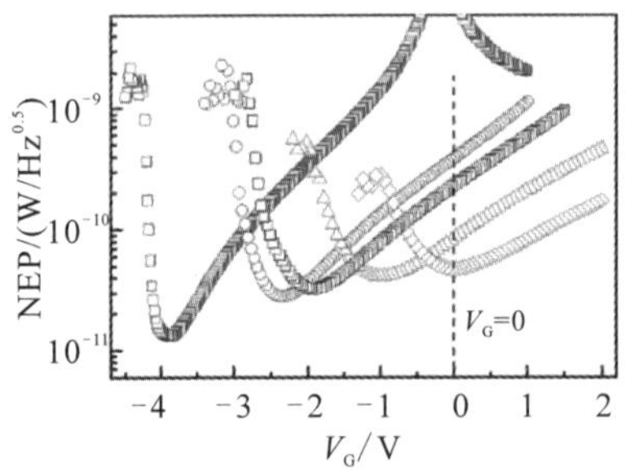

(c) 噪声等效功率随栅压变化的曲线

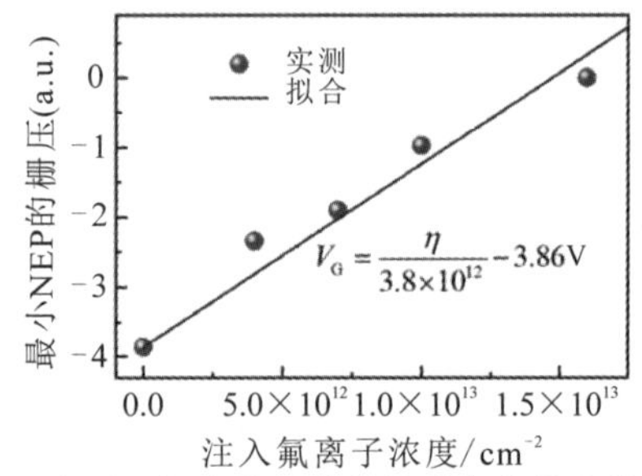

(d) 由图(c)提取的噪声等效功率的最小值对应的栅压随氟离子注入剂量变化的曲线[47]

图 6-45　探测器在不同氟离子注入剂量下的太赫兹响应参数

增加幅度高达 94 倍。相对应地，探测器在零栅压下的噪声等效功率从 9221 pW/$\sqrt{\mathrm{Hz}}$降低至 47 pW/$\sqrt{\mathrm{Hz}}$，探测器灵敏度增加了 196 倍。

表 6-3　5 种不同氟离子注入剂量探测器的实测参数

注入剂量 /cm^{-2}	n_s /cm^{-2}	μ/($\mathrm{cm}^2\cdot\mathrm{V}^{-1}\cdot\mathrm{s}^{-1}$)	dG_0/dV_G /(mS/V)	V_G① /V	R_i② /(mA/W)	V_G③ /V	NEP④ /(pW/Hz$^{1/2}$)	R_i⑤ /(mA/W)	NEP⑥ /(pW/Hz$^{1/2}$)
0.0×10^{13}	1.2×10^{13}	1440	0.33	−3.64	66	−3.86	13	0.18	9221
0.4×10^{13}	7.6×10^{12}	493	0.18	−2.10	35	−2.34	28	4.3	388
0.7×10^{13}	6.6×10^{12}	359	0.15	−1.64	30	−1.90	33	7.0	231
1.0×10^{13}	4.8×10^{12}	164	0.13	−0.64	25	−0.98	41	17.4	85
1.6×10^{13}	3.8×10^{12}	110	0.10	0.36	20	0.00	47	17.0	47

注：①为不同剂量探测器的最大电流响应度对应的栅压；

②为不同剂量探测器的最大电流响应度；

③为不同剂量探测器的最小噪声等效功率对应的栅压；

④为不同剂量探测器的最小噪声等效功率；

⑤为不同剂量探测器在栅压为零时对应的电流响应度；

⑥为不同剂量探测器在栅压为零时对应的噪声等效功率。

为了检验两端型探测器的太赫兹探测性能，利用注入剂量为 1.6×10^{13} 的探测器在栅极悬空的状态下演示了反射式和透射式扫描太赫兹成像，如图6-46所示。图6-46(a)和图6-46(b)分别为金属玩具汽车的侧视反射成像和顶视反射成像，图6-46(c)所示为塑料玩具狗的透射成像。

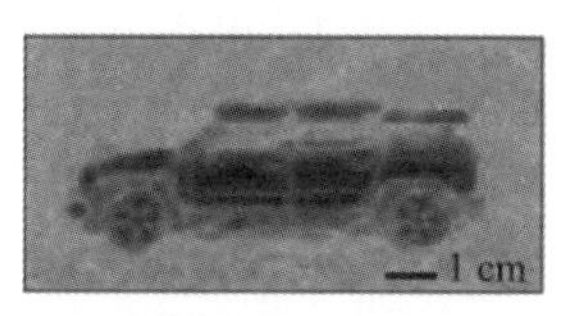

(a) 金属玩具汽车侧视反射成像

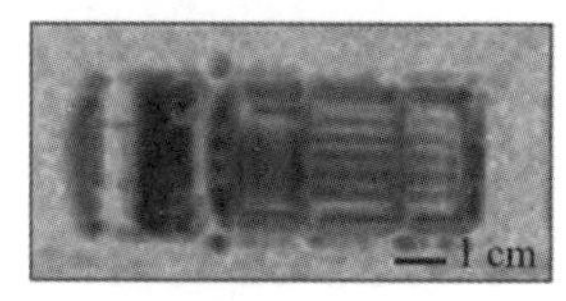

(b) 金属玩具汽车顶视反射成像

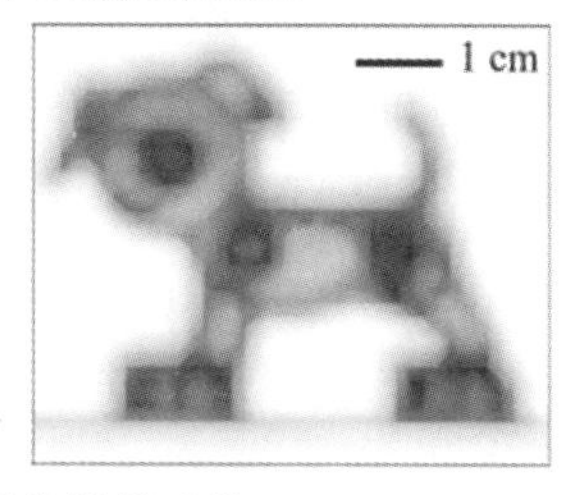

(c) 塑料玩具狗透射成像

图6-46　由注入剂量为 1.6×10^{13} 的探测器实现的反射式和透射式扫描太赫兹成像

综上所述，氟离子注入可以控制AlGaN/GaN 2DEG的阈值电压，从而控制天线耦合AlGaN/GaN HEMT自混频太赫兹探测器的场效应因子。氟离子注入有效地转移了探测器的阈值电压，优化计量 1.6×10^{13} cm^{-2} 的探测器在零栅压下具备最佳的场效应因子，对应的噪声等效功率达到了47 $pW/\sqrt{Hz}$。利用该技术，有望在无须排布密集的负栅极电压走线的情况下实现天线耦合

AlGaN/GaN HEMT 阵列探测器，从而极大地简化阵列探测器结构。与具有最佳负栅电压的 HEMT 探测器相比，具有最佳阈值电压的两端型探测器的最大响应度有所降低，这与离子注入导致材料损伤和杂质散射增加引起电子迁移率降低有关。为了避免电子迁移率降低并保持原有的高灵敏度，必须考虑对二维电子结构和离子注入剖面进行优化仿真设计。

6.4 氮化镓等离子体共振太赫兹探测器

6.4.1 等离子体共振探测理论

二维电子气中存在二维等离子体波，它是一种电子的集体运动行为，色散关系可以表示如下：

$$f_0 = \frac{1}{2\pi}\sqrt{\frac{n_s e^2}{2m^* \varepsilon_0 \varepsilon} q} \tag{6-121}$$

式中：n_s 为二维电子气浓度，e 为单位电子电荷，m^* 为电子有效质量，ε_0 为真空介电常数，ε 为相对介电常数，q 为波矢。

图 6-47 所示为不同电子浓度下经典二维等离子体波色散关系曲线，其中虚线为空间电磁波的色散关系曲线。从图中可以看到二维等离子体波的频率刚好落在太赫兹波段，这为研究新型太赫兹光源和探测器提供了理论基础。崔琦等人于 1977 年首次通过实验在硅场效应管的二维电子气中发现了等离子体波振荡[48]，并于 1980 年首次在基于硅场效应管的器件中看到了基于二维等离子体波的太赫兹辐射[49]。但是从式(6-121)中可以看到等离子体频率 f 与二维电子气浓度 n_s 和波矢 q 均有关，这增加了系统的复杂性，也给二维等离子体波的调控带来了极大的难度。

1993 年由 Dyakonov 和 Shur 首次提出了有限尺寸二维电子气的浅水波模型[1]。他们指出在特定边界条件下，有限尺寸的二维电子气体系存在共振形式的等离子体波，仅由栅压即可调控共振模式，其一阶模式可以简单表示为[1-2]

$$f_0 = \frac{1}{4L}\sqrt{\frac{e(V_G - V_{th})}{m^*}} \tag{6-122}$$

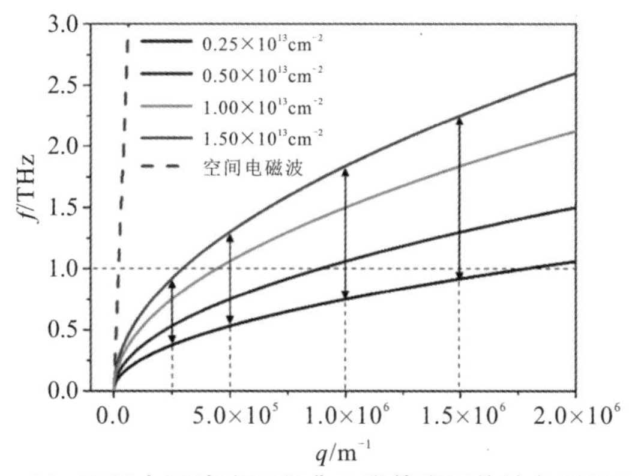

图 6-47　不同电子浓度下经典二维等离子体波色散关系曲线

式中：L 为栅长，V_G 为外加栅极电压，V_{th} 为阈值电压，m^* 为电子有效质量。通过减小栅长可以使得其频率在1 THz左右。可以看到共振频率仅与栅压和栅长有关，而这两者很容易调节，极大地方便了调控等离子体波。在栅长固定的情况下，仅仅通过调节栅压就可以得到一系列连续的太赫兹等离子体共振模式。接着基于有限尺寸二维等离子体波的探测器就制备出来了[5, 50-51]，其特点是通过栅压可以调节太赫兹共振频率，即探测器具有频率分辨能力，这极大地丰富了太赫兹探测器的内涵。

我们很自然地期望等离子体共振探测具有更高的探测灵敏度，并具有光谱分辨能力[5, 10, 27, 50-55]。然而，到目前为止的实验结果表明，共振响应比非共振响应弱得多，而前者通常被淹没在后者的背景当中[5, 50-51]。共振响应的强度受到等离子体共振的品质因子($Q=\omega_p\tau_p$，其中 ω_p 和 τ_p 分别为等离子体的角频率和弛豫时间)的限制。通过研究等离子体激元阻尼的物理特性，可以在适当的边界条件下控制等离子体腔，并开发出高性能的基于等离子体的太赫兹探测器件。

在共振情况下($\omega_p\tau_p\gg1$)，等离子体波在合适的栅极电压下被共振激发，并产生一个具有洛伦兹线型的单向光电流[5, 27, 50-51]：

$$i_R = I_R \frac{f_p^2}{(f-f_p)^2+\left(\frac{1}{4\pi\tau_p}\right)^2} \tag{6-123}$$

式中：前置因子 I_R 是与入射太赫兹功率、沟道电导、几何结构和边界条件等有关的复杂函数，f 是入射太赫兹频率，f_p 是等离子体频率。等离子体频率可以

受栅压灵敏度调控，并可以表示为

$$f_{\mathrm{p}} = \frac{1}{4L_{\mathrm{eff}}}\sqrt{\frac{eV_{\mathrm{G}}}{m^{*}}} \tag{6-124}$$

式中：L_{eff}为等离子体谐振腔的有效长度，e 和 m^{*} 分别为单个电子的电荷和有效质量。

在非共振情况下($\omega_{\mathrm{p}}\tau_{\mathrm{p}}\ll 1$)，光电流主要源于太赫兹场在栅控沟道内的自混频效应，并在较宽的电子浓度范围内均有效，因此具有与太赫兹天线密切相关的宽谱响应特性[7, 17-18, 43, 56-58]。零源漏偏置下的非共振短路电流可表示为

$$i_{\mathrm{M}} = \frac{E_0}{4}\,\overline{z}\int_0^L \frac{\mathrm{d}G}{\mathrm{d}V_{\mathrm{geff}}}\dot{\xi}_x\dot{\xi}_z\cos\phi\,\mathrm{d}x \tag{6-125}$$

式中：E_0 为入射太赫兹波产生的自由空间电场，$G=G(x)$为栅控沟道电导，$\overline{z}$ 为栅极到二维电子气的距离，L 为栅长，$V_{\mathrm{geff}}(x)=V_{\mathrm{G}}-V_{\mathrm{th}}-V_x$ 为沟道有效栅压，V_{G}、V_{th}和 V_x 分别为外加栅压、阈值电压和沟道 x 处的电势，$\dot{\xi}_x$、$\dot{\xi}_z$ 和 ϕ 分别为沿着沟道电场和垂直沟道电场的太赫兹电场增强因子以及两者之间的相位差。$\dot{\xi}_x\dot{\xi}_z\cos\phi$ 代表自混频因子，由太赫兹天线控制。$\frac{\mathrm{d}G}{\mathrm{d}V_{\mathrm{geff}}}$代表场效应因子，由栅控场效应沟道决定。在天线耦合场效应探测器中两种太赫兹响应都会发生，总的光电流可以表示为

$$i_{\mathrm{T}} = i_{\mathrm{M}} + i_{\mathrm{R}} \tag{6-126}$$

自混频和共振响应都依赖于太赫兹场分布的不对称性和等离子体腔的边界条件。对于共振探测，源漏欧姆接触电极通常是等离子体腔的边界，同时也是太赫兹天线的一部分。等离子体波的非对称边界条件可以由源漏直流电流偏置构成[10, 52-53]。对于自混频探测，可以通过使用非对称的太赫兹天线或在沟道内施加适当的偏置电流达到形成非对称边界条件的目的[7, 17]。下面将验证对称性对 AlGaN/GaN 等离子体共振探测器中太赫兹光电流响应的影响。对称性设计显著抑制了自混频响应信号，使得探测器在77 K温度下便观察到了等离子体共振太赫兹响应。通过在栅压和源漏偏压下太赫兹响应的联合测试验证了探测器的对称性。

6.4.2 氮化镓共振探测器设计

图 6-48 所示为 AlGaN/GaN 等离子体共振太赫兹探测器扫描电镜实物，

探测器由集成有对称排列的纳米栅、太赫兹天线和滤波器的 AlGaN/GaN 二维电子气构成，由三个栅极共同形成了一个边界基本对称的可调谐等离子体谐振腔。为了保持对称性，源漏欧姆接触电极需要远离等离子体谐振腔，约为 1.5 μm。三个纳米栅极分别定义为 G_1、G_2 和 G_3，其中栅极 G_2 和 G_3 形成等离子体谐振腔，栅极 G_1 通过栅压控制二维电子气浓度，从而调节等离子体子频率。天线 A_1 和 A_2 的谐振频率设计为900 GHz，并分别与栅极 G_1 和栅极 G_2/G_3 相连接。弯曲形低通滤波器用于连接太赫兹天线与相对应的引线电极，从而有效保持太赫兹天线固有的增强特性和谐振频率[31]。栅极 G_1、G_2 和 G_3 的栅长分别为150 nm、100 nm和100 nm，栅极 G_2 和 G_3 内侧之间的距离为330 nm。场效应沟道宽度为3 μm，电极之间的距离为3.5 μm。在77 K温度下，二维电子气的迁移率和浓度分别为 $\mu=1.58\times10^4\ \mathrm{cm^2/(V\cdot s)}$ 和 $n_s=1.06\times10^{13}\ \mathrm{cm^{-2}}$。频率在0.8～1.0 THz之间单色连续可调频的返波管作为太赫兹光源，太赫兹波的极化方向沿着 y 方向，并通过机械斩波器将信号调制为317 Hz。探测器的短路电流通过电流前置放大器放大，再利用锁相放大器将信号读出。

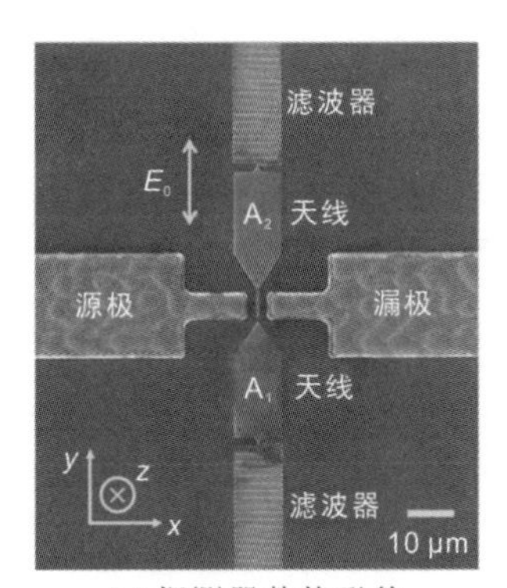

(a) 探测器整体形貌

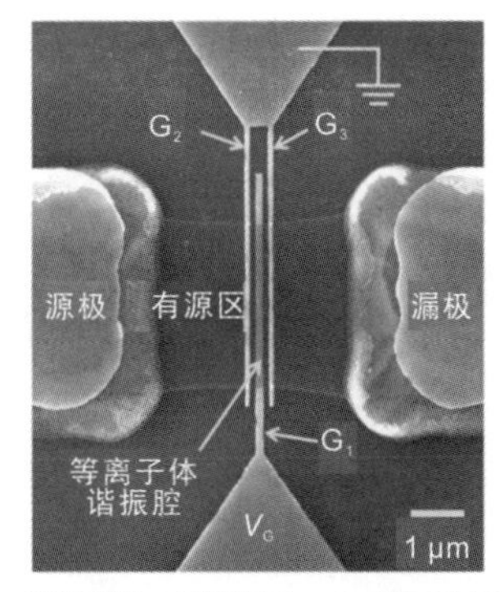

(b) 探测器核心探测结构，由对称天线和三个栅极组成，红色区域为等离子谐振腔结构[59]

图 6-48 AlGaN/GaN 等离子体共振太赫兹探测器扫描电镜实物图

如图 6-49 所示，在900 GHz频率下，利用时域有限差分法对栅控二维电子气处的太赫兹电场的强度和相位分布进行了数值仿真。为了获得精细太赫兹电场分布，将沿着 x 方向和 y 方向的网格分别设置为5 nm和20 nm。水平电场增强因子 $\dot{\xi}_x$ 和垂直电场增强因子 $\dot{\xi}_z$ 的空间分布如图 6-49(a)和 6-49(b)所示。水平电场主要集中在栅极 G_1、G_2 和 G_3 之间的扩展区域，而垂直电场主要

分布在栅极 G_1 下面。模拟结果证实，与前面提到的三瓣非对称天线不同，该探测器源端和漏端的太赫兹电场分布完全相同，呈现出极好的对称性。如图 6-49(c)和图 6-49(d)所示，水平电场在三个栅极的中心位置改变 180°相位，而垂直电场则在栅极之间间隙的中心改变 180°相位。图 6-49(e)所示为自混频因子 $\dot{\xi}_x\dot{\xi}_z\cos\phi$ 在栅控二维电子气处的二维空间分布，自混频电场主要集中在栅极 G_1 的左右边缘两侧，源端一侧的混频电场产生正向电流，而漏端一侧的混频电场却产生反向电流。混频电流极性反向源于如图 6-49(c)和图6-49(d)所示的相位反转。由此可见，通过器件的对称设计，自混频信号有望被很好地抑制，从而凸显出等离子体共振信号。

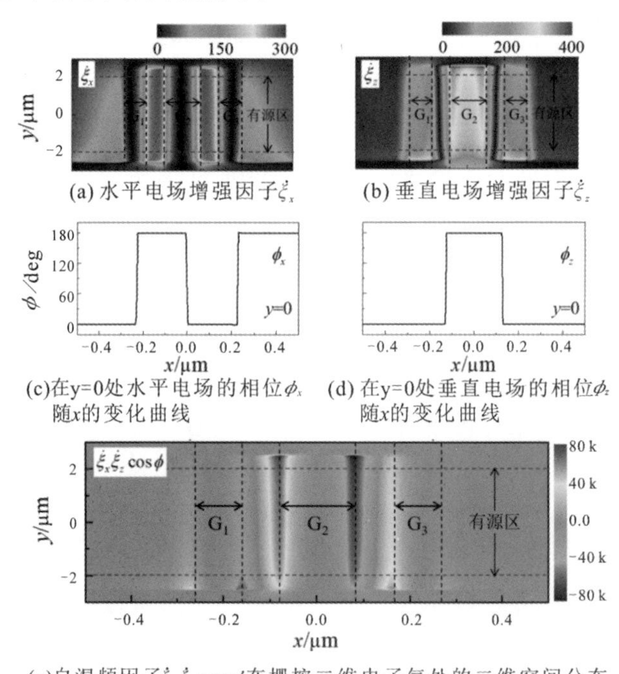

图 6-49　在900 GHz频率下图 6-48(b)所示谐振腔核心区域的太赫兹电场和相位分布，极化方向沿着 y 轴[59]

6.4.3　氮化镓共振探测理论验证

77 K温度下探测器的沟道电导和场效应因子随栅压变化的曲线如图 6-50(a)所示，场效应因子最大值对应的栅压为−4.00 V。在 850 GHz、861 GHz、

907 GHz 和940 GHz太赫兹波照射下，光电流响应随栅压变化的曲线如图6-50(b)所示，为了看清细节，曲线在纵坐标方向依次做了平移。从图中可以观察到两个峰值，其中一个峰位与入射太赫兹频率无关，固定在栅压为−4.00 V处，另一个峰位与入射太赫兹频率密切相关，处在栅压为−3 V左右。频率无关太赫兹响应的峰位与场效应因子的最大值相对应，且能够由式(6-125)自混频理论很好地描述。频率依赖的太赫兹响应与等离子体波的共振频率密切相关，可由式(6-123)很好地描述。当我们将太赫兹频率从850 GHz调谐到940 GHz时，共振峰的位置从−3.12 V移动到−2.60 V。图6-50(b)中的实线为基于式(6-126)计算的光电流，能够与实验结果很好地吻合。

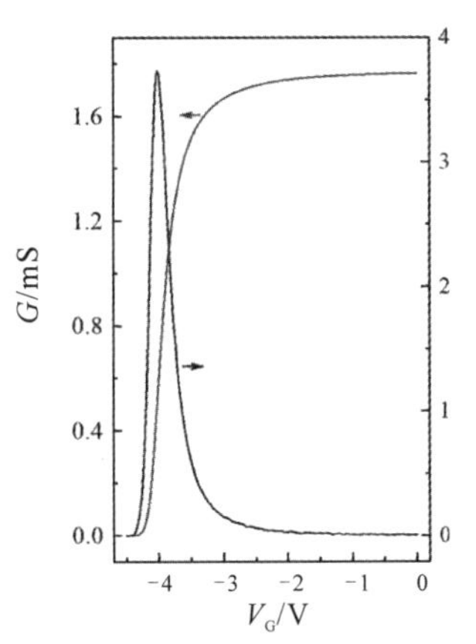

(a) 77K温度下探测器的沟道电导和场效应因子随栅压变化的曲线

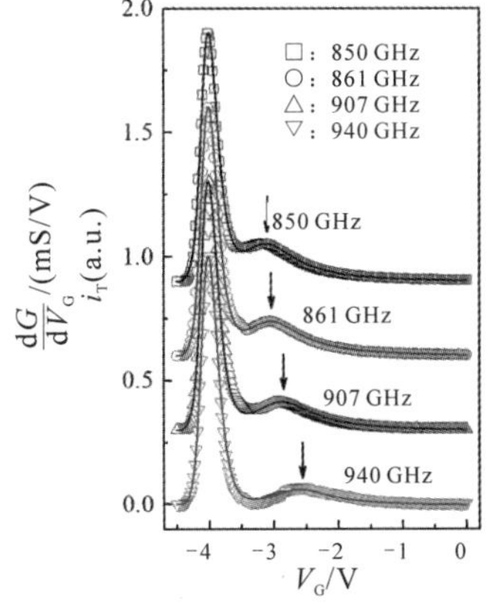

(b) 不同频率的太赫兹波照射下，实测和拟合光电流响应随栅压变化的曲线，其中实线为基于式(6-126)的理论计算曲线，箭头所指为等离子体共振峰对应的栅压位置

图6-50　探测器的沟道电导和光电流随栅压变化的曲线

通过归一化图6-50(b)中总的光电流，并扣除由式(6-123)拟合得到的自混频光电流响应，得到如图6-51(a)所示净的等离子体共振光电流响应，表明等离子体共振频率随栅压变化的曲线能够与式(6-124)很好地拟合。在拟合中，等离子体谐振腔的腔长为330 nm，即栅极 G_2 和 G_3 之间间隙的距离。作为比较，图6-51(b)实线所示为330 nm腔长对应等离子共振频率，即栅极 G_1 的长度。这意味着等离子体波被激发并限制在由栅极 G_2 和 G_3 包围的二维电子气中，而不是栅极 G_1 正下方的二维电子气中[5, 50-51]。

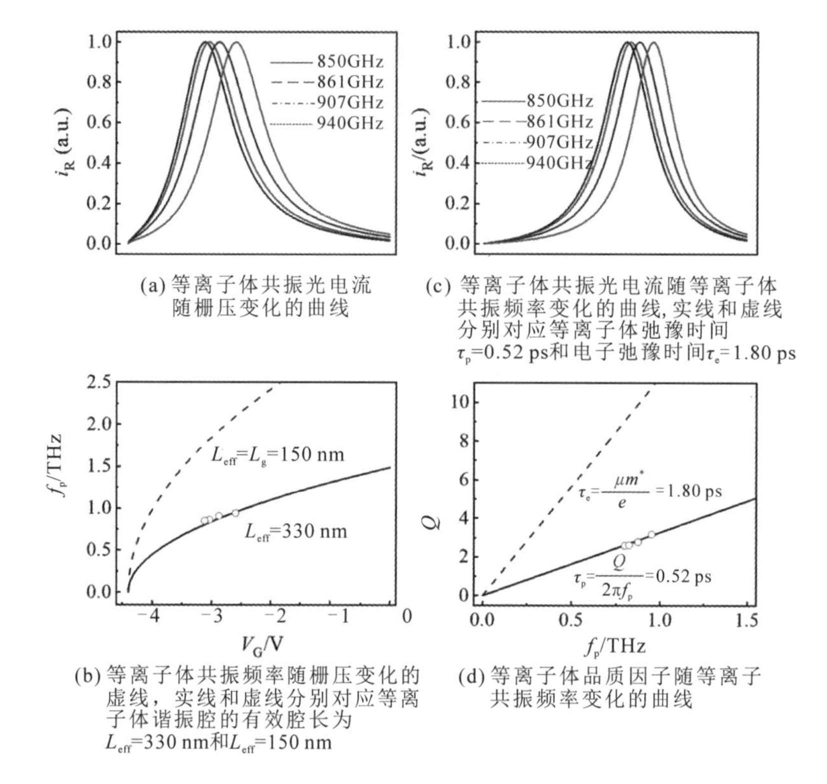

(a) 等离子体共振光电流随栅压变化的曲线

(c) 等离子体共振光电流随等离子体共振频率变化的曲线，实线和虚线分别对应等离子体弛豫时间τ_p=0.52 ps和电子弛豫时间τ_e=1.80 ps

(b) 等离子体共振频率随栅压变化的虚线，实线和虚线分别对应等离子体谐振腔的有效腔长为L_{eff}=330 nm和L_{eff}=150 nm

(d) 等离子体品质因子随等离子共振频率变化的曲线

图 6-51　探测器的等离子体共振光电流、共振频率和品质因子变化曲线[59]

如图 6-50(b)所示，等离子体共振响应要比非共振自混频响应弱得多，共振电流响应度和自混频电流响应度分别为 540 mA/W 和 59 mA/W，相对应的噪声等效功率分别为 3 pW/$\sqrt{\text{Hz}}$和 45 pW/$\sqrt{\text{Hz}}$。相比前两节采用非对称三瓣蝶形天线 2 μm 栅长的探测器，该探测器虽然采用纳米栅结构，然而自混频探测的灵敏度相对更低，表明对称天线结构强烈抑制了自混合响应。共振响应的强度取决于等离子体共振激发和电荷振荡转化为直流电流的有效性。前者与等离子体品质因子 $Q=\pi f_p \tau_p$ 密切相关。后者为等离子体谐振腔边界条件的复杂函数，其作用机制尚待进一步研究。将式(6-124)代入式(6-123)，得到如图6-51(c)所示的等离子体共振光电流和图 6-51(d)所示的等离子体品质因子随等离子体共振频率变化的曲线。表明通过调节栅压可以实现优于10 GHz的频谱分辨率。通

过对实验提取的质量因子进行拟合，我们发现等离子体的有效寿命仅为 0.92 ps，约为通过电子迁移率计算得到的电子弛豫时间$\tau_e=\frac{\mu m^*}{e}=1.80$ ps的三分之一。这预示着除了常规的电子-声子和电子-杂质相互作用以外，电子-电子和电子-等离子体相互作用等是导致等离子体衰减的主要因素[51]。

为了进一步验证对称性设计，我们使用了与第 6 章 6.2.4 节所述相同的方法对该探测器的对称性进行了验证。图 6-52(a)所示为 907 GHz 频率下实测太赫兹光电流响应随栅压和源漏电压共同变化的二维分布，在栅压−4 V附近(虚线标记的位置)产生了最强的太赫兹光电流信号。如图 6-52(b)的插图所示，当在漏极(源极)侧施加大的正向偏压时，漏极(源极)侧栅极下方的二维电子气被耗尽，并且有效地抑制了局部诱导的负(正)向光电流。沿着图 6-52(a)中的虚线，实测的光电流来自图 6-49(e)所示栅极二维电子沟道的源(漏)侧产生的强局域正(负)向太赫兹自混频电场。随着偏压 V_D 从 0 变化到0.5 V，相应的电流响应度从 0.54 A/W 增加到1.72 A/W。图6-52(b)所示为沿着图

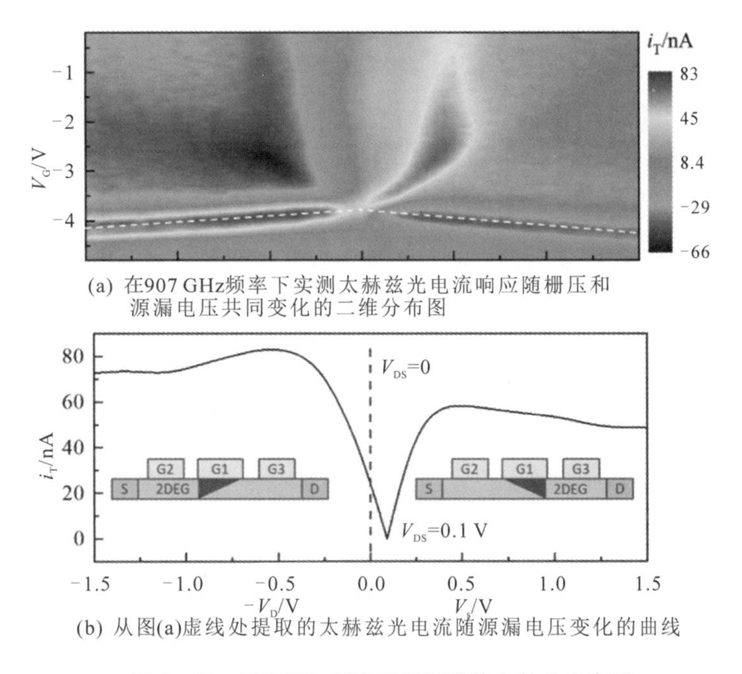

(a) 在907 GHz频率下实测太赫兹光电流响应随栅压和源漏电压共同变化的二维分布图

(b) 从图(a)虚线处提取的太赫兹光电流随源漏电压变化的曲线

图 6-52　907 GHz 频率下探测器的太赫兹光电流

6－52(a)所示的虚线处提取的太赫兹光电流随源漏电压 V_{DS} 变化的曲线。在漏端和源端施加偏压时，对应的最大光电流分别为83 nA和57 nA。最小光电流的预期位置从 $V_{DS}=0$ 移动到 $V_{DS}=0.1$ V 处。在 $V_{DS}=0$ 处的光电流约为26 nA，刚好为漏端和源端施加偏压时测得的最大响应之间的差值。这证实了在设计的对称结构中依然存在残余的非对称性。正是这种不对称性，使得被抑制的非共振光响应能够作为背景来产生共振响应。由于总是存在宽频带的非共振响应，因此当栅极电压和源漏偏压同时作用时，很难将共振响应和非共振响应分开。然而，在对称设计的探测器中，可以将探测器设置在一个适当的工作点，剩余非对称性可以通过偏置电压消除，使得非共振响应最小化，从而凸显出共振响应。另一方面，可以通过施加一个较大的源漏偏压，进一步增大探测器的响应度和探测灵敏度。

综上所述，我们在一个集成有纳米栅极、等离子体波谐振腔、太赫兹天线和滤波器的GaN/AlGaN场效应探测器中，阐述和分析了共振和非共振(自混频)的太赫兹响应。实验结果表明，通过对称结构的设计，自混频响应能够被有效抑制。在 $V_{DS}=0$ 时依然能够观察到自混频响应，表明非对称性依然存在于太赫兹电场分布或者电子沟道内。我们观察到的共振响应很好地符合了纳米栅极限制的四分之一波长的等离子体模式。它可能源自对称器件的杂散非对称性，因此我们需要进一步研究腔等离子体波的边界条件。同时具备宽谱的自混频响应和窄谱的共振响应，使得该探测器同时具备高灵敏度和频谱分辨的能力。因此，该对称探测器可以同时具备高灵敏度和频谱分辨的能力。

6.5 氮化镓太赫兹探测器优化与应用

6.5.1 氮化镓探测器优化设计

太赫兹应用系统的性能取决于太赫兹发射、传输和探测链路中探测器输出端的信噪比。如前面所述，光学噪声等效功率是表征太赫兹探测器灵敏度的关键指标，它定义为单位输出带宽内单位信噪比下的最小可探测太赫兹功率[60]。作为太赫兹探测的最新技术，低温和超导太赫兹探测器具备了较高的探测灵敏

度，噪声等效功率覆盖 $10^{-22}\sim10^{-13}$ W/$\sqrt{\text{Hz}}$的范围，然而其通常需要在4.2 K温度以下，导致探测系统较为庞大，常被应用于太赫兹科学仪器[61-63]。室温探测器具备轻量化和可便携的优势，有望被应用于高速通信、生物探测和无损成像等领域[64-66]。然而，目前室温探测器的灵敏度远低于低温探测器，大多数应用都要求探测器的噪声等效功率低于1 pW/$\sqrt{\text{Hz}}$。肖特基势垒二极管探测器作为目前应用最广泛、灵敏度最高的室温探测器，在0.7 THz以下的频率下可提供1～10 pW/$\sqrt{\text{Hz}}$，但仍未能满足上述要求[26, 67]。因此需要开发新的探测机理填补室温和低温探测器之间噪声等效功率0.1～1 pW/$\sqrt{\text{Hz}}$的缺口[68]。基于太赫兹天线耦合的场效应晶体管探测器通过自混频和等离子体共振相结合的方式有望填补灵敏度的缺口[11, 27, 57]。利用65 nm CMOS工艺和硅透镜集成的场效应在0.72 THz频率下的噪声等效功率可达到14 pW/$\sqrt{\text{Hz}}$[69]，利用150 nm CMOS工艺场效应探测器的响应频率覆盖0.1～4.3 THz[70]。然而，前期报道不同有源区材料和栅长在5 nm到2 μm之间的场效应探测器的噪声等效功率普遍分布在14 pW/$\sqrt{\text{Hz}}$到500 pW/$\sqrt{\text{Hz}}$之间[39, 69-70]。因此场效应探测器的灵敏度仍需进一步提升。如前几节所述，虽然我们发展并验证了基于缓变沟道近似的场效应太赫兹混频理论，但是没有定量地研究栅极和天线协同作用对灵敏度的影响[17, 18, 39, 59]。本节我们试图通过对比不同探测器的场效应因子、响应度、噪声等效功率、自混频因子和天线结构因子，揭示探测器灵敏度与栅极长度和栅极与天线间隙之间的关系，从而获得进一步提升场效应探测器灵敏度的方案。

为了全面获得提升场效应探测器灵敏度的有效方案，我们深入剖析了场效应探测器的器件结构。参数化的AlGaN/GaN HEMT探测器设计如图6-53所示。图6-53(a)所示为场效应探测器俯视图和测试电路，其中A为太赫兹天线长度。图6-53(b)所示为探测器栅极和栅控沟道场效应混频核心区域，其中L为栅长，D为栅极和天线间隙。在太赫兹天线作用下，沿着沟道方向太赫兹电场E_0会感应出沿着沟道E_x和垂直沟道E_z的超强局域的太赫兹电场。如前面所述，非对称的三瓣蝶形天线有助于在场效应沟道内形成高度非对称的自混频太赫兹电场。每一瓣都是四分之一波长的偶极子天线，本节我们将针对0.65 THz进行探测器优化，对应的天线瓣长$A=63$ μm，天线瓣外围和核心区

域的尺寸分别为 $W=10\ \mu m$ 和 $W=5\ \mu m$。为了保持太赫兹天线固有的谐振增强特性，S-天线和D-天线瓣采用电容耦合的方式，而避免其他金属结构相连接，g-天线瓣仅仅通过一条 2 μm 宽的金属导线与栅极引线电极相连接用于施加栅极电压。

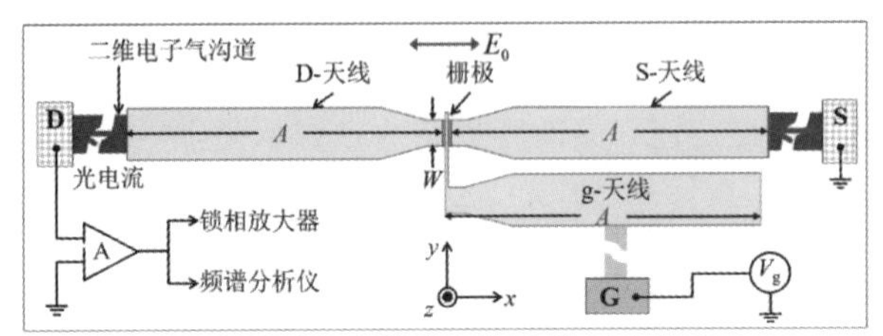

(a) 场效应探测器俯视图和测试电路图

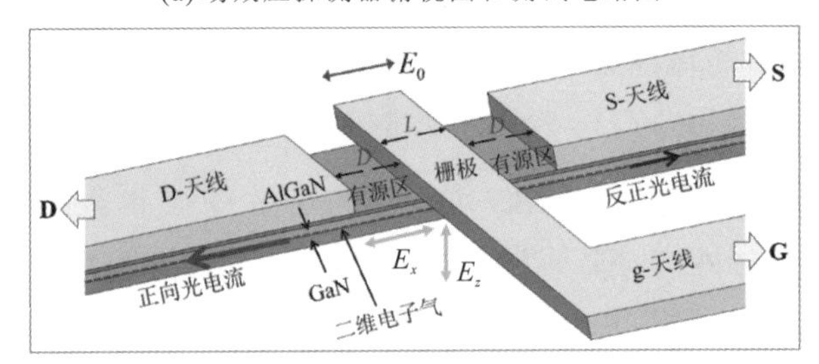

(b) 探测器栅极和栅控沟通场效应混频核心区域

图 6-53　参数化的 AlGaN/GaN HEMT 探测器设计图[72]

根据场效应自混频模型，在零源漏偏置电压下的太赫兹光电流可表示为

$$i_T \propto P_0 Z_0\ \bar{z} \Lambda \Xi(V_G) \qquad (6-127)$$

式中：P_0 为入射太赫兹波的能量密度；$Z_0=377\ \Omega$ 为自由空间阻抗；$\bar{z}$为栅极与二维电子气的间距；$\Xi(V_G)=\dfrac{dG}{dV_G}$为场效应因子，用于表征栅压对场效应沟道的调控能力；$\Lambda=\int_0^L \dot{\xi}_x \dot{\xi}_z \cos\phi\ dx$ 为天线结构因子，其中 $\dot{\xi}_x \dot{\xi}_z \cos\phi$ 为自混频因子，$\dot{\xi}_x$、$\dot{\xi}_z$ 和 ϕ 分别为沿着沟道和垂直沟道的太赫兹电场增强因子以及两者之间的相位差。在之前的工作中，我们已经通过调节天线长度 A 分别实现了中心频率为0.34 THz、0.65 THz和0.90 THz的场效应太赫兹探测器[39]。

首先通过时域有限差分方法，研究了栅极长度 L 和栅极天线间隙 D 对天线结构因子的影响。在模拟中，天线被嵌入均匀的介质内部，介质的介电常数设定为真空和蓝宝石之间的平均介电常数，以解决基片上下边界的多次反射导

致仿真结果不收敛的问题。为了获得在场效应核心区域二维电子气平面上的强局部太赫兹电场分布，沿着x、y和z方向的网格尺寸分别划分为5 nm、20 nm和1 nm。所有太赫兹场分量均通过入射太赫兹场强E_0进行归一化。0.65 GHz太赫兹天线的仿真结果如图6－54所示。图6－54(a)所示为当栅长和天线间隙固定为200 nm时，对应栅长为100 nm、200 nm、300 nm、400 nm、600 nm、1000 nm、1400 nm、1800 nm的太赫兹天线沿着沟道x方向的自混频因子空间分布。如阴影区所示，混频电场被限制在栅控二维电子气沟道的边缘区域，漏极一侧的混频因子要明显强于源极一侧。混频因子的最大值基本不随栅长改变，但是有效混频区域的长度随栅长变小而收缩。由于水平电场E_x的相位翻转，混合因子从漏极一侧的正向变为源极一侧的负向。图6－54(b)所示为当栅长固定为300 nm时，对应天线间隙为100 nm、200 nm、300 nm、400 nm、600 nm、1000 nm、1400 nm、1800 nm的太赫兹天线沿着沟道x方向的自混频因子空间分布。如阴影区所示，随着天线间隙缩小，有效混频区域的长度基本保持不变，而混频因子急速增加，当天线间隙从1800 nm缩小至100 nm时，混频因子从2.3×10^4增加到5.0×10^5。

因此缩小天线间隙有利于提高场效应因子，而减小栅长有利于提高场效应因子。然而，过多地减小栅长，探测器的天线结构因子将被抑制。如图6－54(a)所示，混频因子在栅控沟道中心位置附近变为零，随着栅长减小，正混频区域和负混频区域相互合并，使得有效混频区域减小。通过对沟道内的混频因子进行积分得到天线结构因子。如图6－54(c)所示，天线间隙为200 nm，当栅长从1800 nm缩小至600 nm时，天线结构因子从5.9×10^6增加到6.3×10^6，然而，当栅长从600 nm缩小至100 nm时，天线结构因子从6.3×10^6急速降低至4.4×10^6。栅长在300～600 nm范围内，天线结构因子取得极大值。图6－54(d)所示为当栅长为300 nm时天线结构因子随天线间隙变化的曲线。拟合表明天线结构因子和天线间隙成反比，并可表示为$\Lambda=\dfrac{1.1\times10^9}{D}$。当天线间隙从1800 nm缩小至600 nm时，天线结构因子从4.6×10^5增加到1.1×10^7。

以上仿真结果表明，天线间隙是提升场效应探测器性能的关键参数，因此探寻天线结构因子增强的物理机理对后续进一步优化天线结构将起到重要的指导作用。如图6－55(a)所示，太赫兹电场通过电容耦合被限制在栅控沟道内

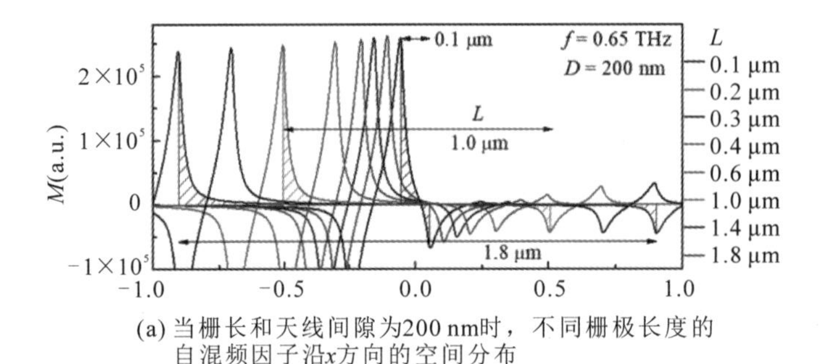

(a) 当栅长和天线间隙为200 nm时，不同栅极长度的自混频因子沿x方向的空间分布

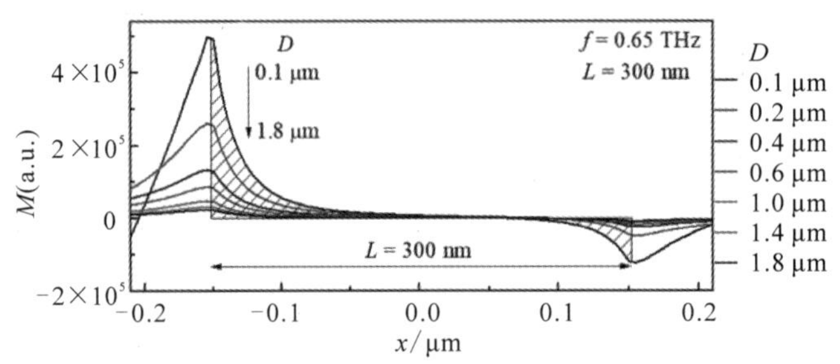

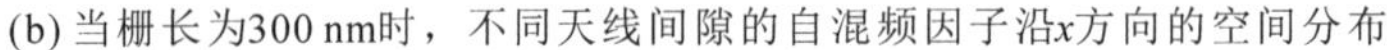

(b) 当栅长为300 nm时，不同天线间隙的自混频因子沿x方向的空间分布

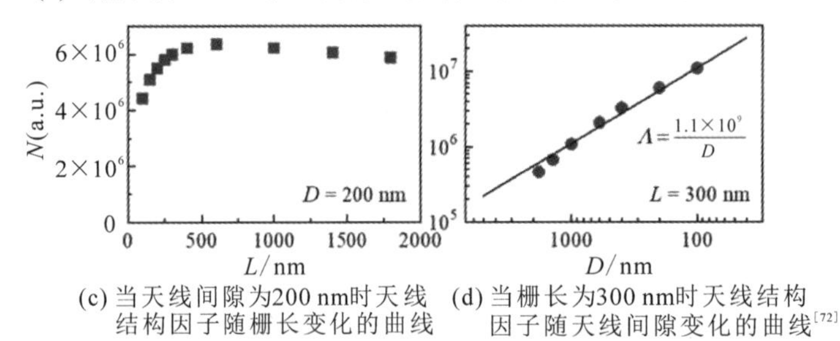

(c) 当天线间隙为200 nm时天线结构因子随栅长变化的曲线　(d) 当栅长为300 nm时天线结构因子随天线间隙变化的曲线[72]

图 6-54　0.65 GHz太赫兹天线的仿真结果

的二维电子气中。这与常规的CMOS-FET探测器不同，它们的源极与天线通过电性连接，而非容性连接。这种容性耦合式设计是我们做出的妥协，由于AlGaN/GaN HEMT需要通过850℃以上的高温快速退火才能在源端和漏端形成具有较好电性联通特性的欧姆接触电极。然而高温退火会导致欧姆接触电极和与之相连接的天线的形貌和尺寸发生无规则的变化，并且导致金属的电导率降低。幸运的是，太赫兹天线与栅控二维电子气沟道的距离z仅为25 nm，因此可以在天线和栅控沟道之间形成与场效应栅压调控原理相类似的电容耦合太赫兹电场。同时我们也坚信，良好的源漏欧姆接触可以更好地将太赫兹电场

限制在天线和栅极之间的栅控沟道内。

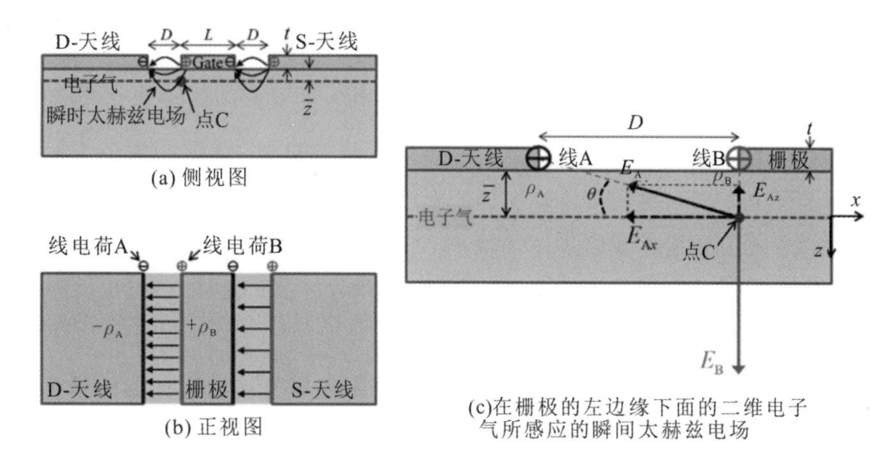

图 6-55　场效应探测器核心混频区域电荷和电场分布示意图

采用这种电容耦合方案，天线下方的二维电子气可以感应到由太赫兹波入射引起的偶极电荷。如图6-55(a)和图6-55(b)所示，在太赫兹波照射下，可以在天线顶端感应出偶极电荷。靠近栅极末端太赫兹天线的宽度 $W=5\ \mu\text{m}\gg D\gg\bar{z}$，太赫兹天线厚度 $t=150$ nm，与最小天线间隙 $D=100$ nm 相当。如图6-55(c)所示，可以将偶极电荷近似为负线电荷A和正线电荷B，太赫兹混频主要发生在栅极左侧的二维电子气点C处，该处的太赫兹电场同时受到负线电荷A和正线电荷B的调控。假定负线电荷A和正线电荷B的线电荷密度分别为 $-\rho_A$ 和 $+\rho_B$，则点C处的感应电场可以近似表示为

$$E_A=\frac{\rho_A}{2\pi\varepsilon'}\frac{1}{\sqrt{\bar{z}^2+D^2}}\approx\frac{\rho_A}{2\pi\varepsilon'}\frac{1}{D}\qquad(6-128)$$

$$E_B=\frac{\rho_B}{2\pi\varepsilon'}\frac{1}{\bar{z}}\qquad(6-129)$$

式中 ε' 为相对介电常数。点C沿 x 和 z 方向的分量可以分别表示为

$$E_x=E_{Ax}=E_A\cos\theta\approx\frac{\rho_A}{2\pi\varepsilon'}\frac{1}{D}\qquad(6-130)$$

$$E_z=E_B+E_{Az}=E_B+E_A\sin\theta\approx\frac{\rho_B}{2\pi\varepsilon'}\frac{1}{\bar{z}}\qquad(6-131)$$

点C的混频因子与电场 E_x 和 E_z 的乘积成正比，因此，混频因子与天线间隙成

反比，即

$$|E_xE_z|\approx\frac{|\rho_A\rho_B|}{(2\pi\varepsilon')}\times\frac{1}{zD}\propto\frac{1}{D}\tag{6-132}$$

该结论与图 6-54(d)所示的仿真结果一致。然而这种依赖关系仅在天线间隙远大于天线厚度($D\gg t$)时成立。随着天线间隙缩小，天线间隙小于天线厚度或相当($D\lesssim t$)时，瞬变电荷必须作为面电荷而非线电荷来处理，二维电子气所感应的有效太赫兹电场将进一步减小。

以上仿真和计算结果表明，通过适当地减小栅长和天线间隙可以有效提高探测器的响应度。天线间隙越小，天线结构因子越高。然而，最佳栅长应通过最大化天线结构因子和场效应因子来确定。受限于紫外接触式光刻的精度，我们前期的工作中仅能实现栅长和天线间隙分别为 2 μm 和 1.5 μm 的探测器。本节我们利用电子束曝光工艺实现探测器 DET-200 对应的栅长和天线间隙分别为300 nm和200 nm，利用紫外步进式光刻工艺实现探测器 DET-600 对应的栅长和天线间隙分别为600 nm和600 nm。图 6-56(a)和图 6-56(b)所示分别为探测器 DET-200 和 DET-600 在栅极核心混频区域的650 GHz场效应因子的二维分布，表明两个探测器具有相似的电场分布特性，即自混频因子主要集中在栅极左侧(漏端)。探测器 DET-200 和 DET-600 的混频因子分别为 6.0×10^6 和 2.1×10^6，即通过将天线间隙从600 nm缩小至200 nm，混频因子增加了 2.9 倍。探测器的沟道电导和场效应因子随栅压变化的曲线分别如图 6-56(c)和 6-56(d)所示，由于栅长不同，实测的沟道电导 G 和场效应因子 Ξ 也有明显差异。探测器 DET-200 在栅压 $V_G=-3.80$ V 处取得场效应因子最大值 $\Xi=0.70$ mS/W，而探测器 DET-600 在栅压 $V_G=-3.24$ V 处取得场效应因子最大值 $\Xi=0.46$ mS/W，即通过将栅长从600 nm减小至300 nm，场效应因子增加了 1.5 倍。根据式(6-127)，相比探测器 DET-600，探测器 DET-200的响应度有望增加 $2.9\times1.5\approx4.4$ 倍。

为了进一步提升太赫兹耦合效率并获得最优的光学灵敏度，探测器芯片被减薄至 200 μm，并组装在直径为6 mm和高度为3.87 mm的高阻超半球硅透镜平面中心。如前所述，将一个单色在 0.1～1.1 THz 范围内可连续调频的肖特基倍频器作为太赫兹辐射源。首先，在频率为0.65 THz和功率为 6.7 μW 的太赫兹波辐照下，测试了探测器的栅控光电响应特性。图 6-57(a)和图6-57(b)

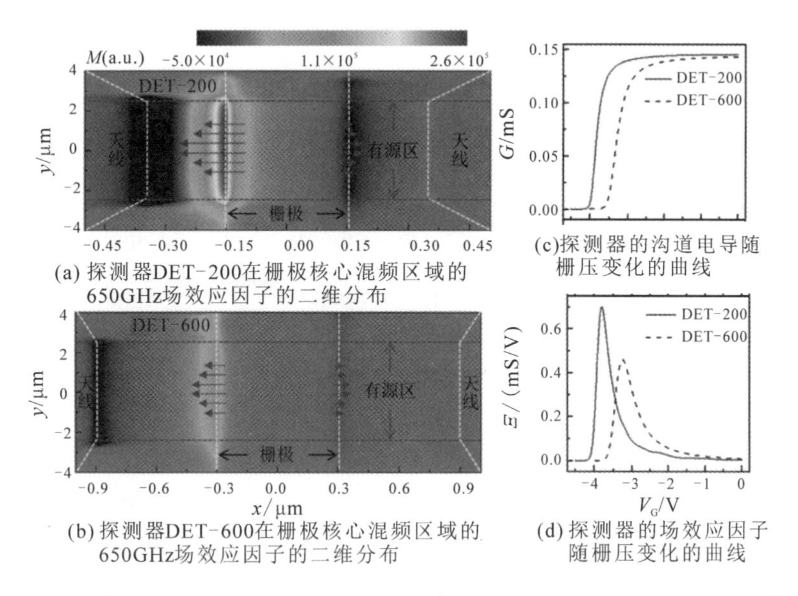

图 6-56　探测器自混频因子的二维分布和沟道电导、场效应因子的变化曲线[72]

所示分别为探测器 DET-200 和 DET-600 电流响应度和噪声等效功率随栅压变化的曲线。图 6-57(a)实线为通过图 6-56(d)所示实测场效应因子并结合式(6-127)得到的拟合曲线，能和实验结果较好吻合，再次表明基于缓变沟道近似的场效应混频模型能够较好地描述场效应探测器的太赫兹响应特性。探测器 DET-200 和 DET-600 的实测和仿真结果如表 6-4 所示。由图 6-57(a)和表 6-4 可知，探测器 DET-200 在栅压 $V_G=-3.80$ V 处取得响应度最大值 369 mA/W，而探测器 DET-600 在栅压 $V_G=-3.24$ V 处取得场效应因子最大值 84 mA/W。正如我们所预期，通过减小栅长和天线间隙，响应度增加了 4.4 倍，与式(6-127)的预测值，即模拟天线结构因子和实测场效应因子的乘积得到了很好的吻合。由图 6-57(b)和表 6-4 可知，探测器 DET-200 和 DET-600 分别在栅压 $V_G=-3.86$ V 和 $V_G=-3.34$ V 处取得最优的噪声等效功率 3.7 pW/$\sqrt{\text{Hz}}$和 13.5 pW/$\sqrt{\text{Hz}}$，前者的灵敏度比后者提高 3.6 倍。图 6-57(c)和图 6-57(d)所示分别为探测器DET-200和DET-600电流响应度和噪声等效功率随太赫兹频率变化的曲线，虚线所示为模拟的天线结构因子。因此，通过减小栅长和天线间隙，有效地提升了场效应探测器的探测灵敏度。

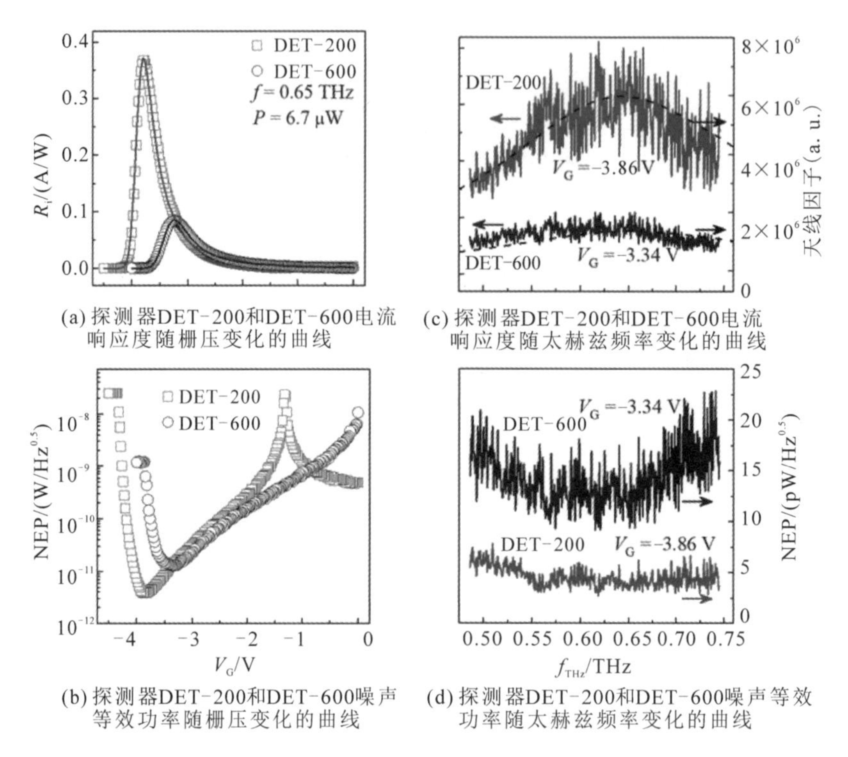

(a) 探测器DET-200和DET-600电流响应度随栅压变化的曲线

(c) 探测器DET-200和DET-600电流响应度随太赫兹频率变化的曲线

(b) 探测器DET-200和DET-600噪声等效功率随栅压变化的曲线

(d) 探测器DET-200和DET-600噪声等效功率随太赫兹频率变化的曲线

图 6-57 探测器的电流响应度和噪声等效功率随栅压及太赫兹频率变化的曲线[72]

相比于前面宽频非相干太赫兹探测模型验证中采用的栅长 0.9 μm 和天线间隙 0.65 μm 的场效应探测器仅能在77 K温度下感应到加热黑体的太赫兹波辐射，由于探测器 DET-200 的噪声等效功率已降低至 5 $pW/Hz^{0.5}$ 以下，因此有望在室温下实现宽频非相干太赫兹辐射的灵敏探测。如图 6-58 所示，在室温下，我们利用探测器 DET-200 在773 K黑体宽谱非相干太赫兹波照射下进行了太赫兹光电响应测试和成像演示。图 6-58(a)所示为773 K黑体照射下探测器 DET-200 的光电流响应随栅压变化的曲线，实线为通过图 6-56(d)所示实测场效应因子并结合式(6-127)得到的拟合曲线，能够较好地描述实验结果，再次验证了基于缓变沟道近似的场效应混频模型适用于宽频非相干太赫兹波照射探测。图 6-58(b)所示为利用迈克尔逊干涉仪并结合傅里叶变化得到的探测器 DET-200 的太赫兹响应光谱，虚线所示为太赫兹在大气中的传输系

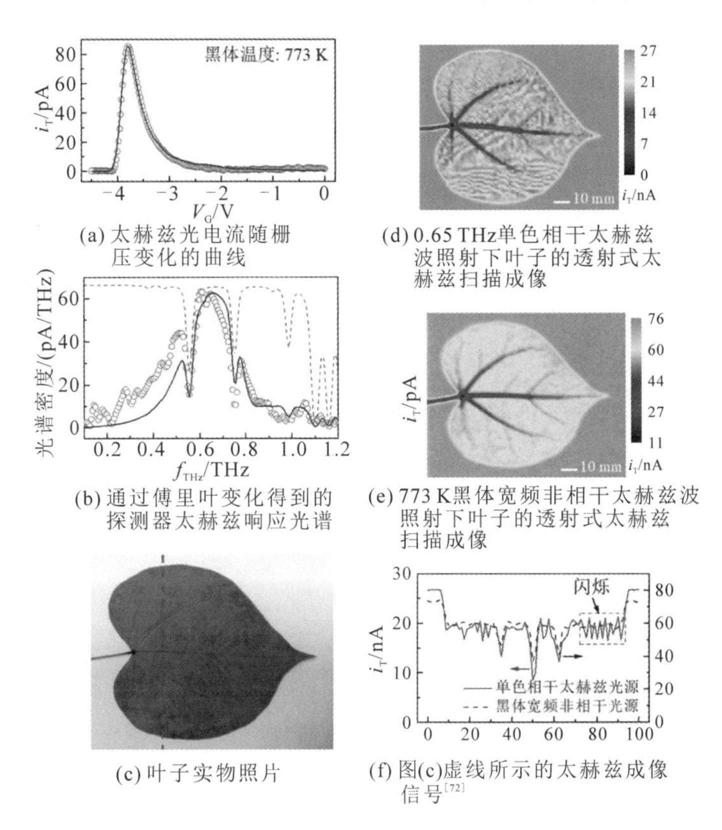

(a) 太赫兹光电流随栅压变化的曲线

(b) 通过傅里叶变化得到的探测器太赫兹响应光谱

(c) 叶子实物照片

(d) 0.65 THz单色相干太赫兹波照射下叶子的透射式太赫兹扫描成像

(e) 773 K黑体宽频非相干太赫兹波照射下叶子的透射式太赫兹扫描成像

(f) 图(c)虚线所示的太赫兹成像信号[72]

图6-58　探测器DET-200在773 K黑体宽谱非相干太赫兹波照射下的太赫兹光电响应测试和成像演示

数，实线所示为结合天线结构因子、773 K黑体的理想发射光谱和大气传输系数[36]计算得到的探测器响应光谱。图6-56(c)为叶子实物，图6-58(d)和图6-58(e)所示分别为0.65 THz单色相干太赫兹波和773 K黑体宽频非相干太赫兹波波照射下叶子的透射式太赫兹扫描成像，其中像素和扫描步长分别为120×100和1 mm×1 mm。为了减小系统噪声，采用机械斩波器对信号源进行调制，用电流前置放大器将探测信号放大，然后用积分时间为200 ms的锁相放大器将信号读出。单色相干光源和宽频非相干黑体辐射源对应的成像信噪比分别为44 dB和19 dB。图6-58(c)虚线所示的太赫兹成像信号如图6-58(f)所示，在相干光照下能够观察到干涉条纹/散斑，而在黑体光照下则没有这种起伏，因此后者对成像细节的呈现要明显优于前者。在实际成像应用中，探测并识别衣服下隐藏物体所需的噪声等效温差(NETD)要达到1 K每像素每帧或者

更低[71]。如图 6-57(d)所示，探测器 DET-200 在 0.5～0.75 THz 频率范围内噪声等效功率的平均值约为 5 pW/$\sqrt{\mathrm{Hz}}$，粗略地估算噪声等效温差为 $\mathrm{NETD}=2\times\frac{\mathrm{NEP}}{kB\sqrt{2\tau}}\sim 5$ K，其中 k 为玻耳兹曼常数，响应频宽 $B=250$ GHz，积分时间 $\tau=200$ ms，前置因子 2 是由于太赫兹天线的线性极化特性而引入的。因此要实现太赫兹被动成像，探测器的灵敏度仍需提升 10 倍以上。

表 6-4　探测器 DET-200 和 DET-600 的实测和仿真结果

探测器分类	天线结构因子 (a. u.)	场效应因子 /(mS/V)	电流响应度 /(mA/W)	噪声等效功率 /(pW/Hz$^{1/2}$)
DET-200	6.0×10^6	0.70	369	3.7
DET-600	2.1×10^6	0.46	84	13.5
比例	2.9	1.5	4.4	$\frac{1}{3.6}$

通过减小栅长和天线间隙，并结合电容耦合的方式，场效应探测器的光学灵敏度首次达到了 5 pW/$\sqrt{\mathrm{Hz}}$以下，为填补噪声等效功率 0.1～1 pW/$\sqrt{\mathrm{Hz}}$的缺口又前进了一步。然而，如图 6-55 所示，在太赫兹天线和场效应混频沟道之间存在严重的失配问题，仅有少量的太赫兹信号被耦合到有效混频区域。此外，两个被测探测器的天线阻抗约为 150 Ω，与太赫兹自由空间阻抗不匹配。因此，为了达到 0.1～1 pW/$\sqrt{\mathrm{Hz}}$的灵敏度间隙，必须考虑从自由空间到透镜、天线和局部混合区域的阻抗匹配。首先，尝试在太赫兹天线和场效应混频沟道之间形成欧姆接触电极。由于在有限空间内形成退火欧姆接触比较困难，因此现行的探测器中没有这种接触。其次，进行包括太赫兹天线和场效应混频沟道完整的电磁仿真。在我们现行的设计中，阻抗匹配和制造可行性之间的折中是将源漏欧姆接触电极与太赫兹天线分离，这导致探测器增加了约 6 kΩ 的额外串联电阻和低于1 GHz的输出带宽。

综上所述，我们获得了一种提高天线耦合场效应自混频太赫兹探测器灵敏度的方法，即通过减小栅长和天线间隙分别提高场效应因子和天线结构因子。在室温下，实现了300 nm栅长和200 nm天线间隙的 AlGaN/GaN HEMT 探测器在0.65 THz频段的光学噪声等效功率达到 3.7 pW/$\sqrt{\mathrm{Hz}}$，并首次完成了对

加热黑体的太赫兹响应、光谱和成像演示。通过进一步完善太赫兹天线和场效应混频沟道之间的阻抗匹配，天线耦合 HEMT 探测器有望填补0.1～1 pW/$\sqrt{\mathrm{Hz}}$的噪声等效功率间隙。

6.5.2　基于场效应探测器的太赫兹被动成像

由于毫米波和太赫兹波对衣物和塑料制品等具有较高的穿透性，因此它们被广泛应用于人体安检成像[73-79]。与主动成像相比，被动成像具有漫反射和自然光照的优点，较适合人类视觉和图像处理[80]。由于被动成像仅依赖人体在毫米波和太赫兹波段特别微弱的热辐射，因此要求探测器必须具有极高的灵敏度[81]。得益于毫米波频段高增益低噪声放大器和高灵敏度探测器的有效集成，目前已发展出诸多毫米波被动接收机和成像系统[82-87]。然而，由于受到器件物理和技术的限制，目前在300 GHz以上的太赫兹波段尚缺乏高增益和低噪声的放大器。因此，这对太赫兹探测器的灵敏度提出了更高的要求，极大地限制了室温下被动太赫兹成像系统的发展。超导探测器如动态电感探测器(kinetic inductance detectors)、超导边缘态探测器(transition edge sensors)和热电子侧热辐射计(hot electron bolometers)等为目前太赫兹频段最灵敏的宽频响应探测器[88-90]。然而，由于超导体的临界温度通常要低于10 K，因此需要配合庞大而笨重的低温系统一起使用，不利于成像系统的小型化集成，并且导致系统使用成本较高。因此，为了进一步提高非制冷太赫兹成像系统的灵敏度，需要发展新型的器件物理、探测机制和集成技术。1996 年，科学家 Dyakonov 和 shur 首次提出场效应晶体管可用于太赫兹波的灵敏探测[27]。在 6.5.1 小节，我们通过对栅长和栅极间距的优化，天线耦合 AlGaN/GaN HEMT 探测器已能在室温下对加热黑体的宽频非相干太赫兹辐射进行探测和成像。试验结果验证了利用场效应探测器进行被动成像的可行性，但探测器的灵敏度仍需进一步提高。本节我们采用同样的优化方案，在900 GHz频段实现300 nm栅长和200 nm天线间隙的天线耦合 AlGaN/GaN HEMT 太赫兹探测器。通过将探测器降温至液氮温度，探测器在 0.7～0.9 THz 频段噪声等效功率和噪声等效温差分别达到了 0.3 pW/$\sqrt{\mathrm{Hz}}$和370 mK。在不需要低噪声太赫兹放大器的情况下，利用场效应自混合探测机制实现了对室温物体的被动太赫兹成像演示。

噪声等效温差是表征被动成像系统性能的关键性能指标，用于表征成像系统在特定积分时间内可以分辨的最小温度变化量。噪声等效温差可以表示为[91]

$$\mathrm{NETD}=\frac{i_{\mathrm{n}}}{R_{\mathrm{T}}}=\frac{2\times \mathrm{NEP}}{kB\sqrt{2\tau}} \qquad (6-133)$$

式中：i_n 为探测器输出噪声，$R_{\mathrm{T}}=\frac{\mathrm{d}i_{\mathrm{T}}}{\mathrm{d}T}$为探测器温度灵敏度，表示目标温度变化所引起的输出电流变化。假设探测器在带宽 B 内具有恒定的噪声等效功率，如式(6-133)所示，噪声等效温差可以用噪声等效功率表示，其中 k 为玻耳兹曼常数，τ 为积分时间。前置因子 2 是由于太赫兹天线的线性极化特性而引入的，因此，采用圆极化的太赫兹天线有望将噪声等效温差降低至线性极化的 $\frac{1}{2}$。在不受控的室内环境中，探测和识别衣服下隐藏的物体，要求成像系统每像素每帧的噪声等效温度达到1 K或者更低[92]。

根据场效应自混频模型，在零源漏偏置电压下的太赫兹光电流可表示为

$$i_{\mathrm{T}}=P_0Z_0\,\overline{z}\,\frac{\mathrm{d}G}{\mathrm{d}V_{\mathrm{G}}}\int_0^L\dot{\xi}_x\dot{\xi}_z\cos\phi\,\mathrm{d}x \qquad (6-134)$$

式中：P_0 为入射太赫兹波的能量密度，$Z_0=377\ \Omega$ 为自由空间阻抗，$\overline{z}$为栅极与二维电子气的间距，G 为场效应沟道电导，V_{G} 为栅极电压，L 为栅极长度，$\dot{\xi}_x$、$\dot{\xi}_z$ 和 ϕ 分别为沿着沟道和垂直沟道的太赫兹电场增强因子以及两者之间的相位差。定义$\frac{\mathrm{d}G}{\mathrm{d}V_{\mathrm{G}}}$为场效应因子，表示栅压对场效应沟道的调控能力，由量子阱结构和肖特栅极决定，并且可以通过栅电压进行有效的调谐。定义$\dot{\xi}_x\dot{\xi}_z\cos\phi$为自混频因子，表示太赫兹局域混频电场可以通过太赫兹天线极大地增强。前面已经验证了通过减小栅长和天线间隙可以分别提高场效应因子和自混频因子，从而有效地提升场效应探测器的探测灵敏度。

本节的探测器同样基于场效应混频原理和蓝宝石衬底的 AlGaN/GaN 异质结二维电子气制备而成。室温下二维电子气的迁移率和浓度分别为 $\mu=1880\ \mathrm{cm^2/(V\cdot s)}$和 $n_s=0.86\times10^{13}\ \mathrm{cm^{-2}}$。77 K温度下二维电子气的迁移率和浓度分别为 $\mu=1.54\times10^4\ \mathrm{cm^2/(V\cdot s)}$和 $n_s=1.10\times10^{13}\ \mathrm{cm^{-2}}$。图 6-59(a)所示为探测器的扫描电子显微照片和测试电路，太赫兹天线被设计为0.85 THz频段。图 6-59(b)所示为探测器核心区域的栅极和栅控沟道场效应的电子显

微照片，为了获得最优的探测灵敏度，探测器的栅长、天线间隙和天线宽度分别被设置为300 nm、200 nm和 5 μm。如图 6－59(c)和 6－59(d)所示，为了进一步提升太赫兹波的耦合效率，探测器芯片被减薄至 200 μm，并组装在直径为 6 mm和高度为3.87 mm的高阻超半球硅透镜平面中心。为了进一步提高探测灵敏度，硅透镜集成的探测模块被装入77 K的液氮杜瓦。由于探测器对可见光不敏感，同时为了方便光路调节，采用5 mm厚的聚甲基戊烯(TPX)圆盘作为太赫兹窗口。一个在 0.1～1.1 THz 频率范围内单色相干可连续调频的肖特基倍频器和一个可精确控温的宽频非相干黑体辐射源作为表征探测器太赫兹光电响应特性的太赫兹光源。一个宽频响应的高莱探测器用于定标入射到硅透镜正面的太赫兹光功率。将单色相干太赫兹光源的输出功率衰减到 1 μW 以下，使得被测场效应探测器和用于定标的高莱探测器均处于线性响应区。

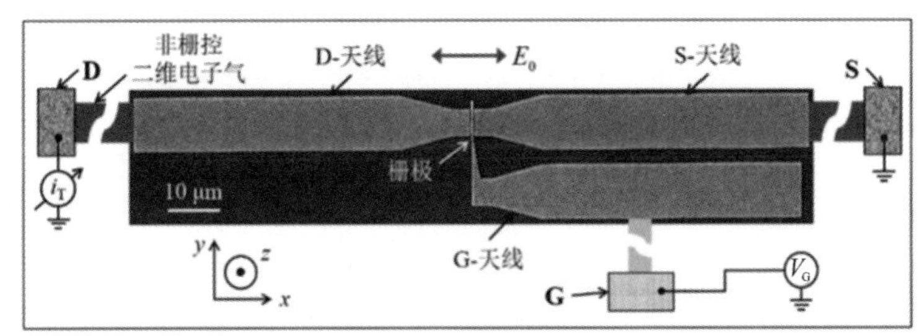

(a) 探测器的扫描电子显微照片和测试电路示意图

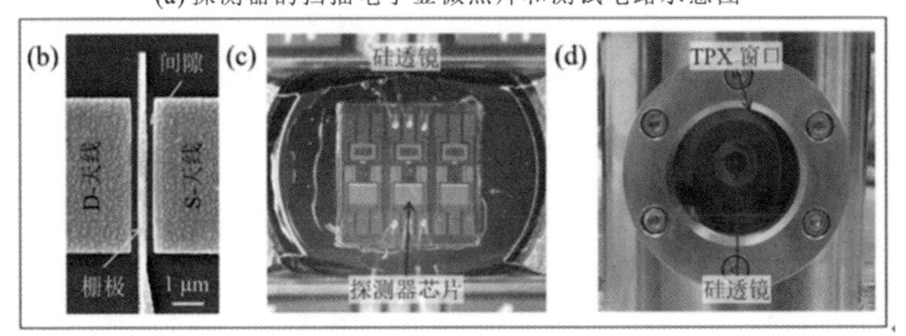

(b) 探测器核心区域的栅极和栅控沟道场效应的电子显微照片
(c) 在带有TPX窗口的液氮杜瓦中集成探测器芯片的超半球硅透镜组件的背视图
(d) 在带有TPX窗口的液氮杜瓦中集成探测器芯片的超半球硅透镜组件的正视图

图 6－59　太赫兹探测器芯片和组件的实物照片[93]

首先，我们表征了场效应混频沟道的电学特性和探测器的太赫兹光电响应。探测器的实测沟道电导、场效应因子和太赫兹光电流随栅压变化的曲线如图 6－60 所示。图 6－60(a)和图

6－60(b)所示分别为探测器在室温和77 K温度下的实测沟道电导 G 和场效应因子 $\frac{dG}{dV_G}$ 随栅压变化的曲线。在939.6 GHz和854 nW单色相干太赫兹波照射下，探测器在室温和77 K温度下的光电流随栅压变化的曲线分别如图6－60(c)和图 6－60(d)所示。室温和77 K温度下的最大光电流分别为173 nA和 4.91 μA，通过降温使得探测器的光电流增加了 28.4 倍。实线所示基于场效应混频模型和场效应因子的拟合曲线能够与实验数据较好地吻合。在拟合过程中，除

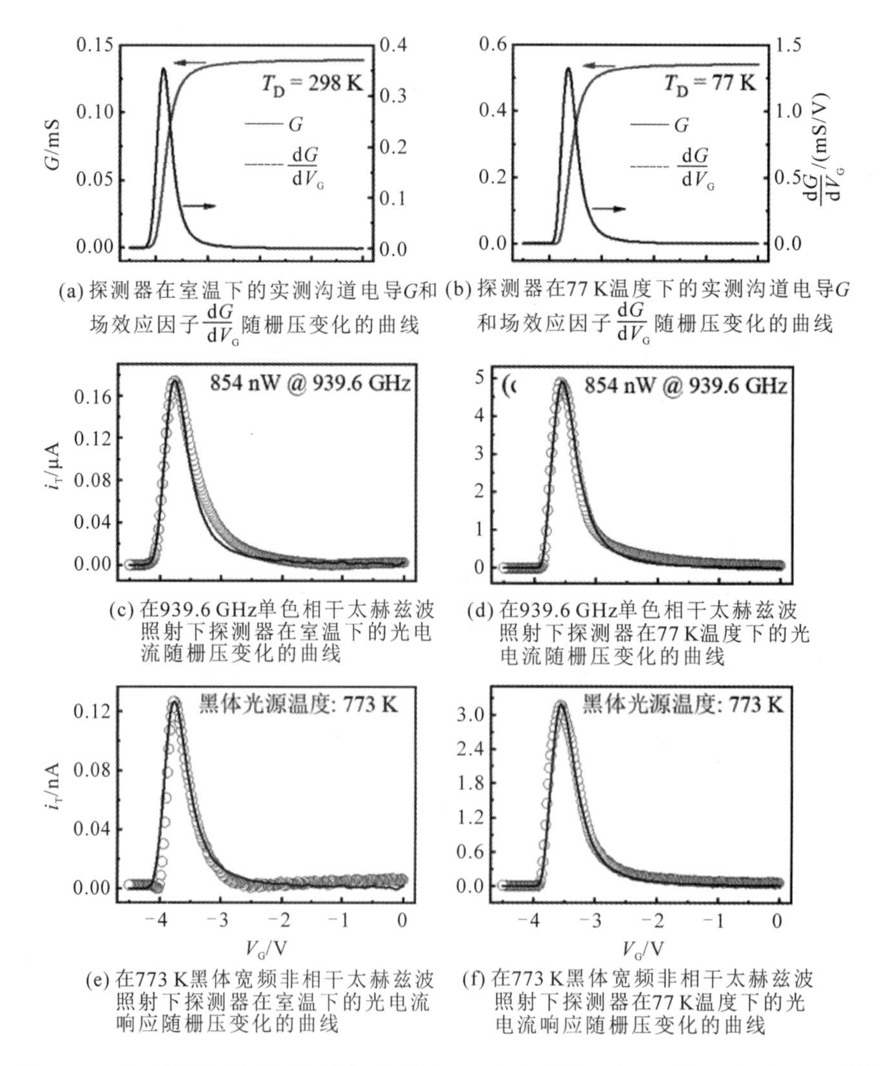

(a) 探测器在室温下的实测沟道电导G和场效应因子$\frac{dG}{dV_G}$随栅压变化的曲线

(b) 探测器在77 K温度下的实测沟道电导G和场效应因子$\frac{dG}{dV_G}$随栅压变化的曲线

(c) 在939.6 GHz单色相干太赫兹波照射下探测器在室温下的光电流随栅压变化的曲线

(d) 在939.6 GHz单色相干太赫兹波照射下探测器在77 K温度下的光电流随栅压变化的曲线

(e) 在773 K黑体宽频非相干太赫兹波照射下探测器在室温下的光电流响应随栅压变化的曲线

(f) 在773 K黑体宽频非相干太赫兹波照射下探测器在77 K温度下的光电流响应随栅压变化的曲线

图 6－60　探测器的实测沟道电导、场效应因子和太赫兹光电流随栅压变化的曲线[93]

了利用与栅极电压无关的常数因子拟合混频因子和耦合效率外，源极和漏极的串联电阻也是拟合参数，室温和77 K温度下分别为6.5 kΩ和1.6 kΩ。图6－60(e)和图6－60(f)所示分别为温度为773 K的黑体宽频非相关太赫兹波照射下，探测器在室温和77 K温度下的光电流响应随栅压变化的曲线。室温和77 K温度下的最大光电流分别为126 pA和3.18 μA，后者是前者的25.2倍。实线为基于场效应模型的拟合曲线，再次验证了场效应探测器适用于宽频非相干太赫兹信号的探测，为下面进一步验证被动探测奠定了基础。

进一步定量分析探测器的太赫兹响应特性，如图6－61所示，在939.6 GHz单色相干太赫兹波照射下，分别测试了探测器的光电流响应度和光学噪声等效功率。图6－61(a)所示为室温和77 K温度下探测器的光电流响应度随栅压变化的曲线，对应的最大响应度分别为203 mA/W和5.7 A/W。为了清晰起见，将室温下的光电流响应度乘28倍。基于场效应自混频模型拟合出的实线与实验数据吻合得较好。在室温和77 K温度下的噪声等效功率随栅压变化的曲线如图6－61(b)所示。在室温下，在栅压$V_G=-3.86$ V处取得最小噪声等效功率5.2 pW/$\sqrt{\text{Hz}}$，而在77 K温度下，在栅压$V_G=-3.70$ V处取得最小噪声等效功率0.3 pW/$\sqrt{\text{Hz}}$。因此，相比室温，77 K温度下的灵敏度提高了16倍。在栅压$V_G=-1.18$ V处观察到噪声等效功率增加并出现峰值，由于当栅极电压超过峰值位置时光电流的符号发生了翻转，因此，在栅压$V_G>-1.18$ V时微弱的负向光电流的来源仍需进一步研究。

由于被动成像要求探测器具有宽谱响应特性，因此需要精确地获得探测器的频谱响应特性。首先，将一束直径小于6 mm的单色相干可调谐连续波太赫兹辐射准直并聚焦到高莱探测器中，测量不同频率下的太赫兹功率。然后用同样的方法得到探测器在不同频率下的光电流响应。通过计算得到如图6－62(a)所示探测器的光电流响应度随栅压变化的曲线。在室温下，探测器在730～930 GHz频段的光电流响应度为200 mA/W，在同样的频段77 K温度下的光电流响应度提高了将近20倍，达到了4.0 A/W。在1060 GHz频段，通过降低温度得到的响应增强因子高达40倍。

低温下光电流响应度的提高归因于电子迁移率的提高，而电子迁移率的提高又直接影响场效应因子和自混频效率。由于我们的模型忽略了电子散射或等

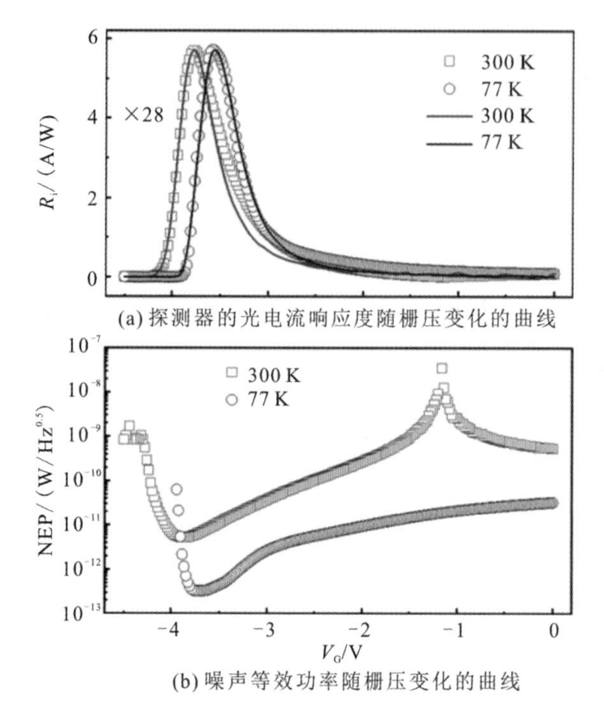

(a) 探测器的光电流响应度随栅压变化的曲线

(b) 噪声等效功率随栅压变化的曲线

图 6-61　探测器的栅控响应特性[93]

离子体阻尼，式(6-134)中省略了与阻尼有关的前置因子，因此，通过冷却探测器对场效应因子的增强并不反映相应的响应度增加，测量得到的响应度的增强因子大于场效应因子的增强因子。通过将探测器温度从室温降低至77 K，二维电子气的电子迁移率从 $\mu=1880\ \text{cm}^2/(\text{V}\cdot\text{s})$ 提高至 $\mu=1.54\times10^4\ \text{cm}^2/(\text{V}\cdot\text{s})$，电子浓度从 $0.86\times10^{13}\ \text{cm}^{-2}$ 增加至 $1.10\times10^{13}\ \text{cm}^{-2}$。室温和77 K温度下的电子弛豫时间($\tau_e=\mu m^*/e$)分别为0.22 ps和1.75 ps，响应的等离子体在1060 GHz的品质因子($\omega\tau_e$)分别为 1.5 和 12。这表明77 K温度下的自混频效率较低，而398 K温度下的自混频效率更差。在室温和77 K温度下，测量得到的场效应因子分别为0.35 mS/V 和1.33 mS/V，场效应因子的比值约为 3.8，远小于 40 倍的响应度比值。因此后续需要通过结合电子和等离子体的含时动力学特性，以便进一步完善基于缓变沟道的场效应混频模型。

如图 6-62(b)所示，在 730～930 GHz之间200 GHz带宽内室温的噪声等效功率约为 4.5 pW/$\sqrt{\text{Hz}}$，在77 K温度下的噪声等效功率降低至室温的1/15，

达到 0.3 pW/$\sqrt{\text{Hz}}$。相比于前面验证宽频非相干太赫兹探测模型所用的0.9 μm栅长和0.65 μm栅长的探测器，在室温和77 K温度下的噪声等效功率分别降低至原来的 1/7 和 1/4。还可以看到，在更高的频率下，响应度的增强因子变得更大，例如，在1060 GHz时达到 40 倍。由此推断，在天线带宽内频率越高，自混频效率的增强越显著。噪声等效功率测试结果表明，在相应频段探测器在室温下的光学灵敏度已达到商用肖特基二极管探测器水平，在77 K温度下的光学灵敏度已与商用液氦制冷的测热辐射计水平相当。

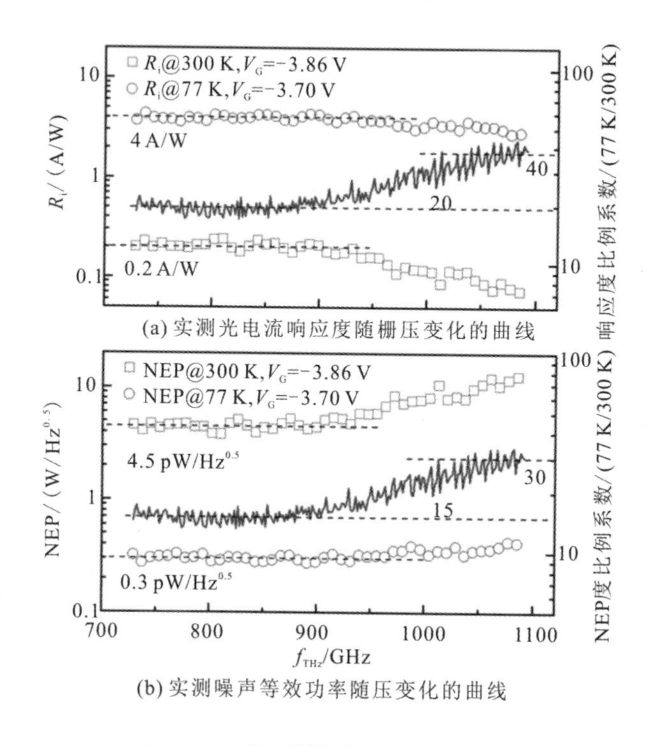

(a) 实测光电流响应度随栅压变化的曲线

(b) 实测噪声等效功率随压变化的曲线

图 6-62　探测器的频率响应特性[93]

随着噪声等效功率低于 1 pW/$\sqrt{\text{Hz}}$，77 K温度下的探测器是能够灵敏地探测到黑体辐射的。根据等式(6-133)的左半部分，噪声等效温度可以通过测量探测器的输出噪声和温度灵敏度而获得。图 6-63 所示为探测器的太赫兹光电流响应随黑体温度变化的曲线。由于太赫兹波在光谱的瑞利-金斯区域内，正如我们所预期，光电流与黑体温度成正比。通过拟合实验数据，太赫兹光电流可以通过黑体温度表示为 $i_T = 5.1\times10^{-12}(T-298)$，其中前置因子为温度灵

敏度 $R_T = 5.1$ pA/K。在积分时间为200 ms时，探测器的输出噪声为 $i_n = 1.9$ pA。将温度灵敏度和噪声代入式(6-133)，得到探测器在77 K温度下的噪声等效温度为370 mK。如图6-63的插图所示，由于探测器集成了偶极子天线，探测器表现为线极化响应特性，因此最大太赫兹响应沿着天线极化方向。由于黑体辐射的宽频非相干太赫兹波的极化各项同性，因此探测器仅能接收到一半太赫兹功率。通过将噪声等效功率 NEP $= 0.3$ pW/$\sqrt{\text{Hz}}$、频谱宽度 $B = 200$ GHz和积分时间 $\tau = 200$ ms代入式(6-133)的右半部分对噪声等效温度进行粗略估计，计算得到探测器在77 K温度下的噪声等效温差为344 mK。这个估计的噪声等效温度与370 mK的实测值相当。这种差异来自多个方面，如噪声等效功率校准的误差、不同频率下存在的差异和估计的带宽不足等。

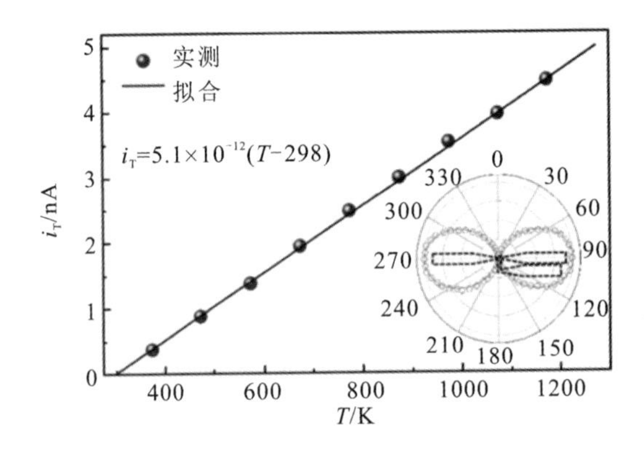

图6-63 探测器太赫兹光电流响应随黑体温度变化的曲线，插图为探测器的极化响应特性

探测器的噪声等效温度在200 ms积分时间内低至370 mK，使我们能够进行高质量的被动式太赫兹成像。利用不同材料和形状物体的太赫兹辐射所存在的较大差异，我们搭建了如图6-64所示基于场效应探测器的扫描式太赫兹被动成像光路。在室温下，将被成像物体放置在一片黑体泡沫前，再将两者一起固定在一个 $X-Y$ 二维位移平台上实现扫描成像。被成像物体发射的太赫兹波通过一个斩波器，然后被一组离轴抛物面镜收集、准时和汇聚，被汇聚的太赫兹波穿过一个直径为0.5 mm的光拦后，被另一组离轴抛物面镜收集、准时和汇聚到液氮杜瓦，最后太赫兹波透过TPX窗口被汇聚到硅透镜上。为了降低系统噪声，利用机械斩波器将太赫兹波进行调制，再通过电流前置放大器将探

测器信号放大，最后利用积分时间为200 ms的锁相放大器将信号读出。

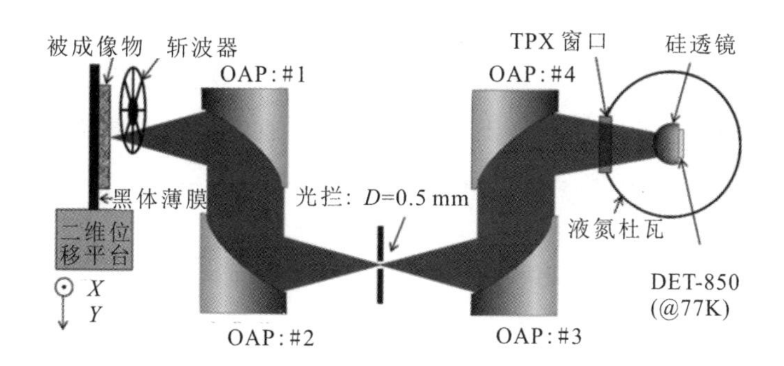

图6-64　基于场效应探测器的扫描式太赫兹被动成像光路图[93]

如图6-65所示，我们对玩具汽车和手术刀进行了被动式扫描太赫兹成像演示实验。被动图像清楚地展示了相应物体的细节，反映了表面温度和发射率的差异，成像信噪比高达13 dB。在扫描中，玩具车和手术刀的像素总数分别为100×50和160×30，扫描步长为1 mm。

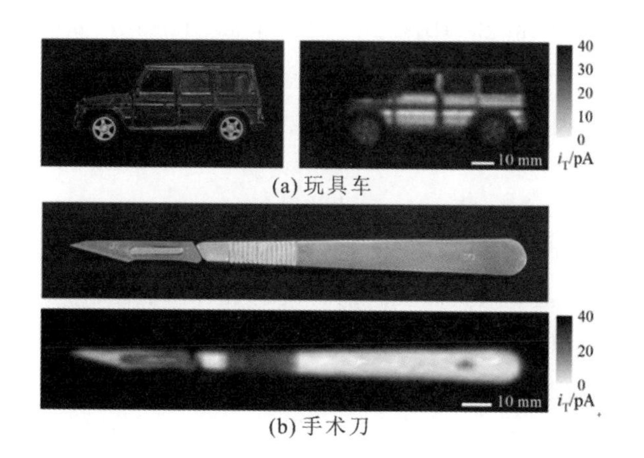

图6-65　基于场效应探测器的被动式扫描太赫兹成像[93]

综上所述，本节介绍了一种基于天线耦合AlGaN/GaN HEMT、栅长为300 nm、栅极间隙为200 nm的被动式太赫兹成像探测器。通过相干和非相干太赫兹光源的联合测试，验证了场效应自混频模型可以很好地描述太赫兹探测器的响应特性。在0.7～0.9 THz频段，室温和77 K温度下的噪声等效功率分别达到了 4.5 pW/$\sqrt{\text{Hz}}$和 0.3 pW/$\sqrt{\text{Hz}}$。通过不同黑体温度下的非相干太赫兹辐射直接测量77 K探测器的噪声等效温度在200 ms积分时间内约为370 mK。在不使用低噪声太赫兹放大器的情况下，探测器在77 K实现了信噪比高达13 dB的室温目标的被动太赫兹成像。通过进一步提升 AlGaN/GaN HEMT 探测器的灵敏度，将有望在室温下实现被动太赫兹成像。

参考文献

[1] DYAKONOV M, SHUR M S. Shallow water analogy for a ballistic field effect transistor: new mechanism of plasma wave generation by dc current[J]. Phys. rev. lett., 1993, 71(15): 2465 - 2468.

[2] DYAKONOV M, SHUR M S. Plasma wave electronics: novel terahertz devices using two dimensional electron fluid [J]. IEEE trans. electron devices, 1996, 43 (10): 1640 -1645.

[3] LÜ J Q, SHUR M S, HESLER J L, et al. Terahertz detector utilizing two-dimensional electronic fluid[J]. IEEE electron device letters, 1998, 19(10): 373 - 375.

[4] WEIKLE R, LÜ J Q, SHUR M S, et al. Detection of microwave radiation by electronic fluid in high electron mobility transistors[J]. Electronics letters, 1996, 32 (23): 2148 - 2149.

[5] KNAP W, DENG Y, RUMYANTSEV S, el al. Resonant detection of subterahertz radiation by plasma waves in a submicron field-effect transistor[J], Appl. phys. lett., 2002, 80(18): 3433 - 3435.

[6] KNAP W, TEPPE F, MEZIANI Y, et al. Plasma wave detection of subterahertz and terahertz radiation by silicon field-effect transistors[J]. Appl. phys. lett., 2004, 85 (4): 675 - 677.

[7] KNAP W, DENG Y, RUMYANTSEV S, et al. Resonant detection of subterahertz and terahertz radiation by plasma waves in submicron field-effect transistors[J]. Appl. phys. lett., 2002, 81(24): 4637 - 4639.

[8] SUNGMU K, BURKEA J P, PFEIFFER L、N, et al. Resonant frequency response of plasma wave detectors[J]. Appl. phys. lett., 2006, 89(21): 213512 - 213512 - 3.

[9] FATIMY A, TEPPE F, DYAKONOVA N, et al. Resonant and voltage-tunable

terahertz detection in InGaAs/InP nanometer transistors[J]. Appl. phys. lett., 2006, 89(13): 131926 - 131926 - 3.

[10] PERALTA X G, ALLEN S J, WANKE M C, et al. Terahertz photoconductivity and plasmon modes in double-quantum-well field-effect transistors[J]. Appl. phys. lett., 2002, 81(9): 1627 - 1629.

[11] KNAP W, DYAKONOV M, COQUILLAT D, et al. Field effect transistors for terahertz detection: physics and first imaging applications[J]. J. infrared milli terahz waves, 2009, 30(12): 1319 - 1337.

[12] VEKSLER D, TEPPE F, DMITRIEV A P. Detection of terahertz radiation in gated two-dimensional structures governed by dc current[J]. Phys. rev. B, 2006, 73(12): 125328 - 125328 - 10.

[13] AMBACHER O. Growth and applications of group-Ⅲ-nitrides[J]. Journal of physics D: applied physics, 1998, 31(20): 2653 - 2710.

[14] NAKAMURA S, SENOH M, IWASA N, et al. High-brightness InGaN blue, green and yellow light-emitting diodes with quantum well structures[J]. J. appl. phys, 1995, 34(7 A): L797 - L799.

[15] NAKAMURA S, MAKAI T, SENCH M. High-brightness InGaN/AlGaN double heterostructure blue-green-light-emitting diodes[J]. J. appl. phys., 1994, 76(12): 8189 - 8191.

[16] BALIGA B J. Power semieonductor device figure of merit for high frequency application[J]. IEEE electron device letters, 1989, 10(10): 455 - 457.

[17] SUN J D, SUN Y F, WU D M, et al. High-responsivity, low-noise, room-temperature, self-mixing terahertz detector realized using floatingantennas on a GaN-based field-effect transistor[J]. Appl. phys. lett., 2012, 100(1): 013506 - 013506 - 4.

[18] SUN J D, QIN H, LEWIS R A, et al. Probing of localized terahertz self-mixing in a GaN/AlGaN field-effect transistor[J]. Appl. phys. lett., 2012, 100(17): 173513 - 173513 - 4.

[19] DOBROIU A, OTANI C, KAWASE K, Terahertz-wave sources and imaging applications[J]. Meas. sci. technol. 2006, 17(11): R161 - R174.

[20] CHAN W L, DEIBEL J, MITTLEMAN D M. Imaging with terahertz radiation[J]. Rep. prog. phys. 2007, 70(8): 1325 - 1379.

[21] FRIEDERICH F, SPIEGEL W, BAUER M, et al. THz active imaging systems with real-time capabilities[J]. IEEE trans. terahertz sci. technol., 2011, 1(1): 183-200.

[22] LISAUSKAS A, BAUER M, BOPPEL S, et al. Exploration of terahertz imaging with Silicon MOSFETs[J]. J. infrared milli terahz waves, 2014, 35(1): 63-80.

[23] WITHAYACHUMNANKUL W, NAFTALY M. Fundamentals of measurement in terahertz time-domain spectroscopy[J]. J Infrared milli terahz waves, 2014, 35(8): 610-637.

[24] HAN P Y, TANI M, USAMI M, et al. A direct comparison between terahertz time-domain spectroscopy and far-infrared Fourier transform spectroscopy[J]. J. Appl. phys., 2001, 89(4): 2357-2359.

[25] CROWE T W, MATMUCH R J, RÖSER H P, et al. GaAs Schottky diodes for THz mixing applications[C]. Proc. IEEE, 1992, 80(11): 1827-1841.

[26] See http: //www. vadiodes. com/index. php/en/products-6/detectors for the specifications of different SBD detectors.

[27] DYAKONOV M I, SHUR M S. Detection, mixing, and frequency multiplication of terahertz radiation by two-dimensional electronic fluid[J]. IEEE trans. electron devices, 1996, 43(3): 380-387.

[28] TEPPE F, VEKSLER D, KACHOROVSKI V Y, et al. Plasma wave resonant detection of femtosecond pulsed terahertz radiation by a nanometer field-effect transistor[J]. Appl. phys. lett., 2005, 87(2): 022102-022102-3.

[29] ÖJEFORS E, LISAUSKAS A, GLAAB D, et al. Terahertz imaging detectors in CMOS technology[J]. J. infrared milli terahz waves, 2009, 30(12): 1269-1280.

[30] SCHUSTER F, COQUILLAT D, VIDELIER H, et al. Broadband terahertz imaging with highly sensitive silicon CMOS detectors[J]. Opt. express, 2011, 19(8), 7827-7832.

[31] SUN Y F, SUN J D, ZHOU Y, et al. Room temperature GaN/AlGaN self-mixing terahertz detector enhanced by resonant antennas[J]. Appl. phys. lett., 2011, 98(25): 252103-252103-3.

[32] KNAP W, RUMYANTSEV S, VITIELLO M S, et al. Nanometer size field effect transistors for terahertz detectors[J]. Nanotechnology, 2013, 24(21), 214002-214002-10.

[33] WATANABE T, BOUBANGA-TOMBET S A, TANIMOTO Y, et al. InP-and GaAs-Based plasmonic high-electron-mobility transistors for room-temperature

ultrahigh-sensitive terahertz sensin g and imaging[J]. IEEE sens. J., 2013, 13(1): 89 - 99.

[34] BAUER M, VENCKEVICIUS R, KASALYNAS I, et al. Antenna-coupled field-effect transistors for multi-spectral terahertz imaging up to 4.25 THz[J]. Opt. express, 2014, 22(16), 19235 - 19241.

[35] PREU S, REGENSBURGER S, KIM S, et al. Broadband THz detection and homodyne mixing using GaAs high-electron-Mobility transistor rectifiers[C]. 2013, Proc. SPIE, 8900: 89000 R.

[36] See https: //www. cfa. harvard. edu/～spaine/am/ for the AM atmospheric model developed at Smithsonian Astrophysical Observatory.

[37] POPOV V V, FATEEV D V, IVCHENKO E L, et al. Noncentrosymmetric plasmon modes and giant terahertz photocurrent in a two-dimensional plasmonic crystal[J]. Phys. rev. B, 2015, 91(23): 235436 - 235436 - 8.

[38] OLBRICH P, KAMANN J, KÖNIG M, et al. Terahertz ratchet effects in graphene with a lateral superlattice[J]. Phys. rev. B, 2016, 93(7): 075422 - 075422 - 15.

[39] QIN H, LI X, SUN J D, et al. Detection of incoherent terahertz light using antenna-coupled high-electron-mobility field-effect transistors[J]. Appl. phys. lett., 2017, 110(17): 171109 - 171109 - 5.

[40] LÜ J Q, SHUR M S, HESLER J L, et al. Terahertz detector utilizing two-dimensional electronic fluid[J]. IEEE electron device lett. 1998, 19(10): 373 - 375.

[41] ÖJEFORS E, PFEIFFER U R, LISAUSKAS A, et al. A 0.65 THz focal-plane array in a quarter-micron CMOS process technology[J]. IEEE J. solid-state circuits, 2009, 44(7): 1968 - 1976.

[42] STATNIKOV K, GRZYB J, HEINEMANN B, et al. 160 - GHz to 1 - THz Multi-Color Active Imaging With a Lens-Coupled SiGe HBT Chip-Set[J]. IEEE trans. microwave theory tech. 2015, 63(2): 520 - 532.

[43] VICARELLI L, VITIELLO M S, COQUILLAT D, et al. Graphene field-effect transistors as room-temperature terahertz detectors [J]. Nat. mater., 2012, 11(10): 865 - 871.

[44] WANG L, LIU C L, CHEN X S, et al. Toward sensitive room-temperature broadband detection from infrared to terahertz with antenna-integrated black phosphorus photoconductor[J]. Adv. funct. mater., 2017, 27(7): 1604414 -

1604414 - 9.

[45] MARCZEWSKI J, KNAP W, TOMASZEWSKI D, et al. Silicon junctionless field effect transistors as room temperature terahertz detectors[J]. J. appl. phys., 2015, 118(10): 104502 - 104502 - 8.

[46] CAI Y, ZHOU Y G. High-performance enhancement-mode AlGaN/GaN HEMTs using fluoride-based plasma treatment[J]. IEEE electron device lett., 2005, 26(7): 435 - 437.

[47] SUN J D, ZHANG Z P, LI X, et al. Two-terminal terahertz detectors based on AlGaN/GaN high-electron-mobility transistors[J]. Appl. phys. lett., 2019, 115(11): 111101 - 111101 - 4.

[48] ALLEN S J, TSUI D C, LOGAN R A. Observation of the two-dimensional plasmon in silicon inversion layers[J]. Phys. rev. lett., 1977, 38(17): 980 - 983.

[49] TSUI D C, GORNIK E, LOGAN R A. Far infrared emission from plasma oscillations of Si inversion layers[J]. Solid state communications, 1980, 35(11): 875 - 877.

[50] EL FATIMY A, TEPPE F, DYAKONOVA N, et al. Resonant and voltage-tunable terahertz detection in InGaAs/InP nanometer transistors[J]. Appl. phys. lett. 2006, 89(13): 131926 - 131926 - 3.

[51] POPOV V V, POLISCHUK O V, KNAP W, et al. Broadening of the plasmon resonance due to plasmon-plasmon intermode scattering in terahertz high-electron-mobility transistors[J]. Appl. phys. lett., 2008, 93(26): 263503 - 263503 - 3.

[52] BOUBANGA-TOMBET S, TEPPE F, COQUILLAT D, et al. Current driven resonant plasma wave detection of terahertz radiation: Toward the Dyakonov-Shur instability [J]. Appl. phys. lett., 2008, 92(21): 212101 - 212101 - 3.

[53] DYER G C, AIZIN G R, ALLEN S J, et al. Induced transparency by coupling of Tamm and defect states in tunable terahertz plasmonic crystals[J]. Nat. photonics. 2013, 7(11): 925 - 930.

[54] TANIGAWA T, ONISHI T, TAKIGAWA S, et al, Enhanced responsivity in a novel AlGaN / GaN plasmon-resonant terahertz detector using gate-dipole antenna with parasitic elements[C]. 68 th Device Research Conference (DRC 2010) (IEEE, 2010), 167.

[55] KIM S, ZIMMERMAN J D, FOCARD P, et al. Room temperature terahertz detection based on bulk plasmons in antenna-coupled GaAs field effect transistors[J].

Appl. phys. lett., 2008, 92(25): 253508 - 253508 - 3.

[56] OTSUJI T, SHUR M S. Terahertz plasmonics: good results and great expectations [J]. IEEE microwave mag., 2014, 15(7), 43 - 50.

[57] LISAUSKAS A, PFEIFFER U, ÖJEFORS E, et al. Rational design of high-responsivity detectors of terahertz radiation based on distributed self-mixing in silicon field-effect transistors[J]. J. appl. phys., 2009, 105(11): 114511 - 114511 - 7.

[58] HADI R A, SHERRY H, GRZYB J, et al. A 1k-pixel video camera for 0.7 ~ 1.1 terahertz imaging applications in 65 - nm CMOS[J]. IEEE J. solid-state circuits, 2012, 47(12): 2999 - 3012.

[59] SUN J D, QIN H, LEWIS R A, et al. The effect of symmetry on resonant and nonresonant photoresponses in a field-effect terahertz detector [J]. Appl. phys. lett., 2015, 106(3): 031119 - 031119 - 5.

[60] SIZOV F, ROGALSKI A. THz detectors[J]. IEEE trans. prog. quantum electron., 2010, 34(5), 278 - 347.

[61] http://www.infraredlaboratories.com/Bolometers.html for "Semiconductor Bolometers from IR Labs."

[62] WEI J, OLAYA D, KARASIK B S, et al. Ultrasensitive hot-electron nanobolometers for terahertz astrophysics[J]. Nat. nanotechnol., 2008, 3(8): 496 - 500.

[63] KOMIYAMA S, ASTAFIEV O, ANTONOV V, et al. A single-photon detector in the far-infrared range[J]. Nature, 2000, 403(28), 405 - 407.

[64] MATSUO H. Nucl. instrum. future prospects of superconducting direct detectors in terahertz frequency range[J]. Methods phys. res., Sect. A, 2006, 559(2), 748 - 750.

[65] KLEINE-OSTMANN T, NAGATSUMA T. A review on terahertz communications research[J]. J Infrared milli terahz waves, 2011, 32(2), 143 - 171.

[66] SONG 1, ZHAO Y J, REDO-SANCHEZ A, et al. Fast continuous terahertz wave imaging system for security[J]. Opt. commun., 2009, 282(10): 2019 - 2022.

[67] LIU L, HESLER J L, XU H Y, et al. Lichtenberger, and R. M. Weikle II. A broadband quasi-optical terahertz detector utilizing a zero bias Schottky diode[J]. IEEE microwave wireless compon. lett., 2010, 20(9): 504 - 506.

[68] ROGALSKI A, SIZOV F. Terahertz detectors and focal plane arrays[J]. Opto-electron. rev., 2011, 19(3): 346 - 404.

[69] GRZYB J, PFEIFFER U. THz direct detector and heterodyne receiver arrays in

silicon nanoscale technologies[J]. J. infrared milli terahz waves, 2015, 36(10): 998 - 1032.

[70] BOPPEL S, LISAUSKAS A, MUNDT M, et al. CMOS integrated antenna-coupled field-effect transistors for the Detection of radiation From 0.2 to 4.3 THz[J]. IEEE trans. microwave theory techn., 2012, 60(12): 3834 - 3843.

[71] TOMKINS A, GARCIA P, VOINIGESCU S P. A passive W-band imaging receiver in 65 - nm Bulk CMOS[J]. IEEE J. solid-state circuits, 2010, 45(10): 1981 - 1991.

[72] SUN J D, FENG W, DING Q F, et al. Smaller antenna-gate gap for higher sensitivity of GaN/AlGaN HEMT terahertz detectors[J]. Appl. phys. lett., 2020, 116(16): 161109 - 161109 - 5.

[73] TONOUCHI M. Cutting-edge terahertz technology[J]. Nat. photonics, 2007, 1(2): 97 - 105.

[74] HU B B, NUSS M. Imaging with terahertz waves[J]. Opt. lett., 1995; 20(16): 1716 - 1718.

[75] YUJIRI L, SHOUCRI M, MOFFA P. Passive millimeter wave imaging[J]. IEEE microw. mag., 2003, 4(3): 39 - 50.

[76] CHRIS M. First demonstration of a vehicle mounted 250 GHz real time passive imager [C]. Proc. SPIE, 2009, 7311: 73110 Q1 - 73110 Q7.

[77] APPLEBY R, ANDERTON R N. Millimeter-wave and submillimeter-wave imaging for security and surveillance[C]. Proc. IEEE, 2007, 95(8): 1683 - 1690.

[78] APPLEBY R. Passive millimetre-wave imaging and how it differs from terahertz imaging. Phil. Trans[J]. R. Soc. A, 2004, 362(1815): 379 - 393.

[79] KATO M, TRIPATHI S R, MURATE K, et al. Non-destructive drug inspection in covering materials using a terahertz spectral imaging system with injection-seeded terahertz parametric generation and detection[J]. Opt. express, 2016, 24(6): 6425 -6432.

[80] GROSSMAN E, DIETLEIN C, ALA-LAURINAHO J, et al. Passive terahertz camera for standoff security screening[J]. Appl. opt., 2010, 49(19): E106 - E120.

[81] LYNCH J J, MOYER H P, SCHAFFNER J H, et al. Passive millimeter-wave imaging module with preamplified zero-bias detection[J]. IEEE trans. microwave theory tech., 2008, 56(7): 1592 - 1600.

[82] MOGHADAMI S, ARDALAN S. A 205 GHz amplifier with 10.5 dB gain and 1.6 dBm saturated power using 90 nm CMOS[J]. IEEE microw. wireless compon.

lett. , 2016, 26(3): 207 - 209.

[83] KO C L, LI C H, NANKUO C, et al. A 210 GHz amplifier in 40 nm digital CMOS technology[J]. IEEE trans. microwave theory tech. , 2013, 61(6): 2438 - 2446.

[84] ZHAO D X, REYNAERT P, An E-band power amplifier with broadband parallel-series power combiner in 40 - nm CMOS[J]. IEEE trans. microwave theory tech. , 2015, 63(2): 683 - 690.

[85] CETINONERI B, ATESAL Y A, FUNG A, et al. Band amplifiers with 6 dB noise figure and milliwatt-level 170—200 GHz doublers in 45 nm CMOS[J]. IEEE trans. microwave theory tech. , 2012, 60(3): 692 - 701.

[86] ZHOU L, WANG C C, CHEN Z M, et al. AW-band CMOS receiver chipset for millimeter-wave radiometer systems[J]. IEEE J. solid-state circuits, 2011, 46(2): 378 - 391.

[87] GILREATH L, JAIN V, HEYDARI P. Design and analysis of a W-band SiGe direct-detection-based passive imaging receiver[J]. IEEE J. solid-state circuits, 2011, 46 (10): 2240 - 2252.

[88] ROWE S, PASCALE E, DOYLE S, et al. A passive terahertz video camera based on lumped element kinetic inductance detectors[J]. Rev. sci. instrum. , 2016, 87 (3): 033105.

[89] HEINZ E, MAY T, BORN D, et al. passive 350 GHz video imaging systems for security applications[J]. J. Infrared milli terahz waves, 2015, 36(10): 879 - 895.

[90] APPLEBY R, WALLACE H B. Standoff detection of weapons and contraband in the 100 GHz to 1 THz region[J]. IEEE trans. antennas propag. , 2007, 55(11), 2944 -2956.

[91] MAY J W, REBEIZ G M. Design and characterization of W-band SiGe RFICs for passive millimeter-wave imaging[J]. IEEE trans. microwave theory tech. , 2010, 58 (5): 1420 - 1430.

[92] TOMKINS A, GARCIA P, VOINIGESCU S P. A passive W-band imaging receiver in 65 - nm bulk CMOS[J]. IEEE J. solid-state circuits, 2010, 45(10): 1981 - 1991.

[93] SUN J D, ZHU Y F, FENG W, et al. Passive terahertz imaging detectors based on antenna-coupled high-electron-mobility transistors[J]. Opt. express, 2020, 28(4): 4911 - 4920.

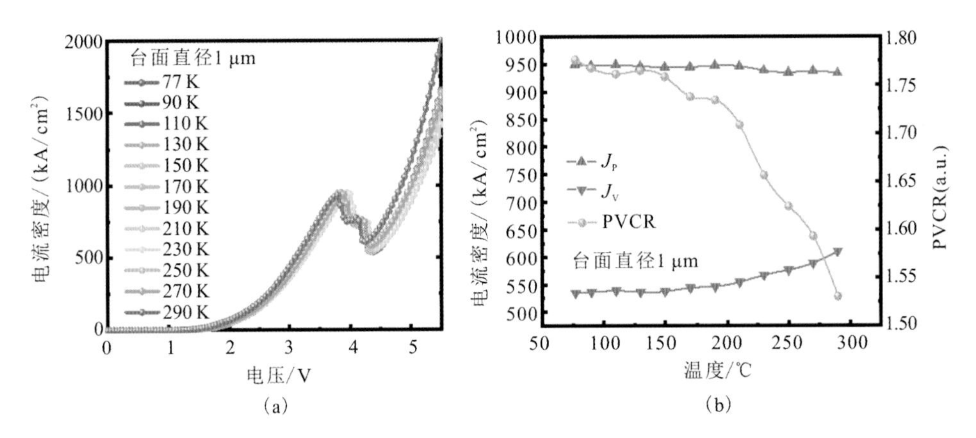

图 3-53 台面直径为 1 μm 的 GaN RTD 器件变温 $I-V$ 输出特性

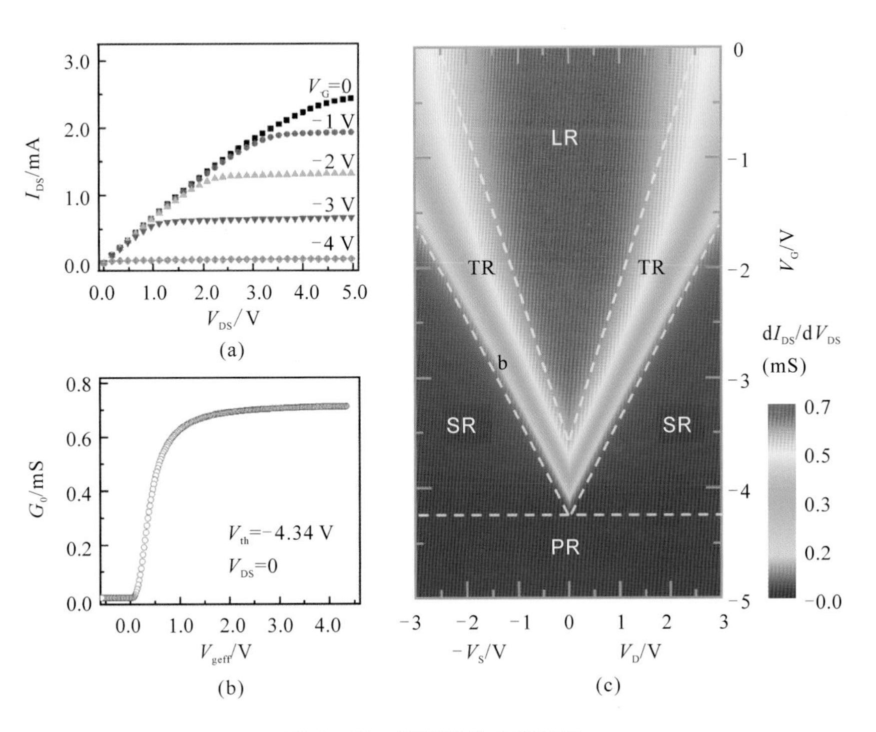

图 6-29 探测器的电学特性

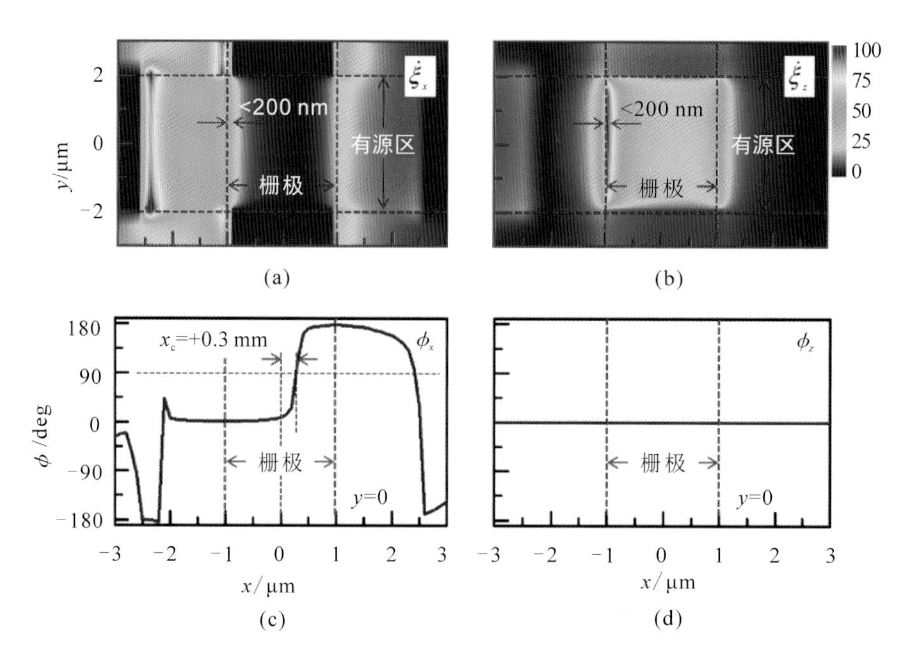

图 6－30　900 GHz 光照下由 FDTD 模拟得到的水平和垂直太赫兹电场的增强因子空间分布和 $y=0$ 处相位沿 x 方向的分布

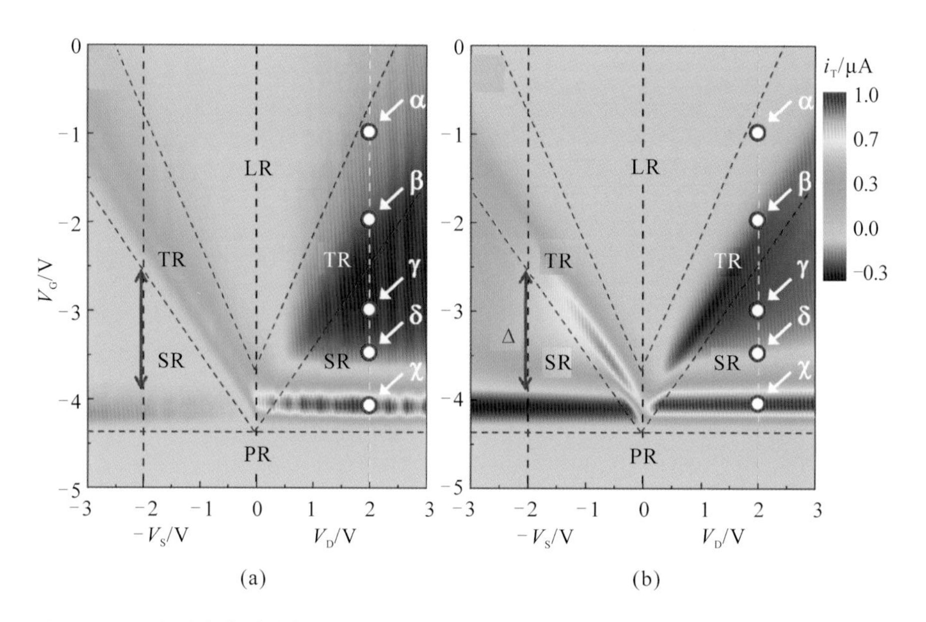

图 6－32　实测光电流随栅压 V_G 和源漏电压 V_{DS} 变化的二维分布和准静态模拟结果

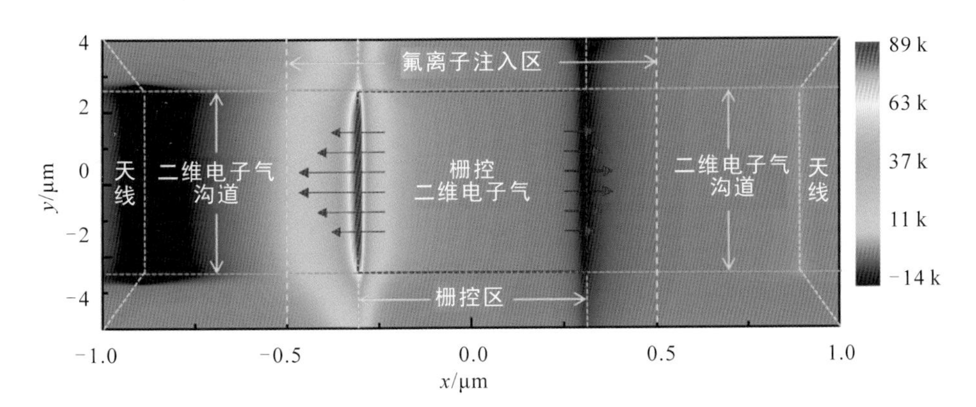

图 6－43　在 648 GHz 频率下场效应混频核心区域自频混因子的二维空间分布图

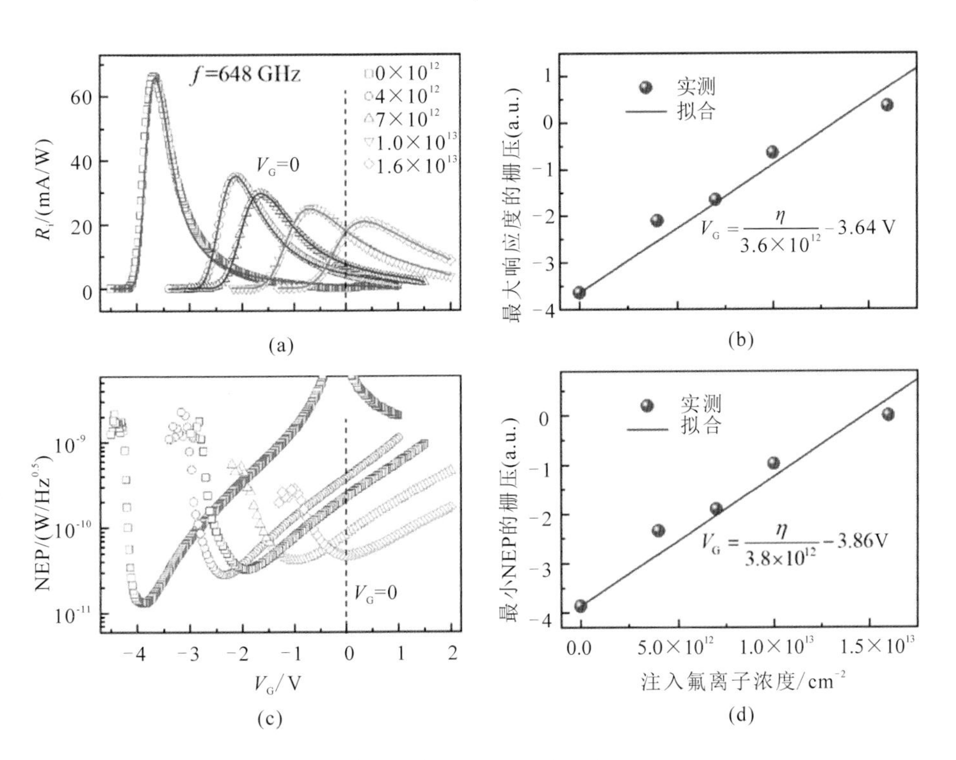

图 6－45　探测器在不同氟离子注入剂量下的太赫兹响应参数

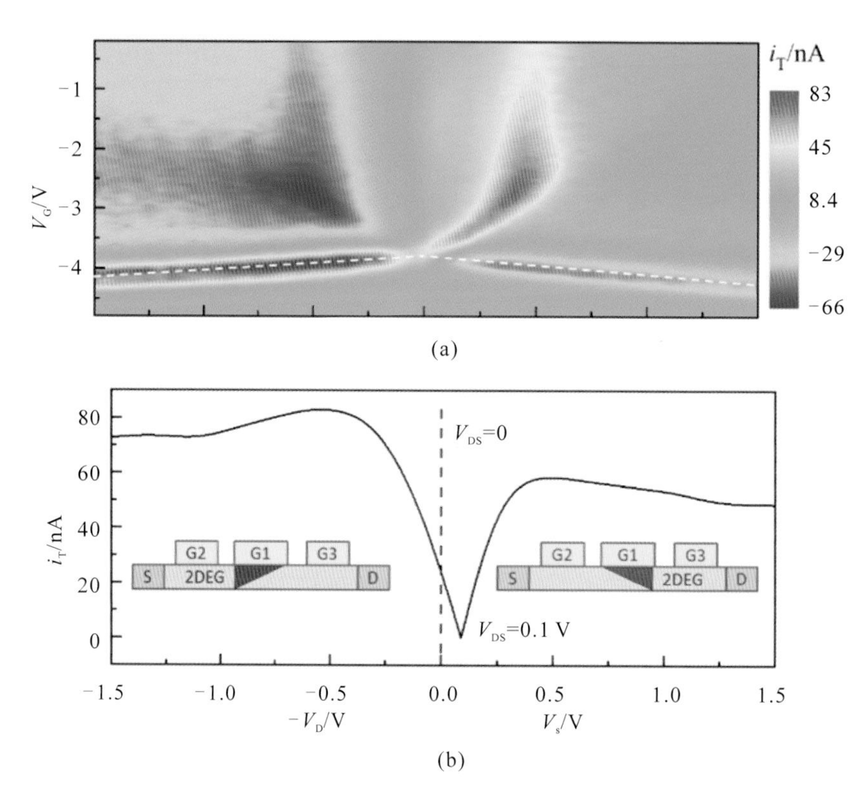

图 6－52　907 GHz 频率下探测器的太赫兹光电流

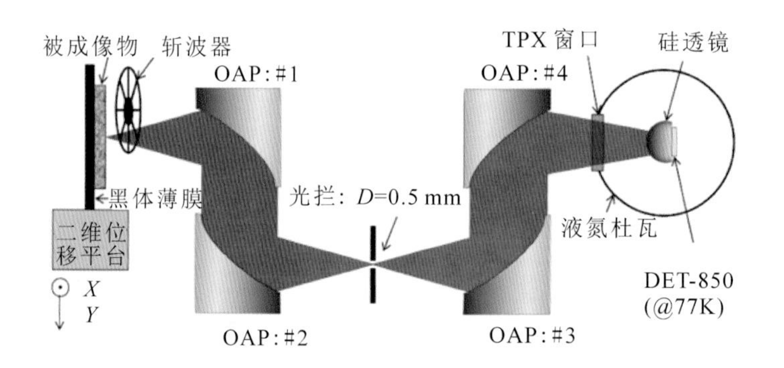

图 6－64　基于场效应探测器的扫描式太赫兹被动成像光路图